高等学校土木工程专业系列教材

Gangjiegou Sheji Yuanli
钢结构设计原理

彭 伟 主编

彭伟 张杰 荣国能 李力 葛宇东 编

西南交通大学出版社
·成都·

内 容 简 介

本书按照建筑结构荷载规范（GB50009—2001）、建筑结构可靠度设计统一标准（GB50068—2001）、钢结构设计规范（GB50017—2003）等新规范编写。

全书系统阐述了钢结构构件设计的基本原理；对钢结构使用的材料，连接方式，轴心受拉、受压构件，受弯构件，拉弯、压弯构件等基本构件进行了详细的介绍。理论与设计并重，全书安排了一些例题和适量习题。

本书可作为土木工程专业本科生的教材，也可供结构设计、施工及研究人员参考。

图书在版编目（CIP）数据

钢结构设计原理 / 彭伟主编. —成都：西南交通大学出版社，2004.10（2022.1 重印）
ISBN 978-7-81057-982-7

Ⅰ. 钢… Ⅱ. 彭… Ⅲ. 钢结构 – 结构设计
Ⅳ. TU391.04

中国版本图书馆 CIP 数据核字（2004）第 097438 号

钢结构设计原理

彭 伟 主编

责任编辑	张 波
封面设计	本格设计
出版发行	西南交通大学出版社
	四川省成都市金牛区二环路北一段 111 号
	西南交通大学创新大厦 21 楼
	028-87600533　028-87600564
邮政编码	610031
网　　址	http://www.xnjdcbs.com
印　　刷	四川森林印务有限责任公司
成品尺寸	185 mm × 260 mm
印　　张	17.5
字　　数	421 千字
版　　次	2004 年 10 月第 1 版
印　　次	2022 年 1 月第 12 次
书　　号	ISBN 978-7-81057-982-7
定　　价	38.00 元

图书如有印装质量问题　本社负责退换
版权所有　盗版必究　举报电话：028-87600562

前　言

为适应教育部颁布、实施的新《普通高等学校本科专业目录》对土木工程类人才的培养要求，按土木工程专业大类教学计划的构建要求，特编写本书，以适应教学需要。该书曾作为讲义，在西南交通大学进行了几年的讲授，现在原讲义的基础上修订而成。

编写本书的指导思想是在内容上既有理论又注重实用，在文字叙述上力求简明扼要，说理清楚，又要突出重点，并适当考虑了《国家一级注册结构工程师考试大纲》对土木类专业人才知识结构的要求。

在教学应用方面，由于该书是一门技术性很强的专业课教材，编写上强调理论与实际、科学与技术相结合的原则，并提出运用科学理论解决实际问题的方法。

世纪之交，在我国广阔的土地上正进行着世界上最大规模的基本建设，钢结构的主要优点是材料强度高、结构自重轻、有良好的延性、抗震性能好、工业化程度高等，能满足建筑上大跨度、大空间以及多用途的各种要求，同时施工速度快。因此它不仅是世界早期建筑中最先使用的结构类型之一，即使在高强混凝土等新型建筑材料已出现的今天，钢结构仍不失为超高层建筑，特别是地震区高层建筑的一种经济有效的结构类型，而且今后也将成为土木工程中具有广阔发展前景的结构类型。随着我国钢产量跃居世界前列，发展钢结构建筑已成为工程建设的一项基本政策。这些都给钢结构事业的发展带来了莫大的机遇，对从事钢结构研究、设计和施工的技术人员来说也是莫大的幸事，施展我们才能的时机已经到来，我们一定要紧紧地把握住。目前，我国钢建筑的发展更是有如雨后春笋，日新月异，是过去所不可比拟的，这为钢结构工程学科的发展提供了最好的发展机遇。因此，本书在编写过程中注意适当地介绍一些本学科的新发展和新成果。

参加本书编写的有彭伟（第一、二章）、张杰（第五章）、荣国能（第四章）、李力（第三章）、葛宇东（第六章）。

编写本书时，参考、引用了一些公开发表的文献和资料，谨向这些作者表示深深的谢意。

本书可作为土木工程专业的教学用书，也可供从事土木工程设计和施工的技术人员参考。由于编者水平有限，加上时间仓促，不当之处敬请批评指正。

编　者
2004 年 7 月

目 录

第一章 概 述 ... 1
- 第一节 钢结构的特点及应用 ... 1
- 第二节 钢结构的设计方法 ... 6
- 第三节 钢结构的设计要求 ... 9
- 第四节 钢结构的发展方向 ... 9
- 第五节 本课程的主要内容、特点和学习方法 ... 11
- 思考题 ... 12

第二章 钢结构的材料 ... 13
- 第一节 钢结构对钢材性能的要求 ... 13
- 第二节 金属的晶体结构及其对金属性能的影响 ... 14
- 第三节 结构钢材的主要力学性能 ... 18
- 第四节 影响结构钢材力学性能的主要因素 ... 24
- 第五节 复杂应力作用下结构钢材的屈服条件 ... 29
- 第六节 钢材的破坏形式 ... 31
- 第七节 结构钢材的种类、规格及其选用 ... 36
- 第八节 钢结构的连接材料 ... 42
- 思考题 ... 46

第三章 钢结构的连接 ... 47
- 第一节 连接分类及特点 ... 47
- 第二节 对接焊缝连接设计 ... 53
- 第三节 角焊缝连接设计 ... 60
- 第四节 焊接残余应力和焊接残余变形 ... 78
- 第五节 普通螺栓连接设计 ... 83
- 第六节 高强度螺栓连接设计 ... 98
- 习 题 ... 106

第四章 轴心受力构件 ... 109
- 第一节 概 述 ... 109
- 第二节 轴心受拉构件 ... 110
- 第三节 实腹式轴心受压构件 ... 112
- 第四节 格构式轴心受压构件 ... 128
- 第五节 柱头和柱脚设计 ... 141
- 习 题 ... 155

第五章 受弯构件——梁 ... 157
- 第一节 概 述 ... 157

第二节　梁的强度和刚度 …………………………………………… 161
   第三节　梁的扭转 …………………………………………………… 167
   第四节　梁的整体稳定 ……………………………………………… 173
   第五节　梁的局部稳定和加劲肋设计 ……………………………… 182
   第六节　考虑腹板屈曲后强度梁的设计 …………………………… 198
   第七节　钢梁的设计 ………………………………………………… 205
   思考题 ………………………………………………………………… 215
   习　题 ………………………………………………………………… 216

第六章　拉弯和压弯构件 ………………………………………………… 218
   第一节　概　述 ……………………………………………………… 218
   第二节　拉弯、压弯构件的强度和刚度计算 ……………………… 219
   第三节　实腹式压弯构件的整体稳定 ……………………………… 222
   第四节　实腹式压弯构件的局部稳定 ……………………………… 232
   第五节　格构式压弯构件 …………………………………………… 236
   第六节　压弯构件和框架柱的计算长度 …………………………… 242
   习　题 ………………………………………………………………… 246

附　录 ……………………………………………………………………… 248
   附录1　钢材和连接的强度设计值 ………………………………… 248
   附录2　受弯构件的容许挠度 ……………………………………… 251
   附录3　截面塑性发展系数 ………………………………………… 252
   附录4　轴心受压构件的稳定系数 ………………………………… 253
   附录5　柱的计算长度系数 ………………………………………… 255
   附录6　疲劳计算的构件和连接分类 ……………………………… 257
   附录7　型钢表 ……………………………………………………… 259
   附录8　螺栓和锚栓规格 …………………………………………… 271
   附录9　各种截面回转半径的近似值 ……………………………… 272

参考文献 …………………………………………………………………… 273

第一章 概　　述

钢结构是世界早期工程结构中最先使用的结构类型之一。由于钢结构具有强度高、自重轻、施工速度快、抗震性能好等优点，一直是被广泛采用的一种结构，近百年来得到了快速的发展。尤其是在 20 世纪下半叶，随着世界钢产量的大幅度增加，钢结构也极大地扩展了应用领域。随着我国城市化的快速发展以及我国钢产量跃居世界前列，建筑钢结构在综合经济效益方面和抗震能力上的优点，正逐渐获得普遍的共识，发展钢结构建筑已成为工程建设的一项基本政策，这些给钢结构事业的发展带来了莫大的机遇。为了抗风、抗震，减小结构占用面积，降低基础费用，缩短建筑工期，钢结构将成为工程结构中优先考虑使用的结构类型。

第一节　钢结构的特点及应用

一、钢结构的特点

钢结构是以钢材（钢板和型钢等）制作的结构，在工程中钢结构得到广泛应用和发展，是由于钢结构与其他结构相比具有下列特点。

1. 材料强度高、重量轻

钢的密度虽然较大，但强度却高得更多，与其他建筑材料相比，钢材的密度与屈服点的比值最小。在相同的荷载和约束条件下，采用钢结构时，结构的自重通常较小。当跨度和荷载相同时，钢屋架的重量只有钢筋混凝土屋架重量的 1/4～1/3，若用薄壁型钢屋架或空间结构则更轻。由于重量较轻，便于运输和安装，因此钢结构特别适用于跨度大、高度高、荷载大的结构，也最适用于可移动、有装拆要求的结构，且可减轻下部结构和基础的负担。

2. 钢材材质均匀、可靠性高

钢材的内部组织均匀，非常接近匀质体，其各个方向的物理力学性能基本相同，接近各向同性体；且在一定的应力范围内，处于理想弹性工作状态，符合工程力学所采用的基本假定。因此，钢结构的计算方法可根据力学原理进行，计算结果较准确、可靠。

3. 钢材的塑性和韧性好

钢材质地均匀，有良好的塑性和韧性。由于钢材的塑性好，钢结构在一般情况下不会因偶然超载或局部超载而突然断裂破坏；钢材的韧性好，则使钢结构对动荷载的适应性较强。

良好的吸能能力和延性还使钢结构具有优越的抗震性能。钢材的这些性能对钢结构的安全可靠提供了充分的保证。

4. 工业化程度高

钢结构构件在工厂制成，能成批大量生产，便于机械化制造，生产效率高，速度快，成品精确度较高，质量易于保证，是工程结构中工业化程度最高的一种结构。采用工厂制造、工地安装的施工方法，可缩短建设周期、降低造价、提高经济效益。

5. 钢材具有可焊接性

由于建筑用钢材具有可焊接性，使钢结构的连接大为简化，可满足制造各种复杂结构形状的需要。但焊接时产生很高的温度，温度分布很不均匀，结构各部位的冷却速度也不同；因此，不但在高温区（焊缝附近）材料性质有变差的可能，而且还产生较高的焊接残余应力，使结构中的应力状态复杂化。

6. 密封性好

钢材的不渗漏性适用于密闭结构。钢材本身因组织非常致密，当采用焊接连接，甚至铆钉或螺栓连接时，都易做到紧密不渗漏。因此钢材是制造容器，特别是高压容器、大型油库、气柜、输油管道的良好材料。

7. 耐热性较好、耐火性差

实验证明，钢材从常温到 250 ℃ 时，性能变化不大；温度达到 300 ℃ 以后，强度逐渐下降；达到 450 ℃ ~ 650 ℃ 时，强度几乎降为 0，完全失去承载能力。因此，钢结构的耐火性较钢筋混凝土差。当耐火要求较高时，需要采取保护措施，如在钢结构外面包混凝土或其他防火板材，或在构件表面喷涂一层含隔热材料和化学助剂等的防火涂料，以提高耐火等级。但这样处理既提高了造价，又增加了结构所占的空间。

8. 耐锈蚀性差

钢材易于锈蚀，应采取防护措施。钢材在潮湿环境中，特别是处于有腐蚀性介质的环境中容易锈蚀，必须用油漆或镀锌加以保护，而且在使用期间还应定期维护。这就使钢结构的维护费用比钢筋混凝土结构高。

二、钢结构的应用

根据上述钢结构的特点，其合理应用范围如下：

1. 重型工业厂房的承重骨架和吊车梁（见图 1.1）

重型工业厂房的特点是荷载大、房屋高，有的还受温度作用或设备的振动作用及大承载吨位吊车作用（有的达 440 t）。

2. 大跨度建筑的屋盖结构（见图 1.2、图 1.3）

钢材轻质高强，可以跨越很大的跨度。结构跨度越大，自重在全部荷载中所占比重也就越大，减轻自重可以获得明显的经济效益。因此，钢结构强度高而质量轻的优点对于大跨度建筑结构特别突出。例如，公共建筑中的体育馆、大会堂、影剧院等，工业建筑中的飞机装配车间等。

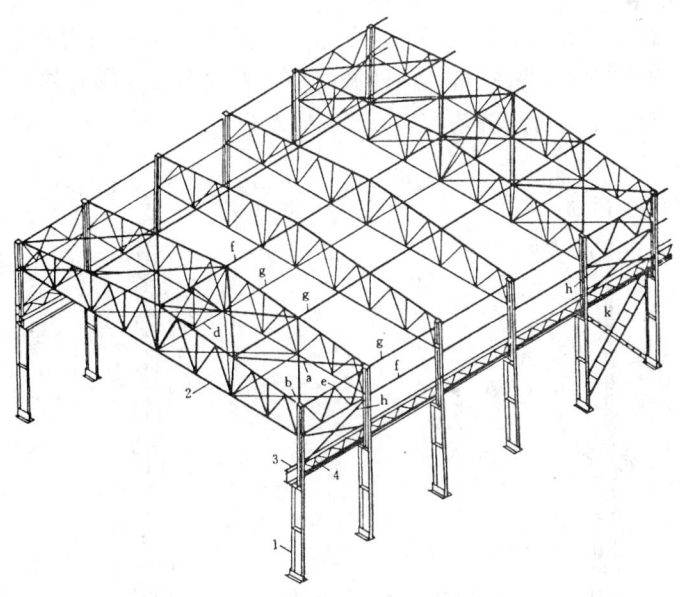

图 1.1　单层单跨厂房骨架

1—柱；2—屋架；3—吊车梁；4—吊车制动桁架；a~g—屋架支撑；h、k—柱间支撑

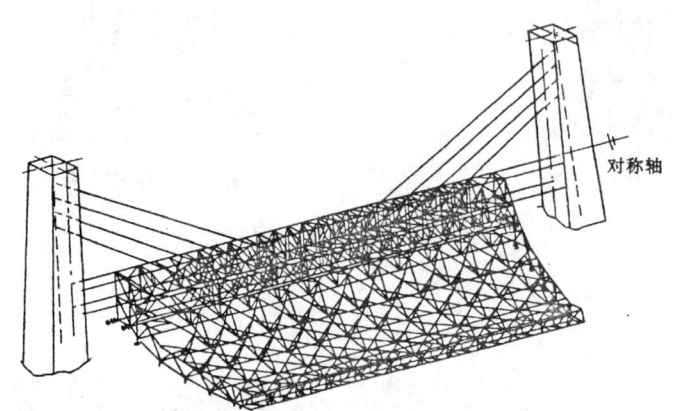

图 1.2　北京奥林匹克体育中心综合馆屋盖结构

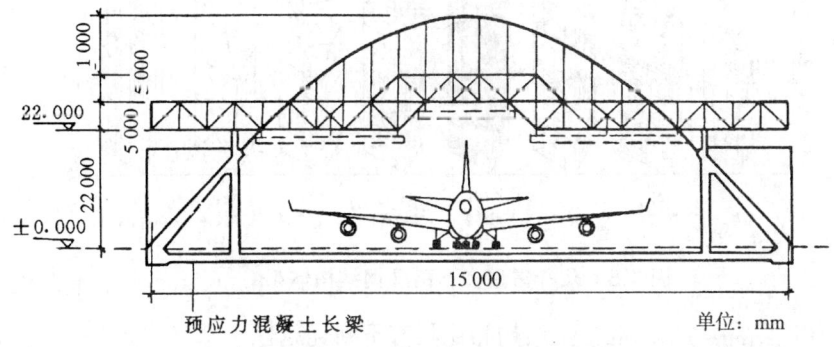

图 1.3　海南美兰机场机库

3. 高耸结构（见图1.4）

钢结构常用于高度较大的无线电桅杆、微波塔、广播和电视发射塔架、火箭发射塔等。由于钢结构制造、施工方便，特别是其构件截面小，可大大减少风荷载；自重轻，可大大降低基础工程造价，取得更大的经济效益。

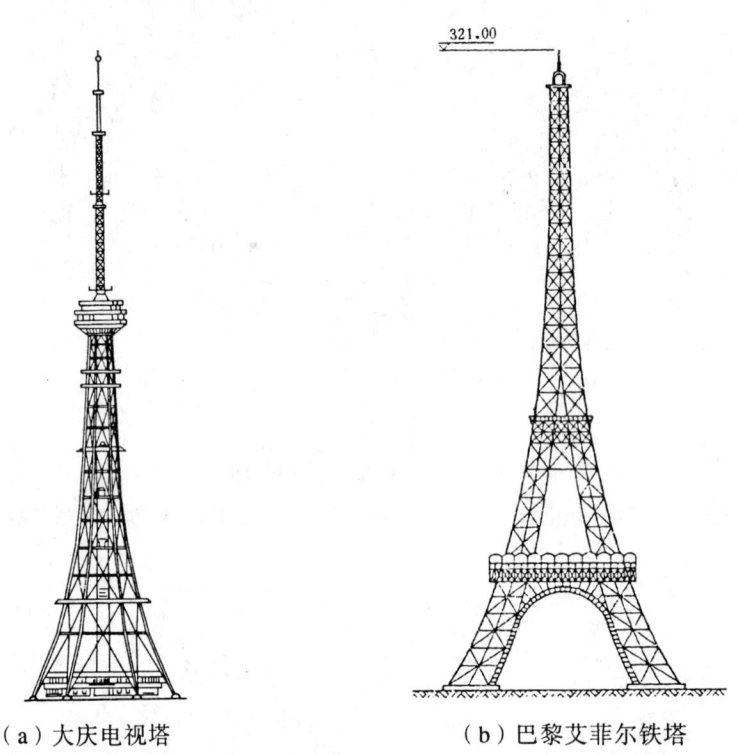

(a) 大庆电视塔　　　　　　(b) 巴黎艾菲尔铁塔

图1.4　高耸结构

4. 多、高层建筑结构（见图1.5）

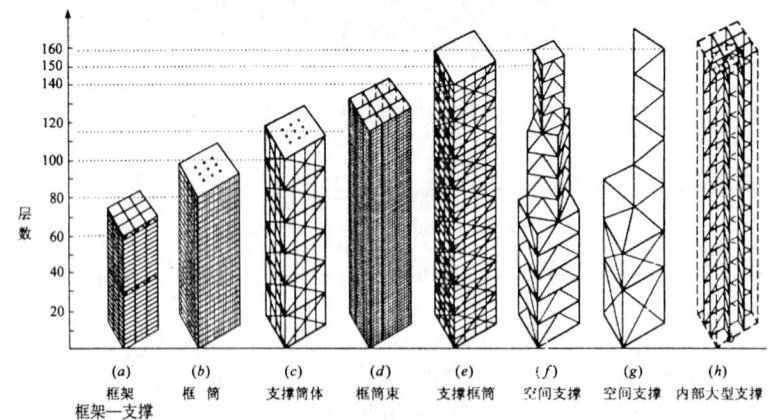

图1.5　几种常用多、高层钢结构体系

高层建筑采用钢结构与采用混凝土结构相比具有下列优越性：

（1）钢结构自重轻。高层钢结构自重一般为高层钢筋混凝土结构自重的1/2～3/5。

（2）钢结构材料强度高。与钢筋混凝土结构相比，钢结构柱截面面积小，从而可增加建筑有效使用面积。

（3）钢结构施工速度快。一般高层钢结构平均每 4 天完成 1 层。而高层钢筋混凝土结构平均每 6 天完成 1 层，即钢结构的施工速度约为钢筋混凝土结构施工速度的 1.5 倍。

（4）在梁高相同的情况下，钢结构的开间可比钢筋混凝土结构的开间大 50%，从而使建筑布置更灵活。

（5）钢结构的延性比混凝土结构的延性好得多，从而使钢结构的抗震性能比钢筋混凝土结构好。

目前我国高层钢结构的应用正在蓬勃地发展。

5．大跨度桥梁结构（见图 1.6）

跨度较大、重载的铁路和公路桥多采用钢结构。1968 年建成的南京长江大桥，为铁路公路两用双层桥，钢梁共 10 孔，其中有 9 孔为 3 m×160 m 多跨连续桁架，采用了 16 Mnq 低合金钢。1991 年建成的跨越黄浦江的上海市南浦大桥，总长 8 346 m，主桥为双塔双索面斜拉桥，全长 846 m，采用钢梁与钢筋混凝土板相结合的组合梁结构，中跨跨长 423 m，是我国已建跨度最大的斜拉桥。

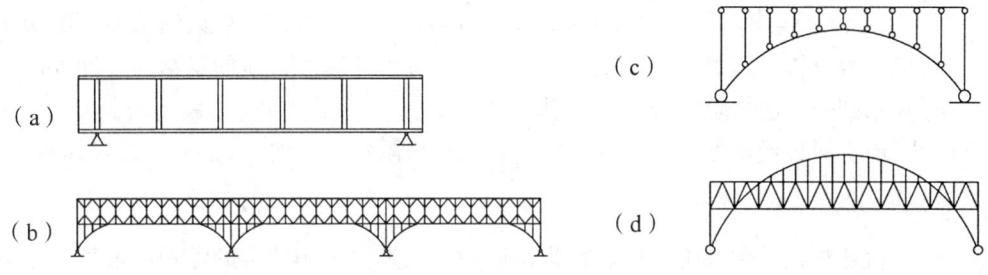

图 1.6 桥梁的主要结构形式

6．大型容器和大直径管道

用于要求密闭的容器，如大型储液库、煤气库等板壳；要求能承受很大内力，另外温度急剧变化的高炉结构、大直径高压输油管和煤气管道等均采用钢结构。

7．移动式结构

如水工闸门、各种起重机、移动式采油平台。

8．可拆卸、搬移的结构

如流动式展览馆、军用桥梁等常用钢结构。

9．轻型钢结构

采用薄壁型钢，具有自重小、建造快、省钢材的优点，近年来发展较快。耗钢量比普通钢房屋节约钢材 25%～50%，自重减轻 20%～50%，其用钢量与钢筋混凝土结构接近，而自重较钢筋混凝土结构减少 70%～80%。

10．其他建筑物

钢结构也常用于运输栈桥、各种管道支架、城市立交桥等。

第二节 钢结构的设计方法

一、概 述

钢结构设计的基本目的,是以最经济的手段使结构在预定的使用期限内具备预定的各种功能。钢结构设计的基本原则是要做到技术先进、经济合理、安全适用和确保质量。任何工程结构在规定的设计基准期(一般为 50 年)内都应该具备必要的安全性、适用性和耐久性,三者总称为结构的可靠性。

结构计算是根据拟订的结构方案和构造,按所承受的荷载进行内力计算,确定出各杆件的内力,再根据所用材料的特性,对整个结构和构件及其连接进行核算,看其是否符合经济、安全、适用等方面的要求。但是,在设计中所采用的荷载、材料性能、截面特性、计算模型、施工质量等实际上并非固定不变,而大多是随机变量,所以设计结果和实际结构的真实情况存在一定差异。为了在设计中恰当地考虑各种因素的变化,使计算结果与实际情况尽量相符,以达到预期要求,人们进行了长期的多方面的努力。我国钢结构计算方法,在建国以来的 40 年中就曾经有过 4 次变化,即:建国初期到 1957 年,采用总安全系数的容许应力计算法;1957—1974 年,采用 3 个系数的极限状态计算方法;1974—1988 年,采用以结构的极限状态为依据,进行多系数分析,用单一安全系数表达的容许应力计算法;新的钢结构设计规范,采用以概率论为基础的一次二阶矩极限状态设计法。

钢结构目前有两种设计方法,即容许应力方法和极限状态方法。

1. 容许应力设计法

容许应力设计法是一种传统的设计方法,这种方法是把影响结构的各种因素都当作不变的定值,将材料可以使用的最大强度除以一个笼统的安全系数作为容许达到的最大应力——容许应力。其表达式为

$$\sigma \leqslant \frac{f_y}{K} = [\sigma] \tag{1.1}$$

式中 f_y —— 钢材的屈服强度;
K ——安全系数。

这种方法的优点是表达简洁、计算比较简单,曾长期被采用。但容许应力法的缺点是,由于笼统地采用了一个安全系数,将使各构件的安全度各不相同,从而使整个结构的安全度一般取决于安全度最小的构件。

容许应力的方法目前还被许多国家采用。我国的铁路和桥梁规范也采用这种方法。建筑钢结构中不能按极限平衡或弹塑性分析的结构也仍然采用该方法,如对钢构件或连接的疲劳强度计算。

2. 极限状态设计法

极限状态方法是将影响结构可靠性的各种参数作为随机变量,用概率论和数理统计方法进行分析,采用可靠度理论,求出结构在使用期间应满足要求的概率。

结构的极限状态是指整个结构或结构的某一部分达到某一特定状态,超过此特定状态就不能满足设计规定的某一功能的要求。结构的极限状态可以分为以下两类:

(1) 承载能力极限状态。对应于结构或构件达到最大承载力或出现不适于继续承载的变形,包括倾覆、强度破坏、疲劳破坏、丧失稳定、结构变为机动体系或出现过度的塑性变形。

由于钢结构构件的材料强度高而截面面积小,稳定的问题非常突出。压杆的截面尺寸一般由稳定的要求而非强度来确定,不仅构件可能失稳,而且整体结构和组成构件的板件也可能失稳,不过板件的局部失稳并不总是达到承载力的极限状态。

(2) 正常使用的极限状态。对应于结构或构件达到正常使用或耐久性能的某项规定的限值,包括出现影响正常使用或影响外观的变形,出现影响正常使用的振动以及影响正常使用或耐久性的局部破坏。

3. 结构的极限状态方程

结构必须满足设计规定的各项功能。这些功能可用功能函数描述。若结构设计时需要考虑的影响结构可靠性的随机变量有 n 个,即 $x_1, x_2, \cdots, x_n$,则通常可建立函数关系

$$Z = g(x_1, x_2, \cdots, x_n) \tag{1.2}$$

此函数称为功能函数。

在简单的设计场合,仅以结构抗力 R 和荷载效应 S 两个基本随机变量来表达功能函数。

$$Z = R - S \tag{1.3}$$

式中 R——结构抗力,R 是指结构或构件承受内力和变形的能力,如构件的承载能力、刚度等。结构抗力是结构或构件的材料性能、几何参数和计算模式的函数。

S——作用效应,S 是指结构上的作用引起的结构或其构件的内力和变形,如弯矩、剪力、轴力、扭矩和应力以及挠度、转角和应变等。当作用为荷载时,其效应称为荷载效应。

由于影响结构抗力 R 和作用效应 S 的各种因素都是独立的随机变量,所以结构抗力和作用效应也是随机变量。结构或构件的极限状态可以用功能函数 $Z = R - S$ 来描述:

当 $Z < 0$,即 $R < S$ 时,结构或构件处于失效状态;

当 $Z > 0$,即 $R > S$ 时,结构或构件处于可靠状态;

当 $Z = 0$,即 $R = S$ 时,结构或构件处于极限状态。

$Z = R - S = 0$ 称为结构的极限状态方程。

二、概率极限状态设计法

1. 结构或构件的失效概率与可靠指标

结构或构件的失效概率,可以用下列公式表示

$$P_f = P(Z = R - S < 0) \tag{1.4}$$

只要使通过上式计算出的结构或构件的失效概率 P_f 小到人们可以接受的程度,就可以认为结构设计是可靠的。

但直接应用结构可靠度或失效概率的方法进行计算比较复杂,因此,目前各个国家在确定可靠性指标时都采用"校准法",通过对原有的规范作反演,找出隐含在现有工程中相应的可靠指标值。对钢结构各类主要构件校准的结果,可靠指标 β 一般在 3.16~3.62 之间。

《建筑结构设计统一标准》规定的可靠性指标 β 见下表。

可靠性指标 β 和相应的失效概率 P_f

破坏类型	安全等级		
	一级	二级	三级
延性破坏	3.7（1.08×10^{-4}）	3.2（6.87×10^{-4}）	2.7（3.47×10^{-3}）
脆性破坏	4.2（1.34×10^{-5}）	3.7（1.08×10^{-4}）	3.2（6.87×10^{-4}）

钢结构连接的承载能力极限状态经常是强度破坏,可靠性指标比构件为高,推荐取 4.5。

2. 概率极限状态法设计表达式

为应用方便并符合人们长期以来的习惯,规范给出了概率极限状态为基础的实用设计表达式。

(1) 承载能力极限状态表达式。对承载能力极限状态,应考虑荷载效应的基本组合和在偶然情况下荷载效应的必要组合。钢结构设计用应力表达,采用钢材强度设计值,按荷载效应的基本组合进行,强度和稳定设计时,有如下极限状态表达式。

① 可变荷载效应控制的组合:

$$\gamma_0 \left(\gamma_G \sigma_{Gk} + \gamma_{Q1} \sigma_{Q1k} + \sum_{i=2}^{n} \psi_{ci} \gamma_{Qi} \sigma_{Qik} \right) \leq \frac{f_y}{\gamma_R} = f \quad (1.5a)$$

② 永久荷载效应控制的组合:

$$\gamma_0 \left(\gamma_G \sigma_{Gk} + \sum_{i=1}^{n} \psi_{ci} \gamma_{Qi} \sigma_{Qik} \right) \leq \frac{f_y}{\gamma_R} = f \quad (1.5b)$$

式中 γ_0——结构重要性系数,当安全等级为一、二、三级时分别取为 1.1、1.0、0.9;

γ_G——永久荷载分项系数,对式 (1.5a) 一般取 1.2,对式 (1.5b) 一般取 1.35;当荷载效应对结构有利时,取 1.0,对抗倾覆和滑移有利时取 0.9;

γ_{Q1}、γ_{Qi}——第 1 个和第 i 个可变荷载的分项系数,一般情况下取 1.4,当楼面活荷载大于 4 kN/m² 时取 1.3;

σ_{Q1k}、σ_{Qik}——第 1 个和第 i 个可变荷载标准值计算的可变荷载效应值;

σ_{Gk}——按永久荷载标准值计算的永久荷载效应值;

ψ_{ci}——第 i 个可变荷载的组合系数,一般情况下,当无风荷载参与组合时取 1.0,有风荷载参与组合时取 0.6;

γ_R——结构抗力分项系数。

(2) 正常使用极限状态设计表达式。对正常使用极限状态,钢结构或构件仅考虑荷载效应标准组合。其表达式为

$$v_{Gk} + v_{Q1k} + \sum_{i=2}^{n} \psi_{ci} v_{Qik} \leq [v] \tag{1.6}$$

式中 v_{Gk}——永久荷载的标准值在结构或结构构件中产生的变形值；

v_{Q1k}——起控制作用的第 1 个可变荷载的标准值在结构或结构构件中产生的变形值（该值使计算结果为最大）；

v_{Qik}——其他第 i 个可变荷载标准值在结构或结构构件中产生的变形值；

$[v]$——结构或结构构件的容许变形值。

对于轴心受力和偏心受力构件，正常使用极限状态用构件的长细比 λ 来保证，以免构件过细，易于弯曲和颤动，对构件和连接的工作不利。验算公式为

$$\lambda = l_0/i \leq [\lambda] \tag{1.7}$$

式中 $[\lambda]$——构件的容许长细比，按规范规定采用；

l_0——构件的计算长度；

$i = \sqrt{I/A}$——构件的截面回转半径，其中 I 和 A 分别是截面惯性矩和截面面积。

第三节 钢结构的设计要求

钢结构设计时应满足下列基本要求：

（1）钢结构及其构件应安全可靠，即能安全地承受预期的各种有关荷载，因而必须具有足够的承载力和稳定性。钢构件一般壁薄且较细长，稳定问题特别突出。

（2）要满足使用要求和耐久性。使用要求包括变形和振幅的限制；耐久性主要应注意抗腐蚀和防火。

（3）要满足经济要求。最优的设计除安全适用外，应做成成本最低、重量最轻、制作和安装劳动力最省、工期最短、维护方便的结构。

为了实现上述设计要求，应掌握各种荷载的特性和量值以及它们应有的组合，具备合理选择钢材和连接材料的能力，能选用最优结构方案和最先进的设计方法，使钢结构设计做到技术先进、经济合理、安全适用、确保质量。此外，还要总结、创造和推广先进的制造工艺和安装技术，任何脱离施工的设计都不是成功的设计。

第四节 钢结构的发展方向

随着我国现代化建设的加速发展和钢产量的持续增加，钢结构的应用将会有很大发展，钢结构工程的科学技术水平也应该迅速提高。为此，要在下列几个方面做好工作。

1. 高效能钢材的研制和应用

高效能钢材的含义包括两个方面：一是研制出强度较高而性能又好的钢材；二是采用各种有效措施，提高钢材的有效承载力，更好地发挥钢材的使用效果，从而节约钢材，如改进截面形式等。

我国目前已较普遍采用 Q345 钢，北京首都体育馆的网架、上海电视塔的塔柱钢管就采用了这种材料，由于 Q345 钢强度高（屈服强度为 345 MPa），可节约大量钢材。南京长江大桥采用此种钢比用碳素钢节省钢材 15%，现在更高强度的 15 锰钒钢和 15 锰钛钢（屈服强度为 390 MPa）已开始应用。用于连接材料的高强度钢也广泛用于各种工程。

国外高强度钢发展很快，日本、美国、原苏联等都已把屈服点为 700 MPa 以上的钢列入了规范，如何开发研制高强度钢并合理应用是一个重要课题。

普通钢材的耐腐蚀性差，需要油漆防腐，这是钢结构尤其是薄壁钢结构的弱点。近年来，国外研制出一种耐腐蚀钢，价格虽比普通钢材高 20%~40%，但抗腐蚀性强，不需油漆保护。日本和美国都已将其大量用于沿海工程中。我国也已研制并生产出耐腐蚀钢，用于铁路货车车厢，使车厢由过去 5~7 年需更换的大修期提高到 12 年以上，为国家节约了大量钢材。今后在提高钢材强度，增加抗腐蚀性方面，应继续开展研制工作，并将它用于建筑钢结构。

另外，宽翼缘工字型钢（或称 H 型钢）、方钢管、压型钢板、冷弯薄壁型钢等都能较好地发挥钢材的效能，得到较好的经济效果，有着广阔的发展前景。

2. 计算理论的研究和完善

现在已广泛应用新的计算技术和测试技术，对结构和构件进行深入计算和测试，为了解结构和构件的实际性能提供了有利条件。计算和测试手段越先进，就越能反映结构和构件实际工作情况，从而合理使用材料，发挥其经济效益，并保证结构的安全。

我国现行《钢结构设计规范》和正在修改中的《铁路桥涵设计规范》都采用了以概率论为基础的极限状态设计法，这是通过大量理论研究和试验分析取得的成果。从合理和经济的观点出发，采用以概率为基础的极限状态设计方法是先进的设计方法，但目前还属于近似概率设计法，应向采用更为先进合理的全概率极限状态设计法的方向努力。

稳定是钢结构设计中的突出问题，自从欧拉提出轴心受压柱的弹性稳定临界力的计算公式以来，已有 200 多年。在此期间，很多学者对各类构件都做了不少理论分析和实验研究工作，做出了很多贡献，但仍然还存在不少问题尚未解决或未很好解决，如压弯构件的弯扭屈曲、薄板屈曲后强度、各种刚架体系的稳定以及空间结构的稳定等，所有这些问题需要进一步研究和完善。

3. 结构形式的创新和应用

新的结构形式有薄壁型钢结构、悬索结构、悬挂结构、网架结构和预应力钢结构等。这些结构适用于轻型结构、大跨屋盖结构、高层建筑和高耸结构等，对减少耗钢量有重要意义。

钢和混凝土组合构件的应用是一个重要的发展方向。钢材抗拉和抗压的强度相同，但受压构件取决于稳定承载力，致使钢材强度得不到充分发挥。混凝土则只能抗压。如果把钢和混凝土组合起来，形成钢—混凝土组合结构，则可充分发挥两种材料的长处，又互相弥补对方的缺点，形成一种新的结构，如组合梁、钢管混凝土柱、型钢混凝土梁和型钢混凝土柱等（见图 1.7）。

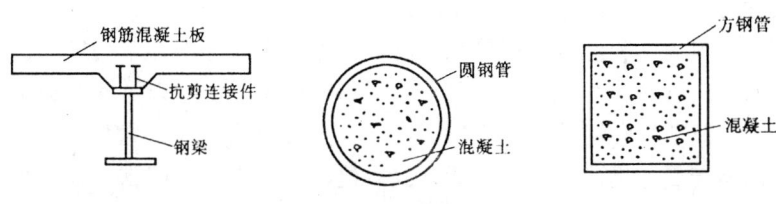

(a) 组合梁　　　(b) 圆钢管混凝土柱　　(c) 方钢管混凝土柱

图 1.7　组合梁和柱

由钢筋混凝土板作为受压翼缘与钢梁组合可节约钢材。这种组合梁已用在高层建筑楼层中。

采用钢管里面灌混凝土作为柱或柱肢，也是组合构件的一种类型。这种构件的特点是：在压力作用下，钢管和混凝土之间产生相互作用的力，使混凝土处于三向受压的应力状态下工作，大大提高了它的抗压强度，还改善了它的塑性，提高抗震性能。对于薄钢管，因得到了混凝土的支持，提高了稳定性，使钢材强度得以充分发挥。这一结构已在国内推广应用。新的钢结构设计规范还列入了组合结构的章节。

预应力钢结构也是一种新型结构，它的主要形式是在一般钢结构中增加一些高强度钢构件并对结构施加预应力。它的实质是以高强度钢材代替部分普通钢材，从而达到节约钢材的目的。我国从 20 世纪 50 年代就开始对预应力钢结构进行了理论和试验研究，并在一些工程中采用。20 世纪 90 年代预应力钢结构又有了一个飞跃。

高层建筑钢结构的研究也是一个重要方面。近年来在北京、广州、深圳和上海等地，相继修建了一些高层和超高层钢结构建筑物。目前，随着上海金贸大厦等超高层钢结构建筑的建成，我国高层钢结构的技术水平已有了长足的进步。

4. 最优化原理的应用

结构优化设计包括确定优化的结构形式和确定优化的截面尺寸。由于计算机的逐步普及，促使结构优化设计得到相应的发展。我国编制的钢吊车梁标准图集，就是根据耗钢量最小的条件写出目标函数，把强度、稳定、刚度等一系列设计要求作为约束条件，用计算机解得优化的截面尺寸，比过去的标准设计节省钢材 5%～10%。优化设计已逐步推广到塔桅结构、网架结构设计等各个方面。

此外，钢结构防锈对薄壁型钢和轻钢结构有重要意义，H 型钢和压型钢板的采用亦在钢结构中取得显著成效，近年来，这方面的研究工作已取得了一定的进展。

第五节　本课程的主要内容、特点和学习方法

1. 钢结构设计原理课程的主要内容

钢结构设计原理课程的主要内容包括材料、连接（包括构件之间的连接）、基本构件设计（受弯构件、轴心受力构件和拉弯、压弯构件）等部分。

2. 钢结构设计原理课程的地位与特点

钢结构设计原理课程是全国高等教育土木工程专业的核心课程之一，是为培养学生在土

木工程钢结构方面的基本理论知识和应用设计能力而设置的一门课程。

钢结构是在工程力学和建筑材料等课程的基础上，进行学习和掌握应用的专业课。因而在学习本课程前，应学好工程力学，主要是其中的材料力学部分以及建筑材料。由于这种结构具有轻质高强以及塑性和韧性好等突出的优点，主要应用于高、大和重型工程结构中。近年来，随着我国钢产量的迅速增长，改革开放后建设事业的发展需求，高层建筑钢结构、大跨度钢结构以及各种轻钢建筑结构的发展和应用日渐广泛，更显出学习本课程的重要性。因而从事土木建筑的工程技术人员应很好地学习和掌握这门专业课程。

通过对本课程的学习，可获得很多有关建筑结构的概念、计算方法和设计技能，这些知识和技能具有普遍意义，有助于培养分析问题和解决问题的能力以及处理技术问题的能力和素质，也为学生很好地完成毕业设计奠定基础。

学习本课程后，学生应了解钢结构的特点及其在我国的合理应用范围和发展；深刻理解钢材的基本性能，梁、柱等基本构件及其连接的工作性能，掌握这些方面的基本知识、基本理论和构造原则；能正确使用钢结构设计规范，进行基本构件的设计。

在工程实践中，经常遇到的主要问题是：钢材材质和合理选用、构件的稳定问题以及节点的合理构造。在学习过程中，对上述三方面的内容应给予重视。

钢结构设计原理还是一门很有生命力的课程，随着各种高效钢材和新型结构的开发，计算技术和试验手段的现代化，钢结构技术也在不断更新和发展，各种有关标准和规范在不断修订充实，而钢结构设计原理内容也在不断修订扩充。

3. 钢结构设计原理的学习方法

对钢结构设计原理的学习首先应将基本理论和基本概念放在重要位置，并要对材料合理选用、连接计算、基本构件计算和结构设计等内容认真学习，善于归纳、分析和比较，并不断加深理解。同时，还需联系工程实践，吸取感性知识。另外，在设计和做习题时，应条理清晰、步骤分明、计量单位采用得当，以避免计算中的遗漏和失误。

思 考 题

1. 根据你所知道的钢结构工程，试述其特点。
2. 钢结构有哪些特点？结合这些特点，你认为应怎样选择其合理应用范围？
3. 钢结构设计原理课程有哪些主要内容和特点？你准备怎样进行学习？
4. 结构的可靠性指的是什么？它包括哪些内容？可靠度又是什么？
5. 结构的承载能力极限状态包括哪些计算内容？正常使用极限状态又包括哪些内容？
6. 可靠度指标与失效概率有什么关系？钢结构的可靠度指标一般规定是多少？

第二章 钢结构的材料

钢结构的主要材料是钢材。钢材种类繁多，性能各异，价格不同。钢结构常常需要在不同的环境和条件下承受各种荷载，因此钢结构中使用的钢材应当具有良好的机械性能，包括静力、动力强度和塑性、韧性等，也应当具有良好的加工性能，包括冷、热加工和焊接性能，以保证结构的安全可靠、便于加工制作、节省钢材和降低造价。

另外，钢材在受力破坏时，表现为塑性破坏和脆性破坏两种特征，其产生原因除涉及钢材自身的性质外，还与一些外在的使用条件有关。脆性破坏是钢结构应该严加防止的，因此，研究和掌握钢材在各种应力状态下的工作性能、产生脆性破坏的原因和影响钢材性能的因素，从而在实际工程中合理而经济地选择钢材是钢结构设计中非常重要的内容。

第一节 钢结构对钢材性能的要求

用作钢结构的钢材必须具有下列性能：

1. 较高的强度

钢结构要求钢材的抗拉强度 f_u 和屈服点 f_y 比较高。屈服点 f_y 是衡量结构承载能力的指标，屈服点高可以减小截面，从而减轻自重，节约钢材，降低造价。抗拉强度 f_u 是衡量钢材经过较大变形后的抗拉能力，它直接反映钢材内部组织的优劣。抗拉强度高，可以增加结构的安全保障。

2. 足够的变形能力

变形能力即钢材的塑性和韧性性能。塑性好则结构破坏前变形比较明显从而可减少脆性破坏的危险性，并且塑性变形还能调整局部高峰应力，使之趋于平缓；韧性好表示在动荷载作用下破坏时要吸收比较多的能量，同样也降低脆性破坏的危险程度。对采用塑性设计的结构和地震区的结构而言，钢材变形能力的大小具有特别重要的意义。

3. 良好的加工性能

即钢材的适合冷、热加工，同时具有良好的可焊性。良好的加工性能不但要求钢材易于加工成各种形式的结构，而且不致因这些加工而对强度、塑性及韧性带来较大的有害影响。

此外，根据结构的具体工作条件，在必要时还应该具有适应低温、有害介质侵蚀（包括大气锈蚀）以及疲劳荷载作用等的性能。在符合上述性能的条件下，同其他建筑材料一样，钢材也应该容易生产、价格便宜。

按以上要求，钢结构设计规范具体规定：承重结构的钢材应具有抗拉强度、伸长率、屈服点和碳、硫、磷含量的合格保证；焊接结构尚应具有冷弯试验的合格保证；对某些承受动力荷载的结构以及重要的受拉或受弯的焊接结构尚应具有常温或负温冲击韧性的合格保证。

多年实践经验证明，Q235钢、Q345钢是符合要求的。根据新的实践，结合我国资源特点又推荐了Q390钢、Q420钢。

第二节　金属的晶体结构及其对金属性能的影响[19]

只有对钢材这种金属材料的内部组织结构有一定了解，才能在更深层次上理解和掌握钢结构的性能，因此有必要从微观到宏观，比较全面系统地介绍钢结构的各种性能。

金属原子结构的特点是原子最外层电子数很少，这些最外层电子很容易脱离原子核的引力，成为自由电子，同时使原子成为正离子。大量金属原子聚集在一起构成固态金属时，绝大多数原子会失去其最外层电子而成为正离子；脱离原子核束缚的自由电子在各正离子之间自由运动，并为全部金属原子所共有，形成"电子云"，图2.1示意地绘出了金属键模型。

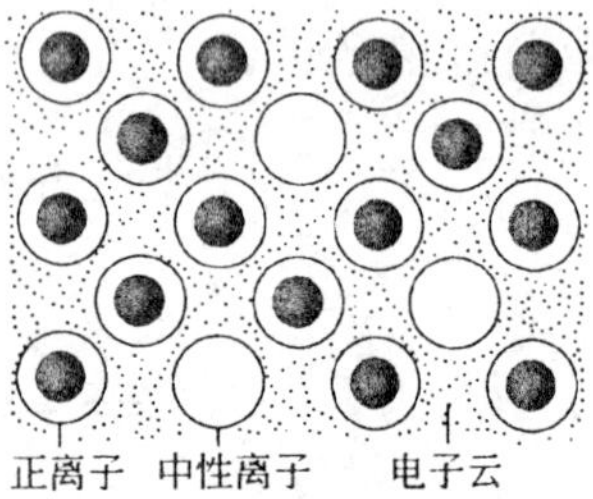

图2.1　金属键模型

金属晶体就是依靠各正离子和电子云之间的静电引力牢固地结合在一起的。这种共有化的电子和正离子以静电引力结合起来就形成了所谓的金属键。

金属键理论能较好地解释固态金属的某些特性，如金属的可锻性。在外力作用下，各部分原子发生相对移动而改变形状时，正离子与自由电子间仍保持金属键结合而不被破坏，故显示出良好的可锻性。

金属材料的化学成分不同，其性能也不同。金属除化学成分外，金属的内部结构和组织状态也是决定金属材料性能的重要因素。这就促使人们致力于金属及合金内部组织结构的研究，以寻求改善和发展金属材料的途径。

金属在固态下通常都是晶体。要了解金属及合金的内部结构，首先应了解晶体的结构，其中包括：原子的排列方式和分布规律；各种晶体的特点及差异等。

1. 晶体结构的基本概念

由于原子在物质内部的排列方式不同，可以把固态物质分为晶体和非晶体两大类。凡内部原子呈规则排列的物质称为晶体，所有固态金属都是晶体；凡内部原子无规则排列的物质称为非晶体。晶体结构是指晶体内部原子排列的方式及特征。只有研究金属的晶体结构，才能从本质上说明金属性能的差异及变化的实质。

为了便于说明晶体中原子排列的规律，用假想直线将各原子的振动中心连接起来，构成空间格架。这种用以描述原子在晶体中排列形式的空间格架称为晶格（见图2.2b）。晶格中原子组成的平面称为晶面，故晶格或晶体可以看成是由层层晶面堆砌而成的结构。晶格中通过两个以上原子振动中心的直线称为晶向，它能表示晶格或晶体的空间方位。晶相中最简单、最基本、最典型的空间几何体称为晶胞（见图2.2c），它代表着晶格的结构形式。整个晶格就是由许多个大小、形状和位向相同的晶胞重复堆集而成的。

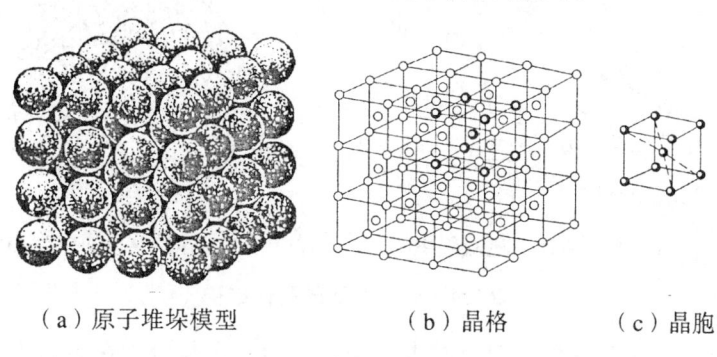

（a）原子堆垛模型　　（b）晶格　　（c）晶胞

图2.2　原子排列示意图

2. 三种典型的金属晶体结构

金属晶体结构中最典型、最常见的晶体结构有3种类型，即体心立方结构（见图2.3a）、面心立方结构（见图2.3b）和密排六方结构（见图2.3c）。

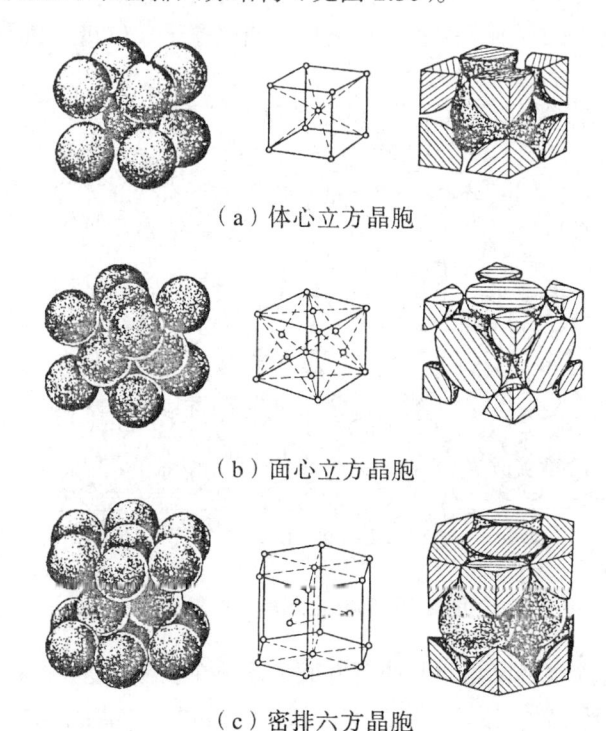

（a）体心立方晶胞

（b）面心立方晶胞

（c）密排六方晶胞

图2.3　金属晶体结构

3. 金属实际的晶体结构

金属内所有原子排列的形式和方位都完全一致的结构，称为单晶体。具有单晶体结构的金属，其性能表现出明显的方向性，但其获得非常困难。而实际固体金属是由许多小晶体所组成的，称为多晶体。图2.4（a）纯铁的显微组织，是由许多类似多边形的颗粒组成，这些小颗粒称为晶粒。晶粒之间的界面称为晶界，每一晶粒相当于一个单晶体。晶体金属中各个晶粒的原子排列虽然相同，但每个晶粒原子排列的位向是不相同的，如图2.4（b）所示。

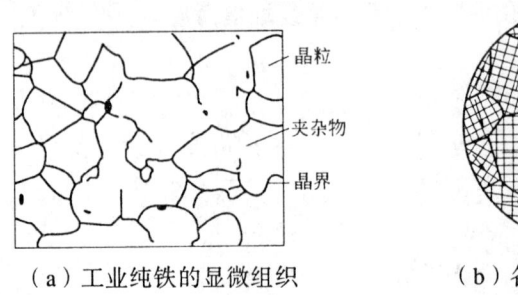

（a）工业纯铁的显微组织　　（b）各晶粒位向示意图

图2.4　金属实际的晶体结构

多晶体金属的性能在各个方向上基本上是一致的，这是由于在多晶体中，虽然每个晶体都是各向异性的，但它们是任意分布的，晶体的性能在各个方向相互补充和抵消，再加上晶界的作用，就掩盖了每个晶粒的各向异性。

实际上使用的金属，其内部结构的原子排列并非完全完整无缺的，而是在每个晶体的某些部位，由于铸造、变形等一系列原因使原子排列受到破坏，从而存在着各种各样的缺陷。实际金属晶体的结构如图2.5所示，存在有空位、间隙原子、位错、晶界等缺陷。

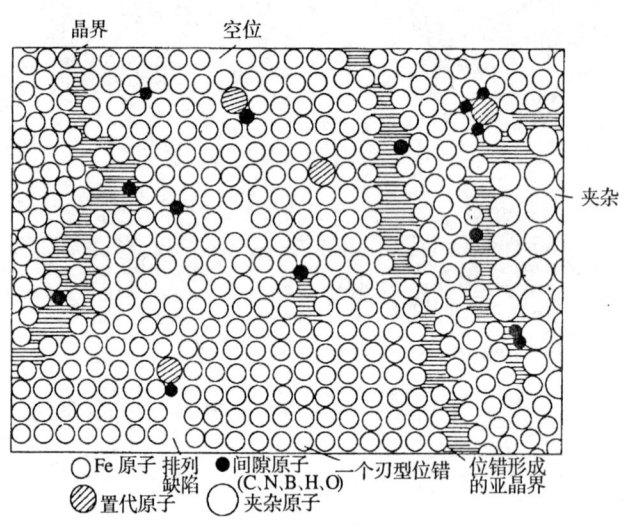

图2.5　实际金属晶体的结构

（1）点缺陷。实际金属的晶格中并非所有原子都处在正常位置上。在外界条件的干扰下，某些原子会脱离其平衡位置，使该处成为空位状态。同时，在晶格的间隙中也可以滞留多余原子（见图2.6a）。这些情况都使晶格的规则性受到破坏，形成晶格的缺陷。

晶格中有空位和间隙原子时，使其周围原子间的作用力不再平衡，这些原子也将被迫偏离原平衡位置，致使该局部晶格的形状和晶格常数都发生改变，即产生了晶格畸变，其结果使金属屈服点增高，影响金属的许多物理、化学性能。

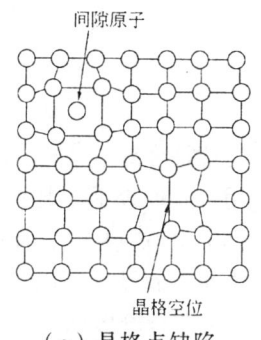 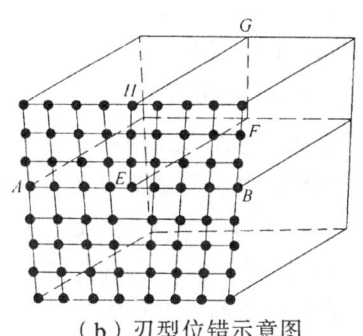

（a）晶格点缺陷　　　　　　（b）刃型位错示意图

图 2.6　金属缺陷

（2）线缺陷。线缺陷是指晶格中某一列或若干列原子出现有规律的错排（称为位错），破坏了晶格的规则性而形成的缺陷（见图 2.6b）。位错是金属的一种更重要的缺陷。位错类型有许多种，图 2.6（b）所示刃型位错是最简单的一种。图中的 EF 线称为位错线。

位错的特点是原子易动，对金属的塑性变形、强度、扩散、相变、疲劳、腐蚀等物理、化学性能都起重要作用。

（3）面缺陷。由于实际金属是多晶体结构，故有晶界存在。晶界有一定的厚度，它是不同位向晶粒间原子不规则排列的过渡层。晶界的存在就是晶体面缺陷的一种形式。晶界厚度的不同，晶界处的状态不同，都直接改变着金属的性能。

（4）体缺陷。在实际金属的晶体结构中，还会存在非金属氧化物等颗粒状物质，也可能有微细裂纹或孔洞类缺陷，这些可视为晶体的体缺陷。

实际金属的强度比理想金属晶体强度约低 1 000 倍，其原因就是实际金属中存在着缺陷，特别是位错。位错原子的易动性使晶体易于变形，以致局部断裂。不过，当大量缺陷存在时，由于缺陷本身彼此之间的相互作用，发生相互干扰，阻碍原子往某一方向运动，反而使金属强度提高。研究金属晶体结构缺陷的实际意义之一，在于认识增加缺陷数量是强化金属，控制金属构件品质的重要途径，从而制造出满足各种条件对结构构件性能要求的钢材。

4. 铁碳合金

钢铁是现代工业中应用最广泛的金属材料，其基本组元是铁和碳两种元素，故统称为铁碳合金。普通碳钢和铸铁均属铁碳合金范畴。当加入某些元素（称为合金元素）后，更加扩大了钢铁材料的品种。目前在我国普遍使用的钢铁材料品种不下百余种，这与铁碳合金在结构上的多样性和易改变性有密切关系。

铁碳合金的基本组织有两种：

（1）铁素体。铁素体是碳溶解在 α-Fe 中的固溶体，用符号 F 表示。铁素体具有体心立方晶格，属间隙式固溶体，溶碳量很有限。室温时仅可溶解 0.006% 的碳，727 ℃ 时溶碳量可达 0.021 8%，随着温度下降溶碳量逐渐减少，在 600 ℃ 时溶碳量约为 0.005 7%，因此，其室温时的性能几乎与纯铁相同，各项力学指标如下：

抗拉强度　　　$\sigma_b = 180 \sim 280$ MPa；
屈服点　　　　$\sigma_s = 100 \sim 170$ MPa；
伸长率　　　　$\delta = 30\% \sim 50\%$；

断面收缩率 $\psi = 70\% \sim 80\%$；
冲击韧度值 $\alpha_k = 160 \sim 20 \text{ J/cm}^2$；
硬度 $50 \sim 80 \text{ HBS}$。

由此可见，铁素体的强度、硬度不高，但具有良好的塑性和韧性。

（2）渗碳体。渗碳体是铁与碳形成的金属化合物，用 Fe_3C 表示。其含碳量为 6.69%，具有复杂的晶格结构；其熔点为 1 227 ℃；硬度很高（950～1 050 HV），而塑性和韧性几乎为 0，脆性极大。渗碳体中碳原子可被氮等小尺寸原子置换，而铁原子则可被其他金属原子（如 Cr、Mn 等）置换。这种以渗碳体为溶剂的固溶体称为合金渗碳体。

渗碳体在钢和铸铁中与其他相共存时呈片状、球状、网状或板状。渗碳体是碳钢中主要的强化相，它的形态与分布对钢的性能有很大影响。同时，Fe_3C 在一定条件下会发生分解，形成石墨状的自由碳。

第三节　结构钢材的主要力学性能

钢材的力学性能是钢材在各种作用（荷载）下反映的各种特性，它包括强度、塑性、韧性和冷弯性能等方面，一般由试验测定。

一、强　度

强度是材料受力时抵抗破坏的能力。钢结构一般都承受较大荷载，所以要求钢材具有相当的强度。说明钢材强度性能的指标有弹性模量 E、比例极限 f_p、屈服强度 f_y、抗拉强度（极限强度）f_u。它们是根据钢材标准试件一次拉伸试验确定的。其中屈服强度 f_y 很重要，是设计时认为钢材可以到达的最大应力。在屈服强度以前，钢材服从弹性工作的计算假定，其变形很小，应力与应变呈线性关系；钢材达到屈服强度以后，应变急剧增长，结构变形达到不能正常使用的情况。所以钢结构的设计强度一般以钢材的屈服强度作为依据确定。屈服强度高的钢材可减轻结构重量、节约材料和降低造价。

结构钢材单向应力状态下的力学性能是在静载、常温条件下，对钢材标准试件（见图2.7）一次单向均匀拉伸试验得到的，它是机械性能试验中最具有代表性的，简单易行，可得到反映钢材强度和塑性的几项主要机械性能指标，且对其他受力状态（受压、受剪、受弯）也有代表性。

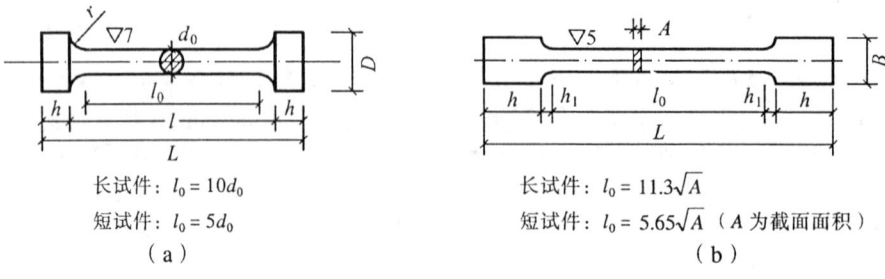

长试件：$l_0 = 10d_0$　　　　　　长试件：$l_0 = 11.3\sqrt{A}$
短试件：$l_0 = 5d_0$　　　　　　短试件：$l_0 = 5.65\sqrt{A}$（A 为截面面积）
　　　（a）　　　　　　　　　　　　　　（b）

图 2.7　标准拉伸试件

图 2.8（a）为低碳钢单向均匀拉伸试验的应力—应变曲线；图 2.8（b）为曲线的局部放大，从中可以看出钢材受力的几个阶段和强度、塑性的几项指标。

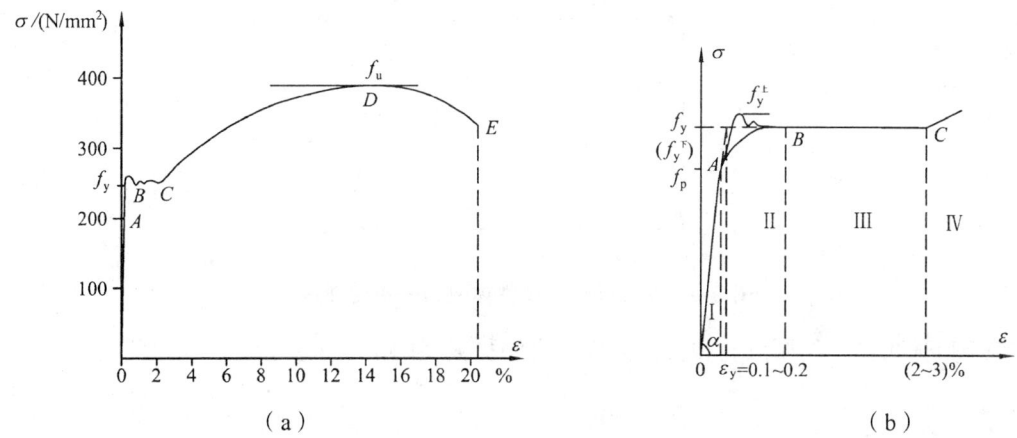

图 2.8　低碳钢标准试件拉伸曲线（$\sigma - \varepsilon$ 曲线）

由 $\sigma - \varepsilon$ 关系曲线可见，结构钢材一次拉伸试验时，历经 4 个阶段。

（1）弹性阶段（OA 段）。钢材的应力与变形完全处于直线关系，符合胡克定律。材料为弹性，弹性模量 E 为常数（2.06×10^5 MPa），其应力最高点为比例极限 f_p，此时相应的应变约为 0.10%（Q235）。

（2）弹塑性阶段（AB 段）。当应力超过比例极限时，应力与应变不成正比，材料为弹塑性体，弹塑性模量为变数。应力增加时，增加的应变包括弹性应变和塑性应变两部分。在此阶段卸荷时，弹性应变立即恢复，而塑性应变不能恢复，称为残余应变。由 A 点到 B 点，应力和应变关系是一个波动过程，逐渐地趋于平稳，如图 2.8（b）所示。波动形状主要和加荷速度有关，加荷速度大时屈服点就高，否则就低。下屈服点较为稳定，因而计算时以下屈服点为准，记为 f_y。

没有明显屈服点的钢材（或硬钢），以条件屈服强度（残余应变为 0.2%）所对应的应力作为静力强度设计指标。

（3）塑性阶段（BC 段）。应力达到屈服点后，应力不增加，而应变可继续增大，即变形模量为 0，应力应变关系形成水平线段 BC，通常称为屈服平台，亦即塑性流动阶段，钢材表现出完全塑性。对于结构钢材，此阶段终了的应变（C 点的应变）可达 2%～3%。

（4）强化阶段（CD 段）。过了屈服阶段之后，钢材内部晶粒重新排列，使抵抗外荷载的能力有所提高，曲线上升而到达顶点，称为强化阶段，此时的顶点应力为抗拉强度 f_u，当荷载使钢材出现抗拉强度的极限值时，截面面积局部收缩，塑性变形迅速增大，称为颈缩阶段。此时荷载不断降低、变形继续发展，直到断裂为止。

抗拉强度 f_u 除了反映钢材经过巨大变形后的抗拉能力外，还反映钢材内部组织的优劣，并与钢材的疲劳强度也有比较密切的关系，也是钢材破坏前能够承受的最大应力。虽然在达到这个应力时，钢材已由于产生很大变形而失去使用性能，但抗拉强度高则可增加结构的安全保障，故比值 f_u/f_y 可看作衡量钢材强度储备的一个系数。

钢材的工作性能可看成理想弹性—塑性体（见图 2.9），即在屈服强度之前为弹性阶段，屈服强度之后为塑性阶段,屈服强度则为其承载能力的极限。

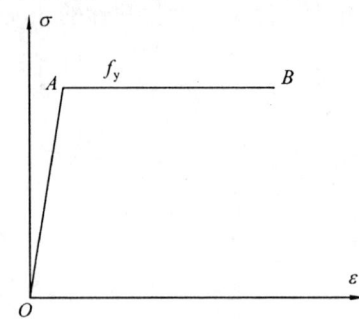

图 2.9 理想弹性—塑性体应力—应变曲线

综上所述可见,屈服点 f_y 和抗拉强度 f_u 是钢材强度的两项重要指标。

二、塑 性

钢材的塑性一般是指当应力超过屈服点后,能产生显著的塑性变形而不立即断裂的性质。衡量钢材塑性好坏的主要指标是伸长率 δ(最大应变 ε_{max})和断面收缩率 ψ,可由静力拉伸试验得到。

伸长率 δ 等于试件(见图 2.7)拉断后的原标距间的伸长量和原标距比值的百分率,以百分数表示,可按下式计算

$$\delta = \frac{l_1 - l_0}{l_0} \times 100\% \quad (2.1)$$

式中　δ——伸长率;
　　　l_0——试件原标距长度;
　　　l_1——试件拉断后标距的长度。

伸长率是衡量钢材塑性性质的一项主要指标。伸长率越大,表示钢材破断前产生永久塑性变形和吸收能量的能力越强,延伸性和塑性越好。需要指出的是,同一种钢材的伸长率值随所取用的试件标距 l_0 与横截面直径 d_0 之比的增加而减小。

断面收缩率 ψ 是试件拉断后,颈缩区的断面面积缩小值与原断面面积比值的百分率,按下式计算

$$\psi = \frac{A_0 - A_1}{A_0} \times 100\% \quad (2.2)$$

式中　A_0——试件原来的断面面积;
　　　A_1——试件拉断后颈缩区的断面面积。

截面收缩率 ψ 标志着钢材在颈缩区的三向同号拉应力状态下可能产生的最大塑性变形能力,是衡量钢材在该拉伸应力状态下发生永久塑性变形而不致断裂的性质的一项重要指标。ψ 值越大,表明塑性性质越好。

由于伸长率是由钢材的均匀变形(非颈缩区)和集中变形(颈缩区)的总和所确定的,

所以不能代表钢材的最大塑性变形能力。断面收缩率是衡量钢材塑性（颈缩区）的一个比较真实和稳定的指标，但在测量颈缩区面积时较困难且误差较大，所以在钢材标准中塑性指标往往只用伸长率 δ 而不用断面收缩率 ψ。

在实际工程中，特别是在动力荷载作用下的构件，钢材的塑性好坏常是决定结构是否安全可靠的主要因素之一，所以钢材的塑性指标比强度指标更为重要。

三、冲击韧性

冲击韧性是钢材的一种动力性能指标。它是指钢材在冲击荷载作用下断裂时吸收机械能的一种能力，是衡量钢材抵抗可能因低温、应力集中、冲击荷载作用等而致脆性断裂能力的一项机械性能。它用材料在断裂时所吸收的总能量（包括弹性和非弹性能）来量度，其值为图 $2.8\sigma—\varepsilon$ 关系曲线与横坐标所包围的总面积，总面积越大韧性越高，故韧性是钢材强度和塑性的综合指标。

钢材的冲击韧性通常采用有特定缺口的标准试件，在材料试验机上进行冲击荷载试验使试件断裂来测定。常用标准试件的形式有夏比（Charpy）V 形缺口试件（见图 2.10）。在冲击试验中，一般采用截面为 10 mm×10 mm，长度为 55 mm，中间开有小缺口的试件，放在摆锤式冲击试验机上进行试验（见图 2.10）。

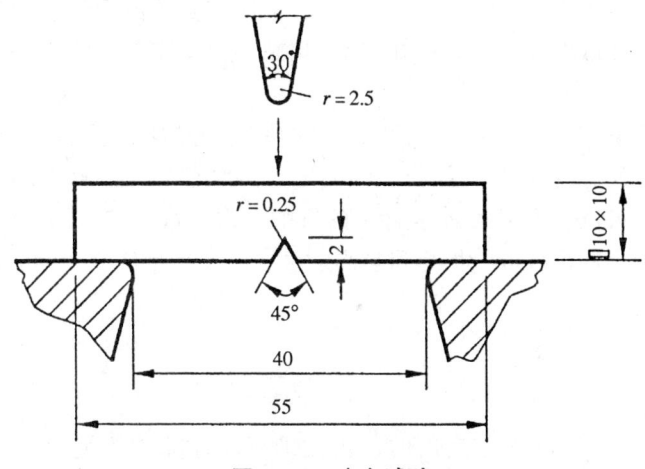

图 2.10 冲击试验

冲击韧性除和钢材的质量密切相关外，还与钢材的轧制方向有关。由于顺着轧制方向（纵向）的内部组织较好，故在这个方向切取的试件冲击韧性值较高，横向则较低。现钢材标准规定采用纵向。

另外，钢材的冲击韧性还与其厚度有关。较大厚度钢材的冲击韧性，尤其是负温冲击韧性将显著降低。因此，在负温条件下使用的钢结构应尽量采用较小厚度的钢材。

四、冷弯性能

冷弯性能是指钢材在冷加工（常温下加工）产生塑性变形时，对产生裂缝的抵抗能力。

冷弯性能由冷弯试验来确定（见图2.11）。试验时按照规定的弯心直径在试验机上用冲头加压，使试件弯成180°。如试件外表面不出现裂纹和分层，即为合格。冷弯试验不仅能直接检验钢材的弯曲变形能力或塑性性能，还能暴露钢材内部的冶金缺陷，如硫、磷偏析和硫化物与氧化物的掺杂情况，这些都将降低钢材的冷弯性能。因此，冷弯性能合格是鉴定钢材在弯曲状态下的塑性应变能力和钢材质量的综合指标。另一方面由于冷弯时试件中部受弯部位受到冲头挤压以及弯曲和剪切的复杂作用，因而冷弯性能也是考查钢材在复杂应力状态下发展塑性变形能力的一项指标。

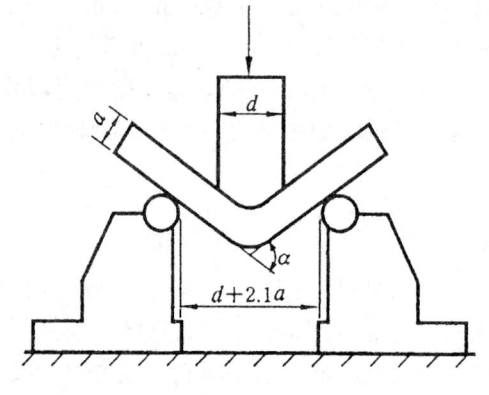

图2.11 钢材冷弯试验示意图

五、可焊性

钢材的可焊性是指在一定的焊接工艺和结构条件下，钢材经过焊接后能够获得良好的焊接接头的性能。可焊性可分为施工上的可焊性和使用上的可焊性。

施工上的可焊性是指焊缝金属产生裂纹的敏感性，以及由于焊接加热的影响，焊缝区钢材硬化和产生裂纹的敏感性。可焊性好，是指在一定的焊接工艺条件下，焊缝金属和焊缝区钢材均不产生裂纹。

使用性能上的可焊性是指焊接接头和焊缝的缺口韧性（冲击韧性）和热影响区的延伸性（塑性）。要求焊接构件在施焊后的机械性能（力学性能）不低于母材的机械性能。

钢材的可焊性受碳含量和合金元素含量的影响。碳含量在0.12%~0.20%范围内的碳素钢，可焊性最好。碳含量再高可使焊缝和热影响区变脆。衡量低合金钢的可焊性可以用下列公式计算其碳当量。

$$C_E = C + \frac{M_n}{6} + \frac{1}{5}(C_r + M_0 + V) + \frac{1}{15}(N_i + C_u) \qquad (2.3)$$

此式是国际焊接学会（UV）提出的，为我国行业标准《建筑钢结构焊接技术规程》（JGJ81）所采用。

当式（2.3）计算的 C_E 不超过0.38%时，钢材的可焊性很好。

当式（2.3）计算的 C_E 大于0.38%但未超过0.45%时，钢材淬硬倾向逐渐明显，需要采取适当的预热措施并注意控制施焊工艺。

当式（2.3）计算的 C_E 大于0.45%时，钢材的淬硬倾向明显，需采用较高的预热温度和严格的工艺措施来获得合格的焊缝。

六、钢材Z向收缩率

当钢材厚度较大时（>40 mm），或承受沿板厚方向的拉力作用时，容易发生层状撕裂现象。厚钢板层状撕裂现象的发生，不仅严重影响钢结构工程的质量与施工进度，如未被发现与处理，还会危及钢结构工程的安全。应附加要求板厚方向的 Z 向收缩率为 15%~35%，以防止钢材在焊接时或承受厚度方向的拉力时，发生分层撕裂。

1. 层状撕裂的发生

钢板和型钢都是经过辊轧成型的，辊轧有热轧和冷轧之分，一般钢结构所用钢材为热轧成型，冷轧只用于生产小截面型钢和薄板。

热轧可以破坏钢锭的铸造组织，细化钢材的晶粒（见图2.12），钢锭浇注时形成的气泡和裂纹可在高温和压力作用下焊合，从而使钢材的力学性能得到改善。

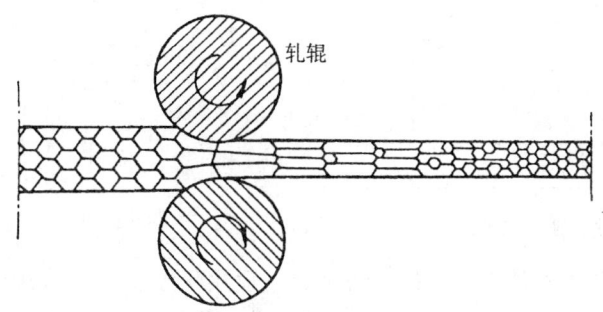

图 2.12 钢的轧制使晶粒细化

然而，这种改善主要体现在沿轧制方向上，因钢材内部的非金属夹杂物（主要为硫化物、氧化物、硅酸盐等）经过轧压后被压成薄片，仍残留在钢板中（一般与钢板表面平行），而使钢材出现分层（夹层）现象。这种非金属夹层现象，使钢材沿厚度方向受拉的性能恶化。

钢板的层状撕裂一般在焊接节点中产生（见图 2.13）。焊缝冷却时会产生收缩变形，焊缝的收缩变形使钢板沿板面垂直方向受到很大的拉力，如果钢板很薄或没有对变形的约束，钢板会发生扭曲从而释放应力。但如果钢板很厚或有加劲肋、相邻板件的约束，钢板不能自由变形，而只能通过钢板在垂直于板面方向产生很大的应变来适应这种变形，则在钢板中可能产生层状撕裂。在约束很强的区域，由焊缝收缩引起的局部应力可能数倍于材料的屈服极限，远远大于由设计荷载引起的应力。

一般厚钢板较易产生层状撕裂，因为钢板越厚，非金属夹杂缺陷越多，且焊缝也越厚，焊接应力和变形也越大。

2. 钢板的 Z 向性能

钢板沿厚度方向的受力性能（主要为延性性能）称为 Z 向性能。钢板的 Z 向性能可通过做试样拉伸试验得到（见图 2.14），一般以断面收缩率作为评定指标。

试件采用圆柱体，可由整个板厚加工而成（见图 2.14）。试件直径 $d_0=10$ mm（板厚 > 25 mm 时），长度 $l_0 \geq 1.5d_0$，并沿钢板轧制方向的任意一端中部截取。试件拉断后，其断口处横截面面积 A_1 比原横截面面积 A_0 的缩减百分比值 ψ_z，称为厚度方向（Z 向）的断面收缩率，即

$$\psi_z = \frac{A_0 - A_1}{A_1} \times 100\% \tag{2.4}$$

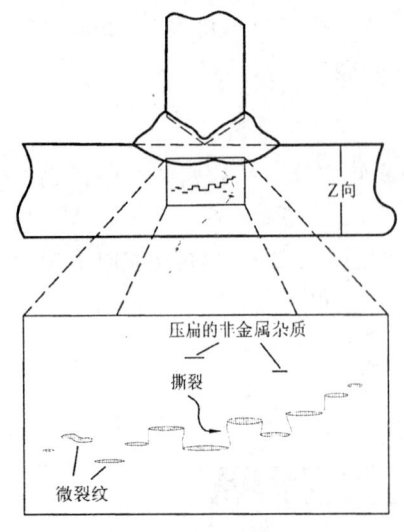

图 2.13 层状撕裂过程

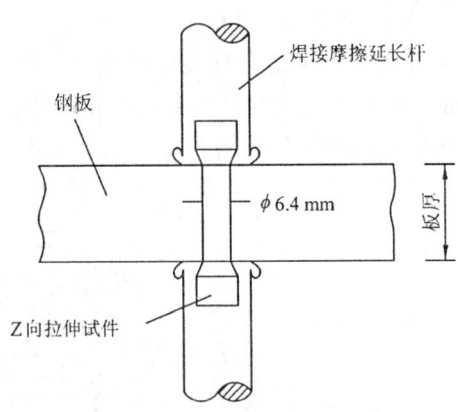

图 2.14 Z 向拉伸试件

GB5313—85《厚度方向性能钢板》的规定,适用于厚度 15~150 mm 及屈服点不大于 500 MPa 的镇静钢钢板。该标准将钢板 Z 向断面收缩率分为 Z15、Z25、Z35 等 3 个级别,它对应的 ψ_z 相应为 15%、25%、35%。对这 3 个级别的钢材还规定含硫量相应地分别小于 0.01%、0.007%、0.005%。断面收缩率的级别越高,其抗层状撕裂的性能越好;含硫量越高,断面收缩率的级别越低。

对于厚钢板,为防止层状撕裂的发生,需对其 Z 向性能提出要求。Z 向断面收缩率大于 20% 的钢板,其层状撕裂一般可以避免;当 Z 向断面收缩率小于 20% 时,则有可能发生层状撕裂。

第四节 影响结构钢材力学性能的主要因素

影响钢材性能的因素主要有钢材的化学成分及其微观组织结构,钢材的冶炼、浇注、轧制等生产工艺过程,钢结构的加工、构造、尺寸、受力状态及其所处的环境温度等。

一、化学成分

钢的主要化学成分是铁(Fe,在普通碳素钢中约占 99%)和少量的碳(C)。此外有锰(Mn)、硅(Si)等有利元素,以及熔炼中很难除尽或混入的硫(S)、磷(P)、氧(O)、氮(N)、氢(H)等有害杂质元素。在合金钢中还有特意添加以改善钢材性能的某些合金元素,如锰、钒(V)等。碳、锰、硅和杂质元素以及合金元素的含量虽少,但对钢材性能有很大的影响。

1. 碳(C)

碳是形成钢材强度的主要成分。碳钢的组织都是由铁素体和渗碳体这两个相组成的。

钢的强度来自渗碳体与珠光体（渗碳体与纯铁体的混合物）。

碳含量对钢的强度、塑性、韧性和焊接性有决定性的影响。随着碳含量的增加，碳钢中的渗碳体数量也随着增多，因此硬度直线上升。钢材的抗拉强度和屈服强度提高；但其塑性、冷弯性能和冲击韧性，特别是低温冲击韧性降低，焊接性也变坏。钢结构的钢材不但应有较高的强度，而且应有良好的塑性、较好的焊接性和冷弯性能以及必要的韧性。所以结构钢材的碳含量不能过高，通常不超过 0.22%。

2. 锰（Mn）

锰是有益元素，它能增加珠光体相对量，使组织细化。因此，它能显著提高钢材强度，但不过多降低塑性和冲击韧性。锰有脱氧作用，是弱脱氧剂，可消除有害气体，能防止形成 FeO（降低钢的脆性）。Mn 还能与 S 化合成 MnS，以减轻硫的有害作用，改善钢的热加工性能，使钢材热加工时因硫而产生裂纹的"热脆"现象减少。在室温下 Mn 可溶入铁素体形成置换固溶体，使钢强化。在低合金钢中，Mn 是合金元素。我国低合金钢中锰的含量在 1.0%~1.7%。但是过量的锰含量会使钢材的可焊性降低，钢材变脆和塑性降低，故含量有限制。

3. 硅（Si）

硅是有益元素，有更强的脱氧作用，是强脱氧剂。硅的脱氧能力比锰强，可以防止形成 FeO，改善钢质；可溶于铁素体使钢材的粒度变细和散布均匀，提高钢的强度、硬度和弹性，但使钢的塑性和韧性降低。

硅的含量在碳素镇静钢中为 0.12%~0.3%，低合金钢中为 0.2%~0.55%，过量时则会恶化可焊性及抗锈蚀性。

4. 钒（V）、铌（Nb）、钛（Ti）

钒、铌、钛都能使钢材晶粒细化。我国的低合金钢都含有这 3 种元素，作为合金元素，可提高钢材强度和细化钢的晶粒。钒、铌、钛的化合物具有高温稳定性，使钢的高温硬度提高。

5. 铝（Al）、铬（Cr）、镍（Ni）

铝是强脱氧剂，用铝进行补充脱氧，不仅进一步减少钢中的有害氧化物，而且能细化晶粒。低合金钢的 C、D 及 E 级都规定铝含量不低于 0.015%，以保证必要的低温韧性。铬和镍是提高钢材强度的合金元素，用于 Q390 钢和 Q420 钢。

6. 硫（S）

硫是有害元素，属于杂质。在固态下 S 在铁素体中的溶解度极小，在钢中主要以 FeS 的形态存在。FeS 塑性差、强度低，所以含 S 量高的钢脆性大。更严重的是，FeS 和 Fe 能形成低熔点（985 ℃）的共晶体分布在奥氏体晶界上，当碳钢加热到 1 100 ℃~1 200 ℃ 进行锻、轧等压力加工时，由于低熔点共晶体熔化而使钢在热加工过程中沿着晶界开裂，这种现象称为钢的"热脆"。

硫还能降低钢的冲击韧性，同时影响疲劳性能与抗锈蚀性能。

为了消除硫的有害作用，可在炼钢中加入锰铁以提高钢的含锰量，使 Mn 与 S 化合成高熔点（1 620 ℃）的 MnS 并呈粒状分布在晶粒内，在高温下有一定塑性（部分 MnS 随炉渣一起清除），从而避免了热脆现象。

因此，对硫的含量必须严加控制，一般不得超过 0.045% ~ 0.05%，质量等级为 D、E 级的钢则要求更严，Q345E 的硫含量不应超过 0.025%。近年来发展的抗层间断裂的钢（厚度方向性能的钢板），含硫量要求控制在 0.01% 以下。

7. 磷（P）

磷既是有害元素也是能利用的合金元素。磷固溶于铁素体中，提高了钢的强度和硬度，但在室温下使钢的塑性、韧性显著下降，并使脆性转变温度升高，使钢变脆。这种脆化现象在低温时更为严重，称为"冷脆"。磷的存在也使焊接性能变坏。所以，必须严格控制钢（特别是结构钢和工具钢）的磷含量，其含量应限制在 0.045% 以内，质量等级 C、D、E 级的钢则含量更少。但是，磷有时也作为有效元素加入或与其他合金元素一起加入，生产出某些特殊性能钢，如耐大气腐蚀钢，尤其钢中含铜时，其抗腐蚀性能更为显著。

8. 氧（O）、氮（N）、氢（H）

氧、氮、氢通常是在钢熔融时从空气或水分子分解等进入钢液，在冷却后余留下来的极其有害的元素。氧的有害作用同硫且更甚，增加钢的脆性；氮的作用类似于磷，能显著降低钢材的塑性、冲击韧性并增大其"冷脆"性；氢在低温时易使钢呈脆性破坏，产生所谓"氢脆"破坏现象。因此，较重要的钢结构，尤其是在低温下承受动力荷载的钢结构用钢的上述元素含量也常要求加以限制。

钢在浇铸过程中，应根据需要进行不同程度的脱氧处理。碳素结构钢的氧含量不应大于 0.008%。但氮有时却作为合金元素存在于钢之中，桥梁用钢 15 锰钒氮（15MnVNq）就是如此，它的 B 级钢氮含量为 0.01% ~ 0.02%。

二、冶金缺陷

钢的熔炼和浇注工艺决定了钢的化学成分和金相组织，同时也造成了一定的缺陷，因此对钢材力学性能影响较大。

常见的冶金缺陷有偏析、非金属夹杂、气孔、裂纹及分层等。

1. 偏　析

偏析是钢中化学成分不一致和不均匀性，特别是硫、磷偏析严重恶化钢材的性能，使塑性、冷弯性能、冲击韧性及可焊性变坏。沸腾钢因铸锭时冷却速度快，氧、氮等气体不能全部逸出，钢的构造和晶体颗粒不均匀。所以其偏析比镇静钢严重得多。

2. 非金属夹杂

非金属夹杂是指钢中含有硫化物与氧化物等杂质。掺杂在钢材中的非金属夹杂对钢材性能有极为不利的影响。硫化物使钢材"热脆"；氧化物则严重地降低钢材的机械性能和工艺性能。

3. 裂　纹

无论是在冶炼和轧制还是加工和使用过程中，钢材若出现裂纹（微观或宏观的），均要使冷弯性能、冲击韧性及疲劳强度大大降低，使钢材抗脆性破坏的能力降低。

4. 分　层

钢材在厚度方向不密合的情况称为分层。钢材分层缺陷是浇注时的夹渣在轧制后形成的。此时虽然各层之间仍相互连接，并没有脱离，但它将严重降低冷弯性能、冲击韧性、疲劳强度和抗脆断能力。

钢材的轧制是在 1 200 ℃ ~ 1 300 ℃ 高温下进行的，在压力作用下，钢中的小气孔、裂纹、疏松等缺陷可以焊合，使金属晶粒变细，组织致密，所以轧制钢材比铸钢具有更高的力学性能。薄板因辊轧次数多，所以力学性能比厚板好。经过双向轧制的钢板比只经过单向轧制的性能好。

经过热处理的钢材可以显著提高强度并有良好的塑性与韧性。

三、钢材的硬化

1. 冷作硬化

在常温下加工叫冷加工。冷拉、冷弯、冲孔、机械剪切等冷加工使钢材产生很大塑性变形，产生塑性变形后的钢材在重新加荷时将提高屈服点（见图 2.15），同时降低了钢的塑性和韧性，这种现象称为冷作硬化（或应变硬化）。

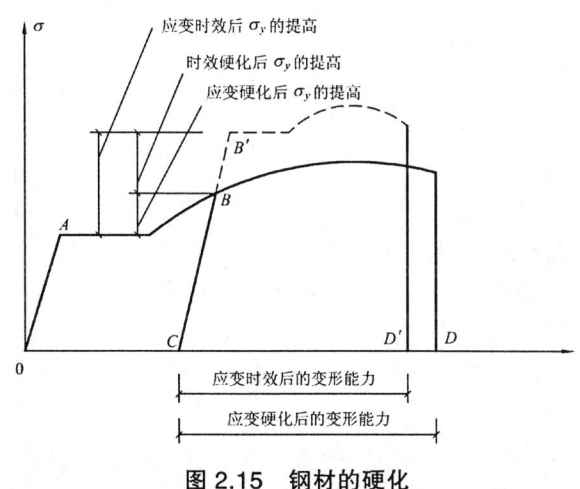

图 2.15　钢材的硬化

普通钢结构中不利用硬化现象所提高的强度。重要结构还把钢板因剪切而硬化的边缘部分刨去。

2. 时效硬化

在高温时熔化于铁中的少量氮和碳，随着时间的增长逐渐从纯铁中析出，形成自由碳化物和氮化物，对纯铁体的塑性变形起遏制作用，从而使钢材的强度提高，塑性、韧性下降。这种现象称为时效硬化。

时效硬化的过程一般很长，但如在材料塑性变形后加热，可使时效硬化发展特别迅速。这种方法谓之人工时效。

此外还有应变时效，是应变硬化（冷作硬化）后又加时效硬化。

在一般钢结构中，不利用硬化所提高的强度，有些重要结构要求对钢材进行人工时效后检验其冲击韧性，以保证结构具有足够的抗脆性破坏能力。

四、温度影响

钢材对温度相当敏感，温度升高与降低都使钢材性能发生变化。相比之下，低温性能更重要。

钢材性能随温度变动而有所变化。总的趋势是：温度升高，钢材强度降低，应变增大；反之，温度降低，钢材强度会略有增加，塑性和韧性却会降低而变脆。

当温度从常温开始下降，特别是在负温度范围内时，钢材强度虽有提高，但其塑性和韧性降低，材料逐渐变脆，这种性质称为低温冷脆。图2.16是钢材冲击韧性与温度的关系曲线。

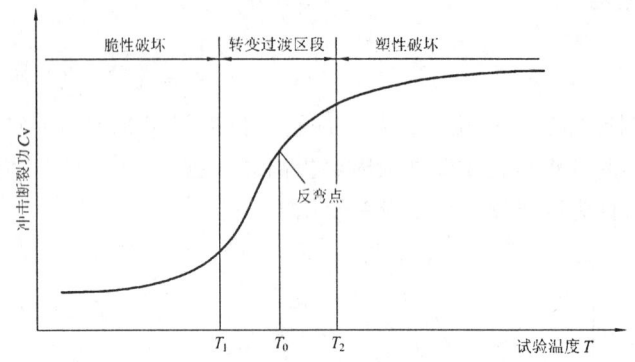

图 2.16　冲击韧性与温度的关系曲线

由图可见，随着温度的降低，冲击韧性值迅速下降，材料将由塑性破坏转变为脆性破坏，同时可见这一转变是在一个温度区间 $T_2 \sim T_1$ 内完成的，此温度区 $T_2 \sim T_1$ 称为钢材的脆性转变温度区，在此区内曲线的反弯点（最陡点）所对应的温度 T_0 称为转变温度。如果把低于 T_0 完全脆性破坏的最高温度 T_1 作为钢材的脆断设计温度即可保证钢结构低温工作的安全。每种钢材的脆性转变温度区及脆断设计温度需要由大量破坏或不破坏的使用经验和实验资料统计分析确定。

钢材的韧性也可以根据冷脆转变温度的高低来评价，冷脆转变温度越低钢材韧性越好。钢材使用中可能出现的最低温度应高于钢材的冷脆转变温度。

五、应力集中

钢材的工作性能和力学性能指标都是以轴心受拉构件中应力沿截面均匀分布的情况作为基础的。实际上在钢结构的构件中有时存在着孔洞、槽口、凹角、截面突然改变以及钢材内部缺陷等。此时，构件中的应力分布将不再保持均匀，而是在某些区域产生局部高峰应力，在另外一些区域则应力降低，形成所谓应力集中现象（见图2.17）。

高峰区的最大应力与净截面的平均应力之比称为应力集中系数。研究表明，在应力高峰区域总是存在着同号的双向或三向应力，这是因为由高峰拉应力引起的截面横向收缩受到附近低应力区的阻碍而引起垂直于内力方向的拉应力 σ_y，在较厚的构件里还产生 σ_z，使材

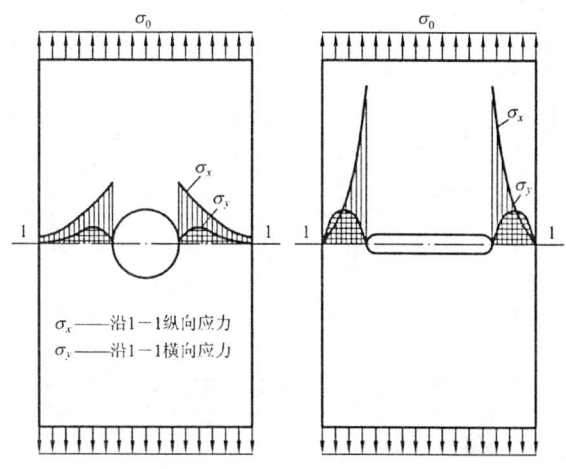

图 2.17 孔洞处应力集中

料处于复杂受力状态,由能量强度理论得知,这种同号的平面或立体应力场有使钢材变脆的趋势。应力集中系数越大,变脆的倾向越严重。但由于建筑钢材塑性较好,在一定程度上能促使应力进行重分配,使应力分布严重不均的现象趋于平缓。故受静荷载作用的构件在常温下工作时,在计算中可不考虑应力集中的影响。但在负温下或动力荷载作用下工作的结构,应力集中的不利影响将十分突出,往往是引起脆性破坏的根源,故在设计中应采取措施避免或减小应力集中,并选用质量优良的钢材。

六、热 处 理

钢材经过适当的热处理程序,如调质(淬火后高温回火)等,可以显著提高强度,并有良好的塑性与韧性。

七、重复荷载

钢材中缺陷(裂纹、孔洞)会在连续重复荷载作用下不断扩展直至脆性断裂,即疲劳破坏。

第五节 复杂应力作用下结构钢材的屈服条件

钢材在单向拉伸作用状态下,当应力小于屈服点 f_y 时,在弹性状态下工作;而当应力达到 f_y 时,钢材则在塑性状态下工作。

在实际钢结构中,有些构件往往同时承受双向或三向复杂应力的作用,如实腹梁的腹板。这时候钢材的屈服并不只取决于某一方向的应力,而是由综合反映各个方向应力影响的强度理论来确定。对于接近理想弹性—塑性体的结构钢材,最适合的是用材料力学中的能量强度理论来确定钢材在多轴应力状态下的屈服条件。

根据材料力学可以导出，复杂应力作用下钢材由弹性状态转变为塑性状态的条件（见图 2.18），可以用折算应力 σ_{eq} 和钢材在单向应力时的屈服点 f_y 的关系来判断。

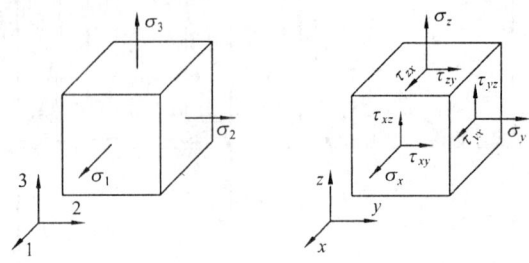

图 2.18 钢材的复杂应力状态

当折算应力用主应力表示时

$$\sigma_{eq} = \sqrt{\frac{1}{2}\left[(\sigma_1 - \sigma_2)^2 + (\sigma_2 - \sigma_3)^2 + (\sigma_3 - \sigma_1)^2\right]} = f_y \tag{2.5}$$

当折算应力用应力分量表示时

$$\sigma_{eq} = \sqrt{\sigma_x^2 + \sigma_y^2 + \sigma_z^2 - (\sigma_x\sigma_y + \sigma_z\sigma_y + \sigma_x\sigma_z) + 3(\tau_{xy}^2 + \tau_{yz}^2 + \tau_{zx}^2)} = f_y \tag{2.6}$$

这就是当钢材处于三向应力状态时，应以折算应力达屈服点为强度极限状态，作为进行强度设计时的标准。引入材料分项系数，得设计公式

$$\sigma_{eq} = \sqrt{\sigma_x^2 + \sigma_y^2 + \sigma_z^2 - (\sigma_x\sigma_y + \sigma_z\sigma_y + \sigma_x\sigma_z) + 3(\tau_{xy}^2 + \tau_{yz}^2 + \tau_{zx}^2)} \leq f \tag{2.7}$$

由公式（2.5）可见，当 3 个主应力均为压应力且又很接近时，即使 σ_1、σ_2、σ_3 的数值很大，大大超过屈服点，但由于其差值不大，折算应力并不大，材料就不容易屈服而破坏。相反，当主应力中有异号应力，而同号的两个应力差又较大时，当最大的应力尚未达到 f_y 时，折算应力就已达到 f_y 而进入塑性状态了。

但要注意能量强度理论不适合三向受拉的应力状态。研究表明，即使是塑性材料在三向受拉时也容易发生脆断破坏，因此，在钢结构设计中，应尽量避免产生三向受拉应力状态。

因此，钢材在多轴应力状态下，当处于同号应力场时，钢材易产生脆性破坏；而当处于异号应力场时，钢材将发生塑性破坏。

平面应力时，折算应力可简化为

$$\sigma_{eq} = \sqrt{\sigma_x^2 + \sigma_y^2 - \sigma_x\sigma_y + 3\tau_{xy}^2} \leq f \tag{2.8}$$

一般的梁中，只存在正应力与剪应力，上式化为

$$\sigma_{eq} = \sqrt{\sigma^2 + 3\tau^2} \leq f \tag{2.9}$$

当钢材受纯剪时，$\sigma = 0$，极限屈服状态为

$$\tau = \frac{f_y}{\sqrt{3}} = 0.58 f_y \tag{2.10}$$

即剪应力达到屈服点的 0.58 倍时，钢材进入塑性状态。所以钢材的抗剪设计强度 f_v 取为 $0.58f$，f 为钢材抗拉强度设计值。

第六节 钢材的破坏形式

钢材一般具有较好的塑性性能，但在实际结构中，钢材仍有两种性质不同的破坏形式，一种是塑性破坏，也叫延性破坏，另一种是脆性破坏。疲劳破坏是钢材在多次反复荷载作用下引起的断裂破坏，其性质属于脆性断裂。

一、塑性破坏

塑性变形很大、经历时间又较长的破坏叫塑性破坏，也称延性破坏。塑性破坏的特征是构件应力超过屈服点，并达到抗拉极限强度后，构件产生明显的变形并断裂。它是钢材晶粒中对角面上的剪应力值超过抵抗能力而引起晶粒相对滑移的结果。断口与作用力方向常成 45°，断口呈纤维状，色泽灰暗而不反光，有时还能看到滑移的痕迹。钢材的塑性破坏是由于剪应力超过晶粒抗剪能力而产生的。

二、脆性断裂

1. 概 述

钢材几乎不出现塑性变形的突然破坏叫脆性断裂。脆性破坏在破坏前无明显变形，平均应力小，按材料力学计算的名义应力往往比屈服点低很多。脆性断裂没有任何预兆，破坏断口平直并呈有光泽的晶粒状。从力学观点来分析，脆性破坏是由于拉应力超过晶粒抗拉能力而产生的。脆性破坏是突然发生的，危险性大，应尽量避免。

以前的工程实践中遇到的脆性断裂的机会并不多，所以钢结构设计一般都按塑性破坏进行分析。但是随着高强度钢和焊接结构的采用，各种工程钢结构，如厂房、桥梁、船艇、压力容器等都曾出现过不少重大脆性断裂事故。1938—1962 年期间，世界各国共有 40 座焊接钢桥发生突然断裂倒塌；第二次世界大战期间美国建造了几千艘全焊接的船艇，主要形式称"自由轮"，而发生脆断事故近千起，其中 200 多艘完全破坏，而有一艘是在基本无荷载情况下突然断成两截。1979 年 12 月中旬，我国东北某市一直径 9 m、壁厚 15 mm 的液化气球罐发生断裂爆炸。这些情况，按传统力学观点难以解释，设计中使荷载效应小于材料抗力设计值并不能有效地防止脆性断裂的发生。显然，需要对发生脆性断裂的原因进行较深入的研究，在设计、制造和使用钢结构时采取必要的措施，以保证结构的安全。

2. 影响脆性断裂的因素

钢结构尤其是焊接结构，由于钢材、加工制造、焊接等质量和构造上的原因，往往存在类似于裂纹性的缺陷。脆性断裂大多是因这些缺陷发展以致裂纹失稳扩展而发生的。钢结构脆性断裂破坏事故往往是多种不利因素综合影响的结果，主要有以下几个方面：

（1）钢材质量差。钢材的碳、硫、磷、氧、氮等元素含量过高，晶粒较粗，夹杂物等冶金缺陷严重，韧性差等。

（2）结构构件构造不当。孔洞、缺口或截面改变急剧或布置不当等使应力集中严重。

（3）制造安装质量差。焊接、安装工艺不合理，焊缝交错，焊接缺陷大，残余应力严重。

（4）结构受有较大动力荷载，或在较低环境温度下工作等。

3. 脆性断裂的防止

防止脆性断裂的关键是在设计、制造和使用钢结构时，要注意改善构造的形式，降低应力集中程度；尽量避免和减少焊接残余应力及其他工艺引起的残余应力；选用冷脆转变温度低的钢材（即保证负温冲击韧性指标）；尽量采用薄钢板；避免突然荷载和结构的损伤等。

三、疲劳破坏

1. 概　述

钢材经过多次循环反复荷载的作用，虽然平均应力低于抗拉强度甚至低于屈服点，也会发生断裂的现象叫疲劳破坏。它是微观裂缝在连续反复荷载作用下不断扩展直至断裂的脆性破坏，是一种没有明显变形的突然破坏，危险性较大，这一特征和脆性断裂相同。

在 19 世纪中期，华勒首先对疲劳作了系统性研究，提出了应力—寿命（$\sigma - N$）曲线和疲劳极限强度概念。以后古德曼（Goodman）提出了关于交变应力和平均应力的一些疲劳图。他认为不论焊接结构和非焊接结构，其疲劳强度均与最大应力、应力比和钢材强度级别有关。古德曼图一直被沿用近 100 年之久。在 20 世纪 50 年代后，国际上大规模地对残余应力进行了测定，并深入地研究了它对焊接结构疲劳强度的影响。通过大量全尺寸梁试件的疲劳断裂试验证明：影响焊接结构疲劳强度的最重要因素是应力幅（最大应力与最小应力的代数差）、接头细部构造类型，而不是最大应力、应力比。从而使焊接结构的疲劳设计概念产生了改变，即从按最大应力设计改变为按应力幅设计的概念。

疲劳断裂的过程可分为 3 个阶段，即裂纹的形成、裂纹缓慢扩展与最后迅速断裂。对建筑钢结构来说，焊缝中经常有微观裂纹或者孔洞、夹渣等缺陷，这些孔洞、夹渣等缺陷与微裂纹类似；非焊接结构中在冲孔、剪边、气割等处也存在微观裂纹；截面几何形状突然改变处的高峰应力，由于应力多次重复作用也会产生微观裂纹。实践证明，这些都能降低抗疲劳能力。

钢材的疲劳强度与反复荷载引起的应力种类（拉应力、压应力、剪应力和复杂应力等）、应力循环形式、应力循环次数、应力集中程度和残余应力等有直接关系。

2. 几个概念

（1）应力比 ρ。反复荷载引起的应力循环形式有同号应力循环和异号应力循环两种类型。循环中绝对值最小的峰值应力 σ_{min} 与绝对值最大的峰值应力点 σ_{max} 之比 $\rho = \sigma_{min} / \sigma_{max}$（拉应力取正号而压应力取负号）称为应力比，当 $\rho < 0$ 时，为异号应力循环，$\rho = -1$ 时，疲劳强度为最小；$\rho > 0$ 时为同号应力循环，疲劳强度较大；$\rho = 1$ 时表示静荷载。应力循环的各种形式见图 2.19。

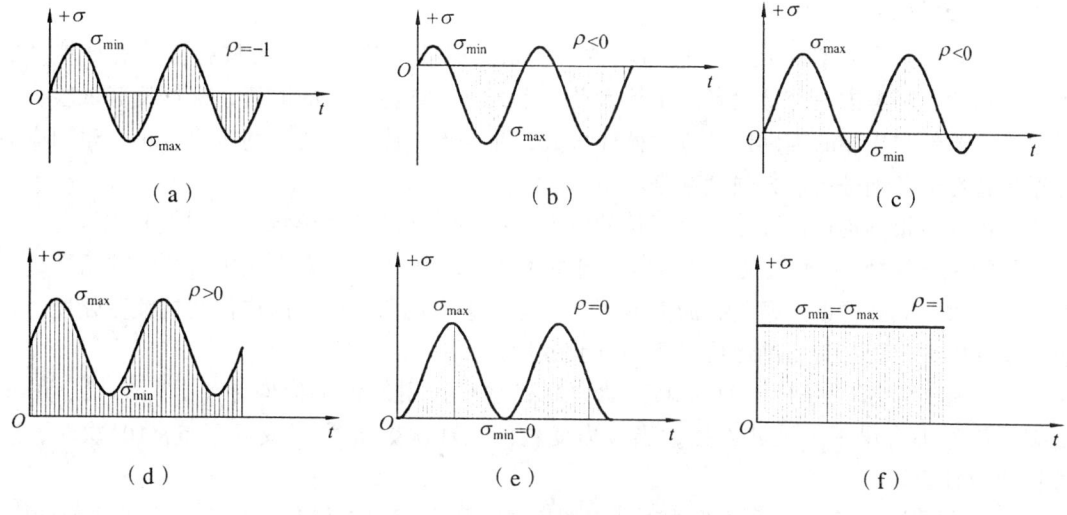

图 2.19 应力循环的形式

（2）应力幅 $\Delta\sigma$。在应力循环中，最大拉应力与最小拉应力（或压应力）的代数差叫应力幅，即 $\Delta\sigma = \sigma_{max} - \sigma_{min}$（压应力取负号）。应力幅总为正值。在每一次应力循环中，若应力幅为常数，叫常幅应力循环，若不是常数而是变量，则叫变幅应力循环。

许多疲劳试验表明：焊接结构中存在着焊缝附近的残余拉应力峰值，其数值达到钢材的屈服强度 f_y 的数量级。应力比 $\rho = \sigma_{min}/\sigma_{max}$ 不代表疲劳裂缝出现处的应力状态。实际上，应力循环是从受拉屈服强度 f_y 开始，变动一个应力幅 $\Delta\sigma = \sigma_{max} - \sigma_{min}$，因而焊接连接或焊接构件的疲劳性能直接与应力幅 $\Delta\sigma$ 有关，而与应力比 ρ 的关系不是非常密切。

对于焊接结构，由于残余应力的存在和影响，其疲劳破坏并不是最大应力重复作用的结果，而是应力幅重复作用的结果，故其疲劳强度主要取决于应力幅，并且与构件或连接的细部构造和作用的循环次数有关，而与表示荷载循环特征的应力比及钢材种类无关。

（3）疲劳强度与应力循环次数（疲劳寿命）的关系。当应力循环的形式不变，钢材的疲劳强度与应力循环的次数（疲劳寿命）N 有关。根据试验资料可绘得如图 2.20 所示曲线。图中曲线的渐近线表示应力循环即使反复无穷多次，试件仍然不会破坏，这就是疲劳强度极限。

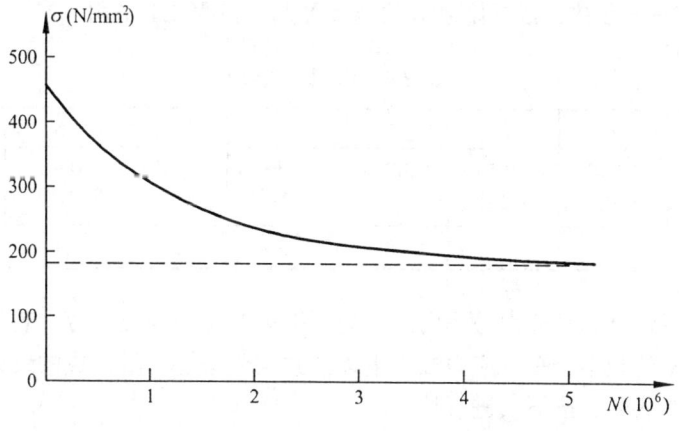

图 2.20 疲劳强度与应力循环次数的关系

3. 疲劳计算

我国规范疲劳计算采用容许应力幅方法,采用标准荷载值,应力按弹性状态计算。对于吊车荷载,只考虑一台最大者且不计入动力系数。容许应力幅的取值,根据疲劳试验,主要取决于构件和连接的类别以及应力循环次数,而与构件或连接的平均应力大小、作用应力的循环特性、各钢号的静力强度都基本无关。

我国规范根据构件或连接计算部位的应力集中和焊接缺陷的影响,将构件和连接分为 8 类(见附录 6),第 1 类是没有应力集中的主体金属,第 8 类是应力集中最严重的角焊缝。设计构件时,应在构造上避免断面突变而产生应力集中现象,以提高构件的抗疲劳强度。在应力循环中不出现拉应力的部位可不进行疲劳计算。

(1) 疲劳计算的条件。直接承受动力荷载重复作用的钢结构构件(如吊车梁、吊车桁架、工作平台梁等)及其连接,当应力变化的循环次数 n 大于或等于 5×10^4 次时,应进行疲劳计算。

(2) 常幅疲劳计算。对所有应力循环内的应力幅保持常量的常幅疲劳,应按下式进行计算

$$\Delta\sigma \leqslant [\Delta\sigma] \tag{2.11}$$

式中 $\Delta\sigma$ ——对焊接部位为应力幅

$$\Delta\sigma = \sigma_{\max} - \sigma_{\min} \tag{2.12a}$$

对非焊接部位为折算应力幅

$$\Delta\sigma = \sigma_{\max} - 0.7\sigma_{\min} \tag{2.12b}$$

其中 $\sigma_{\max}$ ——计算部位每次应力循环中的最大拉应力(取正值);

$\sigma_{\min}$ ——计算部位每次应力循环中的最小拉应力(取正值)或压应力(取负值);

$[\Delta\sigma]$ ——常幅疲劳的容许应力幅(N/mm²),应按下式计算

$$[\Delta\sigma] = \left(\frac{C}{n}\right)^{\frac{1}{\beta}} \tag{2.13}$$

其中 n ——应力循环次数;

C、β ——参数,根据附录 6 的连接类别,按表 2.1 采用。

表 2.1 参数 C、β

构件和连接类别	1	2	3	4	5	6	7	8
C	1 940 ×10¹²	861 ×10¹²	3.26 ×10¹²	2.18 ×10¹²	1.47 ×10¹²	0.96 ×10¹²	0.65 ×10¹²	0.41 ×10¹²
β	4	4	3	3	3	3	3	3

(3) 变幅疲劳计算。对应力循环内的应力幅随机变化的变幅疲劳,若能预测结构在使用寿命期间各种荷载的频率分布、应力幅水平以及频次分布总和所构成的设计应力谱,则可将其折算为等效常幅疲劳,按下式进行计算

$$\Delta\sigma_e \leqslant [\Delta\sigma] \tag{2.14}$$

式中 $\Delta\sigma_e$——变幅疲劳的等效应力幅（N/mm^2），应按下式计算

$$\Delta\sigma_e = \left[\frac{\sum n_i (\Delta\sigma_i)^\beta}{\sum n_i}\right]^{\frac{1}{\beta}} \tag{2.15}$$

其中 $\sum n_i$——以应力循环次数表示的结构预期使用寿命；

n_i——预期寿命内应力幅水平达到 $\Delta\sigma_i$ 的应力循环次数。

（4）吊车梁疲劳计算。重级（A6～A7）工作制吊车梁和重级（A6～A7）中级（A4～A5）工作制吊车桁架的应力幅不是常量，吊车运转当中不经常是满负荷，而存在"欠载"情况，经长期实测和统计分析，对统一以循环次数 n 为 2×10^6 的预期使用寿命为基准，引入对应的欠载效应的等效系数 α_f 后，转化为常幅疲劳，按下式计算

$$\alpha_f \Delta\sigma \leq [\Delta\sigma]_{2\times10^6}$$

式中 α_f——欠载效应的等效系数，按表2.2采用；

表 2.2　吊车梁和吊车桥架欠载效应的等效系数 α_f

吊车类别	α_f
重级（A6～A7）工作制硬钩吊车（如均热炉车间的夹钳吊车）	1.0
重级（A6～A7）工作制软钩吊车	0.8
中级（A4～A5）工作制吊车	0.5

$[\Delta\sigma]_{2\times10^6}$——循环次数 n 为 2×10^6 次的容许应力幅，按表2.3采用。

表 2.3　循环次数 n 为 2×10^6 次的容许应力幅

构件和连接类别	1	2	3	4	5	6	7	8
$[\Delta\sigma]_{2\times10^6}$	176	144	118	103	90	78	69	59

对一般简支实腹吊车梁疲劳验算位置有 4 处（见图 2.21）：① 下翼缘与腹板连接角焊缝；② 横向加劲肋下端的主体金属；③ 下翼缘螺栓和虚孔处的主体金属；④ 下翼缘连接焊缝处的主体金属。

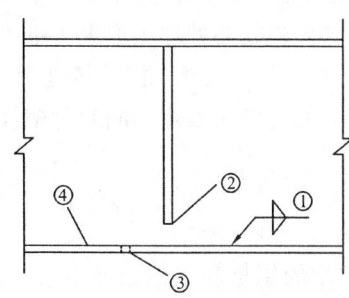

图 2.21　简支吊车梁疲劳计算位置

第七节 结构钢材的种类、规格及其选用

一、结构钢材的种类

1. 按用途分类

钢材按其用途可分为结构钢、工具钢和特殊钢（如不锈钢等）。结构钢又分建筑用钢和机械用钢。

2. 按冶炼方法分类

按冶炼方法，可分为转炉钢和平炉钢（还有电炉钢，是特种合金钢，不用于建筑）。按浇铸时的脱氧方法，又分为沸腾钢（代号为 F）、半镇静钢（代号为 b）、镇静钢（代号为 Z）和特殊镇静钢（代号为 TZ），镇静钢和特殊镇静钢的代号可以省去。镇静钢脱氧充分，沸腾钢脱氧较差，半镇静钢介于镇静钢和沸腾钢之间。

3. 按成型方法分类

按成型方法分类，钢又分为轧制钢（热轧、冷轧）、锻钢和铸钢。

4. 按化学成分分类

按化学成分分类，钢又分为碳素钢和合金钢。在建筑工程中采用的是碳素结构钢、低合金高强度结构钢和优质碳素结构钢。

（1）碳素结构钢。按质量等级，分为 A、B、C、D 四级。

A 级钢只保证抗拉强度、屈服点、伸长率，必要时尚可附加冷弯试验的要求，在化学成分中对碳、锰可以不作为交货条件。

B、C、D 级钢均保证抗拉强度、屈服点、伸长率、冷弯和冲击韧性（分别为 + 20 ℃、0 ℃、- 20 ℃）等力学性能。化学成分对碳、硫、磷的极限含量要求更严。

钢材的牌号由屈服点的汉语拼音字母 Q、屈服点数值、质量等级符号（A、B、C、D）、脱氧方法符号等 4 个部分按顺序组成，如 Q235A、Q235A.b、Q235B、Q235C、Q235D 等。冶炼方法一般由供方自行决定，设计者不再另行提出，如需方有特殊要求时可在合同中加以注明。

（2）低合金高强度结构钢。采用与碳素结构钢相同的牌号表示方法。钢的牌号仍有质量等级符号，除与碳素结构钢 A、B、C、D 四个等级相同外增加一个等级 E，主要是要求 - 40 ℃ 的冲击韧性，钢的牌号如 Q345B、Q390C、Q420 等。低合金高强度结构钢的 A、B 级属于镇静钢，C、D、E 级属于特殊镇静钢，因此钢的牌号中不注明脱氧方法。冶炼方法也由供方自行选择。

（3）优质碳素结构钢。以不热处理或热处理（退火、正火或高温回火）状态交货。要求热处理状态交货的应在合同中注明；未注明者，按不热处理交货。如用于高强度螺栓的 45 号优质碳素结构钢需经热处理，以便有较高强度，同时对塑性和韧性又无显著影响。

二、钢材的规格

钢结构采用的型材有热轧成型的钢板和型钢以及冷弯（或冷压）成型的薄壁型钢（见图 2.22）。

1. 钢　　板

热轧钢板有厚钢板和薄钢板，还有扁钢，符号表示为"—厚×宽×长"，其规格如下：

（1）厚钢板。厚度 4.5~60 mm，宽度 600~3 000 mm，长度 4~12 m。

（2）薄钢板。厚度为 0.35~4 mm，宽度 500~1 500 mm，长度 0.5~4 m。

（3）扁钢。厚度为 4~60 mm，宽度 12~200 mm，长度 3~9 m。

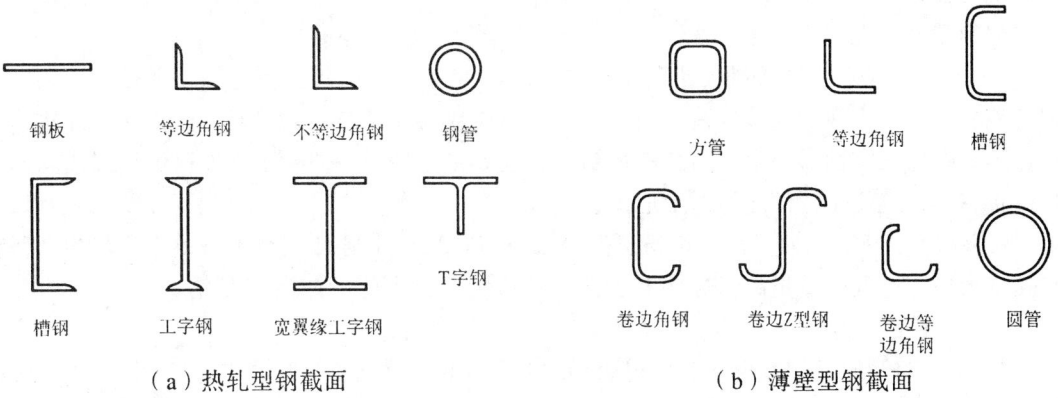

(a) 热轧型钢截面　　　　　　　　　(b) 薄壁型钢截面

图 2.22　型钢形式

2. 型　　钢

热轧型钢有角钢、工字钢、槽钢和钢管等。

（1）角钢。角钢分等边和不等边角钢两种。不等边角钢的表示方法为，在符号"∠"后加"长边宽×短边宽×厚度"，如∠125×80×10。等边角钢则以边宽和厚度表示，如∠90×10，单位均为 mm。

（2）工字钢。工字钢有普通工字钢、轻型工字钢。普通工字钢和轻型工字钢用号数表示，号数即为其截面高度的厘米数。20 号以上的工字钢，同一号数有三种腹板厚度分别为 a、b、c 三类。如 I32a、I32b、I32c，a 类腹板较薄，用作受弯构件较为经济。轻型工字钢的腹板和翼缘均较普通工字钢薄，如表示为 I32Q，因而在相同重量下其截面模量和回转半径均较大。

（3）H 型钢的应用及可选用的规格。热轧 H 型钢是指截面为 H 形，翼缘较宽且内外表面相互平行的热轧型材（见图 2.23）。由于其截面面积分配合理，抗弯能力强，经济性好，侧向刚度大，残余应力小，制作与构造方便，在多高层钢结构中广泛用于梁、柱、支撑等构件。

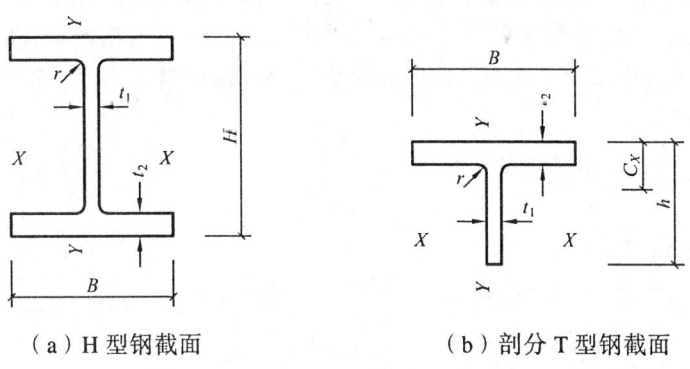

(a) H 型钢截面　　　　　　　(b) 剖分 T 型钢截面

图　2.23

- H 型钢的优点：

H 型钢是世界各国使用很广泛的热轧型钢，对梁、柱、支撑等构件均可适用。H 型钢具有下列优点：

① 翼缘宽度大有利于提高绕弱轴方向的承载力。轧制宽翼缘 H 型钢的高宽比可达到 1.0。当用作柱时，由于其弱轴方向的惯性矩有较大的增加，构件的细长度可减小，相应可提高绕弱轴方向的承载力。当用作受弯的梁时，与截面高度相同的工字钢相比，H 型钢在两个方向的截面惯性矩均大于工字钢，相应地具有较大的受弯承载力。

② 上下边缘平行的翼缘板便于连接构造。H 型钢的翼缘板上下边缘是平行的，因此能很好地适应构件之间的连接构造。当采用普通螺栓或高强度螺栓连接时，无需作特殊构造处理，不需要像工字钢那样设置附加斜垫圈。采用焊接连接时，便于采用坡口熔透焊或局部坡口焊接连接，也便于构件之间的工地拼接。

③ 比焊接 H 型钢质量高、价格也低。钢号相同时，轧制 H 型钢本身由于无焊接过程和焊接变形矫正过程，质量高于焊接 H 型钢，相应地价格也低于焊接 H 型钢。

- H 型钢的分类：

轧制 H 型钢的钢号可为低碳结构钢 Q235 钢、低合金钢 Q345 钢和 Q390 钢，并可指定其质量等级。根据国标《热轧 H 型钢》的规定，H 型钢截面分为如下 3 个系列：

① 宽翼缘（HW）。这一系列常用作柱及支撑，其翼缘较宽，截面宽高比为 1∶1。弱轴的回转半径相对较大，具有良好的受压承载力。截面规格为（mm）：$100 \times 100 \sim 400 \times 400$。

② 中翼缘（HM）。这一系列可用作柱和梁，截面宽高比 $1∶1.3 \sim 1∶2$，截面规格为（mm）：$150 \times 100 \sim 600 \times 300$。

③ 窄翼缘（HN）。这一系列常用作梁，其翼缘较窄，也称梁型 H 型钢，截面宽高比为 $1∶2 \sim 1∶3$，有良好的受弯承载力，截面高度 $100 \sim 900$ mm。

（4）槽钢。槽钢有普通槽钢和轻型槽钢两种，也以其截面高度的厘米数编号，如［30a。号码相同的轻型槽钢，其翼缘较普通槽钢宽而薄，腹板也较薄，回转半径大，重量轻，如［30Q。

（5）钢管。钢管有无缝钢管和有缝钢管两种，用符号"Φ"后面加"外径×厚度"表示，如 $\Phi 400 \times 6$，单位均为 mm。

3. 薄壁型钢

薄壁型钢是用 $1.5 \sim 5$ mm 厚的薄钢板（一般用 Q235 或 Q345 钢）经模压或弯曲而成，其截面形式及尺寸可按合理方案设计。有防锈涂层的彩色压型钢板所用钢板厚度为 $0.4 \sim 1.6$ mm，一般用于轻型屋面及墙面。薄壁型钢能充分利用钢材的强度，节约钢材。

三、结构钢材的选用

1. 结构钢材选材原则

选择钢材的目的是要做到结构安全可靠，同时用材经济合理。为此，在选择合适的钢材牌号和材性时应考虑下列各因素。

（1）结构或构件的重要性。按照《建筑结构可靠度设计统一标准》（GB50068—2001）

的规定，建筑结构依其破坏可能产生的后果（危及人的生命、造成经济损失、产生社会影响等）的严重性分为重要的、一般的和次要的，其相应的安全等级为一、二、三级。安全等级高者（如重型工业建筑结构或构筑物、大跨度结构、高层民用建筑等）应选用较好的钢材，对一般工业与民用建筑结构，可按工作性质分别选用普通质量的钢材。这是选材的一项重要原则。同时，构件破坏造成对整个结构的后果也是考虑的因素之一。当构件破坏导致整个结构不能正常使用时，则后果严重；如果构件破坏只造成局部性损害而不致危及整个结构的正常使用，则后果就不十分严重。两者对材质要求也应有所区别。

（2）荷载性质（静载或动载）。结构所受的荷载可为静态或动态的；经常作用、有时作用或偶然出现（如地震）的；经常满载或不经常满载等。应根据荷载的上述特点选用适当的钢材，对直接承受动力荷载的构件应选用综合性能（主要指塑性和韧性）较好的钢材，其中需要验算疲劳的对钢材的综合性能要求更高，对承受静力荷载或间接承受动力荷载的结构构件可采用一般质量的钢材。

（3）连接方法（焊接、铆接或螺栓连接）。钢结构连接可为焊接或非焊接（螺栓或铆钉）。对于焊接结构，焊接时的不均匀加热和冷却常使构件内产生很高的焊接残余应力；焊接构造和很难避免的焊接缺陷常使结构存在裂纹性损伤；焊接结构的整体连续性和刚性较好易使缺陷或裂纹互相贯穿扩展；此外，碳和硫的含量过高会严重影响钢材的焊接性。因此，焊接结构钢材的质量要求应高于同样情况的非焊接结构钢材，碳、硫、磷等有害元素的含量应较低，塑性和韧性应较好。

（4）应力特征。因为拉应力容易使构件产生断裂破坏，危险性较大，所以对受拉和受弯的构件应选用质量较好的钢材，而对受压或受压弯的构件就可选用一般质量的钢材。

（5）结构的工作温度。钢材的塑性和韧性随温度的降低而降低，在低温尤其是脆性转变温度区时韧性急剧降低，容易发生脆性断裂。因此，对经常处于或可能处于较低负温下工作的钢结构、尤其是焊接结构，应选用化学成分和力学性能质量较好和脆性转变温度低于结构工作温度的钢材。

（6）钢材厚度。薄钢材辊轧次数多，轧制的压缩比大，钢的内部组织致密，厚度大的钢材压缩比小，组织欠佳；所以厚度大的钢材不但强度较小，而且塑性、冲击韧性和焊接性能也较差，且易产生三向残余应力。因此，厚度大的焊接结构应采用材质较好的钢材。

（7）环境条件。露天结构的钢材容易产生时效。在有害介质作用下钢材容易腐蚀，若有一定大小的拉应力（包括残余拉应力）存在，将产生应力腐蚀现象，经过一定时期后会发生脆断，即延迟断裂。延迟断裂现象主要发生于高强度钢（如高强度螺栓），钢材的碳含量越高塑性和韧性越差，越容易发生延迟断裂。

（8）承重结构的钢材宜采用平炉或氧气转炉 Q235 钢、Q345 钢、Q390 钢、Q420 钢。

2. 结构钢材选材的要求

（1）基本要求。为保证承重结构的承载能力及防止在一定条件下出现脆性破坏，建筑钢结构中的承重构件和承力构件（竖向支撑等），其钢材牌号和材性的选定，应符合下列要求：

① 应根据结构的重要性、荷载特征、连接方法、环境温度以及构件所处部位等情况，选择合适的牌号和材质。

② 承重结构的钢材应保证抗拉强度、屈服点、伸长率和硫、磷的合格保证；对焊接结构尚应具有碳含量的合格保证（由于 Q235A 钢的碳含量不作为交货条件，故一般不用于焊接结构）。

③ 焊接承重结构以及重要的非焊接承重结构采用的钢材还应具有冷弯试验的合格保证。

④ 对于需要验算疲劳的焊接结构的钢材，应具有常温冲击韧性的合格保证。当结构工作温度不高于 0 ℃ 但高于 −20 ℃ 时，Q235 钢和 Q345 钢应具有 0 ℃ 冲击韧性的合格保证；对 Q390 钢和 Q420 钢应具有 −20 ℃ 冲击韧性的合格保证。当结构工作温度不高于 −20 ℃ 时，对 Q235 钢和 Q345 钢应具有 −20 ℃ 冲击韧性的合格保证；对 Q390 钢和 Q420 钢应具有 −40 ℃ 冲击韧性的合格保证。

⑤ 对于需要验算疲劳的非焊接结构的钢材亦应具有常温冲击韧性的合格保证。当结构工作温度不高于 −20 ℃ 时，对 Q235 钢和 Q345 钢应具有 0 ℃ 冲击韧性的合格保证；对 Q390 钢和 Q420 钢应具有 −20 ℃ 冲击韧性的合格保证。

⑥ 吊车起重量不小于 50 t 的中级工作制吊车梁，对钢材冲击韧性的要求应与需要验算疲劳的构件相同。

⑦ 当承重构件处于外露情况和低温环境，钢材应具有耐大气腐蚀，避免低温冷脆的性能。对外露结构构件宜选用耐候钢。

⑧ 慎用特厚钢板。对大于 100 mm 的特厚钢板，由于国内尚无钢材材质标准，现阶段宜慎用；也可采用调整柱距、结构布置或改变结构体系等方法，以使采用小于 100 mm 的钢板。

⑨ 对钢梁宜优先采用热轧 H 型钢。目前国内已生产较多规格的热轧 H 型钢。在地震区的建筑钢结构，柱子常宜采用箱形截面柱，但钢梁常采用 H 形截面和相应的热轧 H 型钢，其质量也优于焊接 H 型钢，价格也略低些。因此，对占用钢量比例很大的钢梁宜优先采用热轧 H 型钢。

⑩ 在结构设计和钢材订货文件中，应注明所采用钢材的牌号、等级和对 Z 向性能附加保证要求。

（2）焊接结构附加要求：

① 含碳量。钢材的含碳量不应超过焊接性能所规定的限值。

② 断面收缩。厚度较大的钢板，在轧制过程中存在着各向异性。由于在杆件的板件连接处常形成较强的约束，焊接时容易引起钢板的层状撕裂。

因此，要求采用焊接连接的节点，当板厚不小于 40 mm，并承受沿板厚方向的拉力作用时，应附加板厚方向的断面收缩率的要求，其值不得小于国家标准《厚度方向性能钢板》（GB5313）Z15 级规定的允许值。

• 截面收缩率，单个试样值和三个试样平均值，应分别不小于 10% 和 15%；

• 硫的含量（熔炼分析）不大于 0.01%。过多的硫化物在钢板热压过程中会形成平行于钢板表面的、可视为微裂缝的非金属薄片夹层，降低板厚方向的抗拉强度。

（3）抗震结构附加要求：

① 钢材的"强屈比"应不小于 1.2，抗震设防烈度为 8 度和 8 度以上时，则不应小于 1.5，以确保结构具有足够的安全储备。强屈比是指钢材的极限抗拉强度实测值与屈服强度实测值的比值。

② 钢材的拉伸试验应具有明显的屈服台阶。

③ 钢材的伸长率应大于20%（标距50 mm），以保证构件具有足够的塑性变形能力。

④ 钢材应具有能保持足够延性的良好可焊性。

⑤ 抗震类别为甲类或乙类的多高层建筑钢结构，钢材的屈服强度平均值不宜超过其规定值（标准值）的10%，以免构件的塑性铰位置发生不符合"强柱弱梁"等设计要求的转移。

3. 结构钢材品种选用

（1）建筑钢结构所用钢材，宜采用下列钢材品种：

① Q235 等级 B、C、D 的碳素结构钢，其质量标准应符合现行国家标准《碳素结构钢》。

② Q345 等级 B、C、D、E 的低合金高强度结构钢，其质量标准应符合现行国家标准《低合金高强度结构钢》。

（2）建筑钢结构所用钢材，不宜采用的钢号：

① Q235 的 A 级钢不能用于抗震建筑钢结构，因 A 级钢不要求任何冲击试验值，并只在用户有要求时才进行冷弯试验，且不保证焊接要求的含碳量。

② Q345 的 A 级钢不宜用于抗震建筑钢结构，因 A 级钢不保证冲击韧性要求。

③ Q390（原 15 MnV）钢及其桥梁钢不宜用于抗震建筑钢结构，因 15 MnV 及 15 MnVq 的伸长率为 18%，不符合伸长率应大于 20% 的规定。

④ 16 Mnq 钢不能用于抗震建筑钢结构，因其伸长率为 18%，且在现行国家标准《低合金高强度结构钢》中未列入。

4. 下列情况的承重结构和构件不应采用 Q235 沸腾钢

（1）焊接结构：

① 直接承受动力荷载或振动荷载且需要验算疲劳的结构；

② 工作温度低于 -20 ℃ 时的直接承受动力荷载或振动荷载但可不验算疲劳的结构以及承受静力荷载的受弯及受拉的重要承重结构；

③ 工作温度等于或低于 -30 ℃ 的所有承重结构。

（2）非焊接结构：

工作温度等于或低于 -20 ℃ 的直接承受动力荷载但需要验算疲劳的结构。

5. 常用国外结构钢的品种和牌号

（1）世界各国的结构钢的品种和牌号表示方式。世界各国的结构钢的品种和牌号表示方式虽然各有不同，但其共同点是钢材品种和牌号均以强度等级来划分，其表示方式一般为：

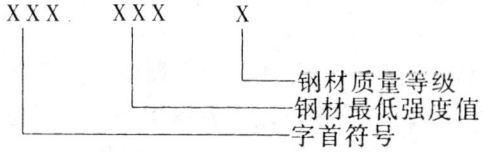

钢材质量等级分为 A、B、C、D、E 等。

钢材最低强度值，有的国家用屈服强度值，如中国、美国，有的国家用抗拉强度值，如日本、英国；而强度数值的单位，有的国家用 "N/mm^2" 如中国、英国、日本，有的国家用 "ksi"（千磅／英寸^2），如美国。

字首符号各国表示的各不相同，有的国家采用单一字母，如美国采用 A，中国采用 Q；有的国家采用多种字母，不同的字母有不同的含义，如日本采用 SS 表示一般结构钢，SM 表示焊接结构钢，SN 表示抗震结构钢，SMA 表示耐候焊接结构钢；也有的国家无首字母，如英国。

（2）国内外钢材的对应钢号：

① 相当于国产的 Q235 钢，大量用于建筑上的国外钢材牌号有：美国的 A36，日本的 SM400，欧洲的 Fe360，德国的 St36，英国的 43A、43B 和原苏联的 CT3 等。

② 相当于国产的 Q345 钢，多用于重要钢结构的国外钢材牌号有：美国的 A572、A588，日本的 SM490，欧洲的 Fe510，德国的 St52，英国的 50A、50B 和原苏联的 15XCH 等。

第八节　钢结构的连接材料

连接所用钢材，如焊条、自动或半自动焊的焊丝及螺栓、铆钉的钢材应与主体金属的强度相适应。

一、焊接材料

钢结构中焊接材料的选用，需适应焊接场地（工厂焊接或工地焊接）、焊接方法、焊接方式（连续焊缝、断续焊缝或局部焊缝），特别是要与焊件钢材的强度和材质要求相适应。

1. 选用原则

（1）选用的焊条或焊丝的型号应与被焊接的主体金属（杆件母材）相匹配，即要求焊接后的焊缝强度不低于主体金属强度。

一般情况下，建筑钢结构中用手工焊时，Q235 钢的焊接采用碳钢焊条 E43 系列，Q345 钢采用低合金钢焊条 E50 系列，对 Q390 钢、Q420 钢的焊件宜用 E55 系列焊条。

（2）直接承受动力荷载或振动荷载且需要验算疲劳的结构，以及要求抗震设防的高层建筑钢结构，宜采用塑性、冲击韧性均较好的碱性焊条（低氢型焊条）。

2. 手工焊接用焊条

手工电弧焊焊条的表示方法为：开头用 E 代表焊条，其后 2 位数字表示溶敷金属的抗拉强度最小值，单位为"N/mm^2"，第 3 位数字表示焊条的焊接位置，第 3 位和第 4 位数字组合时表示焊接电流种类及药皮类型。低合金钢焊条后缀字母为熔敷金属的化学成分分类代号。

我国建筑钢结构常用的焊条为碳钢焊条和低合金钢焊条。碳钢焊条有 E43×× 和 E50×× 系列；低合金钢焊条有 E50××-×× 和 E55××-×× 系列。碳钢焊条和低合金钢焊条型号所代表的意义如下：

碳钢焊条

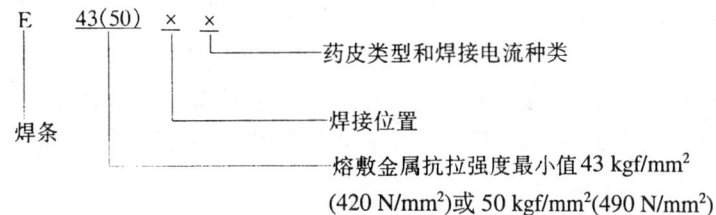

低合金钢焊条

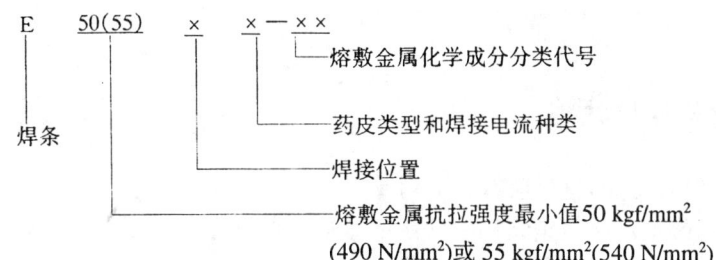

《钢结构设计规范》规定，手工焊接采用的焊条应符合现行标准《碳钢焊条》或《低合金钢焊条》的规定，选择的焊条型号应与焊件的金属力学性能相适应。

焊条型号与主体钢材牌号匹配情况，可以概括为以下几种组合：

① 焊接 Q235 钢时，对组成抗侧力体系的构件，宜采用 E4315、E4316 型焊条；对其他构件，可采用 E4300～E4313 型焊条。

② 焊接 Q345 钢时，对重要的下层柱和重要的主梁等构件，宜采用 E5015、E5016、E5018 型焊条；对其他构件，可采用 E5001～E5014 型焊条。

当不同钢种的钢材连接时，宜用与低强度钢材相适应的焊条。

3. 自动焊接或半自动焊接采用的焊丝和焊剂

自动焊生产效率高、塑性好、冲击韧性高、抗腐蚀性能强、焊件变形小，也改善劳动条件。半自动焊的焊缝质量介于自动焊和手工焊之间，但使用灵活，可以焊接小尺寸的短焊缝。

自动焊接或半自动焊接采用的焊丝和焊剂，应与焊件钢材的强度和材质相适应，即要求等强度焊接。焊丝应符合现行国家标准《熔化焊用钢丝》或《气体保护焊用钢丝》的规定。

多年来的工程实践表明，不论是自动焊或半自动焊的焊缝，若要获得满意的焊缝接头，都必须根据施焊材料和构件形式，正确地选用焊丝和焊剂，选择适当的焊接工艺措施。一般情况下，可参照以下组合：

① 焊接 Q235 钢时，可采用 H08、H08A、H08E 焊丝，并配合使用中锰型或高锰型焊剂；或者采用 H08Mn、H08MnA 焊丝，并配合使用无锰型或低锰型焊剂。

② 焊接 Q345 钢时，可采用 H08A 或 H08E 焊丝，配合使用高锰型焊剂；或者采用 H08Mn 和 H08MnA 焊丝，并配合使用中锰型或高锰型焊剂；或者采用 H10MnZ 焊丝，并配合使用无锰型或低锰型焊剂。

4. 焊条的类型

焊条的类型根据熔渣的特性可分为酸性焊条及碱性焊条（低氢型焊条），其使用效果有下列差别：

（1）酸性焊条。采用这类焊条焊接的焊缝外表美观、焊波细密、成形平滑。但是，焊接过程中合金元素烧伤较多，焊缝金属中氧和氢的含量也较多，因而熔敷金属的塑性、韧性较低。

（2）碱性焊条（低氢型焊条）。采用这类焊条焊接的焊缝外观波纹粗糙，但焊缝金属中含氢量较低，故又称低氢型焊条。采用碱性焊条焊接的焊缝金属，其塑性、冲击韧性均较好，因此，《钢结构设计规范》规定对重级工作制吊车梁或类似结构宜采用低氢型焊条。

二、螺栓连接材料

钢结构螺栓连接的材料应符合下列要求：

（1）普通螺栓。建筑钢结构中常用的普通螺栓钢号为 Q235，很少采用其他牌号的钢材制作，其性能等级为 4.6 级（小数点前的数值表示公称抗拉强度，小数点后的数值表示公称屈服强度与公称抗拉强度的比值，即屈强比。如 4.6 级螺栓抗拉强度为 400 N/mm^2；屈服强度为 $0.6 \times 400 = 240$ N/mm^2）。

建筑钢结构中使用的普通螺栓，一般为六角头螺栓。螺栓的标记通常为 $Md \times l$，其中 d 为螺栓规格（即直径）、l 为螺栓的公称长度。

普通螺栓的通用规格为 M8、M10、M12、M16、M20、M24、M30、M36、M42、M48、M56 和 M64 等。

普通螺栓应符合现行国家标准《六角头螺栓——A 和 B 级》和《六角头螺栓——C 级》的规定。其连接的强度设计值按《钢结构设计规范》采用。

（2）高强度螺栓。高强度螺栓已广泛用于钢结构构件连接，在建筑钢结构中已成为主要的连接方式。构件连接端及连接板表面经特殊处理后（如喷砂），形成粗糙面，再对高强度螺栓施加预拉力，将使紧固部位产生很大的摩擦阻力。由于高强度螺栓的孔径比栓杆直径大 1.5~2.0 mm，便于构件安装连接，且可减少大量工地焊接的工作量。

常用的高强度螺栓有，大六角头高强度螺栓（见图 2.24a）和扭剪型高强度螺栓（见图 2.24b）两种类型。

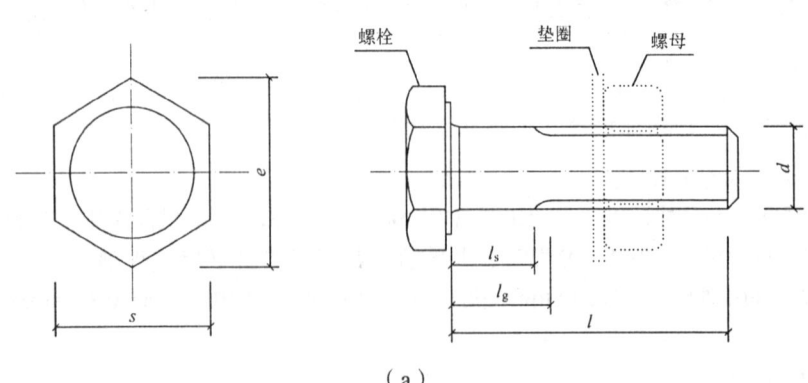

(a)

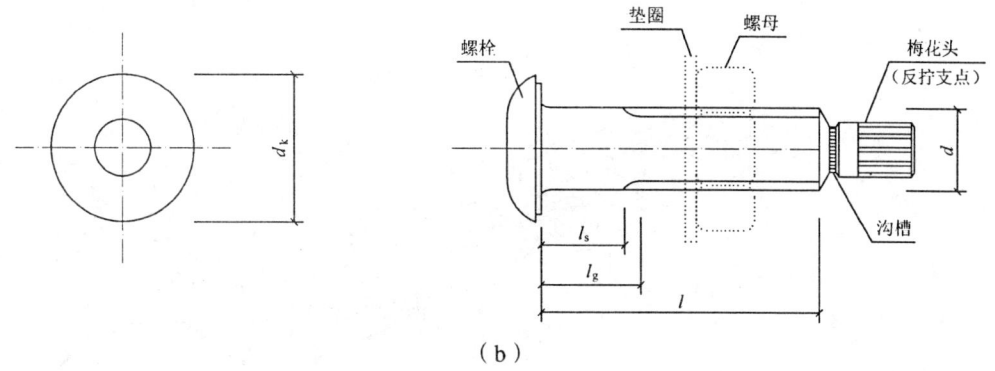

图 2.24 高强度螺栓类型

高强度螺栓应符合现行国家标准《钢结构高强度大六角头螺栓、大六角螺母、垫圈与技术条件》或《钢结构用扭剪型高强度螺栓连接副》的规定。

上述标准规定,大六角头高强螺栓的性能等级分为 8.8 级、10.9 级。扭剪型高强螺栓的性能等级仅有 10.9 级,一般采用 20MnTiB 号钢制成。

承压型高强螺栓连接强度设计值、高强度螺栓的设计预拉力值、高强度螺栓连接的钢材摩擦面抗滑移系数值均应按现行国家标准《钢结构设计规范》的规定采用。

(3)锚栓。锚栓可采用现行国家标准《碳素结构钢》规定的 Q235 钢或《低合金高强度结构钢》规定的 Q345 钢等塑性性能较好的钢号,不宜采用高强度钢材。

锚栓主要用作钢柱脚与钢筋混凝土基础之间的锚拉连接件,承受柱脚的拉力及剪力,又可作为柱子安装定位过程中临时固定用。

锚栓是非标准件,又因其直径较大,常类似 C 级螺栓采用未经加工的圆钢制成,不采用高精度的车床加工。外露柱脚的锚栓常采用双螺母,以防松动。

(4)圆柱头焊钉。圆柱头焊钉(带头栓钉)是建筑钢结构中用量较大的连接件(见图 2.25)。

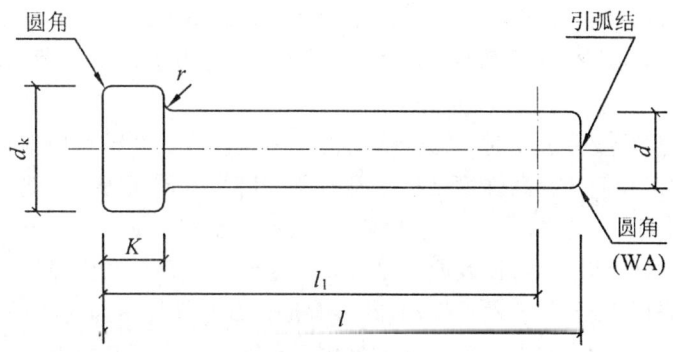

图 2.25 圆柱头焊钉

圆柱头焊钉是作为钢构件与混凝土构件之间的抗剪连接件,常用于下列连接部位:①组合楼板中压型钢板及其上面的混凝土板与下部钢梁之间的抗剪连接件(见图 2.26);②钢梁与混凝土剪力墙相连接时,预埋钢板与混凝土墙间锚拉及抗剪的连接件;③钢骨混凝土柱的钢骨柱与外包混凝土之间的抗剪连接件。

钢结构的梁、柱构件上常用的圆柱头焊钉直径为 16 mm、19 mm 及 22 mm。

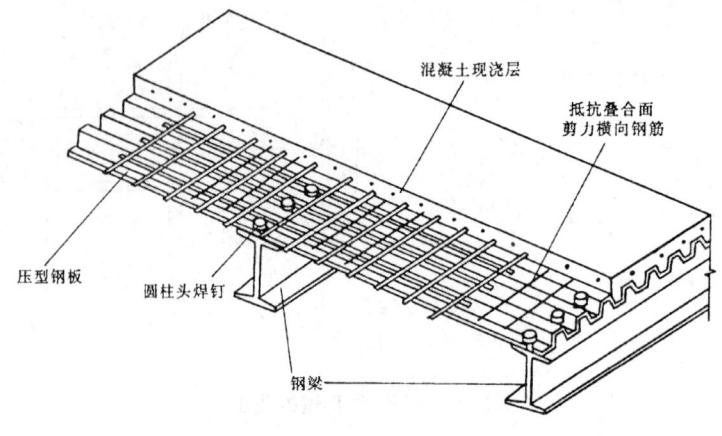

图 2.26 组合楼板

思 考 题

1. 把结构钢材一次拉伸时的 σ—ε 关系假设为理想弹性—塑性体的根据是什么？目的又是什么？

2. 简述钢材塑性破坏的特征和意义。

3. 为什么采用钢材的屈服点 f_y 为设计强度标准值？无明显屈服点的钢材，其设计强度标准值如何确定？

4. 钢材 Z 向收缩率试验反映钢材什么性能？什么情况下提出这一要求？

5. 钢材在多轴应力状态下，如何确定它的屈服条件？

6. 钢材的剪切模量和弹性模量有何关系？

7. 什么叫同号应力场？最常发生的条件是什么？可能产生的后果是什么？

8. 冲击韧性代表钢材什么性能？单位是什么？什么情况需提出冲击韧性的要求？

9. 解释下列名词：①循环荷载；②应力幅和容许应力幅；③疲劳破坏；④常幅疲劳；⑤变幅疲劳。

10. 设计规范验算疲劳强度时，为什么把构件和连接分成 8 组？根据是什么？

11. 碳素结构钢和低合金高强度结构钢都有哪些牌号和质量等级？选用时如何确定牌号和要求？举例来说明。

12. 钢材产生脆性破坏的特征及原因是什么？如何防止钢材发生脆性破坏？

13. 温度对钢材强度 f_y 和 f_u 及塑性 δ_5 的影响是什么？设计中如何考虑？

14. 什么叫热脆？什么叫冷脆？产生的原因是什么？如何考虑和加以注意，以避免产生不良后果？

15. 为什么说应力集中现象在构件和连接中普遍存在？应力集中带来哪些不利后果？如何处理？

第三章 钢结构的连接

第一节 连接分类及特点

一、连接概述

连接在钢结构中普遍存在,占有重要的地位。无论是构件与构件之间形成结构,还是部件(如钢板、型钢)与部件之间组成构件都离不开连接,需要连接来实现,以保证其共同工作。

钢结构中实现连接的方式可分为两大类:焊缝连接和紧固件(螺栓、铆钉等)连接。焊缝连接,简称焊接,又可分为对接焊缝连接和角焊缝连接,其中对接焊缝含焊透和部分焊透2种而角焊缝含正面角焊缝、侧面角焊缝和斜焊缝3种;紧固件连接指的是铆钉连接和螺栓连接,常简称为栓钉连接,而螺栓连接又有普通螺栓连接和高强度螺栓连接之分,高强度螺栓连接含摩擦型和承压型2类,如图3.1所示。图3.2是常用连接方法的示意图。

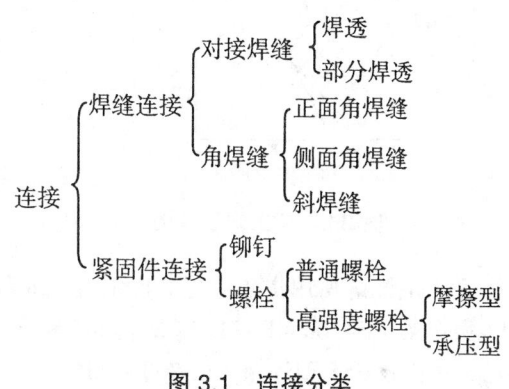

图 3.1 连接分类

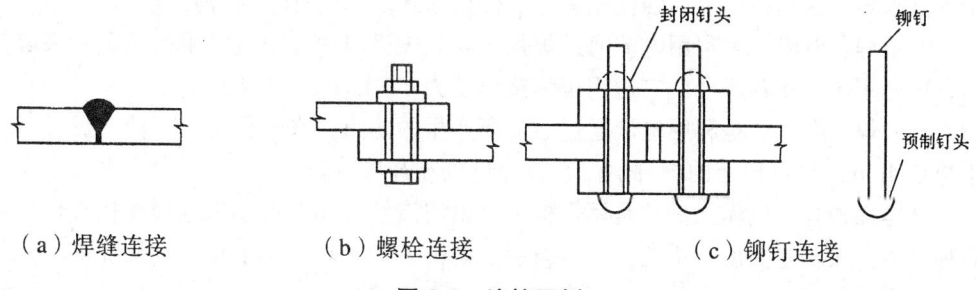

图 3.2 连接示例

鉴于连接的重要性,在可靠性方面如何保证连接传力明确、安全可靠,在经济性方面如何做到构造简单、制造方便、节约材料和减少工作量,是我们应该认真研究和必须解决的问题。根据不同连接方法的特点,在连接设计计算中合理应用恰当的连接方法,是钢结构经济可靠的基本保证。

二、焊缝连接

1. 焊缝连接方法

（1）电弧焊。电弧焊是钢结构中最常用的一种焊接方法，质量比较可靠。电弧焊是利用通电后在焊条与焊件之间产生强大的电弧，提供热源，熔化焊条，并与焊件熔化部分结合成焊缝，将 2 个焊件连成整体。电弧焊按操作方法又可分为手工电弧焊（见图 3.3）和（半）自动埋弧焊（见图 3.4），前者施焊灵活，后者生产效率高，焊缝质量好。

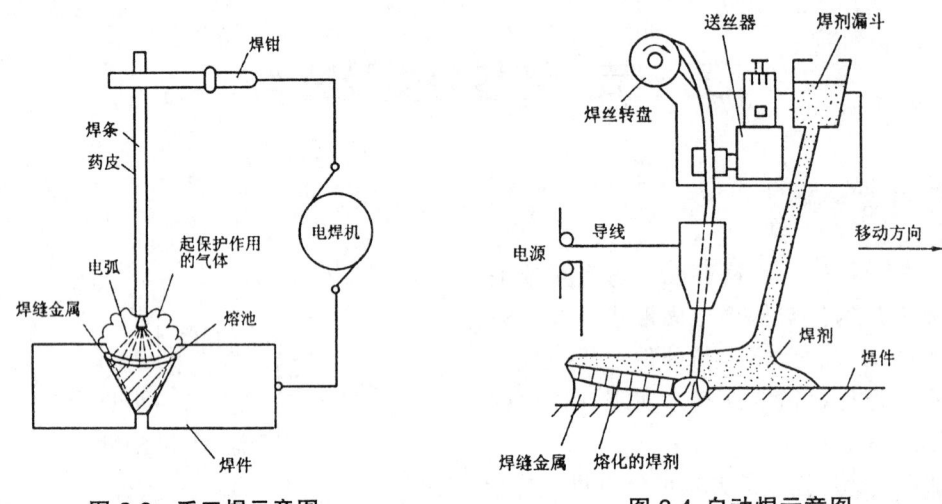

图 3.3　手工焊示意图　　　　　　　图 3.4　自动焊示意图

手工电弧焊所用焊条应与焊件钢材（或称主体金属）相适应，一般为：对 Q235 钢采用 E43 型焊条（E4300~E4328）；对 Q345 钢采用 E50 型焊条（E5000~E5048）；对 Q390 钢和 Q420 钢采用 E55 型焊条（E5500~E5518）。焊条型号中，字母 E 表示焊条，前 2 位数字为熔敷金属的最小抗拉强度（以 $9.8\ N/mm^2$ 计，即分别为 $420\ N/mm^2$、$490\ N/mm^2$、$540\ N/mm^2$），第 3、4 位数字表示适用焊接位置、电流以及药皮类型等。不同钢种的钢材相焊接时，例如 Q235 钢与 Q345 钢相焊接，宜采用低组配方案，即采用与低强度钢材相适应的焊条。埋弧焊所用焊丝和焊剂应与主体金属强度相适应，即要求焊缝与主体金属等强度。

（2）电阻焊。电阻焊是利用电流通过焊件接触点表面时的电阻所产生的热量，来熔化焊件金属，再利用压力使其焊合。它适用于焊接厚度为 6~12 mm 的钢板。

（3）电渣焊。电渣焊是利用电流通过熔渣所产生的热阻，来熔化金属，使之焊合。特别适用于焊接 40 mm 厚度以上的焊件，而且焊件可以不开坡口。

（4）气体保护焊。气体保护焊是用焊枪中喷出的惰性气体及自动送入焊丝代替焊剂和焊条的一种焊接方法。主要用于手工操作，与手工电弧焊相比较，速度快、焊接变形小。

对焊接理论与实践有兴趣的读者可参考有关专门书籍。

2. 焊接特点

焊缝连接是现代钢结构最主要的连接方法。其优点是：构造简单，任何形式的构件都可直接相连；用料经济，不削弱截面；制作加工方便，既可手工施焊也可实现自动化操作；连接的密闭性好，结构刚度大，整体性较好。其缺点是：在焊缝附近的热影响区内，钢材的金相组织发生改变,导致局部材质变脆;焊接残余应力和残余变形使构件受力时变形增加,降低了构件的稳定性(例如,使受压构件承载力降低);焊接结构对裂纹很敏感,局部裂纹一旦发生,就容易扩展到整体;低温冷脆问题较为突出。焊缝连接对结构的影响,不仅是科研工作的重要内容,也是焊缝设计计算、构造时必须注意的问题。

3. 焊缝连接形式和焊缝种类

焊缝连接形式按被连接钢材的相互位置可分为对接(或平接)连接、搭接(或错接)连接、T形(或顶接)连接和L形(或角部)连接等(见图3.5)。在T形连接中也有被连接件不是垂直的情况。

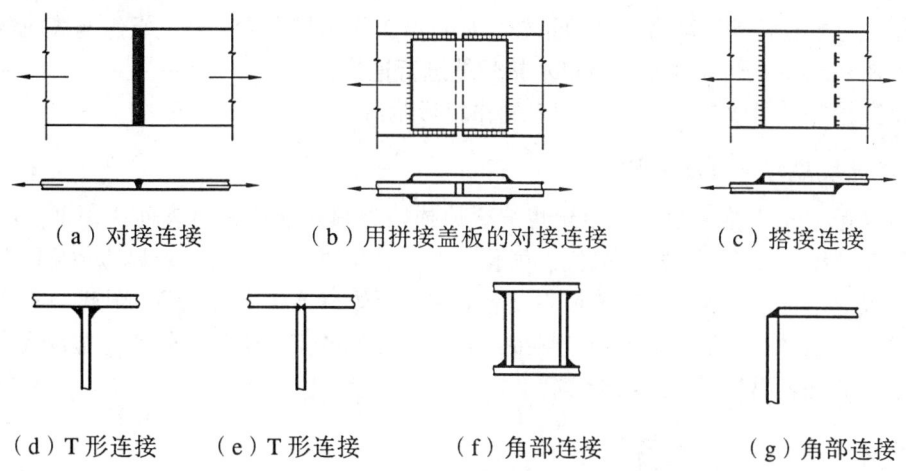

(a)对接连接　　(b)用拼接盖板的对接连接　　(c)搭接连接

(d)T形连接　(e)T形连接　　(f)角部连接　　　(g)角部连接

图 3.5　焊缝连接的形式

按照焊缝的空间位置,即施焊的方位,焊缝又可分为平焊、立焊、横焊和仰焊(见图3.6)。平焊,操作容易,质量最能保证;横焊,操作条件较差;立焊,金属容易向下流淌,操作较

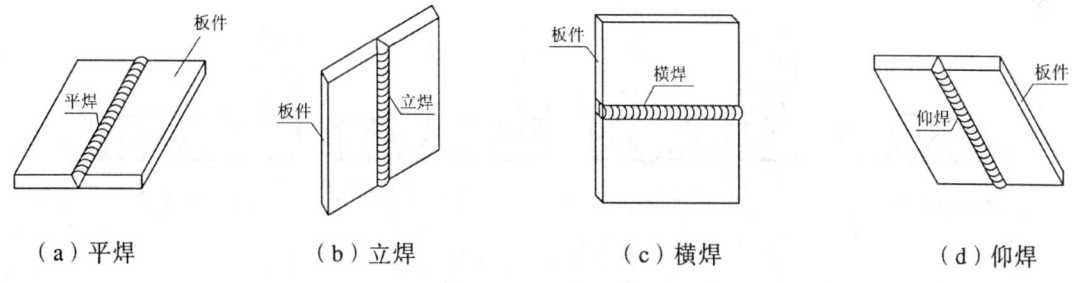

(a)平焊　　　　(b)立焊　　　　(c)横焊　　　　(d)仰焊

图 3.6　焊缝的施焊方位

困难;仰焊,操作最困难,不易保证质量,不能用于重要的受力焊缝。设计中应根据钢构件的重要性、焊缝受力状态和拼装条件,来选择焊缝的方位。

这些连接所采用的焊缝从受力特点行为上区分主要有对接焊缝和角焊缝。

在两焊件连接面的间隙内,用熔化的焊条金属填塞,并与焊件熔化部分相结合,形成的焊缝,统称为对接焊缝。根据焊缝的填充情况,又可分为全熔透和部分熔透(非熔透)两种。对接连接常用于厚度相同或接近相同的两构件的相互连接,在顶接和角接中也有应用。图 3.5(a)所示为采用对接焊缝的对接连接,由于相互连接的两构件在同一平面内,因而传力均匀平缓,没有明显的应力集中,且用料经济,但是焊件边缘需要加工,被连接两板的间隙和坡口尺寸有严格的要求。

焊缝金属填充在被连接件形成的直(斜)角区域内的焊缝称为角焊缝。图 3.5(b)所示为用双层盖板和角焊缝的对接连接,这种连接传力不均匀、费料,但施工简便,所连接两板的间隙大小无需严格控制。图 3.5(c)所示为用角焊缝的搭接连接,特别适用于不同厚度板件的连接,虽传力不均匀、材料较费,但构造简单、施工方便,目前还在广泛应用。

T形连接省工省料,常用于制作组合截面。当采用角焊缝连接时(见图 3.5d),焊件间存在缝隙,截面突变,应力集中现象严重,疲劳强度较低,可用于不直接承受动力荷载结构的连接中。对于直接承受动力荷载的结构,如重级工作制吊车梁,其上翼缘与腹板的连接,应采用如图 3.5(e)所示的K形坡口对接焊缝进行连接。

角部连接(见图3.5f、g)主要用于制作箱形截面。

4. 焊缝缺陷与焊接质量控制

焊缝缺陷是指焊接过程中产生于焊缝金属或附近热影响区钢材表面或内部的缺陷。常见的缺陷有裂纹、焊瘤、烧穿、弧坑、气孔、夹渣、咬边、未熔合、未焊透(见图3.7)等,以及焊缝尺寸不符合要求、焊缝成形不良等。裂纹是焊缝连接中最危险的缺陷。产生裂纹的原因很多,如钢材的化学成分不当、焊接工艺条件(如电流、电压、焊速、施焊次序等)选择不合适、焊件表面油污未清除干净等。

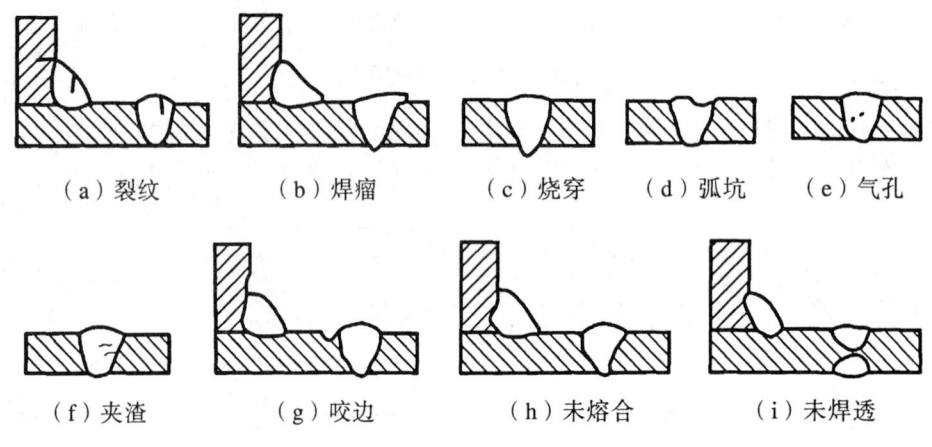

图 3.7 焊接缺陷

焊缝缺陷的存在不仅表面上削弱了焊缝的受力面积,更严重的是在缺陷处会引起应力集中。故对连接的强度、冲击韧性及冷弯性能等均有不利影响。因此,焊缝质量检验极为重要。焊缝质量检验一般采用外观检查和内部无损探伤2种方法,前者检查外观缺陷和几何尺寸,后者检查内部缺陷。内部无损检验目前广泛采用超声波,使用灵活、经济,对内部缺陷反应灵敏,但不易识别缺陷性质;有时还用磁粉检验、荧光检验等较简单的方法作为辅助;此外还可采用X射线或γ射线透照或拍片,尤其X射线应用较多。

现行国家标准《钢结构工程施工质量验收规范》(GB50205)中规定焊缝按其检验方法和质量要求分为一级、二级和三级。三级焊缝只要求对焊缝作外观检查且符合三级质量标准;

一级、二级焊缝除外观检查应符合一级、二级质量标准外，还要求超声波检验并符合相应级别的质量标准，若超声波探伤不能对缺陷性质做出判断时，还应采用射线探伤。外观和探伤检查的位置和数量也有专门的规定。

设计中对焊缝质量等级不应提出不恰当的要求，要求过低则影响工程质量，要求过高又给施工造成不必要的困难。焊缝质量等级的选用，在现行国家标准《钢结构设计规范》（GB50017）中有明确规定：焊缝应根据结构的重要性、荷载特性、焊缝形式、工作环境以及应力状态等情况，按下述原则分别选用不同的质量等级：

（1）在需要进行疲劳计算的构件中，凡对接焊缝均应焊透，其质量等级为作用力垂直于焊缝长度方向的横向对接焊缝或 T 形对接与角接组合焊缝，受拉时应为一级，受压时应为二级；作用力平行于焊缝长度方向的纵向对接焊缝应为二级。

（2）不需要计算疲劳的构件中，凡要求与母材等强的对接焊缝应焊透，其质量等级当受拉时应不低于二级，受压时宜为二级。

（3）重级工作制和起重量 $Q \geqslant 50\text{t}$ 的中级工作制吊车梁的腹板与上翼缘之间以及吊车桁架上弦杆与节点板之间的 T 形接头焊缝均要求焊透，焊缝形式一般为对接与角接的组合焊缝，其质量等级不应低于二级。

（4）不要求焊透的 T 形接头采用的角焊缝或部分焊透的对接与角接组合焊缝以及搭接连接采用的角焊缝，其质量等级为：对直接承受动力荷载且需要验算疲劳的结构和吊车起重量 $Q \geqslant 50\text{t}$ 的中级工作制吊车梁，焊缝的外观质量应符合二级；对其他结构，焊缝的外观质量标准可为三级。

5. 焊缝图纸表示

为了在工程图纸中既简单明了又准确无误地表达所设计的焊缝，需要用统一的焊缝代号表示。焊缝代号由引出线、图形符号和辅助符号 3 部分组成。引出线由横线和带箭头的斜线组成。箭头指到图形上的相应焊缝处，横线的上面和下面用来标注图形符号和焊缝尺寸。当引出线的箭头指向焊缝所在的一面时，应将图形符号和焊缝尺寸等标注在水平横线的上面；当箭头指向对应焊缝所在的另一面时，则应将图形符号和焊缝尺寸标注在水平横线的下面。必要时，可在水平横线的末端加一尾部作为其他说明之用。图形符号表示焊缝的基本形式，如用 ◣ 表示角焊缝，用 V 表示 V 形坡口的对接焊缝。辅助符号表示焊缝的辅助要求，如用旗形 ⊢ 表示现场安装焊缝等。表 3.1 列出了一些常用焊缝代号，可供设计制图时参考。

表 3.1 焊 缝 代 号

	角焊缝				对接焊缝	塞焊缝	三面围焊
	单面焊缝	双面焊缝	安装焊缝	相同焊缝			
形式							
标注方法							

当焊缝分布比较复杂或用上述标注方法不能表达清楚时，在标注焊缝代号的同时，可在图形上加栅线表示（见图3.8），甚至可加注必要的说明，直至表达无歧义。

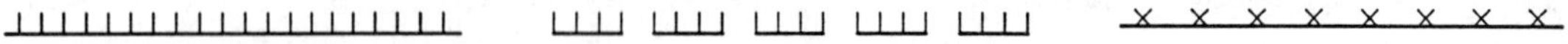

（a）正面焊缝　　　　　　（b）背面埠缝　　　　　　（c）安装焊缝

图3.8　用栅线表示焊缝

三、铆钉、螺栓连接

1. 铆钉连接

钢结构中铆钉连接过程主要包括制孔和打铆2个工序。被连接的板件按设计要求制成钉孔，孔径应比钉杆直径大1.0 mm，铆钉是用塑性好的铆螺2号（ML2）或铆螺3号（ML3）钢制成，打铆时把预先制好的一端带有铆钉头的铆钉加热到1 000 ℃左右（铆钉枪铆合）或700 ℃左右（压铆机铆合），插入铆钉孔，然后用铆钉枪或压铆机把钉端打压成半圆形铆钉头。铆合后的钉杆充满钉孔。由于铆杆冷缩压紧被连接的板件，有利于铆接接头的整体工作。实验结果表明，钉孔质量直接影响连接强度。我国按孔壁质量将钉孔（螺栓孔）分为两类：连接板件组装后，孔壁精确对准，内壁平滑，孔轴垂直于被连接板件的接触面，这类孔的质量好，称为Ⅰ类孔，达不到上述要求的称为Ⅱ类孔。显然，Ⅰ类孔铆钉的抗剪和承压强度比Ⅱ类孔的高。不过，Ⅰ类孔的制造费工，成本高。铆钉连接由于被连接的板件需要搭接较多，且有钉孔削弱，还要制孔和打铆，构造复杂、施工条件差、费钢费工、还要求技工具有较高的技术水平，在建筑钢结构中现已很少采用。但是铆钉连接的塑性和韧性较好、传力可靠、质量易于检查，而且对主体金属材质质量的要求比焊接结构低，这些是铆钉连接的优点，所以在一些重型和直接承受动力荷载的结构中，有时仍然采用。值得注意的是，铆钉连接在现行国家标准《钢结构工程施工质量验收规范》（GB50205）中已无有关条文，但鉴于在旧结构的修复工程中或有特殊需要仍有可能遇到铆钉连接，故《钢结构设计规范》（GB50017）保留了相关条款。

2.（普通）螺栓连接

普通螺栓连接早在18世纪中叶就开始使用，由于受自身性能的限制，现在焊接和高强度螺栓连接逐渐起主导作用，但普通螺栓连接施工较简便，拆装也很方便，所以至今它仍然是安装连接的一种重要方法。螺栓材料的性能统一用螺栓的性能等级来表示，用于C级螺栓的有"4.6级"和"4.8级"，用于A、B级螺栓的有"5.6级"和"8.8级"，小数点前的数字"4"、"5"、"8"表示螺栓材料的抗拉强度不小于400 N/mm²、500 N/mm²和800 N/mm²，小数点及后面的数字"6"、"8"表示螺栓材料的屈强比（屈服点与抗拉强度的比值）为0.6和0.8。

C级螺栓为粗制螺栓，由未经加工的圆钢压制而成。由于螺栓表面粗糙，螺栓孔不必精加工，一般采用在单个零件上一次冲成或不用钻模钻成设计孔径的孔（属Ⅱ类孔）。螺栓孔的直径比螺栓杆的直径大1.5~3 mm（螺栓杆的直径小于20 mm的为1.5 mm，大于24 mm的为3 mm、其余为2 mm）。显然，传递剪力时，由于螺栓杆与螺栓孔之间有较大的间隙，连接的变形较大，所以只在次要结构的抗剪连接或安装时的临时固定连接采用，但传递拉力的性能尚好，所以C级螺栓多用于承受拉力的安装连接中。对于A、B级精制螺栓是由毛坯在车床上经过切削加工精制而成。表面光滑，尺寸准确，螺杆与螺栓孔壁紧密接触，对成孔质量要求高（为Ⅰ类孔）。虽然精度高，受剪性能好，但制作复杂，安装困难，价格较高，已很少在钢结构中采用，通常被摩擦型高强度螺栓连接所取代。

3. 高强度螺栓连接

高强度螺栓采用高强度钢材制成，如 45 号中碳钢、20MnTiB 低合金钢等，其螺栓的性能等级为 8.8 级、10.9 级，高强度螺栓用的螺母和垫圈也采用 45 号和 35 号中碳钢制造，并且还要经过热处理。高强度螺栓连接是通过对螺母施加规定的扭矩，螺杆就达到了规定的拉力，从而对被连接件施加了很大的压力来达到连接目的的，按承截能力极限状态和构造措施不同可分为摩擦型和承压型 2 种：前者在受剪时只靠被连接板件间的强大摩擦阻力传力，以摩擦阻力刚被克服作为连接承载力的极限状态；后者在受剪时，允许克服摩擦力后产生滑移，以栓杆被剪坏或孔壁被压坏作为承载力的极限。为了提高摩擦力，对连接的摩擦面应进行处理是必要的。摩擦型连接的剪切变形小，弹性性能好，施工较简单，可拆卸，耐疲劳，特别适用于承受动力荷载的结构。显然承压型高强度螺栓连接的承载力比摩擦型的高，可节约螺栓，但这种连接的剪切变形比摩擦型的大，所以只适用于承受静力荷载和对结构变形不敏感的结构中，不得用于直接承受动力荷载的结构中。高强度螺栓连接一般采用Ⅱ类钻孔，孔径比螺栓杆公称直径大 1.5～2 mm（摩擦型）或 1～1.5 mm（承压型）。高强度螺栓连接在材料、扳手、制造和安装方面有一些特殊技术要求，价格也较贵。

4. 螺栓及其孔眼图例

螺栓及其孔眼图例见表 3.2，在钢结构施工图上需要将螺栓及其孔眼的施工要求用图形表示清楚，以免引起混淆。对摩擦面如何处理也需要阐明。

表 3.2 螺栓及其孔眼图例

名 称	永久螺栓	高强度螺栓	安装螺栓	圆形螺栓孔	长圆形螺栓孔
图 例	◇	◆	◇	ϕ	ϕ, b

综上所述，铆钉和螺栓连接是采用紧扣的铆钉或螺栓来实现，所以铆钉和螺栓为紧固件，它们的连接统称为紧固件连接。

第二节 对接焊缝连接设计

一、对接焊缝的构造

为了经济合理，焊接材料应与构件钢材相匹配，使焊缝金属与母材的力学性能基本一致。例如手工电弧焊，焊接 Q235 钢构件时，采用 E43 系列焊条；焊接 Q345 钢构件时，采用 E50 系列焊条；焊接 Q390、Q420 钢构件时，采用 E55 系列焊条。

不同钢种的母材相焊时（例如 Q235 钢与 Q345 钢相焊），可采用与低强度相适应的焊接材料（如 E43 系列焊条较为合适）。对接焊缝的焊缝金属为焊条金属与母材金属的混合物，性能较好。在焊缝附近的热影响区，经过淬火过程，晶粒组织和机械性能变化很大，残余应力也较大，一般情况，对接焊缝的破坏不是在焊缝截面，而是在焊缝附近或远离焊缝的母材截面。所以 Q235 与 Q345 钢母材相焊时，采用 E50 系列焊条，在强度方面没有意义。E43 焊条的焊缝总比 E50 焊条的韧性好，而且在相同药皮类型情况下，E43 焊条比 E50 焊条便宜。异种钢相焊时，选用的焊接材料应能保证焊缝强度高于低强度钢材的强度，而焊缝的塑性，则不应低于高强度钢材的塑性。与低强度钢材相适应的焊接材料正好符合此条件。

为了保证焊透，对接焊缝的焊件常需做成坡口，故又叫坡口焊缝。对接焊缝的坡口形式有直线形（不切坡口）、半 V 形（单边 V 形）、全 V 形、双 V 形（X 形）、U 形、K 形，等等，如图 3.9 所示，其中图（a）、（b）、（c）、（e）均可考虑在下面加垫板如图（g）所示。坡口形式和尺寸（间隙 b、钝边 p 和坡口角 α 等）的选择没有一成不变的模式，应根据板厚、施工条件（设备条件，采用手工焊或自动焊，焊件是否能翻身，选用的焊接参数等）具体情况而定，主要目的是为了既要保证焊透，又要尽量减少焊缝金属和使施工方便。所以坡口形式和尺寸一般由施工单位根据《建筑钢结构焊接技术规程》的规定再结合本企业的经验确定。通常坡口形式与焊件厚度关系密切。当焊件厚度很小（手工焊 6 mm，埋弧焊 10 mm）时，可用直边缝。对于一般厚度的焊件可采用具有斜坡口的单边 V 形或 V 形焊缝。斜坡口和根部间隙 b 共同组成一个焊条能够运转的施焊空间，使焊缝易于焊透；钝边 p 有托住熔化金属的作用。对于较厚的焊件（$t>20$ mm），则采用 U 形、K 形和 X 形坡口。对于 V 形缝和 U 形缝需对焊缝根部进行补焊。

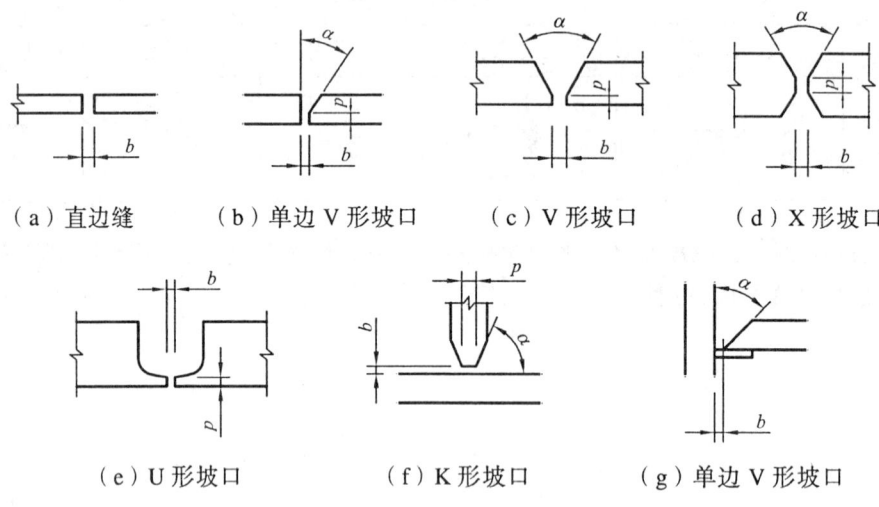

(a) 直边缝　　(b) 单边 V 形坡口　　(c) V 形坡口　　(d) X 形坡口

(e) U 形坡口　　(f) K 形坡口　　(g) 单边 V 形坡口

图 3.9　对接焊缝的坡口形式

在对接焊缝的拼接处，当板宽或板厚不同时，为使截面和缓过渡以减小应力集中，应将板宽或板厚切成斜面，且坡口形式应根据较薄焊件厚度确定。试验证明，只要斜度不大于 1/4，则其疲劳强度与等宽等厚的情况相差不大。故规范规定：当焊件的宽度不同或厚度在一侧相差 4 mm 以上时，应分别在宽度或厚度方向从一侧或两侧做成坡度不大于 1∶2.5 的斜角（见图 3.10），但对直接承受动力荷载且需验算疲劳的结构，图中斜角坡度不应大于 1∶4。

图 3.10（b）、（c）同是改变厚度的构造，但它们的做法各有不同。图 3.10（b）的斜面未包括焊缝，（c）图则包括焊缝在内，二者比较，以后者较好。当采用图 3.10（c）的做法而板厚相差不大时，焊缝表面的斜度已足以满足和缓传递内力的要求，因此规范规定，当板厚差>4 mm 才需要切成斜面，而≤4 mm 只需要焊成斜面。还需指出，钢板厚度方向的切削非常费工，故一般应尽量避免使用改变厚度的构造。

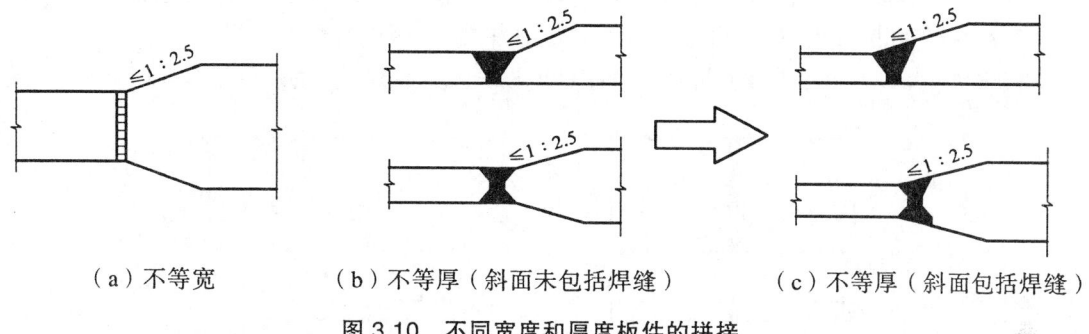

（a）不等宽　　　（b）不等厚（斜面未包括焊缝）　　　（c）不等厚（斜面包括焊缝）

图 3.10　不同宽度和厚度板件的拼接

在焊缝的起灭弧处，常会出现弧坑等缺陷，这些缺陷对承载力影响极大，故凡要求等强的对接焊缝施焊时应设置引弧板和引出板（常常简述为引弧板），如图 3.11 所示，焊后将它割除。当无法采用引弧（出）板施焊时，允许不设置引弧（出）板，此时可令焊缝计算长度等于实际长度减 $2t$（此处 t 为较薄焊件厚度）。

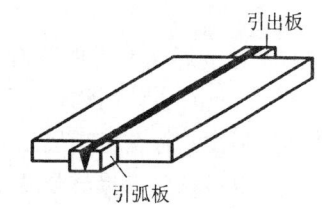

在设计中不得任意加大焊缝，避免焊缝立体交叉和在一处集中大量焊缝，同时，焊缝的布置应尽可能对称于构件形心轴，以减少应力集中现象并降低残余应力的影响。

图 3.11　用引弧板和引出板焊接

当钢板的拼接采用对接焊缝时，纵横两方向的对接焊缝，可采用十字形交叉或 T 形交叉。当为 T 形交叉时，交叉点不能靠近，至少相距 200 mm，否则残余应力相互影响严重。从排板和施工方便的角度出发，采用十字形交叉较好。

二、对接焊缝的计算

对接焊缝分焊透和部分焊透两种。部分焊透的对接焊缝受力时应力状态复杂，一般按角焊缝的方式处理，本节中不作进一步的阐述。以下所述的对接焊缝除非说明均指的是焊透的。焊透的对接焊缝已成为板件或构件的一部分，受力时其应力集中现象不严重，可认为与母材有相同的应力状态。焊缝金属的强度一般高于母材，所以对接焊缝连接的破坏通常不会在焊缝金属部位，而是在母材或焊缝附近的热影响区。但是，由于焊接技术问题，焊缝中难免存在气孔、夹渣、咬边、未焊透等缺陷。试验证明，这些缺陷对受压和受剪的对接焊缝影响不大，但对受拉的对接焊缝影响却较为显著。一、二级焊缝的抗拉强度可与母材相等，而三级焊缝允许存在的缺陷较多，其抗拉强度取为母材强度的 85%。

1. 对接焊缝受轴心力作用

在对接接头和 T 形接头中，垂直于轴心拉力或轴心压力 N 的对接焊缝（见图 3.12a），其强度应按下式计算

$$\sigma = \frac{N}{l_w t} \leqslant f_t^w \text{ 或 } f_c^w \tag{3.1}$$

式中　N——轴心拉力或压力；

　　　l_w——焊缝的计算长度。施焊时，焊缝两端设置引弧板和引出板时，等于焊缝的实际长度；无引弧板和引出板时，每条焊缝的计算长度等于实际长度减去 $2t$；

　　　t——在对接接头中连接件的较小厚度，在 T 形接头中为腹板厚度；

　　　f_t^w、f_c^w——对接焊缝的抗拉、抗压强度设计值，见附表 1.2。

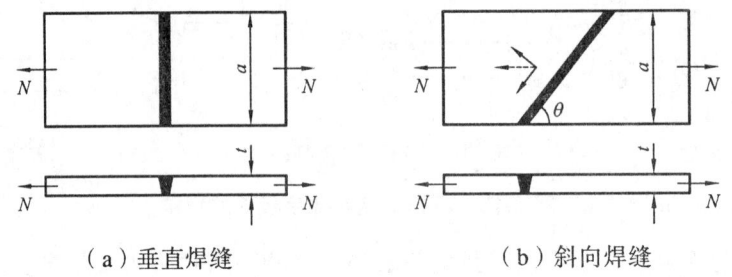

(a) 垂直焊缝　　　　　　(b) 斜向焊缝

图 3.12　对接焊缝受轴心力

由于对接焊缝是焊件截面的组成部分，焊缝中的应力分布情况基本上与焊件原来的情况相同，故计算方法与构件的强度计算一样。对接焊缝的强度与焊缝质量等级相关，一、二级焊缝的强度指标（包括抗拉强度）可认为与母材强度相等，三级焊缝的强度指标（除抗拉强度外）也可认为与母材强度相等，仅三级焊缝的抗拉强度比母材低。故当设置引弧板和引出板时，只有三级焊缝才需按式（3.1）进行抗拉强度验算。

如果用直缝不能满足抗拉强度要求时，可采用如图 3.12（b）所示的斜对接焊缝。计算表明，焊缝与作用力 N 的夹角满足 $\tan\theta \leqslant 1.5$ 时，斜焊缝长度的增加能抵消抗拉强度的不足，可不再进行验算（需对斜焊缝的正应力和剪应力进行计算，对此请读者自行证明）。斜对接焊缝在 20 世纪 50 年代用得较多，由于消耗材料较多，施工也不方便，已逐渐摒弃不用，而代之以直对接焊缝。直缝一般加引弧板施焊，若抗拉强度不满足要求，可采用二级检验标准，或将接头位置挪至内力较小处。

2. 对接焊缝承受弯矩和剪力的共同作用

图 3.13（a）所示是对接接头受到弯矩和剪力的共同作用，由于焊缝截面是矩形，正应力与剪应力图形分别为三角形与抛物线形，其最大值应分别满足下列强度条件

$$\sigma = \frac{M}{W_w} \leqslant f_t^w \text{ 或 } f_c^w \tag{3.2}$$

$$\tau = \frac{VS_w}{I_w t} \leqslant f_v^w \tag{3.3}$$

式中 M、V——焊缝截面所承受的弯矩、剪力；

W_w、I_w——焊缝截面对中性轴的抗弯模量和惯性矩，注意无引弧板和引出板时，每条焊缝的计算长度等于实际长度减去 $2t$；

S_w——计算剪应力处以上焊缝截面对中性轴的面积矩；

f_v^w——对接焊缝的抗剪强度设计值，见附表 1.2；

其余符号意义同（3.1）式。

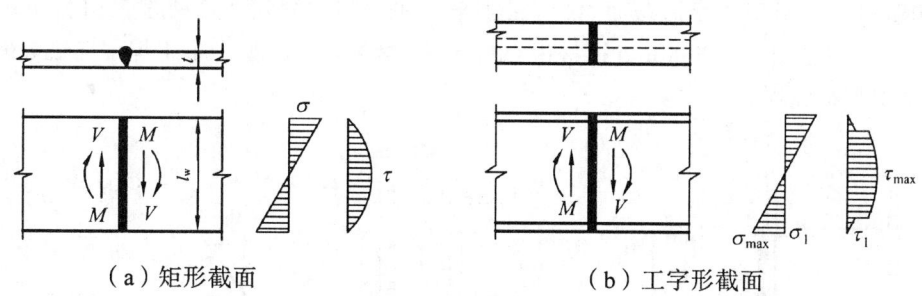

(a) 矩形截面   (b) 工字形截面

图 3.13 对接焊缝受弯矩和剪力联合作用

图 3.13（b）所示是工字形截面梁的对接焊缝接头，除应分别按（3.2）式、（3.3）式验算最大正应力和剪应力外，对于同时受有较大正应力和较大剪应力的腹板与翼缘交接点处，还应按下式验算折算应力

$$\sqrt{\sigma_1^2 + 3\tau_1^2} \leq 1.1 f_t^w \tag{3.4}$$

式中 σ_1、τ_1——验算点处的焊缝正应力和剪应力；

1.1——考虑到最大折算应力只在局部出现，而将强度设计值适当提高的系数。

3. 承受轴心力、弯矩和剪力共同作用的对接焊缝

当轴心力与弯矩、剪力共同作用时，焊缝的最大正应力应为轴心力和弯矩引起的应力之和，剪应力仍按式（3.3）验算，折算应力仍按式（3.4）验算。请读者自己完成公式推导。

【**例题 3.1**】 试验算图 3.12(a) 所示钢板的对接焊缝的强度。图中 $a = 500$ mm，$t = 12$ mm，轴心拉力的设计值 $N = 1\,100$ kN。钢材为 Q235BF，手工焊，焊条为 E43 型，三级焊缝，施焊时不用引弧板。

【**解**】 直缝连接其计算长度 $l_w = 500 - 2 \times 12 = 476$ mm。焊缝正应力为

$$\sigma = \frac{N}{l_w t} = \frac{1\,100 \times 10^3}{476 \times 12} = 192.6 > f_t^w = 185 \quad (\text{N/mm}^2)$$

不满足要求，改用斜对接焊缝，取切割斜度为 1.5 : 1，即 $\tan\theta = 1.5$、$\theta = 56°$。斜缝计算长度 $l_w = 500/\sin\theta - 2 \times 12 = 579$ mm。故此时焊缝正应力为

$$\sigma = \frac{N \sin\theta}{l_w t} = \frac{1\,100 \times 10^3 \times \sin 56°}{579 \times 12} = 131.3 < f_t^w = 185 \quad (\text{N/mm}^2)$$

剪应力为

$$\tau = \frac{N \cos\theta}{l_w t} = \frac{1100 \times 10^3 \times \cos 56°}{579 \times 12} = 88.5 < f_v^w = 125 \quad (\text{N/mm}^2)$$

这就明当 $\tan\theta \le 1.5$ 时，焊缝强度能够保证，可不必计算。

若不采用斜对接焊缝，可考虑加引弧板，这时直缝计算长度 $l_w = 500$ mm。焊缝正应力为

$$\sigma = \frac{N}{l_w t} = \frac{1100 \times 10^3}{500 \times 12} = 183.3 < f_t^w = 185 \quad (\text{N/mm}^2)$$

满足要求（查附表 1.2 焊缝的强度设计值时，注意板厚的影响）。

【例题 3.2】 计算工字形截面牛腿与钢柱连接的对接焊缝强度（见图 3.14）。$F = 550$ kN（设计值），偏心距 $e = 300$ mm。钢材为 Q235BF，焊条为 E43 型，手工焊。三级焊缝。上、下翼缘加引弧板施焊。

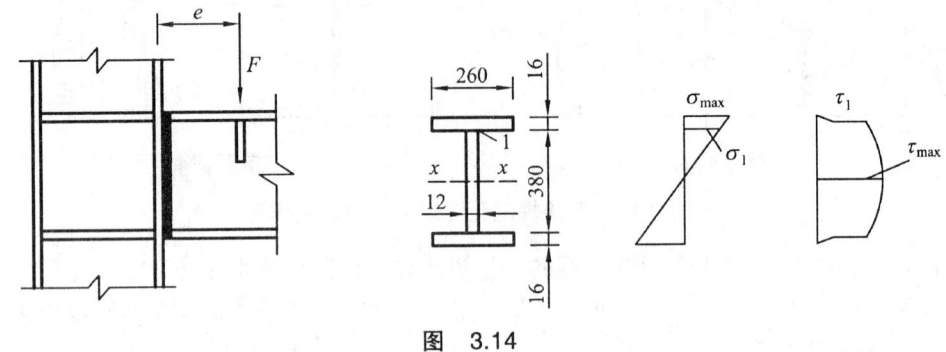

图 3.14

【解】 因有引弧板，对接焊缝的计算截面与牛腿的截面相同，因而

$$I_x = \frac{1}{12} \times 260 \times (380 + 2 \times 16)^3 - \frac{1}{12} \times (260 - 12) \times 380^3 = 3.81 \times 10^8 \quad (\text{mm}^4)$$

$$S_x = 260 \times 16 \times 198 + 190 \times 12 \times 190/2 = 1.04 \times 10^6 \quad (\text{mm}^3)$$

$$S_{x1} = 260 \times 16 \times 198 = 8.24 \times 10^5 \quad (\text{mm}^3)$$

$$V = F = 550 \quad (\text{kN})$$

$$M = Fe = 550 \times 0.3 = 165 \quad (\text{kN} \cdot \text{m})$$

最大正应力为

$$\sigma_{max} = \frac{M \frac{h}{2}}{I_w} = \frac{165 \times 10^6 \times 206}{3.81 \times 10^8} = 89.2 < f_t^w = 185 \quad (\text{N/mm}^2)$$

最大剪应力为

$$\tau_{max} = \frac{VS_x}{I_w t} = \frac{550 \times 10^3 \times 1.04 \times 10^6}{3.81 \times 10^8 \times 12}$$

$$= 125.1 \approx f_v^w = 125 \quad (\text{N/mm}^2) \quad (\text{在实际工程中，}\pm 5\% \text{ 的偏差是可以接受的})$$

上翼缘和腹板交接处"1"点的正应力

$$\sigma_1 = \sigma_{max} \cdot \frac{190}{206} = 82.3 \quad (\text{N/mm}^2)$$

剪应力

$$\tau_1 = \frac{VS_{x1}}{I_x t} = \frac{550 \times 10^3 \times 8.24 \times 10^5}{3.81 \times 10^8 \times 12} = 99.1 < f_v^w = 125 \quad (\text{N/mm}^2)$$

由于"1"点同时受有较大的正应力和剪应力,故应验算折算应力

$$\sqrt{\sigma_1^2+3\tau_1^2}=\sqrt{82.3^2+3\times 99.1^2}=190.4<1.1\times 185=204 \quad (\text{N/mm}^2)$$

均满足要求。

三、部分焊透的对接焊缝

部分焊透(非焊透)对接焊缝仅用于次要构件或受力较小部位的连接,其受力行为与焊透的对接焊缝完全不同,会产生较明显的应力集中现象。因此,在直接承受动力荷载的结构中,垂直于受力方向的焊缝不宜采用、应尽可能避免。

当受力很小,焊缝主要起联系作用或焊缝受力虽然较大,但采用焊透的对接焊缝将使强度不能充分发挥作用时,对承受静力荷载和虽承受动力荷载但与受力方向平行的焊缝,可采用部分焊透的对接焊缝。部分焊透的对接焊缝不仅大大降低了焊缝截面、节省了焊条、减少了工作量,还减小了焊接残余应力和焊接残余变形。

部分焊透的对接焊缝常用于外部需要平整的重型箱形截面柱和厚板T形连接。例如用4块较厚的板焊成箱形截面的轴心受压构件,显然用图3.15(a)所示的焊透对接焊缝是不必要的,如采用角焊缝(见图3.15b)外形又不平整,采用部分焊透的对接焊缝(见图3.16b),可以省工省料,较为美观大方。

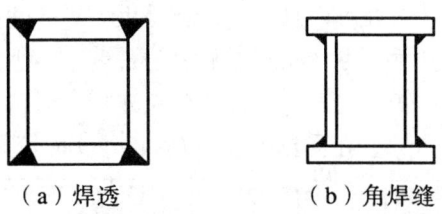

(a)焊透　　　　(b)角焊缝

图 3.15　箱形截面的轴心受压构件的焊缝连接

部分焊透的对接焊缝必须在设计图上注明坡口的形式和尺寸。坡口形式分(单边)V形、U形和J形,如图3.16所示。由图可见,部分焊透的对接焊缝实际上可视为在坡口内焊接

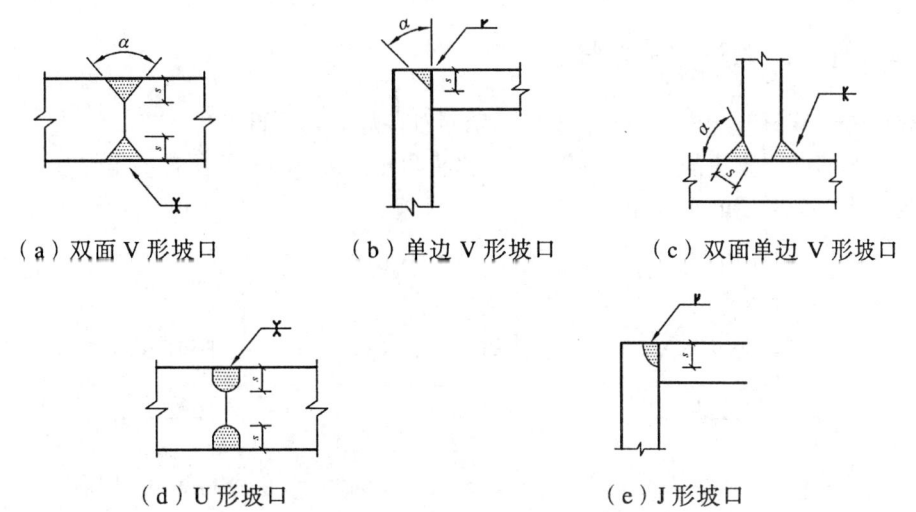

(a)双面V形坡口　　(b)单边V形坡口　　(c)双面单边V形坡口

(d)U形坡口　　(e)J形坡口

图 3.16　部分焊透对接焊缝截面的常用坡口形式

的角焊缝，故其强度计算方法与下节所述的直角角焊缝相似，本教材不作进一步的讨论，读者可参考规范和其他书目。

第三节 角焊缝连接设计

一、角焊缝形式

角焊缝受力特点与对接焊缝完全不同，前者的应力状态要复杂得多，且容易引起应力集中现象，但由于对被连接件加工精度要求低、施工方便而常常被采用。角焊缝一般用于搭接连接和 T 形连接。焊缝长度方向垂直于力作用方向的焊缝称为正面角焊缝（亦称端焊缝）、平行于力作用方向的焊缝称为侧面角焊缝（亦称侧焊缝），既不垂直也不平行的为斜焊缝，以及由它们组合而成的围焊缝，如图 3.17 所示。

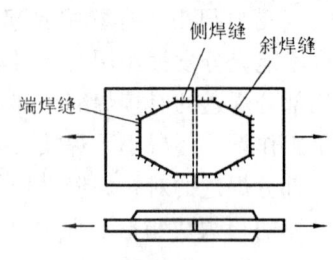

图 3.17 角焊缝

焊缝沿长度方向的布置分为连续角焊缝和断续角焊缝 2 种（见图 3.18）。连续角焊缝的受力性能较好，为主要的角焊缝形式。断续角焊缝的起、灭弧处容易引起应力集中，重要结构应避免采用，只能用于一些次要构件或次要焊缝的连接中。断续角焊缝焊段的长度不得小于 $10h_f$（h_f 为焊角尺寸）或 50 mm，断续角焊缝的间断距离 l 也不宜过长，以免连接不紧密，潮气侵入引起构件锈蚀。一般在受压构件中应满足 $l \leqslant 15\,t$，在受拉构件中 $l \leqslant 30\,t$，t 为较薄焊件的厚度。

图 3.18 连续角焊缝和间断角焊缝

二、角焊缝截面与受力特点

角焊缝焊接材料与构件钢材匹配的问题同对接焊缝，不再赘述。

当角焊缝两焊脚边的夹角为 90°时，称为直角角焊缝，即一般所指的角焊缝（见图 3.19），是建筑结构中最常用的角焊缝。

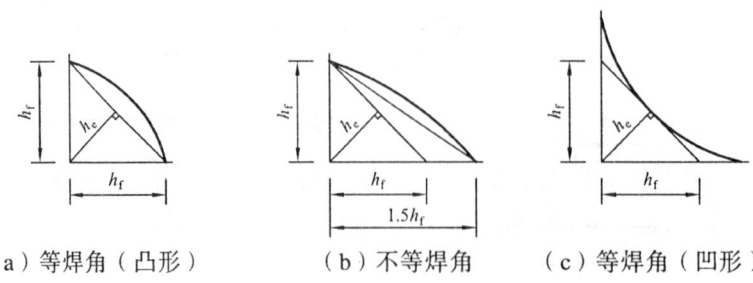

（a）等焊角（凸形）　　（b）不等焊角　　（c）等焊角（凹形）

图 3.19 直角角焊缝截面

两焊脚边的夹角α不是 90°时的焊缝称为斜角角焊缝（见图 3.20）。斜角角焊缝主要应用于钢管结构中。对于夹角α>135°（焊缝表面较难成型，受力状况不良）或α<60°的斜角角焊缝（施焊条件差，根部容易留有空隙和焊渣），除钢管结构外，不宜用作受力焊缝、而只能用于构造焊缝。

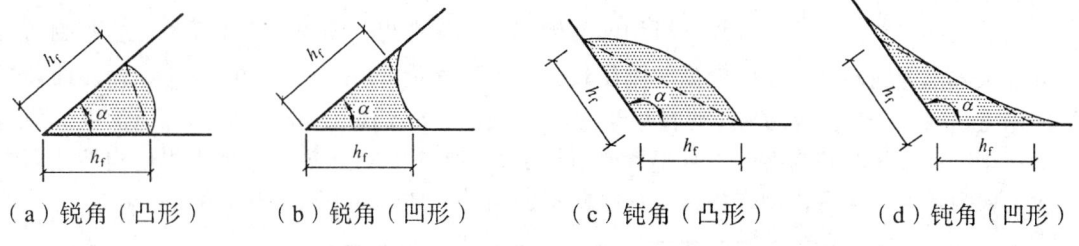

（a）锐角（凸形）　　（b）锐角（凹形）　　（c）钝角（凸形）　　（d）钝角（凹形）

图 3.20　斜角角焊缝截面

角焊缝的表面一般做成凸形，但对直接承受动力荷载结构中的角焊缝，为了减少应力集中，常将焊缝表面做成凹形。但是经验表明，由于凹形表面收缩时拉应力较大，容易在焊后产生裂纹，而凸形焊缝收缩时反而不容易开裂。如用手工焊，因施焊成型极为困难，采用凹形表面更不合适。所以手工焊应采用直线形表面，或先焊微凸表面再用砂轮打磨为直线形表面。当用自动焊时，由于电流强度大，金属熔化速度快，熔深大，焊缝金属冷却后自然形成凹形表面，此种凹形表面不易开裂，且动力性能较好。

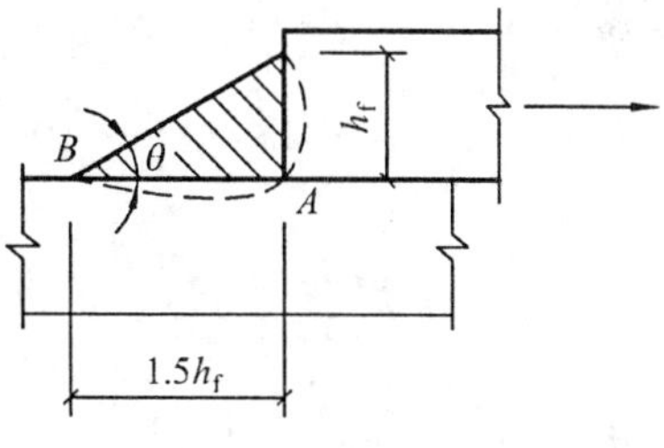

正面角焊缝的根部（图 3.21 中的"A"点）和趾部（图 3.21 中的"B"点）都有很大的应力集中。应力集中系数随根部的熔深大小和焊趾处斜边与水平边夹角 θ 而变。增大熔深和减小夹角 θ 均可大大降低应力集中系数。

图 3.21　正面角焊缝截面

对直接承受动态荷载结构中的正面角焊缝，根据国内外的试验资料，认为为了满足疲劳强度的要求，最好两焊脚尺寸比例为 1∶3（$\theta = 18.4°$）。但施工单位反映，焊缝表面坡度越小施焊越困难，需要多次堆焊才能形成，这样反而影响焊缝质量。因此，我国现规范根据实际情况规定两焊脚尺寸比例为 1∶1.5（长边顺内力方向）。但有些国家的规定更为严格。

直角角焊缝通常做成表面微凸的等腰直角三角形截面（见图 3.19a）。在直接承受动力荷载的结构中，正面角焊缝的截面常采用图 3.19（b）所示的坦式，侧面角焊缝的截面则作成凹面式（见图 3.19c）。

大量试验结果表明，侧面角焊缝（见图 3.22a）主要承受剪应力，塑性较好，弹性模量低，强度也较低。传力线通过侧面角焊缝时产生弯折，因而应力沿焊缝长度方向的分布不均匀，呈两端大而中间小的状态。焊缝越长，应力分布不均匀性越显著，但随着进入塑性工作阶段会产生应力重分布，可使应力分布的不均匀现象渐趋缓和。我国规范根据实践经验，认为侧面角焊缝的长度限值应与焊脚尺寸有关，因此规定最大计算长度为 $60h_f$。如果内力沿侧面角焊缝全长分布，计算长度可不受上述限制，它包括焊接组合梁翼缘板与腹板的纵向焊缝、支承加劲肋与腹板的连接焊缝等。过去动力荷载作用下侧焊缝的最大长度控制较静力荷载的严，近年来经过试验研究，证明对静载或动载可以不加区别，统一取某个规定值。正面角焊缝（见图 3.22b）受力更复杂，截面中的各面均存在正应力和剪应力，焊根处存在着很严重的应力集中。这一方面由于力线弯折，另一方面由于在焊根处正好是两焊件接触面的端部，相当于裂缝的尖端。正面角焊缝的静力破坏强度高于侧面角焊缝，但塑性变形要差些。而斜焊缝的受力性能和强度值介于正面角焊缝和侧面角焊缝之间，即塑性比正面角焊缝好、强度比侧面角焊缝高。

构件端部与节点板的连接焊缝可用两面侧焊和三面围焊，围焊中有正面角焊缝和侧面角焊缝，正面角焊缝的静力强度较高、刚度较大（弹性模量 $E \approx 1.5 \times 10^5 \ \text{N/mm}^2$），而侧面角焊缝的静力强度较低但塑性较好（弹性模量 $E \approx 0.7 \times 10^5 \sim 1.0 \times 10^5 \ \text{N/mm}^2$）。所以三面围焊与两面侧焊相比，破坏时较为突然，且塑性变形较小。但是对构件来说，三面围焊使构件截面中的应力较为均匀，与两面侧焊相比，焊缝附近的构件主体金属疲劳强度较高。

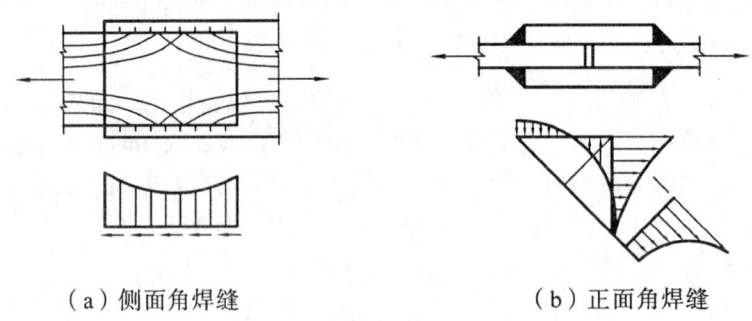

（a）侧面角焊缝　　　　　　　　（b）正面角焊缝

图 3.22　角焊缝的应力

三、角焊缝的尺寸要求

1. 最小焊脚尺寸

如果板件厚度较大而焊缝过小，则施焊时焊缝冷却速度过快而产生淬硬组织，易使焊缝附近主体金属产生裂纹。这种现象在低合金高强度钢中尤为严重。据此并参考国内外资料，规定

$$h_\text{f} \geqslant 1.5\sqrt{t} \tag{3.5}$$

式中，t 为较厚板件的厚度，单位 mm，计算时小数点以后均进为 1 mm；考虑到低氢型焊条施焊的焊缝焊渣层厚，保温条件较好，t 可采用较薄焊件的厚度。埋弧焊的热量较集中，因而熔深较大，故最小焊脚尺寸可较上式的规定减小 1 mm；而 T 形连接的单面角焊缝可靠性较差，应增加 1 mm；当焊件厚度 ≤ 4 mm 时，则最小焊脚尺寸应与焊件厚度相同，即 $h_\text{f} = t$。

2. 最大焊脚尺寸

角焊缝的焊脚尺寸不能过大，否则易使母材形成"过烧"现象，而且使构件产生较大的焊接残余变形和残余应力。所以规定 $h_\text{f} \leqslant 1.2 t_{\min}$，$t_{\min}$ 为较薄焊件的厚度（见图 3.23a）。对板件厚度为 t 的边缘角焊缝（见图 3.23b），若焊脚尺寸 $h_\text{f} = t$，在施焊时容易产生咬边现象，不易焊满全厚度。因此规定，当 $t > 6$ mm 时，取 $h_\text{f} \leqslant t - (1 \sim 2)$ mm；当 $t \leqslant 6$ mm，由于一般用小直径焊缝施焊，技术较易掌握，可采用与焊件等厚的角焊缝，即 $h_\text{f} \leqslant t$。如果另一焊件厚度 $t' < t$ 时，还应满足 $h_\text{f} \leqslant 1.2 t'$ 的要求。在十字形接头中（见图 3.23c），为避免厚度为 t_2

的板"过烧",宜将焊脚尺寸控制在 $h_f \leqslant t_2$ 的范围。

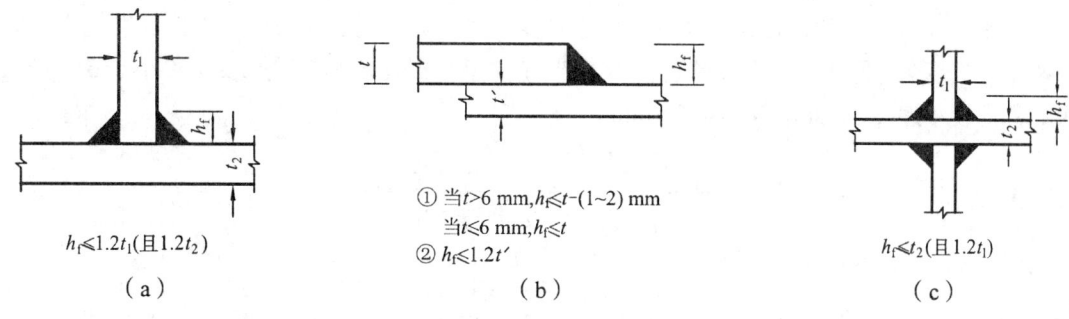

图 3.23 最大焊脚尺寸

3. 不等焊脚尺寸的应用

当两焊件厚度相差悬殊时(见图 3.24),用等焊脚尺寸往往无法满足最大和最小焊脚尺寸的规定。为解决这一矛盾,规范推荐采用不等焊脚尺寸。

4. 侧面角焊缝的最小长度

侧面角焊缝的焊脚尺寸大而长度过小时,焊件局部加热严重,焊缝起落弧缺陷相距太近,加上可能有其他缺陷(气孔、夹渣等),对焊缝强度的影响必然较为敏感,使焊缝可靠性降低;另外,焊缝集中在一很短距离内,焊件的应力集中也较大。此外,侧面角焊缝多用于搭接连接,作用力对焊缝有偏心、会产生偏心弯矩,如果焊缝长度过小,偏心弯矩影响就较大,使焊缝承载力降低。所以规范规定侧面角焊缝的计算长度不得小于 $8h_f$ 和 40 mm。

5. 侧面角焊缝的最大计算长度

前已述及,侧面角焊缝在弹性阶段沿长度方向受力不均匀,两端大而中间小(见图 3.25a),当两焊件的截面积不相等时,例如图 3.25(b)的板 1 的截面积小于板 2 的截面积,则剪应力的分布不对称于焊缝中点,靠近小截面一端的应力高于截面大一端的应力。虽然侧面角焊缝有良好的塑性,但如果焊缝长度超过某一限值时,有可能首先在焊缝的两端破坏,故一般规定侧面角焊缝的计算长度 $l_f \leqslant 60h_f$,当实际长度大于上述限值时,其超过部分在计算中不予考虑。若内力沿侧面角焊缝全长分布以及梁的支承加劲肋与腹板连接焊缝等,计算长度可不受上述限制。

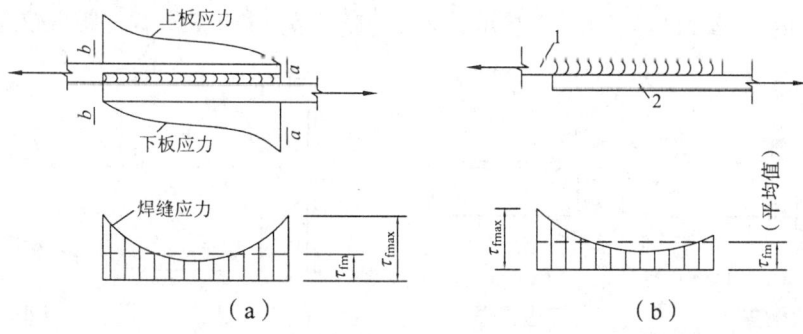

图 3.25 侧面角焊缝的应力分布

6. 搭接长度

采用正面角焊缝的搭接连接,受力时会产生附加弯矩(见图 3.26),搭接长度越小,附加弯矩影响越大;另外焊缝距离越近,收缩应力也越大。因此规定搭接长度不得小于 $5t_{min}$(t_{min} 为焊件的较小厚度),并不得小于 25 mm。

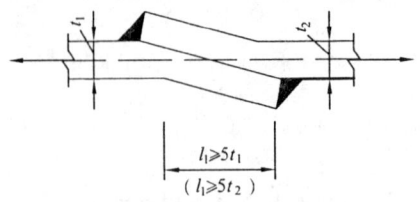

图 3.26 搭接连接的弯曲变形

7. 侧焊缝长度与距离要求

试验表明,采用两侧面角焊缝的搭接连接(见图 3.27a),其连接强度与 b/l_w 有关(b 为两侧焊缝之间的距离,l_w 为侧焊缝长度)。b/l_w 越大,则连接强度越低。为使连接强度不致过分降低,故现规范规定应满足 $l_w \geq b$,即 $b/l_w \leq 1$。另外,仅有两面侧焊缝的搭接连接,两侧焊缝之间的距离 b 太大时,焊缝收缩容易使板件向外拱曲太大(见图 8.27b,a 的剖面),因此规定 $b \leq 16t$(当 $t > 12$ mm 时)或 $b \leq 190$ mm(当 $t \leq 12$ mm 时)。如果 b 不能满足此规定,应加正面角焊缝或者加槽焊(见图 3.27c)或者圆孔焊(见图 3.27d)。

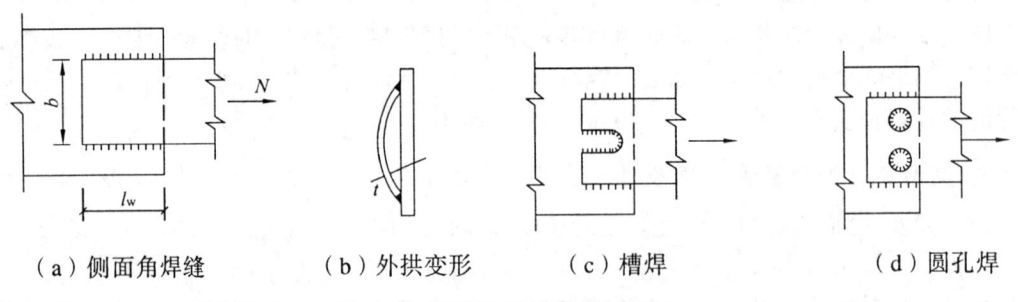

(a)侧面角焊缝　　(b)外拱变形　　(c)槽焊　　(d)圆孔焊

图 3.27 侧面角焊缝的搭接连接

四、角焊缝的围焊和绕角焊

(1)构件端部与节点板的连接焊缝一般宜采用两面侧焊(见图 3.28a),也可采用三面围焊(见图 3.28b)。三面围焊可用于直接承受动态荷载且节点板中相邻焊缝距离较远的桁架中。

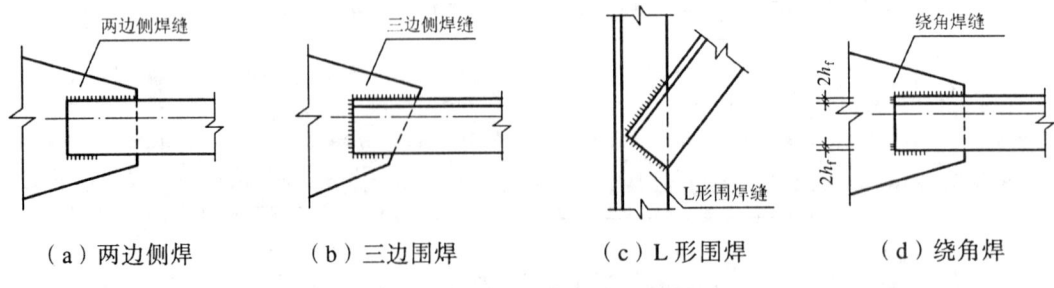

(a)两边侧焊　　(b)三边围焊　　(c)L形围焊　　(d)绕角焊

图 3.28 杆件与节点板的角焊缝的连接

（2）L形围焊（见图 3.28c）一般用于受力不大的角钢杆件或者有特殊需要之处，例如角钢缀条与柱分肢的连接。

（3）围焊的转角处是连接的重要部位，如在此处熄火或起落弧会加大应力集中的影响，所以所有围焊的转角处必须连续施焊。

（4）在非围焊的情况下，角焊缝的端部正好在构件连接的转角处，如此处做长度为 $2h_f$ 的绕角焊（见图 3.28d），可以避免起落弧缺陷引起转角处过大的应力集中。我国船舶制造以及某些国家（如美国、日本等）的建筑结构都强调这样做。不过现规范根据我国建筑钢结构的实践经验，没有硬性规定一定要做绕角焊，只规定"当角焊缝的端部在构件转角处做长度为 $2h_f$ 的绕角焊时，转角处必须连续施焊"。

五、直角角焊缝强度计算的基本公式

如前所述，角焊缝的受力状态是很复杂的。图 3.29 所示为直角角焊缝的截面，$0.7h_f$ 为直角角焊缝的有效厚度 h_e（喉部尺寸）。试验表明，直角角焊缝的破坏常发生在喉部及其附近，通常认为直角角焊缝是以 45°方向的最小截面（即有效厚度与焊缝计算长度的乘积）作为有效截面或称计算截面。任何受力情况的角焊缝，均可求得作用于有效截面上的三种应力（见图 3.30）：垂直于有效截面的正应力 $\sigma_\perp$、垂直于焊缝长度方向的剪应力 $\tau_\perp$ 以及沿焊缝长度方向的剪应力 $\tau_{/\!/}$。即使如此，精确计算仍比较困难，一般是根据试验结果，找出比较合理而又简单的设计方法和相应的公式供设计时应用。无论侧焊缝还是端焊缝，都假定破坏发生在有效截面上，按应力均布并认为都是剪坏，根据试验取最低平均破坏应力来确定其设计强度，这基本上也是国际标准化组织推荐的方法。

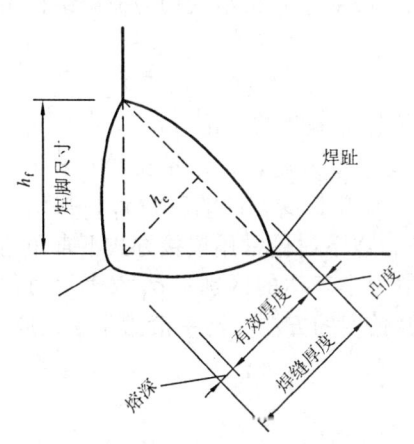

图 3.29　直角角焊缝截面

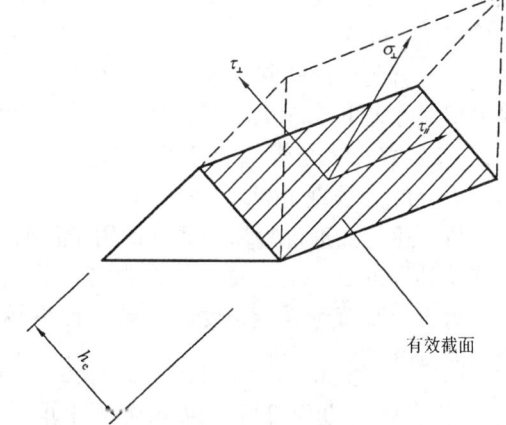

图 3.30　角焊缝有效截面上的应力

应注意的是计算有效厚度 h_e 时，不考虑熔深和凸度。而角焊缝的强度与熔深有很大的关系，尤其是埋弧自动焊的熔深较大，若考虑熔深将有效厚度增大，可带来较大的经济效益。现行规范未区分焊接方法的影响，对自动焊来说偏保守。对于凸度，其尺寸大小无法保证，另外，还有凹形的，难于统一考虑，因此均忽略不计。

经综合考虑后的直角角焊缝强度计算基本公式如下：

（1）在通过焊缝形心的拉力、压力或剪力作用下，对正面角焊缝

$$\sigma_f = \frac{N}{h_e l_w} \leqslant \beta_f f_f^w \tag{3.6}$$

对侧面角焊缝

$$\tau_f = \frac{N}{h_e l_w} \leqslant f_f^w \tag{3.7}$$

（2）在各种力综合作用下，σ_f 和 τ_f 共同作用处

$$\sqrt{\left(\frac{\sigma_f}{\beta_f}\right)^2 + \tau_f^2} \leqslant f_f^w \tag{3.8}$$

式中　σ_f——按焊缝有效截面（$h_e l_w$）计算，垂直于焊缝长度方向的应力；

τ_f——按焊缝有效截面计算，沿焊缝长度方向的剪应力；

h_e——角焊缝的计算厚度；

l_w——角焊缝的计算厚度，对每条焊缝取实际长度减去 $2h_f$；当然 l_w 应满足构造要求；

β_f——正面角焊缝的强度增大系数：对承受静力荷载和间接承受动力荷载的结构，$\beta_f = 1.22$，对直接承受动力荷载的结构，$\beta_f = 1.0$。

对于直接承受动力荷载结构中的焊缝，虽然正面角焊缝的强度试验值比侧面角焊缝高（正面角焊缝的平均破坏强度比侧面角焊缝要高出 35% 以上），但判别结构或连接的工作性能，除是否具有较高的强度指标外，还需检验其延性指标（也即塑性变形能力）。焊缝优良性能的标志就是具有较大的塑性变形能力，从这点来看，正面角焊缝远不如侧面角焊缝。由于正面角焊缝的刚度大、韧性差，应将其强度降低使用，故对于直接承受动力荷载结构中的角焊缝取 $\beta_f = 1.0$。

对于非直角焊缝的斜角焊缝，受力更为复杂，一般仍按照式（3.6）、（3.7）和（3.8）计算，但偏保守地取 $\beta_f = 1.0$。斜角焊缝的具体计算本书不作进一步的讨论。

以上 3 式即为角焊缝的基本计算公式。无论焊缝受力多么复杂，只要根据力学知识将焊缝应力分解为垂直于焊缝长度方向的应力 σ_f 和平行于焊缝长度方向的应力 τ_f，找到最不利点，按上述公式进行验算，就可适用于任何受力状态。以下讨论常用连接方式下直角角焊缝的连接计算问题，应注意，公式中符号的意义与一般力学表达的区别：σ_f 仅表示简化计算中应力方向垂直于焊缝长度的方向、τ_f 为平行于焊缝长度的方向，与一般力学中正应力、剪应力的概念无关。

1. 承受轴心力作用时角焊缝连接计算

（1）用盖板的对接连接承受轴心力（拉力、压力或剪力）时，当焊件所受拉力、压力或剪力通过连接焊缝中心（即承受轴心力）时，在满足构造要求的前提下，可认为在焊缝中产生均匀分布的应力。图 3.31 的连接中，当只有侧面角焊缝时，按式（3.7）计算；当只有正面角焊缝时，按式（3.6）计算；当采用三面围焊时，拼接板的宽度通常可根据被连接件的宽度来确定，这样先按式（3.6）计算正面角焊缝所承担的内力

$$N_\perp = \beta_f f_w^f \sum h_e l_w \tag{3.9}$$

式中，$\sum l_w$ 为连接一侧正面角焊缝计算长度的总和（一般各条焊缝的 h_e 是一致的）；剩余的轴心力 $(N-N_\perp)$ 由侧面角焊缝承担，按式（3.7）计算侧面角焊缝的强度（确定焊缝长度）

$$\tau_f = \frac{N-N_\perp}{\sum h_e l_w} \leqslant f_f^w \tag{3.10}$$

式中，$\sum l_w$ 是连接一侧的侧面角焊缝计算长度的总和，据此可确定盖板的几何尺寸。

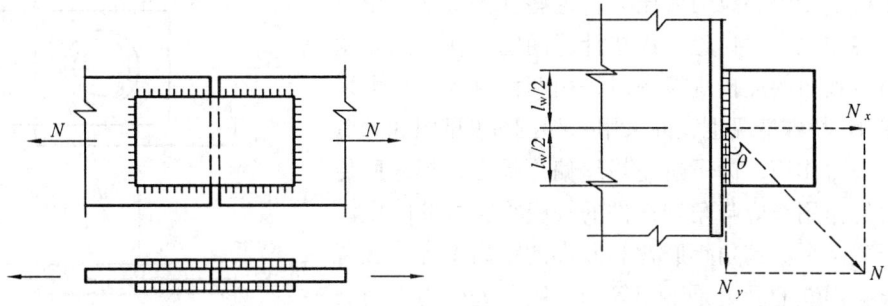

图 3.31 受轴心力的盖板连接　　图 3.32 斜向轴心力作用

（2）承受斜向轴心力的角焊缝连接计算。图 3.32 所示为受斜向轴心力的角焊缝连接，即斜焊缝连接。将力 N 分解为垂直于和平行于焊缝方向的分力 $N_x = N\sin\theta$、$N_y = N\cos\theta$，则

$$\sigma_f = \frac{N\sin\theta}{\sum h_e l_w} \tag{3.11}$$

$$\tau_f = \frac{N\cos\theta}{\sum h_e l_w} \tag{3.12}$$

代入式（3.8）验算角焊缝的强度，也可代入后进一步演算如下：

$$\sqrt{\left(\frac{N\sin\theta}{\beta_f \sum h_e l_w}\right)^2 + \left(\frac{N\cos\theta}{\sum h_e l_w}\right)^2} \leqslant f_f^w \tag{3.13}$$

$$\frac{N}{\sum h_e l_w}\sqrt{\frac{\sin^2\theta}{1.5}+\cos^2\theta} = \frac{N}{\sum h_e l_w}\sqrt{1-\frac{\sin^2\theta}{3}} \leqslant f_f^w \tag{3.14}$$

令

$$\beta_{f\theta} = \frac{1}{\sqrt{1-\sin^2\theta/3}} \tag{3.15}$$

则斜焊缝的计算式为

$$\frac{N}{\beta_{f\theta}\sum h_e l_w} \leqslant f_f^w \tag{3.16}$$

式中　θ——作用力与焊缝长度方向的夹角；

　　　$\beta_{f\theta}$——斜焊缝强度增大系数，其值介于 1.0～1.22 之间，当然，对直接承受动力荷载的焊缝，应取 $\beta_{f\theta}=1.0$。

（3）承受轴心力的圆形周边角焊缝计算。图 3.33 所示为在圆形周边的角焊缝，在轴心

力作用下,每一处与轴力的夹角是不同的,换句话说,$\beta_{f\theta}$是变化的,可用下式近似验算

$$\frac{N}{0.7h_f \beta_{f\theta} l_w} \leq f_f^w \tag{3.17}$$

式中,焊缝计算长度$l_w = \pi(d - 2 \times 0.7h_f)$;$\beta_{f\theta} \approx 1.1$(请读者用积分方法验证)。

(4)承受轴心力的角钢角焊缝计算。在钢桁架中,弦杆、腹杆承受中心拉力或压力,这些杆件常常采用角钢组成,特在此专门讨论其连接计算问题。在节点处角钢腹杆与节点板的连接焊缝一般采用两面侧焊,也可采用三面围焊,特殊情况也允许采用L形围焊(见图3.34)。腹杆受轴心力作用,为了避免焊缝偏心受力,焊缝所传递的合力的作用线应与角钢杆件的轴线重合。此时应注意,由于截面形心到角钢肢背和肢尖的距离不等,肢背焊缝和肢尖焊缝的受力是不相等的:肢背处受力大而肢尖处受力小,可用内力分配系数量化(见表3.3)。

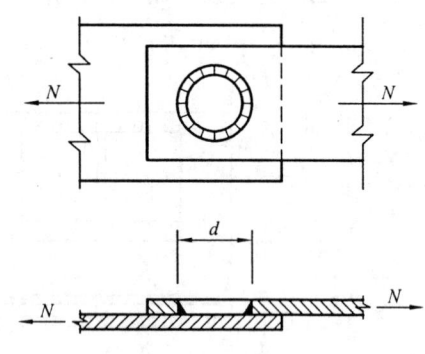

图 3.33 圆周形角焊缝

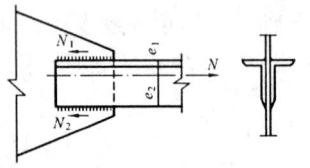
(a)两边侧焊

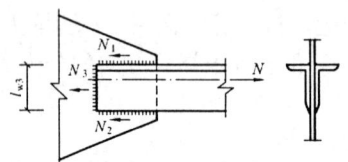
(b)三边围焊

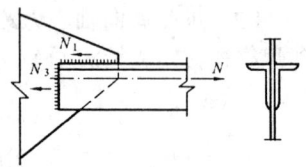
(c)L形围焊

图 3.34 角钢角焊缝受力分配

表 3.3 角钢角焊缝内力分配系数

连接类型	连接形式	内力分配系数	
		肢背 k_1	肢尖 k_2
等肢角钢		0.7	0.3
不等肢角钢短肢连接		0.75	0.25
不等肢角钢长肢连接		0.65	0.35

对于图3.34(a)所示角钢只用侧焊缝连接时,设N_1、N_2分别为角钢肢背焊缝和肢尖焊缝承担的内力,由平衡条件得

$$N_1 = \frac{e_2}{e_1+e_2}N = k_1 N \tag{3.18}$$

$$N_2 = \frac{e_1}{e_1+e_2}N = k_2 N \tag{3.19}$$

式中，k_1、k_2 为焊缝内力分配系数，可按表 3.3 查得。

对于三面围焊（见图 3.34b），可先确定正面角焊缝所分担的轴心力 N_3

$$N_3 = 0.7 h_f \beta_f f_w^f \sum l_{w3} \tag{3.20}$$

再通过平衡关系可解得

$$N_1 = \frac{e_2}{e_1+e_2}N - \frac{N_3}{2} = k_1 N - \frac{N_3}{2} \tag{3.21}$$

$$N_2 = \frac{e_1}{e_1+e_2}N - \frac{N_3}{2} = k_2 N - \frac{N_3}{2} \tag{3.22}$$

当杆件受力很小时，可采用 L 形围焊（见图 3.34c），令 $N_2 = 0$，由式（3.22）得

$$N_3 = 2 k_2 N \tag{3.23}$$

代入（3.21）式得

$$N_1 = (k_1 - k_2)N \tag{3.24}$$

根据上述方法求得角钢各条连接焊缝所承受的内力 N_1、N_2 和 N_3 后，便可按角焊缝的计算公式（3.6）或（3.7）设计各焊缝的长度 l_w、焊脚尺寸 h_f，也可验算已有焊缝的强度。考虑到每条焊缝两端的起灭弧缺陷，实际焊缝长度为计算长度加 $2h_f$；但对于三面围焊，由于在杆件端部转角处必须连续施焊，每条侧面角焊缝只有一端可能起灭弧，故焊缝实际长度为计算长度加 h_f；对于采用绕角焊的侧面角焊缝实际长度等于计算长度加 h_f（绕角焊缝长度 $2h_f$ 不进入计算）。

2. 弯矩、轴心力和（或）剪力联合作用下的角焊缝连接计算

（1）承受偏心斜向力的角焊缝连接计算。图 3.35 所示的双面角焊缝连接承受偏心斜拉力 N 的作用，计算时将作用力 N 分解为 N_x 和 N_y，则角焊缝同时承受轴心力 N_x、剪力 N_y 和弯矩 $M = N_x e$ 的共同作用。通过对焊缝计算截面上的应力分布的分析，图中 A 点应力最大，为控制设计点。此处垂直于焊缝长度方向的应力由 N_x 和 M 产生的两部分组成

$$\sigma_f = \frac{N_x}{\sum h_e l_w} + \frac{6M}{\sum h_e l_w^2} \tag{3.25}$$

平行于焊缝长度方向的应力为

$$\tau_f = \frac{N_y}{\sum h_e l_w} \tag{3.26}$$

最后将以上两式代入式（3.8）验算。

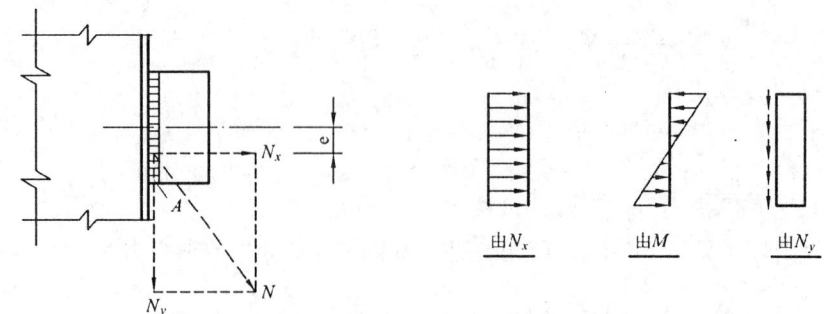

图 3.35 承受偏心斜拉力的角焊缝

（2）工字形截面梁（或牛腿）角焊缝连接计算。图 3.36 所示为工字形截面梁（或牛腿）与柱采用角焊缝的连接，通常承受弯矩 M 和剪力 V 的联合作用。由于翼缘的竖向刚度较差，在剪力作用下，如果没有腹板焊缝存在，翼缘将发生明显挠曲。这就说明，翼缘板的抗剪能力极差。由于翼缘板的竖向刚度不足，一般假定剪力仅由竖直腹板焊缝承受，而弯矩则由全部焊缝承受。

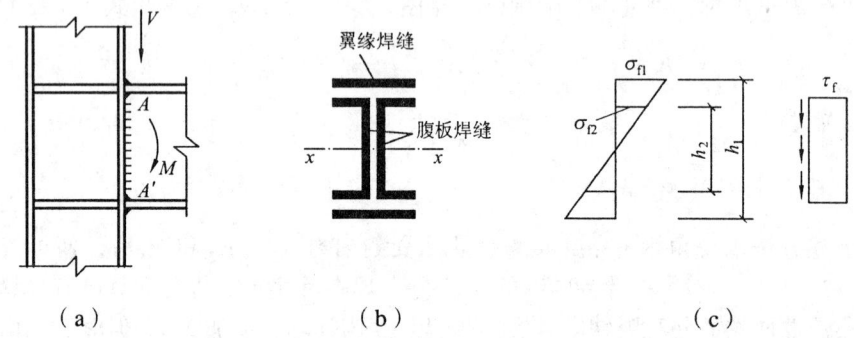

图 3.36 工字形梁（或牛腿）的角焊缝连接

为了使焊缝分布较合理，宜在每个翼缘的上下两侧均匀布置角焊缝，由于翼缘焊缝只承受垂直于焊缝长度方向的弯曲应力，此弯曲应力沿梁高度呈三角形分布，最大应力发生在翼缘焊缝的最外纤维处，为了保证此焊缝的正常工作，应使翼缘焊缝最外纤维处的应力满足角焊缝的强度条件，即

$$\sigma_{f1} = \frac{M}{I_w} \cdot \frac{h_1}{2} \leq \beta_f f_f^w \tag{3.27}$$

式中　I_w——全部焊缝有效截面对其中和轴的惯性矩；

　　　M——全部焊缝所承受的弯矩；

　　　h_1——上下翼缘焊缝有效截面最外纤维之间的距离。

腹板焊缝承受两种应力的联合作用，即垂直于焊缝长度方向且沿梁高度呈三角形分布的弯曲应力和平行于焊缝长度方向、且均匀分布的剪应力的作用，设计控制点为翼缘与腹板交汇点处 A，其弯曲应力和剪应力分别按下式计算

$$\sigma_{f2} = \frac{M}{I_w} \cdot \frac{h_2}{2} \tag{3.28}$$

$$\tau_f = \frac{V}{\sum h_{e2} l_{w2}} \tag{3.29}$$

式中 $\sum h_{e2} l_{w2}$ ——腹板焊缝有效面积之和；

l_{w2} ——腹板焊缝的实际长度。

腹板焊缝在 A 点的强度验算还是式（3.8）。

工字梁（或牛腿）与钢柱翼缘角焊缝连接的另一种计算方法是使焊缝传递应力与母材所承受应力相协调，即假设腹板焊缝只承受剪力；翼缘焊缝承担全部弯矩，并将弯矩 M 化为一对水平力 $H = M/h \left(h \approx \frac{h_1 + h_2}{2} \right)$。则翼缘焊缝的强度计算式为

$$\sigma_f = \frac{H}{h_{e1} l_{w1}} \leqslant \beta_f f_f^w \tag{3.30}$$

腹板焊缝的强度计算式为

$$\tau_f = \frac{V}{2 h_{e2} l_{w2}} \leqslant f_f^w \tag{3.31}$$

式中 $h_{e1} l_{w1}$ ——一个翼缘上角焊缝的有效截面积；

$2 h_{e2} l_{w2}$ ——两条腹板焊缝的有效截面积。

（3）T形截面牛腿角焊缝连接计算。图 3.37 所示为 T 形截面牛腿与柱采用角焊缝的连接。此种焊缝承受弯矩 $M = Fe$ 和剪力 F，其受力分析与上述工字形截面类似：计算时通常假设腹板焊缝承受全部剪力，而弯矩则由全部焊缝承受。显然控制设计点为竖直焊缝的下端点 A。

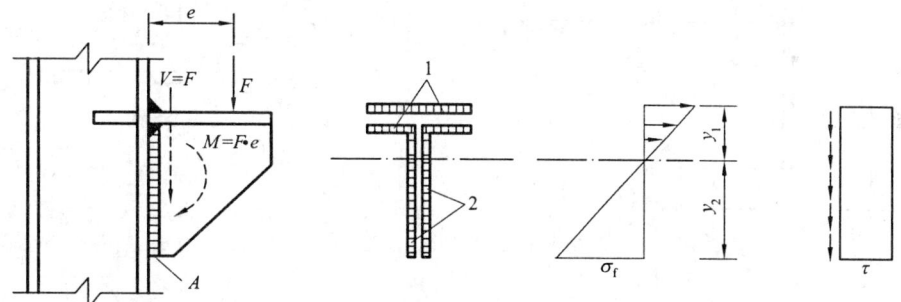

图 3.37 T形截面牛腿的角焊缝连接

1—翼缘焊缝；2—腹板焊缝

在 A 点，由弯矩产生的垂直于焊缝长度方向的应力为

$$\sigma_f = \frac{Fe}{I_w} y_2 \tag{3.32}$$

式中 I_w ——全部焊缝有效截面对其中和轴的惯性矩；

y_2 ——中和轴至 A 点的距离。

由剪力 F 产生的剪应力为

$$\tau_f = \frac{F}{\sum h_{e2} l_{w2}} \qquad (3.33)$$

式中 $\sum h_{e2} l_{w2}$——竖直焊缝有效面积之和。

验算式仍为式（3.8）。

3. 承受扭矩或扭矩与剪力联合作用的角焊缝连接计算

（1）环形角焊缝承受扭矩 T 作用时的计算（见图3.38）。

通常焊缝有效厚度 h_e 比圆环直径 D 小得多（一般 $h_e < 0.1D$），故环形角焊缝承受扭矩 T 作用时，可视为薄壁圆环的受扭问题，即假设焊缝的剪应力是均匀分布的、方向为切线方向。在有效截面的任一点上所受切线方向的剪应力 τ_f，应按下式计算

$$\tau_f = \frac{Tr}{I_p} \leq f_f^w \qquad (3.34)$$

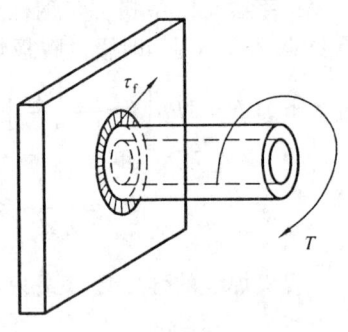

图 3.38 环形角焊缝受扭

式中 r——圆心至焊缝有效截面中线的距离；

I_p——焊缝有效截面的极惯性矩，可取 $I_p = 2\pi h_e r^3$。

（2）两平行直线形角焊缝搭接牛腿。图3.39（a）为两平行直线形角焊缝承受偏心力 F。偏心力产生扭矩 $T = Fe$ 和轴心作用剪力 $V = F$。

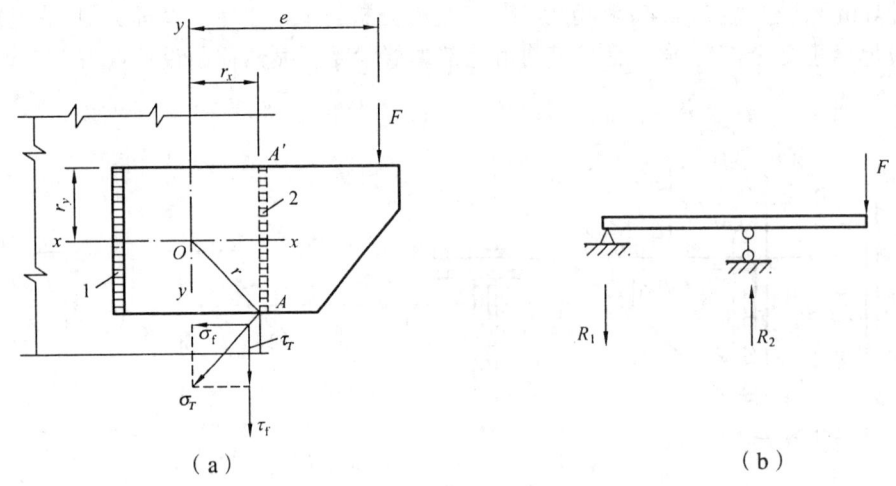

图 3.39 承受扭矩和轴心力的角焊缝

在扭矩 T 作用下，假设被连接件是绝对刚性的，它有绕焊缝形心 O 旋转的趋势。这样，焊缝上任一点的应力，其方向垂直于该点与 O 点的连线、大小与距离 r 成正比。

此焊缝的最危险点为 A 点或 A' 点，扭矩 T 在此点产生的应力为

$$\sigma_T = \frac{Tr}{I_p} \qquad (3.35)$$

将 σ_T 分解为垂直于焊缝长度方向的应力 σ_f 和沿焊缝长度方向的剪应力 τ_T：

$$\sigma_{\mathrm{f}} = \sigma_T \frac{r_y}{r} = \frac{Tr_y}{I_{\mathrm{p}}} \tag{3.36}$$

$$\tau_T = \sigma_T \frac{r_x}{r} = \frac{Tr_x}{I_{\mathrm{p}}} \tag{3.37}$$

另外，由轴心作用的剪力 $V=F$ 产生的沿焊缝长度方向的应力 τ_V

$$\tau_V = \frac{F}{\sum h_{\mathrm{e}} l_{\mathrm{w}}} \tag{3.38}$$

代入式（3.8），故验算公式应为

$$\sqrt{\left(\frac{\sigma_{\mathrm{f}}}{\beta_{\mathrm{f}}}\right)^2 + \left(\tau_T + \tau_V\right)^2} \leqslant f_{\mathrm{f}}^{\mathrm{w}} \tag{3.39}$$

以上公式中，$\sum h_{\mathrm{e}} l_{\mathrm{w}}$ 为焊缝有效截面面积之和；I_{p} 为焊缝有效截面的极惯性矩，此处

$$I_{\mathrm{p}} = I_x + I_y \approx 2\left(\frac{1}{12} h_{\mathrm{e}} l_{\mathrm{w}}^3 + h_{\mathrm{e}} l_{\mathrm{w}} r_x^2\right) \tag{3.40}$$

当两焊缝距离较大时，例如距离大于焊缝长度，可将扭矩 T 转化为一对竖直方向的力偶，再加上轴心力 F 平均分配于两焊缝。这实际上就是将被连接板视为一悬伸梁（见图 3.39b），两条焊缝分别承受其支座反力 R_1 和 R_2。这样计算，两角焊缝可取不同的焊脚尺寸

$$h_{\mathrm{f1}} \geqslant \frac{R_1}{0.7 l_{\mathrm{w}} f_{\mathrm{f}}^{\mathrm{w}}} \tag{3.41}$$

$$h_{\mathrm{f2}} \geqslant \frac{R_2}{0.7 l_{\mathrm{w}} f_{\mathrm{f}}^{\mathrm{w}}} \tag{3.42}$$

当两焊缝距离很小时，例如距离 a 小于焊缝长度的 1/3（见图 3.40），则可近似将两条焊缝合并，计算其弯曲应力和竖向剪应力

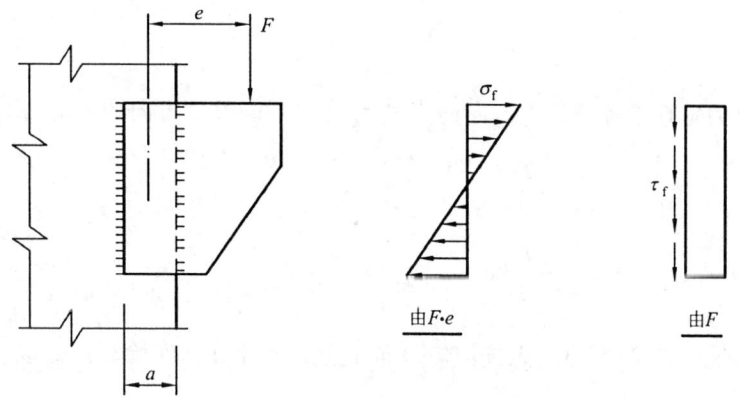

图 3.40　距离很小的角焊缝

$$\sigma_{\mathrm{f}} = \frac{6Fe}{2 \times 0.7 h_{\mathrm{f}} l_{\mathrm{w}}^2} \tag{3.43}$$

$$\tau_f = \frac{F}{2 \times 0.7 h_f l_w} \quad (3.44)$$

然后代入式（3.8）验算。对于这样的近似处理方法，有兴趣的读者可比较一下误差大小。

（3）围焊承受剪力和扭矩作用时的计算。图3.41所示为采用三面围焊搭接连接的示意图。该连接角焊缝承受竖向剪力 $V=F$ 和扭矩 $T=Fe$ 作用。计算角焊缝在扭矩 T 作用下产生的应力时，假定被连接件是绝对刚性的，它有绕焊缝形心 O 旋转的趋势，而角焊缝本身是弹性的；角焊缝群上任一点的应力方向垂直于该点与形心的连线，且应力大小与连线长度 r 成正比。图中 A 点与 A' 点距形心 O 点最远，故 A 点和 A' 点由扭矩 T 引起的剪应力 τ_T 最大，焊缝群其他各处由扭矩 T 引起的剪应力 τ_T 均小于 A 点和 A' 点的剪应力，故 A 点和 A' 点为设计控制点。

计算时按弹性理论，确定焊缝有效截面的形心位置和计算扭矩 T 及轴心力 F 产生的应力时，都可不考虑焊缝方向（即不区分是正面角焊缝还是侧面角焊缝），只在最后验算式中引进系数 β_f。

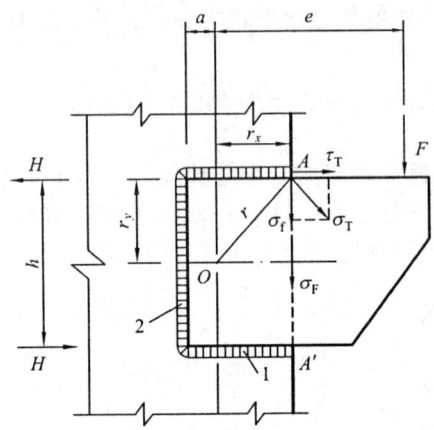

图3.41 受剪力和扭矩作用的围焊缝

在扭矩 T 作用下，A 点（或 A' 点）的应力为

$$\sigma_T = \frac{Tr}{I_p} \quad (3.45)$$

将 σ_T 分解为垂直于焊缝长度方向的应力 σ_f 和沿焊缝长度方向的剪应力 τ_T

$$\sigma_f = \sigma_T \frac{r_x}{r} = \frac{Tr_x}{I_p} \quad (3.46)$$

$$\tau_T = \sigma_T \frac{r_y}{r} = \frac{Tr_y}{I_p} \quad (3.47)$$

另外，轴心力 F 产生的应力按均匀分布于全截面计算，在验算点处该应力垂直于焊缝长度方向 σ_F

$$\sigma_F = \frac{F}{\sum h_e l_w} \quad (3.48)$$

代入式（3.8），故验算公式应为

$$\sqrt{\left(\frac{\sigma_f + \sigma_F}{\beta_f}\right)^2 + \tau_T^2} \leq f_f^w \tag{3.49}$$

以上公式中，$\sum h_e l_w$ 为焊缝有效截面面积之和；I_p 为焊缝有效截面的极惯性矩，即

$$I_p = I_x + I_y \tag{3.50}$$

应该指出的是上述计算方法中，假定轴心力产生的应力为平均分布。实际上，在图 3.51 所示轴心力作用下，水平焊缝为正面焊缝，而竖直焊缝为侧面焊缝，两者单位长度分担的应力是不同的，前者较大，后者较小。显然，轴心力产生的应力假设为平均分布，与前面基本公式推导中，考虑焊缝方向的思路不符。同样，在确定形心位置以及计算扭矩下所产生的应力时，也没有考虑焊缝方向，而只在最后验算式中引进了系数 β_f，上面计算方法有一定的近似性。

此种焊缝也可采用更近似的方法计算，即将偏心力 F 移至竖直焊缝处，则产生扭矩为

$$T' = F(e + a) \tag{3.51}$$

两水平焊缝能承担的扭矩为

$$T_1 = h_{e1} l_{w1} h f_f^w \tag{3.52}$$

式中　$h_{e1} l_{w1}$——一根水平焊缝的有效截面；
　　　h——水平焊缝的距离。

当 $T_2 = T' - T_1 \leq 0$ 时，表示水平焊缝已足以承担全部扭矩，竖直焊缝只承受竖向力 F，按下式计算

$$\frac{F}{h_{e2} l_{w2}} \leq f_f^w \tag{3.53}$$

式中，$h_{e2} l_{w2}$ 为垂直焊缝的有效截面。

当 $T_2 = T' - T_1 > 0$ 时，表示水平焊缝不足以承担全部扭矩，此不足部分应由竖直焊缝承担，其计算式为

$$\sqrt{\left(\frac{6T_2}{\beta_f h_{e2} l_{w2}^2}\right)^2 + \left(\frac{F}{h_{e2} l_{w2}}\right)^2} \leq f_f^w \tag{3.54}$$

以上是角焊缝的基本计算方法。可看出，计算公式不是一成不变的，而应该根据具体情况具体分析。下面通过例题来说明。

【例题 3.3】 承受轴心拉力的板件，采用上、下两块拼接板并采取角焊缝三边围焊连接。已知板件宽度 $b_1 = 400$ mm，厚度 $t_1 = 18$ mm（见图 3.42）；承受轴心拉力 $N = 1\,425$ kN；两

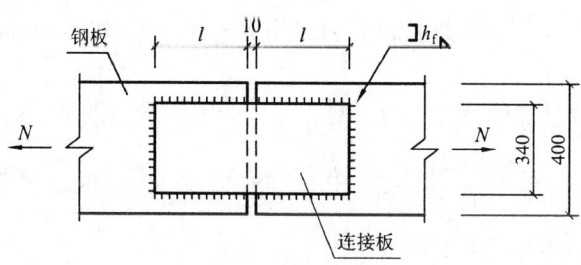

图 3.42　围焊缝计算

块拼接板的宽度 $b_2 = 340$ mm，厚度 $t_2 = 12$ mm；钢材为 Q235。采用手工焊接，焊条为 E43。试确定盖板尺寸。

【解】 设计拼接盖板连接的方法比较灵活，可先假定焊脚尺寸求焊缝长度，再由焊缝长度确定拼接盖板的尺寸，不满意时可调整焊脚尺寸再算；若有丰富的经验，则可先假定焊脚尺寸和拼接盖板的尺寸，然后验算焊缝的承载力。应注意验算拼接板的截面面积不得小于被连接件的截面面积。

角焊缝的焊脚尺寸 h_f 应根据板件厚度确定。由于此处的焊缝在板件边缘施焊，且拼接盖板厚度 $t_2 = 12$ mm>6 mm，$t_2 < t_1$，则

$$h_{f,\max} = t_2 - (1 \sim 2) = 12 - (1 \sim 2) = 11 \text{ 或 } 10 \text{ (mm)}$$
$$h_{f,\min} = 1.5\sqrt{t_1} = 1.5\sqrt{18} = 7 \text{ (mm)}$$

取角焊缝的焊脚尺寸 $h_f = 8$ mm，角焊缝的强度设计值 $f_f^w = 160$ N/mm^2，则

$$N - 2\beta_f f_f^w h_e b_2 = 4 f_f^w h_e (l - h_f)$$

代入数据，注意围焊缝只有一个起弧点和一个落弧点，有

$$1\,425 \times 10^3 - 2 \times 1.22 \times 160 \times 0.7 \times 8 \times 340 = 4 \times 160 \times 0.7 \times 8 \times (l - 8)$$

解，取整得 $l = 200$ mm。上、下各一块拼接板的长度为 $L = 2l + 10 = 2 \times 200 + 10 = 410$ mm。最后选定的上、下拼接板的尺寸为 2—340×12×410。

【例题 3.4】 试验算图 3.43（a）所示牛腿与钢柱连接角焊缝的强度。钢材为 Q235，焊条为 E43 型，手工焊。荷载设计值 $N = 365$ kN，偏心距 $e = 350$ mm，焊脚尺寸 $h_{f1} = 8$ mm，$h_{f2} = 6$ mm。图 3.43（b）为焊缝有效截面。

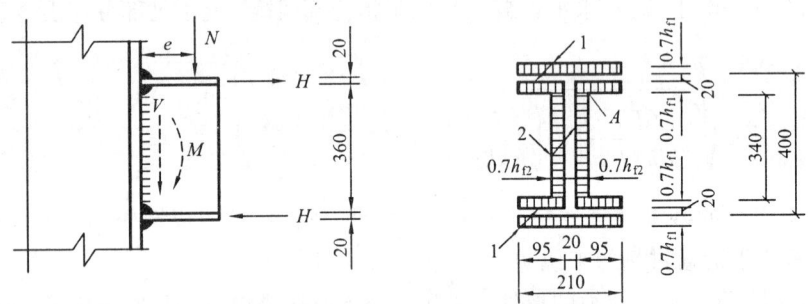

图 3.43 工字形牛腿角焊缝计算

【解】 力 N 在角焊缝形心处引起剪力 $V = N = 365$ kN 和弯矩 $M = Ne = 365 \times 0.35 = 127.8$（kN·m）。

（1）考虑腹板焊缝参加传递弯矩的计算方法。全部焊缝有效截面对中和轴的惯性矩为

$$I_w = 2 \times \frac{4.2 \times 340^3}{12} + 2 \times 210 \times 5.6 \times 202.8^2 + 4 \times 95 \times 5.6 \times 172.8^2$$
$$= 1.88 \times 10^8 \text{ (mm}^4\text{)}$$

翼缘焊缝的最大应力

$$\sigma_{f1} = \frac{M}{I_w} \cdot \frac{h}{2} = \frac{127.8 \times 10^3}{1.88 \times 10^8} \times 205.6 = 139.8 < \beta_f f_f^w$$
$$= 1.22 \times 160 = 195 \text{ （N/mm}^2\text{）}$$

腹板焊缝中设计控制点 A 由于弯矩 M 引起的应力

$$\sigma_{f2} = 140 \times \frac{170}{205.6} = 115.8 \text{ （N/mm}^2\text{）}$$

由于剪力 V 在腹板焊缝中产生的平均剪应力

$$\tau_f = \frac{V}{\sum (h_{e2} l_{w2})} = \frac{365 \times 10^3}{2 \times 0.7 \times 6 \times 340} = 127.8 \text{ （N/mm}^2\text{）}$$

则腹板焊缝的强度（A 点为设计控制点）为

$$\sqrt{\left(\frac{\sigma_{f2}}{\beta_f}\right)^2 + \tau_f^2} = \sqrt{\left(\frac{115.8}{1.22}\right)^2 + 127.8^2} = 159.2 < f_f^w = 160 \text{ （N/mm}^2\text{）}$$

（2）按不考虑腹板焊缝传递弯矩的计算方法。翼缘焊缝所承受的水平力

$$H = \frac{M}{h} = \frac{127.8 \times 10^6}{380} = 336.3 \text{ （km）（}h\text{ 值近似取为翼缘中线间距离）}$$

翼缘焊缝的强度

$$\sigma_f = \frac{H}{h_{e1} l_{w1}} = \frac{336.3 \times 10^3}{0.7 \times 8 \times (210 + 2 \times 95)} = 150.1 < \beta_f f_f^w = 195 \text{ （N/mm}^2\text{）}$$

腹板焊缝的强度

$$\tau_f = \frac{V}{\sum (h_{e2} l_{w2})} = \frac{365 \times 10^3}{2 \times 0.7 \times 6 \times 340} = 127.8 < f_f^w = 160 \text{ （N/mm}^2\text{）}$$

【例题 3.5】 验算支托板与柱的连接（见图 3.44），板厚 $t = 12$ mm，Q235 钢材，采用三面围焊，在焊缝群重心上作用有轴力 $N = 50$ kN，剪力 $V = 200$ kN，扭矩 $T = 160$ kN·m，手工焊，焊条用 E43 型，焊脚尺寸 $h_f = 10$ mm（忽略起弧、落弧缺陷的影响）。

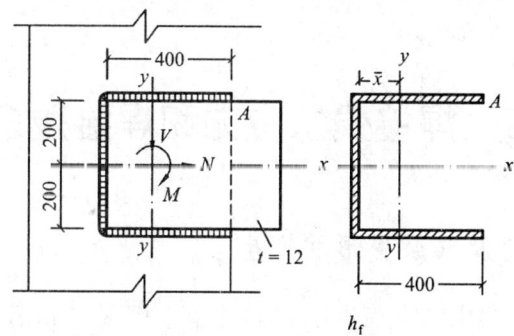

图 3.44 围焊缝抗扭计算

【解】 焊缝有效计算截面如上图所示。

(1) 计算有效截面几何特性：

有效截面面积
$$A_e = 0.7 \times 10 \times (2 \times 400 + 400) = 8\ 400 \quad (\text{mm}^2)$$

形心位置
$$\bar{x} = \frac{2 \times 0.7 \times 10 \times 400 \times 200}{8\ 400} = 133 \quad (\text{mm})$$

惯性矩
$$I_x = 0.7 \times 10 \times \left(\frac{1}{12} \times 400^3 + 2 \times 400 \times 200^2\right) = 2.61 \times 10^8 \quad (\text{mm}^4)$$

$$I_y = 0.7 \times 10 \times \left(2 \times \frac{1}{12} \times 400^3 + (200-133)^2 \times 400 \times 2 + 400 \times 133^2\right)$$
$$= 1.49 \times 10^8 \quad (\text{mm}^4)$$

$$I_p = I_x + I_y = (2.61 + 1.49) \times 10^8 = 4.10 \times 10^8 \quad (\text{mm}^4)$$

(2) 验算危险点 A 的应力：

$$\tau_{fx}^N = \frac{N}{A_e} = \frac{50 \times 10^3}{8\ 400} = 6.0 \quad (\text{N/mm}^2)$$

$$\sigma_{fy}^V = \frac{V}{A_e} = \frac{200 \times 10^3}{8\ 400} = 23.8 \quad (\text{N/mm}^2)$$

$$\sigma_{fy}^T = \frac{Tx_A}{I_p} = \frac{160 \times 10^6 \times (400-133)}{4.1 \times 10^8} = 104.2 \quad (\text{N/mm}^2)$$

$$\tau_{fx}^T = \frac{Ty_A}{I_p} = \frac{160 \times 10^6 \times 200}{4.1 \times 10^8} = 78.0 \quad (\text{N/mm}^2)$$

$$\sqrt{\left(\frac{\sigma_{fy}^V + \sigma_{fy}^T}{\beta_f}\right)^2 + (\tau_{fx}^N + \tau_{fx}^T)^2} = \sqrt{\left(\frac{23.8 + 104.2}{1.22}\right)^2 + (6.0 + 78.0)^2}$$
$$= 134.4 < f_f^w = 160 \quad (\text{N/mm}^2)$$

所以，此连接的焊缝强度满足要求。

第四节　焊接残余应力和焊接残余变形

一、焊接残余应力及残余变形的产生

众所周知，钢材具有随温度变化而热胀冷缩的特性。图 3.45 所示为温度变化对钢杆的应力影响的示意图，忽略重力的影响，在某一常温下将其两端固定，钢杆的应力应变为 0；若温度有较小的升高，由于钢杆的伸长受到约束，则钢杆内将产生压应力，但未达到屈服，当温度降低还原时，压应力将逐渐减小到 0；若通过加热使温度有很大的升高，同理将产生压应力，但高温下钢材的屈服强度大幅度地降低,压应力会达到屈服,将使钢杆发生塑性压缩变形,冷却时,由于杆件内已发生了不可恢复的塑性压缩变形,又受到两端的约束,使其长度不能自由缩短,杆内必将变成拉应力;这种高温产生到冷却的过程在焊接时也会发生,只不过更复杂而已。

钢材焊接时,在焊件上产生局部高温的不均匀温度场(见图 3.46)。高温部分钢材要求较大的膨胀伸长,但受到邻近钢材的约束,从而在焊件内引起较高的温度应力,并在焊接过

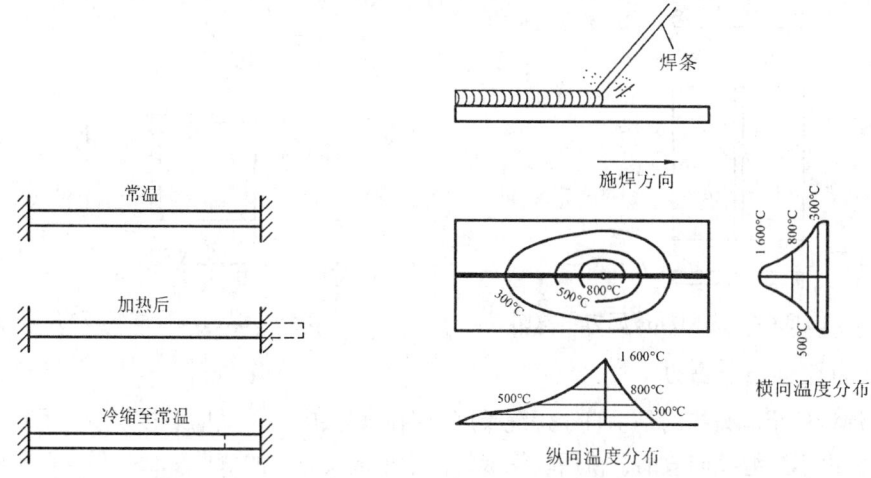

图 3.45　温度变化对钢杆的影响　　　图 3.46　焊接时的温度场示意图

程中随时间和温度而不断变化,这种应力称为焊接应力。焊接应力较高的部位将达到钢材的屈服强度而发生塑性变形,因而钢材冷却后将有残存于焊件内的应力,称为焊接残余应力。在焊接和冷却过程中,由于焊件受热和冷却都不均匀,除产生内应力外,还会产生变形。焊接和冷却过程中焊件产生的变形称为焊接变形,冷却后残存于焊件的变形称为焊接残余变形。焊接残余应力和焊接残余变形将影响构件的受力和使用,并且是形成各种焊接裂纹的因素之一,应在焊接、设计和制造时加以重视和控制。

从以上分析可知,焊接残余应力和变形的产生是内外因共同作用造成的:内因是钢材本身有热胀冷缩的性质,而且随温度的升高钢材屈服强度要大幅度降低;外因是钢材在焊接过程中受到了不均匀的热过程,钢材的伸缩受到了外界或内部的约束,进入了屈服阶段,产生了塑性变形。

二、焊接残余应力

1. 纵向焊接残余应力

纵向焊接残余应力指的是沿焊缝长度方向的焊接应力。焊接过程是一个不均匀加热和冷却的过程。在施焊时,焊件上产生不均匀的温度场,焊缝及其附近温度最高,可达 1 600 ℃以上,而邻近区域温度则急剧下降(见图 3.46)。不均匀的温度场产生不均匀的膨胀。温度高的钢材膨胀大,但受到两侧温度较低、膨胀量较小的钢材所限制,产生了热态塑性压缩。焊缝冷却时,被塑性压缩的焊缝区趋向于缩短,但受到两侧钢材限制而产生纵向拉应力。在低碳钢和低合金钢中,这种拉应力经常达到钢材的屈服强度。焊接应力是一种无荷载作用下的内应力,因此会在焊件内部自相平衡,这就必然在距焊缝稍远区段内产生压应力(见图 3.47)。

因此纵向焊接残余应力的分布规律是焊缝及其附近区域在高温时发生塑性压缩变形，因而冷却后产生残余拉应力；离焊缝较远区域中则出现与之相平衡的残余压应力。例如 H 形、箱形截面杆件的焊接残余应力分布如图 3.48 所示。

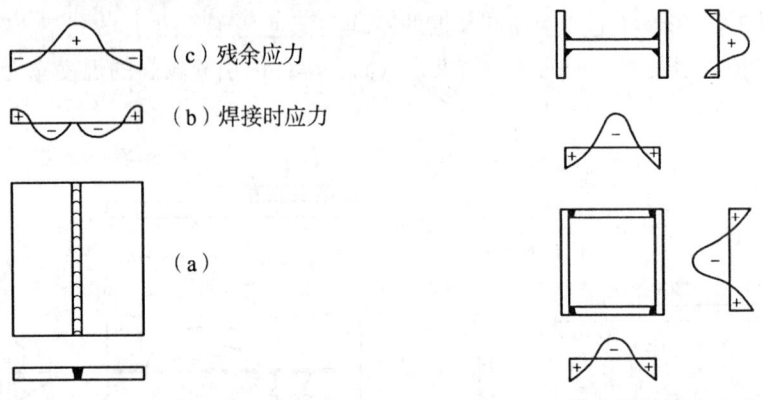

图 3.47　纵向焊接应力示意图　　图 3.48　纵向焊接残余应力示意图

2. 横向焊接残余应力

横向焊接残余应力指的是垂直于焊缝长度方向的焊接应力。横向焊接残余应力产生的原因有二：一是由于焊缝纵向收缩，使两块钢板趋向于形成反方向的弯曲变形，但实际上焊缝将两块钢板连成整体，不能分开，于是两块板的中间产生横向拉应力，而两端则产生压应力（见图 3.49a）；二是由于先焊的焊缝已经凝固，阻止后焊焊缝在横向自由膨胀，使其发生横向的塑性压缩变形。当焊缝冷却时，后焊焊缝的收缩受到已凝固的焊缝限制而产生横向拉应力，而先焊部分则产生横向压应力，因应力自相平衡，更远处的焊缝则受拉应力（见图 3.49b）。焊缝的横向残余应力就是上述两种原因产生的应力合成的结果（见图 3.49c）。因此，横向残余应力的分布规律比纵向的更复杂，例如横向收缩引起的横向残余应力与施焊方向和先后顺序有关，由于焊缝冷却时间不同而产生不同的应力分布（见图 3.50），另外焊缝的长短也会影响温度场的变化。总之，横向残余应力的分布情况应针对具体问题具体分析，才能得出准确合理的结论。

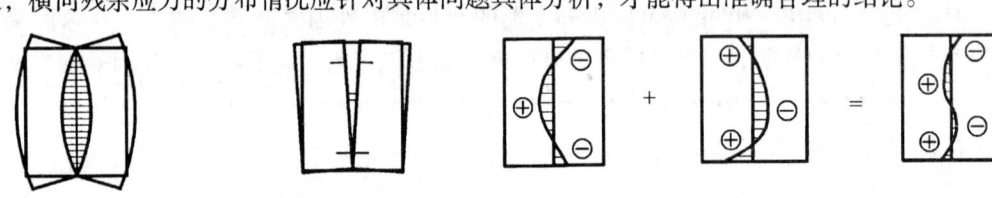

（a）纵向收缩引起的　　（b）横向收缩引起的　　（c）横向残余应力合成
　　横向残余应力　　　　横向残余应力

图 3.49　横向焊接残余应力示意图

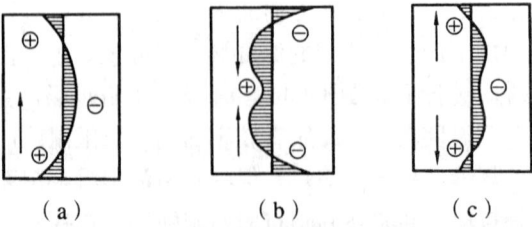

（a）　　　　（b）　　　　（c）

图 3.50　施焊方向对横向焊接残余应力的影响

3. 沿厚度方向的焊接残余应力

当被焊件较厚,则在厚度方向也会产生明显的非均匀温度场。在厚钢板的焊接连接中,焊缝往往需要多层施焊。焊缝与钢板接触面和与空气接触面散热较快而先冷却硬结,而内部的焊缝后冷却,后冷却的焊缝收缩变形受到外面已冷却焊缝的阻碍,因而形成中间受拉,四周受压的应力状态(见图 3.51)。加上纵向、横向残余应力,厚焊件的焊缝内部有可能形成三向拉应力场,将大大降低连接的塑性,对焊缝工作极为不利。

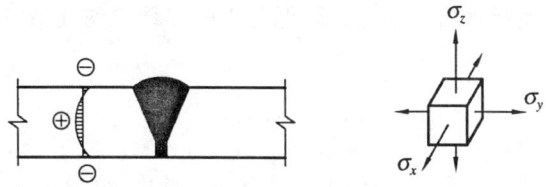

图 3.51 厚板中的焊接残余应力

以上分析是焊件在没有外加约束情况下的焊接残余应力。如果焊件在施焊时受到外界约束,焊接变形因受到约束的限制会减小,但对残余应力会产生更为复杂的影响,有可能产生更大的残余应力。因此,不能为了减小焊接变形而在施焊时随意添加约束。

4. 焊接残余应力对结构性能的影响

(1) 对结构构件静力强度的影响。对在常温下工作并具有一定塑性的钢材,在静力荷载作用下,焊接残余应力是不会影响结构强度的。设轴心受拉构件在受荷前($N=0$)截面上就存在纵向焊接应力,并假设其分布如图 3.52(a)所示。在轴心力 N 作用下,截面 bt 部分的焊接拉应力已达屈服点 f_y,应力不能再增加,如果钢材具有一定的塑性,拉力 N 就仅由受压的弹性区承担。两侧受压区应力由原来受压逐渐变为受拉,最后应力也达到屈服点 f_y,这时全截面应力都达到 f_y(见图 3.52b)。此状态与无残余应力时是一样的,在不同于图 3.52(a)的任意残余应力状态也能得出此结论,因为焊接残余应力是自相平衡的。由此可知,有焊接应力构件的承载能力和无焊接应力者完全相同,即焊接应力不影响结构的强度,当然前提是良好的塑性保证。

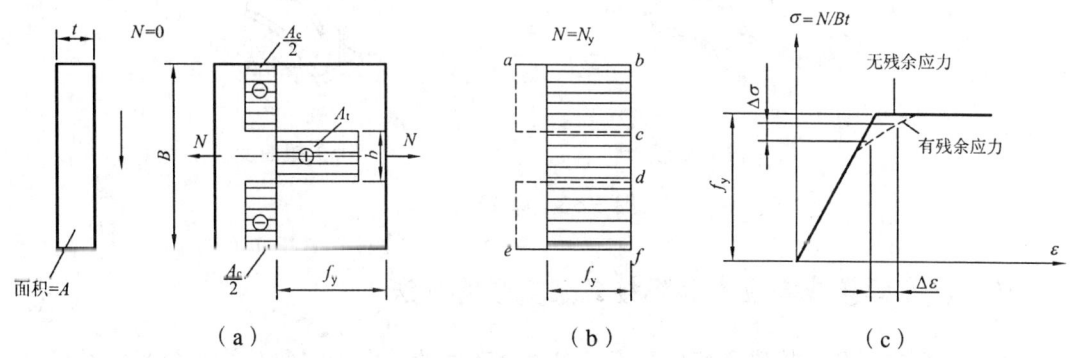

图 3.52 具有焊接残余应力的轴心受拉构件应力变化示意图

(2) 对结构构件刚度的影响。构件上存在焊接残余应力会降低结构的刚度。现仍以图 3.52 轴心受拉构件为例加以说明。当部分截面进入塑性时,这部分刚度为 0,因而拉力的增量将由其他截面承受,显然其对应的应变增量比全截面的为大。因焊接残余应力的存在增大了结构的变形,故降低了结构的刚度。对于轴心受压构件,焊接残余应力使其的挠曲刚度减小,从而降低了压杆的稳定承载力,这方面内容将在相关章节中论述。

(3)对结构构件其他方面的影响。在焊缝及其附近的主体金属残余拉应力通常达到了钢材的屈服点,此部位正是形成和发展疲劳裂纹最为敏感的区域。因此,焊接残余应力对结构的疲劳强度有明显的不利影响。

在厚板或具有交叉焊缝的情况下,将产生三向焊接拉应力,阻碍了塑性变形的发展,增加了钢材在低温下的脆断倾向。因此,降低或消除焊缝中的残余应力是改善结构低温冷脆性能的重要措施之一。

三、焊接残余变形

在焊接过程中,由于不均匀的加热和冷却,与焊件残余应力相伴而生的就是焊件残余变形。焊接区在纵向和横向收缩时,势必导致构件产生局部鼓曲、弯曲、歪曲和扭转等。焊接变形包括纵横收缩、弯曲变形、角变形、凹凸变形、扭曲变形和畸变变形等,通常是几种变形的组合,图3.53是对残余变形的夸张表示。焊接残余变形不仅影响结构的尺寸精度和外观,使施工装配困难,而且会导致构件的初弯曲、初扭曲、初偏心等,使受力时产生附加的弯矩、扭矩和变形,从而降低其强度和稳定性。因此,任一焊接变形超过验收规范的规定时,必须进行校正。

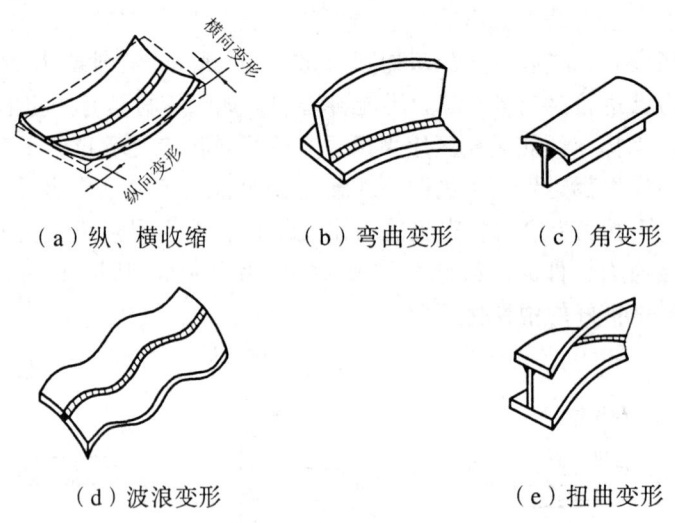

(a)纵、横收缩　　(b)弯曲变形　　(c)角变形

(d)波浪变形　　(e)扭曲变形

图 3.53　焊接变形

四、减小焊接残余应力和焊接残余变形的方法

焊接残余应力和焊接残余变形是不可避免会产生的,由于它们对结构会产生不利的影响,那么如何减少焊接残余应力和焊接残余变形就显得非常重要,但其复杂程度远远超过了焊缝的强度计算,它不仅要求在设计上要有正确的理念,而且在工艺上的也要有恰当的措施,需要理论与实践完美地结合。

在设计方面,在满足构造要求的前提下,要尽量减少焊缝的数量和尺寸,采用适宜的焊脚尺寸和长度，搭接角焊缝宜采用细长焊缝，不用粗短焊缝，以避免焊接热量过于集中；焊缝尽可能对称布置，连接尽量平滑；避免焊缝过分集中或多方向焊缝相交于一点，以免相交处形成三向受拉应力状态，使材料变脆，为防止多方向焊缝相交，常采用使次要焊缝断开而主要焊缝连续通过的构造；搭接连接中不应只采用正面角焊缝传力；焊缝应布置在焊工便于施焊的位置，尽量避免仰焊。

在焊接工艺方面，应采用合理的焊接顺序和方向，例如，采用对称焊、分段焊、厚度方向分层焊等；应先焊收缩量较大的焊缝，后焊收缩量较小的焊缝，先焊错开的短缝，后焊通直的长缝，使其有较大的横向收缩余地；先焊使用时受力较大的主要焊缝，后焊受力较小的次要焊缝，这样可使受力较大的焊缝在焊接和冷却过程中有一定范围的伸缩余地，可减小焊接残余应力；采用反变形法，即施焊前使构件有一个与焊接残余变形相反的预变形，以减小最终的总变形；采用预热和后热措施，即施焊前先将构件整体或局部预热至 100 ℃ ~ 300 ℃，焊后保温一段时间，以减小焊接和冷却过程中温度的不均匀程度，从而降低焊接残余应力并减少发生裂纹的危险；采用高温回火（或称消除内应力退火）措施，在施焊后进行高温回火，即加热至 600 ℃ ~ 650 ℃，保持一段时间恒温后缓慢冷却，对较小焊件可进行整体高温回火，由于加热已达钢材的热塑温度，可消除大部分残余应力，对较大焊件有时可对焊缝附近或残余应力较大部位附近进行局部高温回火，以减小焊接残余应力；用头部带小圆弧的小锤轻击焊缝，使焊缝得到延展，也可降低焊接残余应力。

第五节 普通螺栓连接设计

一、普通螺栓连接构造

1. 最少螺栓数要求

一般情况，每一杆件在节点上以及拼接接头一端，按构造要求的螺栓数目不宜少于 2 个。这是由于 1 个螺栓不能防止连接处的转动，同时 1 个螺栓破坏后将使整个接头失效，而多个螺栓中若有一个破坏，不至于使整个接头立即失效，可靠性得到提高。另外，1 个螺栓给安装带来极大困难。若接头处有 2 个或 2 个以上的螺栓，只要其中一个孔能基本对上用锥形销打入，其他孔必然就能对准，也就容易安上螺栓，然后将锥形销取出，换上螺栓。某些特殊情况，如组合构件中的缀条、小型搭棚结构的腹杆，只要安装的困难不大，不是很重要的构件或部位，也允许采用一个螺栓连接。

2. 螺栓排列

一个满意的螺栓连接就是选用适当大小的螺栓，并合理的布置排列起来。标准的螺栓直径为 M12（14）、16、(18)、20、(22)、24、27、30 mm 等，其中钢结构中常用的为 M20 ~ 24，受力螺栓一般≥M16。螺栓直径 d 应根据整个结构及其主要连接的尺寸和受力情况来选择，其结果将影响到各连接节点的螺栓数目、布置、构造和受力。一般来说当连接传的力较大，被连接的板束较厚时，应选用直径较大的螺栓，反之，可选用较小直径的螺栓。为了施工方便，通常整个结构中只用一种直径的螺栓，只有当结构以螺栓连接为主，螺栓数目很多且各部分杆件截面和受力相差较大时，才考虑用2种或3种螺栓。应注意的是，螺栓种类较多时，施工时就应特别仔细小心，避免差错产生。

螺栓的排列应尽量简单、统一、紧凑，这样安装较方便、构造也合理。常用的螺栓布置有并列和错列两种（见图3.54，中距有时也称线距、栓距）。传力性连接通常多用并列布置，并列比较简单整齐，所用连接板尺寸小，但由于在同一截面上螺栓孔较多，对构件截面的削弱较大。错列可以减小螺栓孔对截面的削弱，但螺栓孔排列不如并列紧凑，连接板尺寸较大，在缀连性连接中多用错列布置。总之，螺栓的排列布置应满足受力、构造和施工方面的要求，详见表3.4和图3.55。

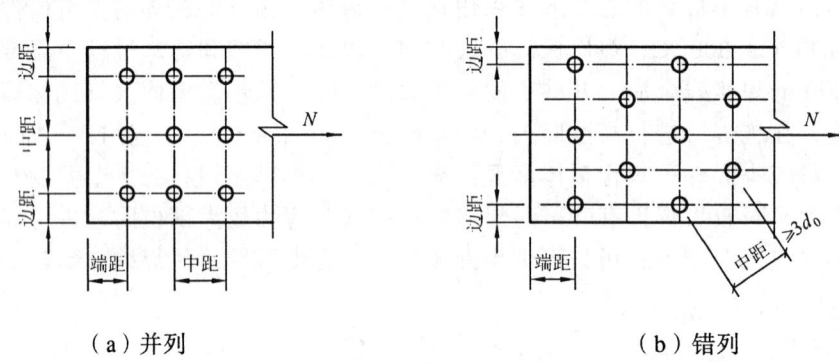

（a）并列　　　　　　　　　　（b）错列

图3.54　钢板连接节点的螺栓排列

表3.4　螺栓的最小和最大容许间距

名　称	位置和方向			最大容许距离（取两者的较小值）	最小容许距离
孔中心间距	外排（垂直内力方向或顺内办方向）			$8d_0$ 或 $12t$	$3d_0$
	中间排	垂直内力方向		$16d_0$ 或 $24t$	
		顺内力方向	构件受压力	$12d_0$ 或 $18t$	
			构件受拉力	$16d_0$ 或 $24t$	
	沿对角线方向			—	
孔中心至构件边缘距离	顺内力方向				$2d_0$
	垂直内力方向	剪切边或手工气割边		$4d_0$ 或 $8t$	$1.5d_0$
		轧制边、自动气割或锯割边	高强度螺栓		
			其他螺栓		$1.2d_0$

注：① d_0 为螺栓或铆钉的孔径，t 为外层较薄板件的厚度。
② 钢板边缘与刚性构件（如角钢、槽钢等）相连的螺栓或铆钉的最大间距，可按中间排的数值采用。

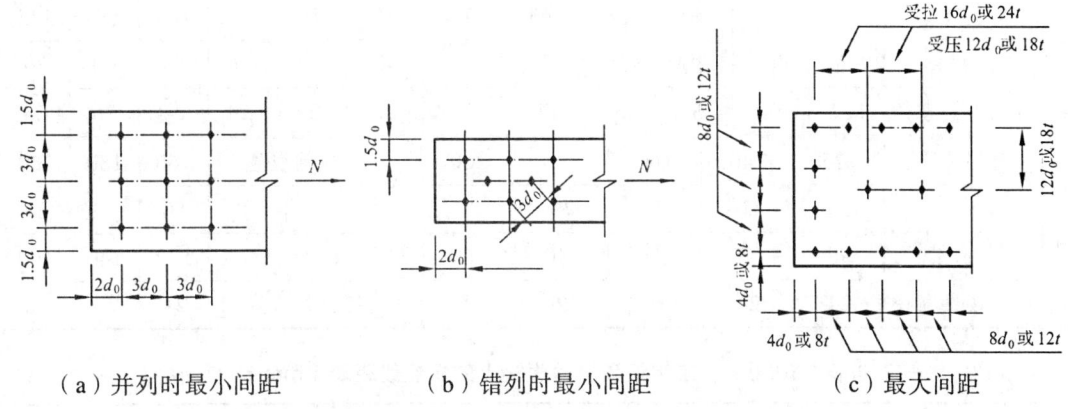

(a)并列时最小间距　　　　(b)错列时最小间距　　　　(c)最大间距

图 3.55　螺栓排列的最小和最大间距

受力要求：在受力方向，螺栓的端距过小时，钢板有被剪断、被挤压破坏的可能。当各排栓钉距、中距（线距）和边距过小时，构件有沿折线或直线破坏的可能。螺栓最小间距的取值应考虑：①应使构件毛截面屈服先于净截面破坏，这样可使构件在连接处破坏之前有较大的变形，给人以明显的预兆，达到安全可靠的目的；②构件端部不被剪脱或挤压破坏；③构件受力时避免孔洞周围产生过度的应力集中。对受压构件，当沿作用力方向栓钉距过大时，在被连接的板件间易发生张口或鼓曲现象。因此从受力的角度以构造要求的形式规定了最大和最小的螺栓容许距离。

构造要求：当螺栓之间的距离过大时，被连接的构件接触面就不够紧密，潮气容易浸入缝隙而造成腐蚀，所以要规定螺栓的最大容许距离。

施工要求：要保证一定的空间，便于转动螺栓扳手，因此规定了螺栓的最小容许间距。

对于型钢的螺栓连接，螺栓的线距应根据型钢的类别参照图 3.56 和表 3.5（a）、（b）、（c）执行。对于新型型钢在无特殊规定之前，可参考相应普通型钢的数据。例如，在 H 型钢截面上排列的螺栓线距（见图 3.56d），其腹板上的 c 值可参照普通工字钢、翼缘上的 e 值（单排螺栓）或 e_1、e_2 值（双排螺栓）可根据其外伸宽度参照角钢的。

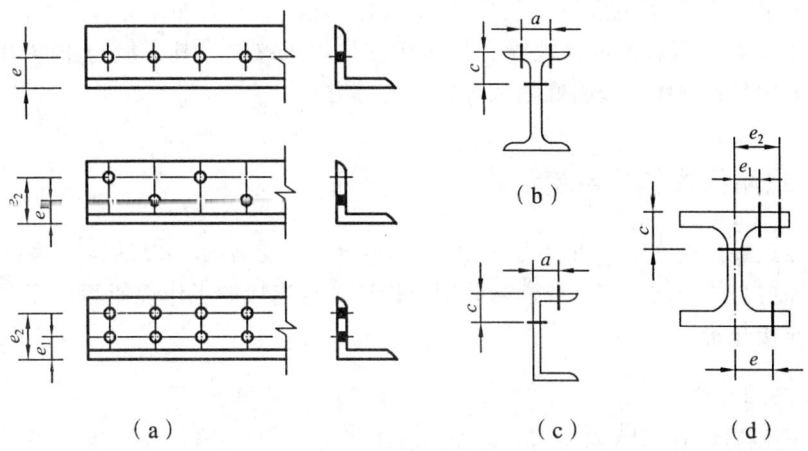

图 3.56　型钢的螺栓排列

表 3.5（a）　角钢上螺栓或铆钉线距表（mm）

单行排列	角钢肢宽	40	45	50	56	63	70	75	80	90	100	110	125
	线距 e	25	25	30	30	35	40	40	45	50	55	60	70
	钉孔最大直径	11.5	13.5	13.5	15.5	17.5	20	22	22	24	24	26	26

双行错排	角钢肢宽	125	140	160	180	200	双行并列	角钢肢宽	160	180	200
	e_1	55	60	70	70	80		e_1	60	70	80
	e_2	90	100	120	140	160		e_2	130	140	160
	钉孔最大直径	24	24	26	26	26		钉孔最大直径	24	24	26

表 3.5（b）　工字钢和槽钢腹板上的螺栓线距表（mm）

工字钢型号	12	14	16	18	20	22	25	28	32	36	40	45	50	56	63
线距 c_{min}	40	45	45	45	50	50	55	60	60	65	70	75	75	75	75
槽钢型号	12	14	16	18	20	22	25	28	32	36	40	—	—	—	—
线距 c_{min}	40	45	50	50	55	55	55	60	65	70	75	—	—	—	—

表 3.5（c）　工字钢和槽钢翼缘上的螺栓线距表（mm）

工字钢型号	12	14	16	18	20	22	25	28	32	36	40	45	50	56	63
线距 c_{min}	40	40	50	55	60	65	65	70	75	80	80	85	90	95	95
槽钢型号	12	14	16	18	20	22	25	28	32	36	40	—	—	—	—
线距 c_{min}	30	35	35	40	40	45	45	50	56	60	—	—	—	—	—

三、其他构造要求

如本章第一节所述，C 级螺栓只宜用于沿其杆轴方向的受拉连接，只在承受静力荷载或间接承受动力荷载结构中的次要连接、承受静力荷载的可拆卸结构的连接和临时固定构件用的安装连接中可用于受剪连接。

对直接承受动力荷载的普通螺栓受拉连接应采用双螺帽或其他能防止螺帽松动的有效措施，例如采用弹簧垫圈，或将螺帽和螺杆焊死等方法。

四、普通螺栓的抗剪连接计算

普通螺栓连接按受力情况可分为 3 类：①螺栓只承受剪力；②螺栓只承受拉力；③螺栓承受拉力和剪力的共同作用。我们将分别讨论这 3 类连接的工作性能和计算方法，先从最常见的抗剪连接开始。

1. 破坏类型

抗剪螺栓连接达到极限承载力时，可能的破坏形式有：①栓钉杆被剪断。当栓钉杆较细，板件较厚时，栓钉杆可能先被剪断（见图 3.57a），这时连接的设计承载力由栓钉杆的抗剪强度控制;② 较薄的连接板被挤压破坏。当栓钉杆较粗,板件相对较薄时,薄板可能先被挤压破坏(见图 3.57b),栓钉杆和孔壁的挤压是相互的,通常又把这种破坏称为栓钉承压破坏;③ 板被拉(压)坏。当栓钉孔对板的削弱过于严重时,板件可能在栓钉孔削弱的净截面处被拉(压)破坏(见图 3.57d);④ 板件端部被剪坏(见图 3.57c)。当栓钉孔距板端太近时,可能出现这种破坏。试验和计算表明,在栓钉孔中心到板端的距离超过孔径的 2 倍后,这种破坏就不会出现;⑤ 螺栓杆受弯破坏(见图 3.57e)。当螺栓杆太长,例如:$\Sigma t>5d$(t 为连接节点总厚度,d 为螺栓杆直径)时,螺栓有可能发生过大弯曲变形,影响连接的正常工作。

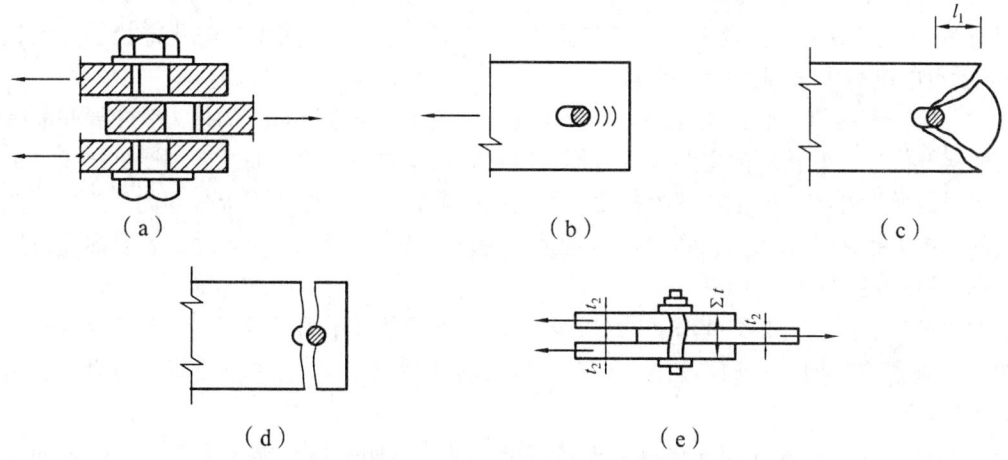

图 3.57 抗剪螺栓连接的破坏形式

设计螺栓连接时,要求节点在极限状态下可靠,就不能发生上述任何一种形式的破坏。对于防止栓钉杆被剪断和连接板被挤压破坏,属于连接计算的内容;避免板被拉(压)坏属于构件计算内容(将在第四章讲解);而后两种形式的破坏,需要通过采取构造措施来加以避免。由此可看出,设计工作不能仅仅满足会计算,构造措施也是不可或缺的,应引起重视。

2. 抗剪连接的工作性能

先研究较简单的单个螺栓抗剪连接问题。以图 3.58(a)所示的螺栓连接试件作抗剪试验,

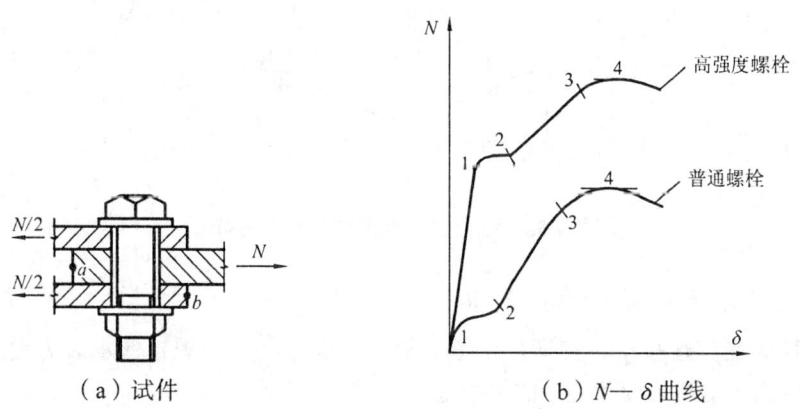

图 3.58 单个螺栓抗剪试验结果

可测量得到试件上 a、b 两点之间的相对位移 δ 与作用力 N 之间的关系曲线图 3.58（b）。由此 $N—\delta$ 关系曲线可见，试件由零载一直加载至连接破坏的全过程，可大致分为以下 4 个阶段。

（1）摩擦传力的弹性阶段。在施加荷载之初，荷载较小，连接中的剪力也较小，荷载靠构件间接触面的摩擦力传递，螺栓杆与孔壁之间的间隙保持不变，连接工作处于弹性阶段，在 $N—\delta$ 图上呈现出 0—1 斜直线段。但由于板件间摩擦力的大小取决于拧紧螺帽时在螺杆中的初始拉力，一般说来，普通螺栓的初拉力很小，故此阶段很短，可略去不计。

（2）滑移阶段。当荷载增大，连接中的剪力达到构件间摩擦力的最大值，板件间突然产生相对滑移，其最大滑移量为螺栓杆与孔壁之间的间隙，直至螺栓杆与孔壁接触，也就是 $N—\delta$ 图上曲线为 1—2 近似水平线段。

（3）栓杆直接传力的弹性阶段。当荷载进一步增加，连接所承受的外力就主要是靠螺栓与孔壁接触传递。螺栓杆除主要受剪力外，还有弯矩和轴向拉力，而孔壁则受到挤压。由于接头材料的弹性性质，也由于螺栓杆的伸长受到螺帽的约束，增大了板件间的压紧力，使板件间的摩擦力也随之增大。所以 $N—\delta$ 曲线呈上升状态，达到"3"点时，表明螺栓或连接板达到弹性极限，此阶段结束。

（4）弹塑性阶段荷载继续增加，在此阶段即使给荷载很小的增量，连接的剪切变形也迅速加大，直到连接的最后破坏。$N—\delta$ 图上曲线的最高点"4"所对应的荷载即为普通螺栓连接的极限荷载。

再看一下多个螺栓即螺栓群抗剪连接情况。试验表明，螺栓群受力时每个螺栓的受力大小是不同的，沿长度方向的内力呈现两头大、中间小的分布规律（见图 3.59）。当螺栓连接的长度 l_1 不是很大时，进入塑性阶段后各螺栓的受力逐渐接近，完全可近似假设受力相等。当螺栓连接的长度 l_1 达到一定的程度时，计算时就必须考虑此不利影响：可能端部螺栓首先达到极限承载力而破坏，使中部螺栓内力增加，导致螺栓由外向内依次破坏（解纽扣现象），因而其承载力较单个螺栓承载力之和低，计算时应考虑折减。

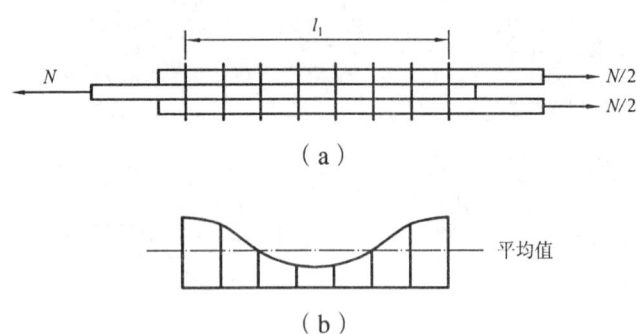

图 3.59 螺栓群长度方向的内力分布

3. 单个普通螺栓的抗剪承载力计算

普通螺栓的受剪连接中，在满足构造要求的前提下，一个螺栓的承载力设计值应取抗剪和承压（挤压）承载力设计值中的较小值。

假定剪应力在螺杆受剪面上均匀分布，则一个螺栓的受剪承载力设计值为

$$N_v^b = n_v \frac{\pi d^2}{4} f_v^b \tag{3.55}$$

式中 n_v——受剪面数目,常见的搭接为单剪 $n_v = 1$、加上下盖板的为双剪 $n_v = 2$;

d——螺杆直径;

f_v^b——螺杆抗剪强度设计值,见附表1.3。

实际上螺杆受剪时还同时受有弯矩,但不能将螺杆作为梁来考虑,因为螺杆长度与直径是同一数量级,其抗剪强度设计值是在试验基础上考虑各种因素影响后确定的合理值。

可以想像螺栓孔壁承压应力的实际分布情况肯定很复杂(见图3.60),难以准确描述和确定,计算时假定承压应力平均分布于螺杆直径平面内。所以单个螺栓的承压承载力设计值为

$$N_c^b = d \sum t f_c^b \tag{3.56}$$

式中 $\sum t$——同一受力方向的承压构件的较小总厚度;

f_c^b——承压强度设计值,见附表1.3。

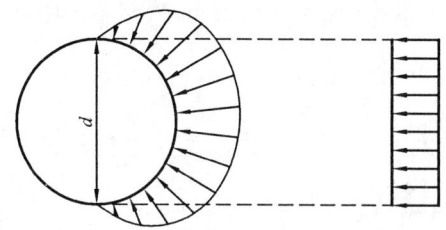

图3.60 螺栓承压的计算承压面积

由于公式(3.56)是计算孔壁承压强度,所以 f_c^b 与螺杆材料强度无关,而与构件钢材强度有关。另外, f_c^b 还与构件受力性质和螺栓端距有关。规范规定的 f_c^b 值是根据受拉构件且端距为 $2d_0$(d_0 为螺孔直径)的情况由试验数据确定的合理值。如果构件受压 f_c^b 实际可加大约50%,如果端距小于 $2d_0$ 则 f_c^b 会降低,而实际设计计算时不需要过于复杂地考虑。

4. 普通螺栓群的抗剪承载力计算

(1)普通螺栓群轴心受剪。如图3.59所示,当连接长度 $l_1 \leq 15d_0$ 时,由于塑性发展,可认为轴心力 N 由每个螺栓平均分担,即需要的螺栓数 n 为

$$n = \frac{N}{N_{v,\min}^b} \tag{3.57}$$

式中 $N_{v,\min}^b$——一个螺栓抗剪承载力设计值与承压承载力设计值的较小值。

当连接长度 $l_1 > 15d_0$ 时,即使考虑塑性发展,各螺杆所受内力也不易均匀,往往端部螺栓首先达到极限强度而破坏,随后由外向里依次破坏。因此,如果希望设计计算时尽可能地简便易行,则可考虑将螺栓的抗剪承载力设计值折减降低,仍按平均值计算。根据试验结果,此折减系数可归纳为

$$\eta = 1.1 - \frac{l_1}{150d_0} \geq 0.7 \qquad (3.58)$$

则对长连接，所需抗剪螺栓数为

$$n = \frac{N}{\eta N_{v,\min}^b} \qquad (3.59)$$

（2）普通螺栓群偏心受剪。图 3.61 所示为螺栓群承受偏心剪力的情形，剪力 F 的作用线至螺栓群中心线的距离为 e，故螺栓群同时受到轴心力 F 和扭矩 $T = Fe$ 的联合作用。分析发现，每个螺栓实际上只承受剪力，但剪力的方向与螺栓所处的位置有关。

在轴心力 F 作用下可认为每个螺栓平均受力，则

$$N_{1F} = \frac{F}{n} \qquad (3.60)$$

螺栓群在扭矩 T 作用下，每个栓钉实际受剪。对连接部分分析计算时作如下假定：被连接构件是绝对刚性的，螺栓是弹性的，在力矩作用下板件绕螺栓群的形心相对旋转，从而使各螺栓受剪，各螺栓受力大小与到栓钉群形心的距离成正比，方向与栓钉至形心的直线垂直（见图 3.61）。

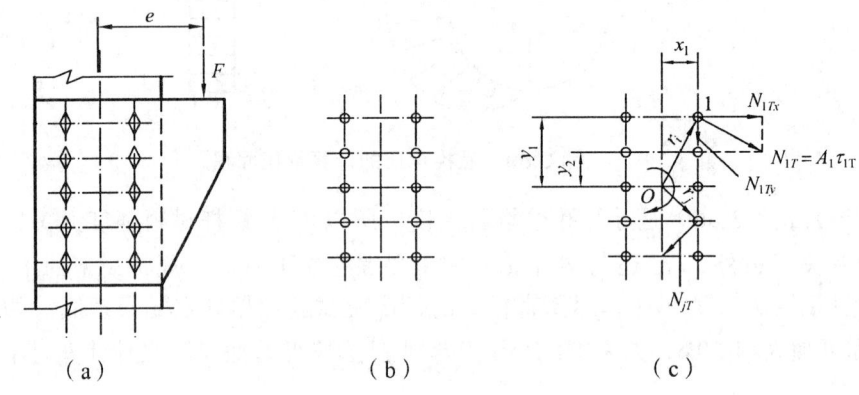

图 3.61 螺栓群偏心受剪

设螺栓 1，2，…，n 到螺栓群形心 0 的距离为 r_1，r_2，…，r_n，各螺栓承受的分别为 N_1^T，N_2^T，…，N_n^T。根据平衡条件，得：

$$T = N_1^T r_1 + N_2^T r_2 + \cdots + N_n^T r_n$$

栓钉受力大小与其到形心的距离成正比，则

$$\frac{N_1^T}{r_1} = \frac{N_2^T}{r_2} = \cdots = \frac{N_n^T}{r_n}$$

可得

$$T = \left(\frac{N_1^T}{r_1}\right)r_1^2 + \left(\frac{N_2^T}{r_2}\right)r_2^2 + \cdots + \left(\frac{N_n^T}{r_n}\right)r_n^2 = \left(\frac{N_i^T}{r_i}\right)\sum r_i^2$$

故得螺栓 i 因力矩 T 而产生的剪力为

$$N_i^T = \frac{Tr_i}{\sum r_i^2} = \frac{Tr_i}{\sum x_i^2 + \sum y_i^2} \tag{3.61}$$

可按下式计算螺栓 i 在扭矩 T 作用下的剪力在 x、y 轴方向的分量

$$N_{ix}^T = N_i^T \frac{y_i}{r_i} = \frac{Ty_i}{\sum x_i^2 + \sum y_i^2} \tag{3.62}$$

$$N_{iy}^T = N_i^T \frac{x_i}{r_i} = \frac{yx_i}{\sum x_i^2 + \sum y_i^2} \tag{3.63}$$

显然，受力最大的一个螺栓所受的剪力不应大于栓钉抗剪承载力设计值 $N_{v,\min}^b$。下面求受力最大的一个螺栓所受的剪力设计值。考虑剪力 F 和扭矩 T 作用产生的内力大小及方向，螺栓 1 是起控制的螺栓之一，由此可得螺栓群偏心受剪时，受力最大的螺栓 1 所受的合力为

$$N_1 = \sqrt{\left(N_{1x}^T\right)^2 + \left(N_1^F + N_{1y}^T\right)^2} \leqslant N_{v,\min}^b \tag{3.64}$$

而 N_1 的方向当然很容易求出，但对圆形截面的螺栓而言，没有什么意义。

当螺栓群布置在一个狭长带时，手工计算可进行简化，但在以程序计算为主的今天，此举意义不大。设计中，通常是先按构造要求排好螺栓，再用式（3.64）验算受力最大的螺栓。可想而知，由于计算是由力最大的螺栓的承载力控制，而此时其他螺栓受力较小，不能充分发挥作用，因此这是一种偏安全的弹性设计法。

值得注意的是，式（3.64）并不是螺栓抗剪连接的基本公式，遇到复杂受力时应掌握正确的分析方法，以基本公式（3.55）和（3.56）为基础，建立恰当的计算表达式。

五、普通螺栓的抗拉连接计算

1. 单个普通螺栓的抗拉承载力

螺栓杆轴方向受拉时，通常不可能将拉力正好作用在螺杆的轴线上，而是通过水平板件传递。抗拉螺栓连接在外力作用下，构件的接触面有脱开趋势。此时螺栓受到沿杆轴方向的抗拉螺栓连接的破坏形式为栓杆被拉断。图 3.62 就是一个典型示例，如果与螺栓直接相

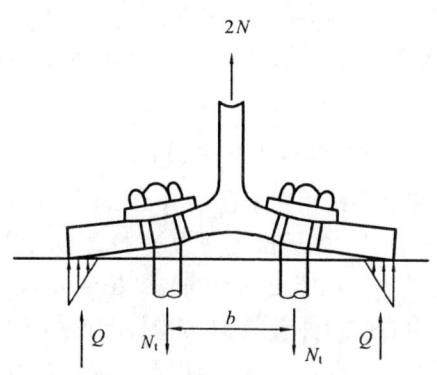

图 3.62 受拉螺栓的撬力

连的翼缘板的刚度不是很大，螺栓就会受到撬开作用使拉力增加为 $N_t = N + Q$，式中 Q 称为撬力。撬力的大小与翼缘板厚度、螺杆直径、螺栓位置、连接总厚度等因素有关，准确求值非常困难。通过加劲肋增加连接刚度，可大幅度降低撬动变形，减小撬力，增加抗拉承载能力（见图 3.63）。

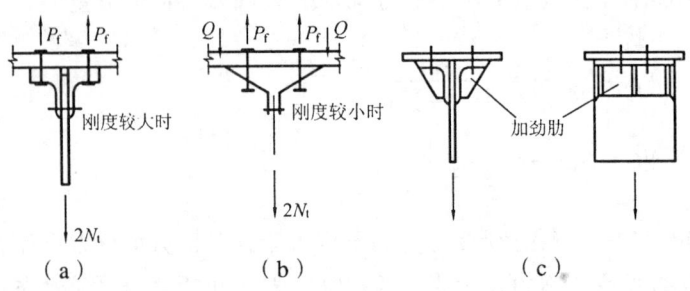

图 3.63　连接刚度对受拉螺栓的影响

由于确定撬力比较复杂，为了简化计算，规定普通螺栓抗拉强度设计值只取为螺栓钢材抗拉强度设计值的 0.8 倍，以考虑这一不利的影响。这相当于考虑了撬力 $Q = 0.25N$，一般来说，只要翼缘板厚度满足构造要求，且螺栓间距不要过大，这样的简化处理是可靠的。

因此，单个抗拉螺栓的承载力设计值为

$$N_t^b = A_e f_t^b = \frac{\pi d_e^2}{4} f_t^b \tag{3.65}$$

式中　d_e、A_e——螺栓的有效直径和有效截面面积，要考虑螺纹的影响，见附表 8.1；

　　　f_t^b——螺栓抗拉强度设计值。

2. 普通螺栓群轴心受拉计算

图 3.64 所示螺栓群在轴心力作用下的抗拉连接，通常假定每个螺栓平均受力，则连接所需螺栓数为

$$n = \frac{N}{N_t^b} \tag{3.66}$$

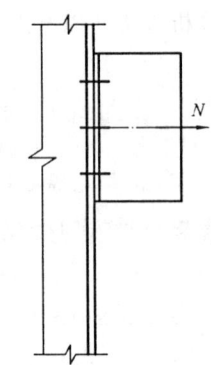

图 3.64　螺栓群承受轴心拉力

式中　N_t^b——一个螺栓的抗拉承载力设计擅，按式（3.65）计算。

3. 普通螺栓群偏心受拉（轴心力和弯矩共同作用）计算

由图 3.65 可知，螺栓群偏心受拉相当于连接承受轴心拉力 N 和弯矩 $M = Ne$ 的联合作用（剪力 V 直接通过承托板传递，不对螺栓产生剪力）。按弹性设计法，根据偏心距的大小（或弯矩 M 与轴心拉力 N 的相对大小）可能出现小偏心受拉和大偏心受拉两种情况。

在弯矩 M 作用下，连接中右侧构件有顺 M 方向旋转的趋势。当弯矩 M 较小时，构件绕螺栓群的水平形心轴 x 旋转，假定在弯矩 M 作用下，螺栓受力大小与其到旋转轴的距离成正比，则

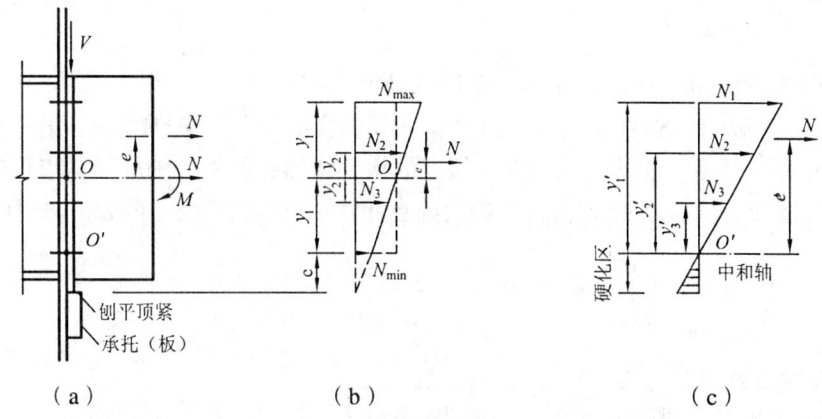

图 3.65 螺栓群承受偏心拉力

$$\frac{N_1^M}{y_1} = \frac{N_2^M}{y_2} = \cdots = \frac{N_i^M}{y_i} = \cdots = \frac{N_n^M}{y_n} = K$$

令此比值等于 K，则

$$N_1^M = Ky_1, \quad N_2^M = Ky_2, \quad \cdots, \quad N_i^M = Ky_i, \quad \cdots, \quad N_n^M = Ky_n$$

根据平衡条件

$$M = N_1^M y_1 + N_2^M y_2 + \cdots + N_i^M y_i + \cdots + N_n^M y_n$$

$$M = Ky_1^2 + Ky_2^2 + \cdots + Ky_i^2 + \cdots + Ky_{n1}^2$$

$$M = K \sum y_i^2$$

$$K = \frac{M}{\sum y_i^2}$$

显然，在弯矩 M 作用下，离水平形心轴最远的顶排与底排螺栓受力最大，在轴力 N 和弯矩 M 共同作用下，控制点底排与顶排螺栓受力分别为最小和最大

$$N_{\min} = \frac{N}{n} - \frac{My_n}{\sum y_i^2} \tag{3.67}$$

$$N_{\max} = \frac{N}{n} + \frac{My_1}{\sum y_i^2} \tag{3.68}$$

式中 n——连接中螺栓总个数；

y_1——"1"号即顶排螺栓到旋转轴的距离；

y_n——"n"号即底排螺栓到旋转轴的距离；

y_i——"i"号螺栓到旋转轴的距离；

$\sum y_i^2$——连接中所有螺栓到旋转轴的距离平方和。

当由上式算得的 $N_{\min} \geqslant 0$ 时，说明所有螺栓均受拉，构件绕栓钉群形心轴旋转，此时应验算满足条件

$$N_{max} \leq N_t^b \tag{3.69}$$

以上就是当弯矩 M 较小时,小偏心情况的计算公式。

当弯矩 M 大到一定程度时,按式(3.67)计算就会出现 $N_{min}<0$ 的情况,表示该连接的下部螺栓受压,而这是不可能的,说明上述假定的构件绕螺栓群中心轴旋转是错误的。这时应按构件绕底排螺栓连线轴 $z'—z'$ 转动,即按大偏心计算。顶排螺栓受力最大,同理可推导得出

$$N_{max} = \frac{Ne'}{\sum y_i'^2} y_1' \leq N_t^b \tag{3.70}$$

式中 e'——轴心力 N 到底排螺栓连线轴的距离;

y_1'——顶排螺栓到底排螺栓连线轴的距离,

$\sum y_i'^2$——连接中所有螺栓到旋转轴(底排螺栓连线轴)的距离平方和。

由此可见,对于普通螺栓连接,在轴心力和弯矩共同作用下的计算,应需判断是小偏心,还是大偏心,然后按有关公式验算危险螺栓受力是否安全。

注意,当无轴心力 N 而只有弯矩 M 作用时,是这种连接的一个特例,肯定属于大偏心的情况,应比照式(3.70)验算

$$N_{max} = \frac{M}{\sum y_i'^2} y_1' \leq N_t^b \tag{3.71}$$

大偏心时连接的受力有如下特点:受拉螺栓截面只是孤立的几个螺栓点;而端板受压区则是宽度较大、高度较小的实体矩形截面,其中和轴通常在弯矩指向一侧最外排螺栓附近的某个位置。因此,实际计算时可近似地取中和轴位于最下排螺栓处,偏安全地忽略力臂很小的端板受压区部分的力矩而只考虑受拉螺栓部分。

五、普通螺栓受剪力和拉力联合作用的连接计算

前面的讨论中,不论外力多么复杂,螺栓只是简单地承受单一的剪力或者拉力。但有时需要螺栓同时承受剪力和拉力,例如图 3.65 中当无承托板时,螺栓除承受轴心拉力 N 和弯矩 M 产生的拉力外,还要承受竖向集中力 V 产生的剪力。

兼受剪力和拉力的普通螺栓(见图 3.66),应考虑两种可能的破坏形式:一是螺杆受剪、受拉破坏;二是孔壁承压破坏。对螺杆来说,承受拉力时会降低抗剪承载能力,承受剪力时也会降低抗拉承载力,将所承受的剪力和拉力分别除以各自单独作用时的承载力,这样无量

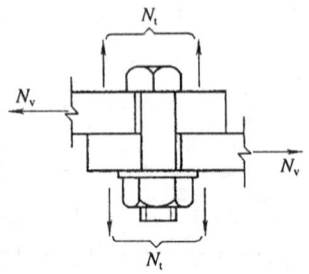

图 3.66 拉—剪联合作用的螺栓

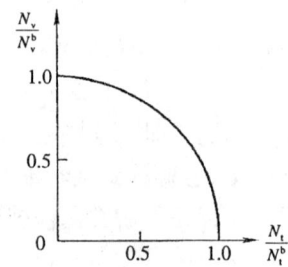

图 3.67 剪力和拉力承载能力相关曲线

纲化后相关关系的试验结果近似为一圆曲线（见图 3.67），所以可按下式验算

$$\sqrt{\left(\frac{N_v}{N_v^b}\right)^2 + \left(\frac{N_t}{N_t^b}\right)^2} \leq 1 \tag{3.72}$$

式中 N_v、N_t——一个螺栓所承受的剪力和拉力设计值；

N_v^b、N_t^b——一个螺栓的螺杆抗剪和抗拉承载力设计值。

孔壁承压的计算式应为

$$N_v \leq N_c^b \tag{3.73}$$

式中 N_c^b——一个螺栓孔壁承压承载力设计值。

式（3.72）是普通螺栓连接的基本公式，应用时应根据受力情况分析最不利的螺栓，求出内力后代入验算。

【例题 3.6】 两块截面为 14 mm × 400 mm 的钢板，采用双拼接板进行拼接，拼接板厚 8 mm，钢材 Q235，板件受轴向拉力 $N = 960$ kN（见图 3.68），试用直径 $d = 20$ mm 的 C 级普通螺栓拼接。

【解】 单栓抗剪承载力设计值

$$N_v^b = n_v \frac{\pi d^2}{4} f_v^b = 2 \times \frac{\pi \cdot 20^2}{4} \times 140 = 87\ 964.5 = 88.0 \quad (\text{kN})$$

单栓的承压承载力设计值为

$$N_c^b = d \sum t f_c^b = 20 \times 14 \times 305 = 85\ 400.0 = 85.4 \quad (\text{kN})$$

所以

$$N_{v,\ \min}^b = \min(N_v^b,\ N_c^b) = \min(88.0, 85.4) = 85.4 \quad (\text{kN})$$

板件一侧所需螺栓数

$$n = \frac{N}{N_{v,\ \min}^b} = \frac{960}{85.4} = 11.24$$

取 12 个，布置见图 3.68。

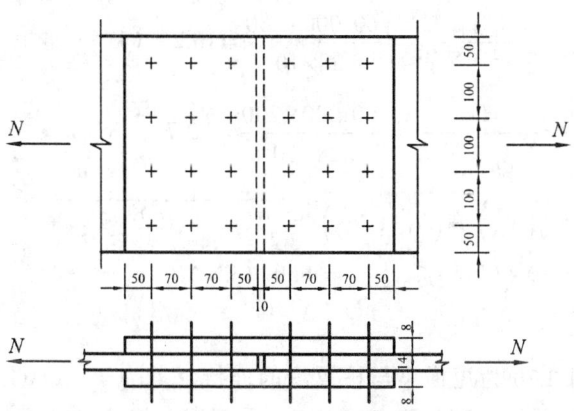

图 3.68 普通螺栓盖板连接设计

【例题 3.7】 验算如图 3.69 所示节点是否满足要求。采用 C 级普通螺栓，螺栓直径 $d = 20$ mm，孔径 $d_0 = 21.5$ mm，钢材 Q235，支托板上荷载为 $F = 2 \times 120$ kN。

【解】

（1）分析螺栓群受力，把偏心力 F 向形心简化，则螺栓群受力为

剪力 $\quad V = 120$ （kN）

扭矩 $\quad T = 120 \times 500 = 60\ 000$ （kN·mm）

均对螺栓产生剪力。

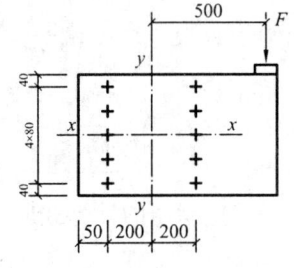

（2）计算单栓承载力设计值：

单栓受剪承载力设计值

$$N_v^b = n_v \frac{\pi d^2}{4} f_v^b = 1 \times \frac{\pi \cdot 20^2}{4} \times 140 \times 10^{-3} = 44.0 \quad (\text{kN})$$

单栓的承压承载力设计值为

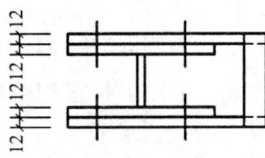

图 3.69 普通螺栓抗剪扭连接设计

$$N_c^b = d \sum t f_c^b = 20 \times 12 \times 305 \times 10^{-3} = 73.2 \quad (\text{kN})$$

所以 $\quad N_{v,\min}^b = \min(44.0, 73.2) = 44.0$ （kN）

（3）验算受力最大螺栓。经分析，受力最大的螺栓之一为"1"。剪力作用下"1"号螺栓受力

$$N_{1y}^V = \frac{V}{n} = \frac{120}{10} = 12.0 \text{ kN}$$

扭矩作用下"1"号螺栓受力

$$\sum x_i^2 = 10 \times 200^2 = 4.0 \times 10^5 \quad (\text{mm}^2)$$

$$\sum y_i^2 = 4 \times (80^2 + 160^2) = 1.28 \times 10^5 \quad (\text{mm}^2)$$

$$\sum (x_i^2 + y_i^2) = 5.28 \times 10^5 \quad (\text{mm}^2)$$

$$N_{1x}^T = \frac{Ty_1}{\sum x_i^2 + \sum y_i^2} = \frac{60\ 000 \times 160}{5.28 \times 10^5} = 18.2 \quad (\text{kN})$$

$$N_{1y}^T = \frac{Tx_1}{\sum x_i^2 + \sum y_i^2} = \frac{60\ 000 \times 200}{5.28 \times 10^5} = 22.7 \quad (\text{kN})$$

$$N_1 = \sqrt{(N_{1x}^T)^2 + (N_{1y}^V + N_{1y}^T)^2} = \sqrt{18.2^2 + (12.0 + 22.7)^2}$$

$$= 39.2 \text{ (kN)} \leqslant N_{v,\min}^b = 44.0 \quad (\text{kN})$$

所以，此节点满足要求。

【例题 3.8】 设图 3.70 为短横梁与柱翼缘的连接，剪力 $V = 250$ kN，$e = 120$ mm，螺栓为 C 级，梁端竖板下有承托。钢材为 Q235BF，手工焊，焊条 E43 型，试按考虑承托传递全部剪 V 和不承受 V 两种情况设计此连接。

第三章 钢结构的连接 ·97·

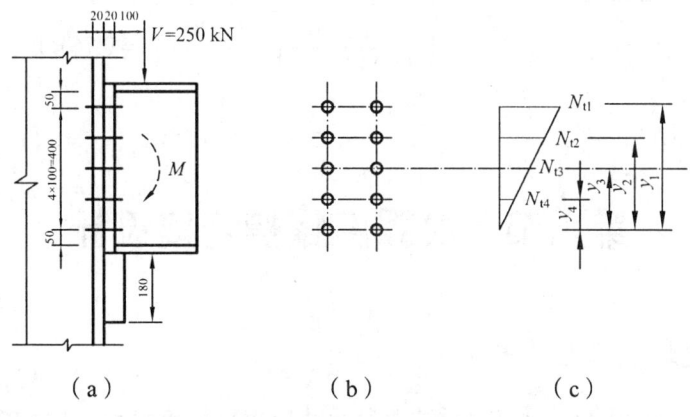

图 3.70 普通螺栓抗拉、抗拉剪连接设计

【解】

（1）承托传递全部剪力 $V = 250$ kN，螺栓群只承受由偏心力引起的弯矩 $M = Ve = 250 \times 0.12 = 30$（kN·m）。按弹性设计法，可假定螺栓群旋转中心在弯矩指向的最下排螺栓的轴线上（即属大偏心情况）。设螺栓为 M20（$A_e = 244.8$ mm²），一个螺栓的抗拉承载力设计值为

$$N_t^b = A_e f_t^b = 244.8 \times 170 \times 10^{-3} = 41.62 \quad (\text{kN})$$

顶排螺栓受力最大，其值力

$$N_{t1} = \frac{M}{2\sum y_i^2} y_1 = \frac{30 \times 10^3 \times 40}{2 \times (10^2 + 20^2 + 30^2 + 40^2)}$$
$$= 20.0 \leqslant N_t^b = 41.62 \quad (\text{kN})$$

满足要求。注意，当缺乏经验时，常常要试算多次才能得到较满意的结果。

（2）不考虑承托承受剪力 V，则螺栓群同时承受剪力 $V = 250$ kN 和弯矩 $M = 30$ kN·m 的作用。一个螺栓载力设计值为

$$N_v^b = n_v \frac{\pi d^2}{4} f_v^b = 1 \times \frac{\pi \cdot 20^2}{4} \times 140 \times 10^{-3} = 44.0 \quad (\text{kN})$$

$$N_c^b = d\sum t f_c^b = 20 \times 20 \times 305 \times 10^{-3} = 122.00 \quad (\text{kN})$$

$$N_t^b = 41.62 \quad (\text{kN})$$

因 $l_1 = 4 \times 100 > 15d_0 = 15 \times 21.5 = 322.5$（属长连接）

所以 $\eta = 1.1 - \dfrac{l_1}{150 d_0} = 0.976 > 0.7$

顶排螺栓受力最大，承受的拉力 $N_t = 20$ kN。

每一个螺栓平均分担剪力 V，

$$N_v = \frac{V}{n} = \frac{250}{10} = 25 < N_c^b = 122 \quad (\text{kN})$$

剪力和拉力联合作用下（考虑长连接的不均匀性）

$$\sqrt{\left(\frac{N_{\mathrm{v}}}{N_{\mathrm{v}}^{\mathrm{b}}}\right)^2+\left(\frac{N_{\mathrm{t}}}{N_{\mathrm{t}}^{\mathrm{b}}}\right)^2}=\sqrt{\left(\frac{25}{44.0\times0.976}\right)^2+\left(\frac{20}{41.62}\right)^2}=0.76<1$$

第六节 高强度螺栓连接设计

一、高强度螺栓预拉力控制

前已述及，高强度螺栓连接按其受力特征分为摩擦型连接和承压型连接两种类型。摩擦型高强螺栓利用接触面间摩擦阻力传递剪力，其整体性能好、抗疲劳能力强，适用于承受动力荷载和重要的连接。承压型高强度螺栓连接是允许外力超过构件接触面间的摩擦阻力，利用螺栓杆与孔壁直接接触传递剪力，承载能力可比摩擦型提高较多。承压型高强度螺栓可用于不直接承受动力荷载并且无反向内力的连接。普通螺栓连接抗剪时，主要依靠杆身抗剪和孔壁承压传递剪力，因在扭紧螺母时螺栓内产生的预拉力很小，其影响可以忽略。而高强度螺栓的材料强度很高，拧紧螺母时可以给螺栓杆施加很大的预拉力，使被连构件的接触面之间产生很大挤压力，因而有很大摩擦力。摩擦型高强度螺栓连接就是靠这种摩擦力来传递剪力的。高强度螺栓的预拉力、板件间的抗滑移系数直接影响到高强度螺栓连接的承载力。而承压型连接也需要对被连接件施加压应力，以提高其承压承载力。换句话说，高强度螺栓的预拉力从设计到施工都是必须达到一定要求的，要受到严格的控制。

高强度螺栓的预拉力，是通过拧紧螺母实现的。拧紧方法分扭矩法和扭角法，具体采用什么方法，应根据施工条件、施工经验确定。扭矩法是使用可直接显示扭矩或可控制扭矩的特制定扭矩扳手，利用事先测定的扭矩与螺栓预拉力的对应关系施加扭矩，达到预定扭矩时，扳手自动停拧或人工停拧。扭矩法分初拧、复拧和终拧3个步骤，在有一定试验数据时，也可分初拧和终拧两个步骤。扭角法是先用扳手将螺母初拧到一定扭矩（该扭矩值由试验决定），然后再复拧一次，复拧的控制扭矩与初拧扭矩相同，终拧时将螺母再转动一个角度，螺栓即可达到预定的预拉力值。终拧的角度由试验和计算得出。扭矩法的优点是较简单、易实施、费用少，但由于连接件和被连接件的表面质量和拧紧速度的差异，测得的预拉力值误差大且分散，一般误差为±25%。

高强度螺栓采用高强度钢经热处理做成，无明显屈服点。确定螺栓杆中设计预拉力值时，应使栓杆中的拉应力接近所用钢材的抗拉强度，以获得较大的经济效益。高强度螺栓的设计预拉力值由材料的强度和螺栓的有效截面面积确定，并且考虑了施工时为补偿预拉力的松弛对螺栓超张拉5%～10%，因此乘以系数0.9；还考虑了抗力的变异等影响，再乘以系数0.9；还有一个0.9是由于以抗拉强度为准引入的附加安全系数。在拧紧螺栓时扭矩使螺栓产生的剪力将降低螺栓的承拉能力，所以对材料抗拉屈服强度除以系数1.2。

由此，高强度螺栓预拉力设计值为

$$P=\frac{0.9\times0.9\times0.9}{1.2}A_{\mathrm{e}}f_{\mathrm{u}} \tag{3.74}$$

式中 f_u——高强度螺栓经热处理后的最低抗拉强度,对 8.8 级,f_u = 830 N/mm²,对 10.9 级,f_u = 1 040 N/mm²;

A_e——螺栓的有效截面面积。

把有关数据代入上式,并按 5 kN 的模数取整,即得表 3.6 所示常用直径高强度螺栓的设计预拉力 P 值,供设计时直接选用。

表 3.6 一个高强度螺栓的设计预拉力值(kN)

螺栓的性能等级	螺栓公称直径/mm					
	M16	M20	M22	M24	M27	M30
8.8 级	80	125	155	180	230	285
10.9 级	100	155	190	225	290	355

二、高强度螺栓连接构造

上一节中普通螺栓连接构造要求一般也适用于高强度螺栓,当然,高强度螺栓有自己的特点,还有特殊的要求。对最少螺栓数的限制,施工单位建议,对高强度螺栓最好每一接头至少 3 个,以便先将外侧两个孔用安装螺栓使杆件基本夹紧后,再拧紧中间的高强度螺栓,最后将外侧安装螺栓换上高强度螺栓,这样才能保证预拉力损失不致过大。

上一节中的螺栓排列要求,完全适用于高强度螺栓。摩擦型高强度螺栓是依靠板件之间接触面的摩擦阻力传递内力,根据试验,每个高强度螺栓的有效接触面范围约为 $3d_0$,故不分轧制边和切割边,其最小边距一律取 $1.5d_0$。其他尺寸规定也符合每个摩擦型高强度螺栓的接触面范围约为 $3d_0$ 的要求。

由于高强度螺栓是依靠构件之间的紧密接触来传力或保证其优良性能的,所以应特别重视接触面的压紧条件。当型钢构件采用高强度螺栓拼接时,拼接材料的刚度不能太大,宜用钢板,不能采用型钢作为拼接材料,否则不易压紧。

在高强度螺栓连接范围内,构件接触面的处理方法应在施工图中说明。在不同板厚的连接处设置填板时,填板两面均应做与母材相同的表面处理(见图 3.71)。

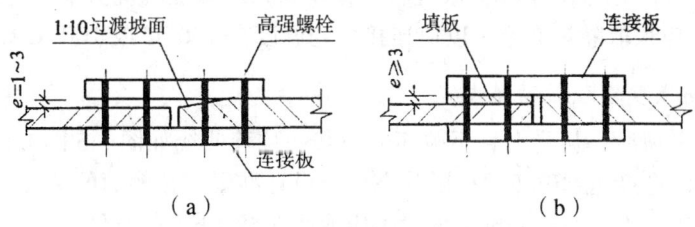

图 3.71 不同板厚的拼接

高强度螺栓孔应采用钻成孔,不得采用冲成孔。因冲成孔边缘有翻边现象,使板间压不紧,且易有细裂纹,使疲劳强度降低。

承压型连接的高强度螺栓的预拉力 P 应与摩擦型连接高强度螺栓相同。连接处构件接触面应清除油污及浮锈。

三、高强度螺栓连接基本计算公式

1. 摩擦型高强度螺栓抗剪连接

高强度螺栓在拧紧时,螺杆中产生了很大的预拉力,而被连接板件间则产生很大的预压力。连接受力后,由于接触面上产生的摩擦力,能在相当大的荷载情况下阻止板件间的相对滑移,因而弹性工作阶段较长。如图 3.58(b)所示,当外力超过了板间摩擦力后,板件间即产生相对滑动。高强度螺栓摩擦型连接是以板件间出现滑动为抗剪承载力极限状态,故它的最大承载力不能取图 3.58(b)的最高点,而应取板件产生相对滑动的起始点"1"点。

摩擦型连接的承载力取决于构件接触面的摩擦力,而此摩擦力的大小与螺栓所受预拉力和摩擦面的抗滑移系数以及连接的传力摩擦面数有关。因此,一个摩擦型连接高强度螺栓的抗剪承载力设计值为

$$N_v^b = 0.9 n_f \mu P \tag{3.75}$$

式中 0.9——抗力分项系数 γ_R 的倒数,即取 $\gamma_R = 1/0.9 = 1.111$;

n_f——传力摩擦面数目:单剪时,$n_f = 1$,双剪时 $n_f = 2$;

P——一个高强度螺栓的设计预拉力,按表 3.6 选用;

μ——摩擦面抗滑移系数,按表 3.7 选用。

表 3.7 摩擦面抗滑移系数

在连接处构件接触面的处理方法	构 件 的 钢 号		
	Q235 钢	Q345、Q390 钢	Q420 钢
喷 砂	0.45	0.50	0.50
喷砂后涂无机富锌漆	0.35	0.40	0.40
喷砂后生赤锈	0.45	0.50	0.50
钢丝刷清除浮锈或未经处理的干净轧制表面	0.30	0.35	0.40

试验证明,低温对摩擦型高强度螺栓抗剪承载力无明显影响,但当温度 $t = 100\ ℃ \sim 150\ ℃$ 时,螺栓的预拉力将产生温度损失,故应将摩擦型高强度螺栓的抗剪承载力设计值降低 10%;当 $t > 150\ ℃$ 时,应采取隔热措施,以使连接所处温度在 150 ℃ 或 100 ℃ 以下。

2. 承压型高强度螺栓抗剪连接

承压型连接受剪时,从受力直至破坏的荷载—位移曲线如图 3.58(b)所示,由于它允许接触面滑动并以连接达到破坏的极限状态作为设计准则,接触面的摩擦力只起着延缓滑动的作用,因此承压型连接的最大抗剪承载力应取图 3.58(b)曲线最高点,即"4"点。连接达到极限承载力时,由于螺杆伸长,预拉力几乎全部消失,故高强度螺栓承压型连接的计算方法与普通螺栓连接相同,仍可用式(3.55)和式(3.56)计算单个螺栓的抗剪承载力设计值,只是应采用承压型连接高强度螺栓的强度设计值。当剪切面在螺纹处时,承压型连接高强度螺栓的抗剪承载力应按螺纹处的有效截面计算(但对于普通螺栓,其抗剪强度设计值是根据连接的试验数据统计而定的,试验时不分剪切面是否在螺纹处,故计算抗剪强度设计值

时用公称直径)。查附表 1.3 可看出，高强度螺栓的承压强度设计值 f_c^b 比普通螺栓的高很多，这是由于被连接件在预压力作用下处于三向受压状态所致。

3. 高强度螺栓抗拉连接

高强度螺栓在承受外拉力前，螺杆中已有很高的预拉力 P，板层之间则有压力 C，而 P 与 C 维持平衡(见图 3.72a)。当对螺栓施加外拉力 N_t，则栓杆在板层之间的压力未完全消失前被拉长，此时螺杆中拉力增量 ΔP，同对把压紧的板件拉松，使压力 C 减少 ΔC(见图 3.72b)。计算表明，当加于螺杆上的外拉力 N 不超过预拉力 P 的 80% 时，螺杆内的拉力增加很小，因此可认为此时螺杆的预拉力基本不变。同时由实验得知，当外加拉力大于螺杆的预拉力时，卸荷后螺杆中的预拉力会变小，即发生松弛现象。但当外加拉力小于螺杆预拉力的 80% 时，即无松弛现象发生。也就是说，被连接板件接触面间仍能保持一定的压紧力，可以假定整个板面始终处于紧密接触状态。因此，为使板件间保留一定的压紧力，现行钢结构设计规范规定，在杆轴方向受力的高强度螺栓摩擦型连接中，单个高强度螺栓抗拉承载力设计值取为

$$N_t^b = 0.8P \tag{3.76}$$

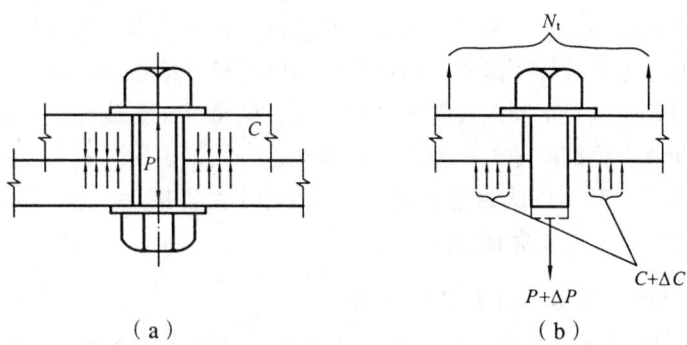

图 3.72 高强度螺栓受拉

但承压型连接的高强度螺栓 N_t^b 却按普通螺柱那样计算(强度设什值取值不同)，不过其 N_t^b 的计算结果与 $0.8P$ 相差不大。

在直接承受动力荷载的结构中，由于高强度螺栓连接受拉时的疲劳强度较低，每个高强度螺栓的外拉力不宜超过 $0.6P$。当需考虑撬力影响时，外拉力还得降低。

4. 摩擦型高强度螺栓同时承受剪力和外拉力的连接

如前所述，当螺栓所受外拉力 $N_t \leqslant 0.8P$ 时，虽然螺杆中的预拉力 P 基本不变，但板层间压力将减小到 $P - N_t$。试验研究表明，这时接触面的抗滑移系数 μ 也有所降低，而且 μ 值随 N_t 的增大而减小。现行钢结构设计规范考虑了摩擦力与拉力的相互不利影响，故一个摩擦型连接高强度螺栓有拉力作用时，其承载能力应按下式计算

$$\frac{N_v}{N_v^b} + \frac{N_t}{N_t^b} \leqslant 1 \tag{3.77}$$

式中　N_v、N_t——某个摩擦型高强度螺栓所承受的剪力和拉力；

　　　N_v^b、N_t^b——一个摩擦型高强度螺栓的受剪、受拉承载力设计值。

将式（3.75）、（3.76）代入上式，可得到常用的习惯表达方式

$$N_v^b = 0.9 n_f \mu (P - 1.25 N_t) \tag{3.78}$$

式中，N_v^b 的意义变化为一个摩擦型连接高强度螺栓有拉力作用时的抗剪承载力设计值。

5. 承压型高强度螺栓同时承受剪力和外拉力的连接

同时承受剪力和杆轴方向拉力的承压型连接高强度螺栓的计算方法与普通螺栓相同，即

$$\sqrt{\left(\frac{N_v}{N_v^b}\right)^2 + \left(\frac{N_t}{N_t^b}\right)^2} \leq 1 \tag{3.79}$$

$$N_v \leq N_c^b / 1.2 \tag{3.80}$$

式中 N_v、N_t——某个承压型高强度螺栓所承受的剪力和拉力；

N_v^b、N_t^b、N_c^b——一个承压型高强度螺栓的螺杆受剪、受拉和承压承载力设计值。

由于在剪应力单独作用下，高强度螺栓对板层间产生强大压紧力。当板层间的摩擦力被克服，螺杆与孔壁接触时，板件孔前区形成三向应力场，因而承压型连接高强度螺栓的承压强度比普通螺栓高得多，两者相差约 50%。当承压型连接高强度螺栓受有杆轴拉力时，板层间的压紧力随外拉力的增加而减小，因而其承压强度设计值也随之降低。为了计算简便，我国现行钢结构设计规范规定，只要有外拉力存在，就将承压强度除以 1.2 予以降低，而未考虑承压强度设计值变化幅度随外拉力大小而变化这一因素。因为所有高强度螺栓的外拉力一般均不大于 0.8P，此时，可认为整个板层间始终处于紧密接触状态，采用统一除以 1.2 的做法来降低承压强度，一般能保证安全。

四、高强度螺栓连接基本计算公式应用

在钢结构中连接设计计算中，不论是焊缝连接、普通螺栓连接还是高强度螺栓连接，其基本公式都很简单，但连接方式和受力状态却有多种形式，我们的任务主要就是进行合理的内力分析，来应用基本公式。高强度螺栓群的连接计算，与普通螺栓的非常类似——从连接类型、受力形式等都很相近，概括如下。读者应通过例题的学习和习题的练习，能区分普通螺栓和高强螺栓的异同点，能区分摩擦型和承压型的差异，掌握好内力分析与连接设计的方法。

（1）高强度螺栓群受轴心力作用抗剪计算时，连接所需螺栓数目仍由式（3.57）或式（3.59）确定，只不过对摩擦型连接，式中的 $N_{v,\min}^b$ 按式（3.75）计算。

（2）高强度螺栓群受扭矩或扭矩、剪力共同作用抗剪计算的方法与普通螺栓群相同，但应采用高强度螺栓承载力设计值进行计算。

（3）高强度螺栓群受轴心力 N 作用抗拉计算时，所需螺栓数目与普通螺栓的相同

$$n \geq \frac{N}{N_t^b} \tag{3.81}$$

式中 N——在杆轴方向受拉力对，一个摩擦型或承压型高强度螺栓的承载力设计值，分别按式（3.76）和（3.65）计算。

（4）高强度螺栓群受偏心拉力（螺栓群承受弯矩或同时承受拉力）作用抗拉计算时，各

个高强度螺栓将受不均匀的拉力,该拉力由螺栓承受,实际上螺栓杆拉力的变化很小,而主要靠钢板接触面间预压力的减小来承受。由于高强度螺杆的预拉力很大,而且抗拉承载力设计值不得超过预拉力的 0.8 倍,所以实际上高强度螺栓群在弯矩和轴向拉力共同作用下不会出现普通栓钉出现的大偏心情况,因此与普通栓钉小偏心计算公式相同,故摩擦型连接高强度螺栓和承压型连接高强度螺栓均可按普通螺栓小偏心受拉计算。

(5)摩擦型高强度螺栓群承受拉力、弯矩和剪力的共同作用。图 3.73 所示为摩擦型连接高强度螺栓承受拉力、弯矩和剪力共同作用时的情况。当弯矩 M 存在时,不同位置的螺栓所受的拉力大小不同。由式(3.78)及前面的讨论知,如此各螺栓的抗剪承载力设计值不同,所受拉力大的承载力小,反之亦然。如果要比较准确地反映这样的差别,则计算过程较复杂(参见例题 3.10 中(1)②的计算过程),当然,在工程中我们也可简化处理。外界作用剪力 V 由各螺栓承受,承受拉力大的螺栓所分担的剪力比平均值小,如果假设各螺栓平均分担剪力 V,很显然,对承受拉力最大的螺栓就是偏于保守的,只要这个螺栓能满足要求,则整个连接就是可靠的。

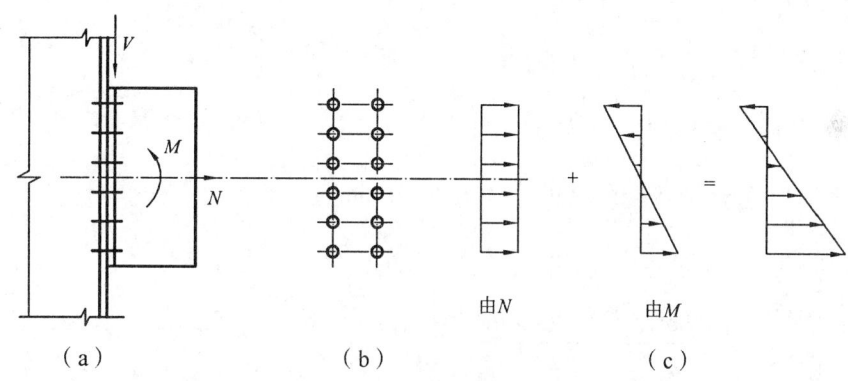

图 3.73 摩擦型高强度螺栓的应力

(6)承压型高强度螺栓群承受拉力、弯矩和剪力的共同作用。对承压型连接高强度螺栓,与普通螺栓相似,应按式(3.79)计算螺栓杆的抗拉抗剪强度,同时还应按式(3.80)验算孔壁承压,要特别注意理解系数 1.2 的物理意义。

【例题 3.9】 将例 3.6 中的连接改为摩擦型高强度螺栓拼接,$d = 20$ mm,接触面为喷砂处理,8.8 级。

【解】 单栓抗剪承载力设计值

$$N_v^b = 0.9 n_f \mu P = 0.9 \times 2 \times 0.45 \times 125 = 101.25 \quad (\text{kN})$$

板件一侧所需螺栓数

$$n = \frac{N}{N_v^b} = \frac{960}{101.25} = 9.5$$

为方便排列取 12 个,布置同图 3.68。

【例题 3.10】 牛腿与柱用高强螺栓连接(见图 3.74),承受竖向荷载 F,偏心距 $e = 200$ mm,构件钢材为 Q235,螺栓 8.8 级,M20 的摩擦型和承压型高强度螺栓连接,接触面为喷砂。试计算该连接所能承受的荷载 F（经计算，采用普通螺栓时所能承受的荷载 F 约为 200 kN）。

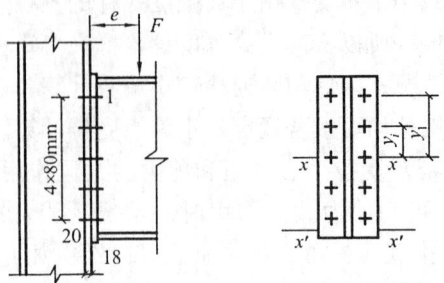

图 3.74 高强螺栓抗拉、抗拉剪连接设计

【解】

（1）摩擦型高强度螺栓连接计算：

① 按平均承受剪力计算。最危险的螺栓是"1"号螺栓，所受剪力

$$V_{1v}^V = \frac{V}{n} = \frac{F}{10}$$

在弯矩作用下，旋转轴在形心轴 $x\text{—}x$ 上：

$$\sum y_i^2 = 4 \times (80^2 + 160^2) = 12\ 800 \quad (\text{mm}^2)$$

所受拉力

$$N_{1t}^M = \frac{My_1}{\sum y_i^2} = \frac{F \cdot 200 \times 160}{12\ 800} = \frac{F}{4}$$

单栓抗剪承载力设计值

$$N_v^b = 0.9 n_f \mu P = 0.9 \times 1 \times 0.45 \times 125 = 50.625 \quad (\text{kN})$$

单栓抗拉设计承载力

$$N_t^b = 0.8P = 0.8 \times 125 = 100 \quad (\text{kN})$$

由式（3.77）

$$\frac{N_v}{N_v^b} + \frac{N_t}{N_t^b} = \frac{F/10}{50.625} + \frac{F/4}{100} \leqslant 1$$

得 $\qquad F \leqslant 223.4 \quad (\text{kN})$

或由式（3.78）

$$N_v^b = 0.9 n_f \mu (P - 1.25 N_t) = 0.9 \times 1 \times 0.45 \times \left(125 - 1.25 \times \frac{F}{4}\right) \geqslant \frac{F}{10}$$

同样得 $\qquad F \leqslant 223.4 \ (\text{kN})$

② 按节点整体协调承受剪力方式计算。我们知道螺栓连接层间的压紧力和接触面的抗滑移系数，随外拉力的增加而减小。在剪力和拉力联合作用时，一个螺栓抗剪承载力随所受拉力大小而变化。承受拉力、弯矩和剪力共同作用的连接节点，每行螺栓所受拉力各不相同。在本例中，设从上至下螺栓为第 1 排、第 2 排、第 3 排、第 4 排和第 5 排，在弯矩作用下螺栓群将绕形心第 3 排螺栓旋转，第 1 排和第 2 排螺栓受拉、被连接件所受压力变小，第 3 排拉力不变，第 3 排螺栓以下的被连接件将受到更大的压应力。若只考虑螺栓受拉力对抗剪承载力的不利影响，不考虑受压区板层间压力增加的有利作用，则计算结果是略偏安全的。据此摩擦型连接高强度螺栓的抗剪计算如下：

第 1 排单个螺栓的抗剪承载力为

$$N_{1v}^b = 0.9 n_f \mu \left(P - 1.25 N_{1t}^M \right)$$

其中 N_{1t}^M 为弯矩作用下产生的拉力

$$N_{1t}^M = \frac{F}{4}$$

第 2 排单个螺栓的抗剪承载力为

$$N_{2v}^b = 0.9 n_f \mu \left(P - 1.25 N_{2t}^M \right)$$

其中 N_{2t}^M 为弯矩作用下产生的拉力

$$N_{2t}^M = \frac{M y_2}{\sum y_i^2} = \frac{F \cdot 200 \times 80}{12\ 800} = \frac{F}{8}$$

第 3、4、5 排单个螺栓的抗剪承载力为

$$N_{3v}^b = N_{4v}^b = N_{5v}^b = 0.9 n_f \mu P$$

连接节点的整体抗剪承载力必须满足

$$F \leqslant 2 \left(N_{1v}^b + N_{2v}^b + N_{3v}^b + N_{4v}^b + N_{5v}^b \right)$$

代入数据

$$F \leqslant 2 \left(5 \times 0.9 \times 1 \times 0.45 \times 125 - 1.25 \times \frac{F}{4} - 1.25 \times \frac{F}{8} \right)$$

解得 $\qquad F \leqslant 261.3$ （kN）

验算螺栓最大拉力

$$N_{1t}^M = \frac{F}{4} = 65.3 < N_t^b = 0.8 P = 100 \quad (kN)$$

对比情况 ① 可知，按平均剪力计算太保守 $\left(\dfrac{261.3 - 223.4}{223.4} = 17.0\% \right)$。

（2）承压型高强度螺栓连接计算。

"1" 号螺栓受力

$$V_{1v}^V = \frac{V}{n} = \frac{F}{10}$$

$$N_{1t}^M = \frac{F}{4}$$

单栓受剪承载力设计值（偏保守按剪切面在螺纹处计算）

$$N_v^b = n_v \cdot A_e \cdot f_v^b = 1 \times 245 \times 250 \times 10^{-3} = 61.25 \quad (\text{kN})$$

单栓承压设计承载力

$$N_c^b = d \cdot \sum t \cdot f_c^b = 20 \times 18 \times 470 \times 10^{-3} = 169.2 \quad (\text{kN})$$

单栓抗拉设计承载力

$$N_t^b = 0.8P = 0.8 \times 125 = 100.0 \quad (\text{kN})$$

代入式（3.79）

$$\sqrt{\left(\frac{N_v}{N_v^b}\right)^2 + \left(\frac{N_t}{N_t^b}\right)^2} = \sqrt{\left(\frac{\frac{F}{10}}{61.25}\right)^2 + \left(\frac{\frac{F}{4}}{100}\right)^2} = 0.00303F \leq 1$$

解得 $\quad F \leq 330.9 \quad (\text{kN})$

承压验算

$$\frac{F}{10} = \frac{330.0}{10} = 33.0 \quad (\text{kN}) < N_c^b / 1.2 = 169.2 / 1.2 = 141.0 \quad (\text{kN})$$

验算最大拉力

$$N_{1t}^M = \frac{F}{4} = 87.7 \quad (\text{kN}) < N_t^b = 100 \quad (\text{kN})$$

均满足要求。

习 题

3.1 设计宽为 500 mm，厚为 12 mm 的钢板对接焊缝拼接（直缝或斜缝），钢材为 Q235，E43 型焊条，手工焊，用引弧板，焊缝质量为Ⅲ级，钢板承受轴心拉力 $N = 1\,250$ kN。若不采用对接而采用双拼接板和围焊角焊缝的拼接，试求所需拼接板尺寸和焊角尺寸 h_f。

3.2 某简支梁，钢材为 Q235，跨度 $l = 12$ m（题 3.2 图），承受均布静力荷载 $q = 69$ kN/m（已考虑荷载分项系数），施工时因钢板长度不够，对腹板在跨度方向离支座 3.5 m 处设对接焊缝，焊缝质量Ⅲ级，手工焊，焊条 E43 型，试验算该对接焊缝是否满足强度要求。

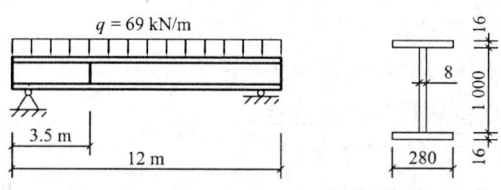

题 3.2 图（未注明单位为 mm）

3.3 如图所示双角钢构件的节点角焊缝连接。钢材 Q235，焊条 E43 型，手工焊。构件承受静力荷载，产生的轴心拉力设计值 $N = 1\,000$ kN。试分别用三面围焊和侧焊缝设计此连接。

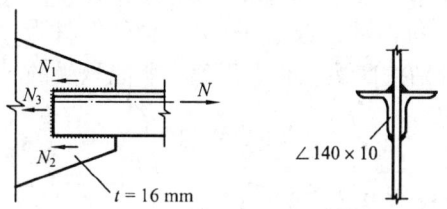

题 3.3 图

3.4 如图所示牛腿与柱用角焊缝连接。钢材 Q235，焊条 E43 型，手工焊。焊脚尺寸 $h_f = 8$ mm，偏心 $e = 150$ mm。试求此连接能承受的荷载 F（考虑荷载分项系数后）。

3.5 如图所示牛腿，材料为 Q235，焊条 E43 型，手工焊，三面围焊缝，焊脚尺寸 $h_f = 10$ mm，承受静力荷载 $P = 100$ kN（已虑荷载分项系数）。试验算焊缝强度。

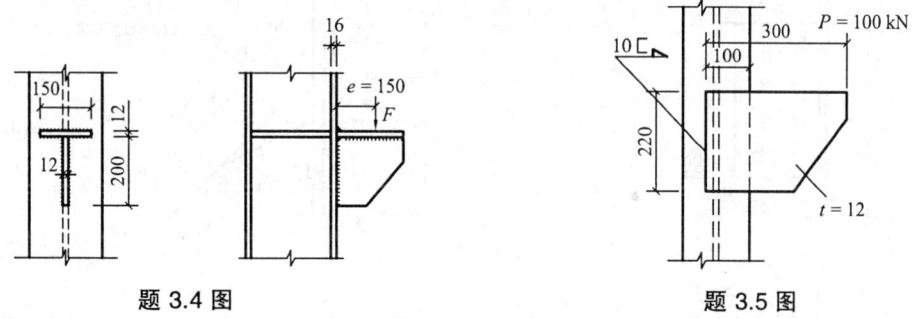

题 3.4 图　　　　　　　　　　　题 3.5 图

3.6 求图所示三种轴心受拉接头的承载力。螺栓直径 20 mm、孔径 21.5 mm。所有板件均为 Q235 钢、厚度均为 10 mm。分别按 C 级普通螺栓、8.8 级承压型高强度螺栓和 8.8 级摩擦型高强度螺栓（摩擦面喷砂处理）计算。

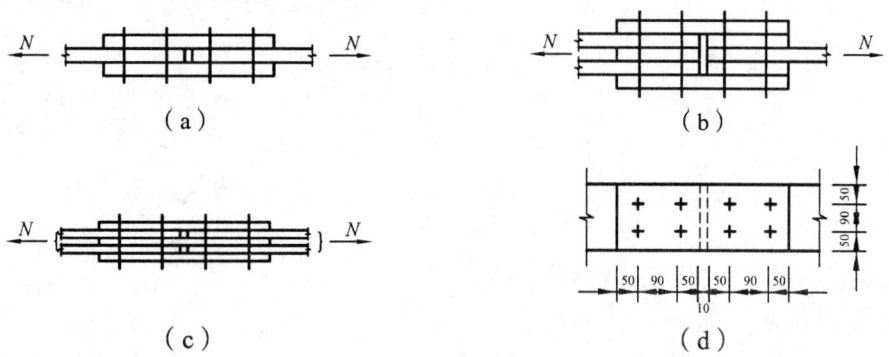

题 3.6 图

3.7 分别按下述具体要求验算如图所示的牛腿连接：
(1) 验算连接角钢与承托板的粗制螺栓连接；
(2) 验算连接角钢与立柱的粗制螺栓连接；
(3) 将(2)改用摩擦型高强度螺栓连接。

已知：钢材 Q235，粗制螺栓直径 $d = 20$ mm，为 C 级；高强度螺栓直径 $d = 20$ mm，抗滑移系数 $\mu = 0.35$，为 8.8 级。

3.8 一连接的构造如图所示，两块 A 板用对接三级焊缝与立柱焊连，B 板与 A 板用 8 个直径 $d = 22$ mm，预拉力 $P = 190$ kN 的高强度螺栓连接，抗滑移系数 $\mu = 0.35$，构件钢材为 Q235。试求焊缝和螺栓（分别按摩擦型和承压型）所能承受的荷载 F（考虑荷载分项系数后）。

3.9 试设计如图所示：
(1) 连接板与竖向连接板的焊缝连接；
(2) 竖向连接板与柱翼缘板的螺栓连接。

已知：构件钢材为 Q235B，$d_1 = d_2$。设计时自行决定焊条种类、焊缝类型和尺寸、螺栓类型和排列。

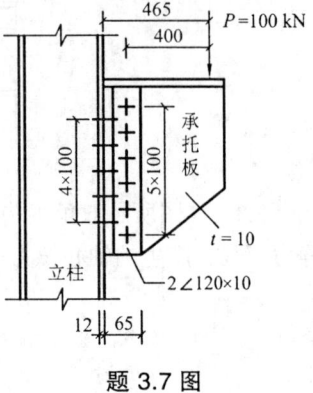

题 3.7 图

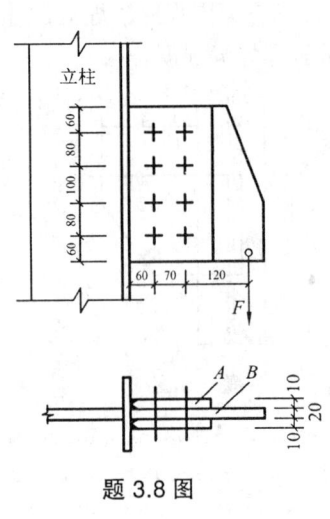

题 3.8 图

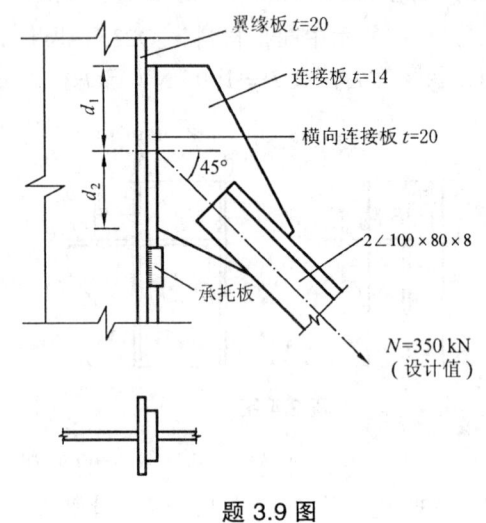

题 3.9 图

第四章 轴心受力构件

第一节 概 述

轴心受力构件是指只受通过构件截面重心的纵向力作用的构件，分为轴心受拉构件（见图 4.1a）和轴心受压构件（见图 4.1b）。严格说来，真正的轴心受力构件在工程中几乎没有，但桁架、网架、塔架、工作平台和支撑结构等中的很多构件，可按轴心受力构件计算。

轴心受力构件的截面多种多样，如图 4.2 所示。

从截面形式及构造来看，轴心受力构件的截面可分为型钢截面（见图 4.2a）和组合截面图（见图 4.2b、c）两大类，组合截面又可分为实腹式组合截面（见图 4.2b）和格构式组合截面（见图 4.2c）。一般而言，型钢截面适用于受力较小的构件，实腹式组合截面适用于受力较大的构件，格构式组合截面适用于受力小、构件长、刚度起绝对控制作用的构件。型钢截面只需少量加工即可用作构件，省工省时，成本低，但型钢截面受型钢种类及型钢号限制，难于完全与受力所需的面积相对应，用料较多。相反，实腹式组合截面的截面的形状和尺寸几乎不受限制，可以根据构件的受力性质和力的大小选用合适的截面，从而节约钢材，但费工费时，成本较高。格构式组合截面由于可调整分肢间距，在增加钢材（缀材）很少的情况下，显著提高截面的惯性矩从而显著提高构件的刚度，当然，制作较麻烦。

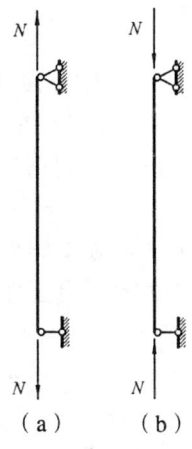

图 4.1 轴心受力构件

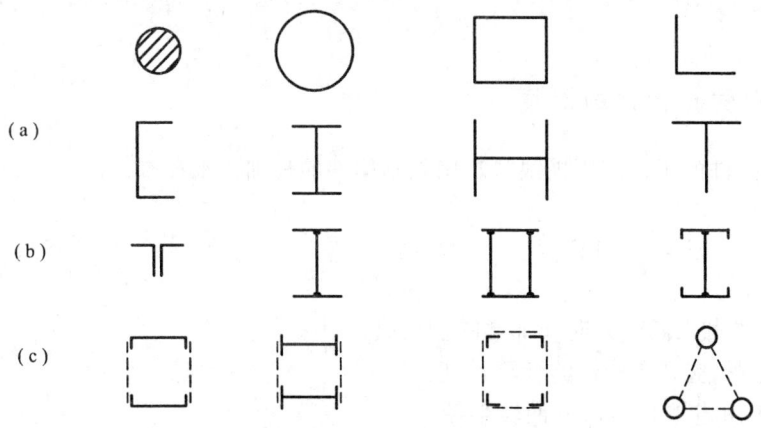

图 4.2 轴心受力构件截面形式

第二节 轴心受拉构件

一、轴心受拉构件的强度

轴心受拉构件的承载力极限状态是以屈服强度为极限。即轴心受拉构件的强度承载力极限状态是截面的平均应力达到钢材的屈服强度 f_y。对于有孔洞的轴心受拉构件,在孔洞附近虽有应力集中,材料塑性变形的发展使截面应力重分布,最终净截面上各处的应力均能达到钢材的屈服强度。《钢结构设计规范》规定净截面的平均应力不应超过钢材的强度设计值。

除高强度螺栓摩擦型连接处外,应按下式计算

$$\sigma = \frac{N}{A_n} \leqslant f_y / \gamma_R = f \tag{4.1}$$

式中　N——轴心力设计值;
　　　A_n——构件的净截面面积;
　　　f——钢材的抗拉(抗压、抗弯)强度设计值;
　　　γ_R——钢材的抗力分项系数。

对于高强度螺栓摩擦型连接处的强度,由于计算截面(最外列螺栓处)的高强度螺栓所承受力的一半已通过摩擦力传递,故应按下式计算

$$\sigma = \left(1 - 0.5 \frac{n_1}{n}\right) \frac{N}{A_n} \leqslant f \tag{4.2}$$

式中　n——承受 N 力的高强度螺栓数目;
　　　n_1——计算截面上(最外列螺栓处)的高强度螺栓数目。

按公式(4.2)验算的同时,尚应按毛截面(A)验算构件的强度

$$\sigma = \frac{N}{A} \leqslant f \tag{4.3}$$

二、轴心受拉构件的刚度

轴心受拉构件的正常使用极限状态用限制构件的长细比来控制,即

$$\lambda = \frac{l_0}{i} \leqslant [\lambda] \tag{4.4}$$

式中　λ——构件截面两轴方向长细比的较大值;
　　　l_0——与λ相应方向构件的计算长度;
　　　i——与λ相应方向截面的回转半径;
　　　$[\lambda]$——受拉构件的容许长细比,按表4.1采用。

表 4.1 轴心受拉构件的容许长细比

项次	构件名称	承受静力荷载或间接承受动力荷载的结构		直接承受动力荷载的结构
		一般建筑结构	有重级工作制吊车的厂房	
1	框架的杆件	350	250	250
2	吊车梁或吊车桁架以下的柱间支撑	300	200	—
3	其他拉杆、支撑、系杆等（张紧的圆钢除外）	400	350	—

注：① 承受静力荷载的结构中，可仅计算受拉构件在竖向平面内的长细比。
② 在直接或间接承受动力荷载的结构中，计算单角钢受拉构件长细比时，应采用角钢的最小回转半径，但在计算交叉杆件平面外的长细比时，可采用与角钢肢边平行轴的回转半径。
③ 中、重级工作制吊车桁架下弦杆的长细比不宜超过 200。
④ 在设有夹钳或刚性料耙等硬钩吊车的厂房中，支撑（表中第 2 项除外）的长细比不宜超过 300。
⑤ 受拉构件在永久荷载与风荷载组合作用下受压时，其长细比不宜超过 250。
⑥ 跨度大于等于 60 m 的桁架，其受拉弦杆和腹杆的长细比不宜超过 300（承受静力荷载或间接承受动力荷载）或 250（直接承受动力荷载）。

【例题 4.1】 已知一屋架下弦杆件，计算长度 $l_{0x} = 3.0$ m，$l_{0y} = 1.485$ m，承受轴心拉力设计值（静力荷载）$N = 968$ kN。钢材为 Q235，截面为双角钢组成的 T 形截面，试设计该杆件的截面。

【解】
（1）截面选择。由公式（4.1），强度要求所需要净截面面积为

$$A_{n,req} = \frac{N}{f} = \frac{968 \times 10^3}{215} = 4\,502 \text{ （mm}^2\text{）}$$

由角钢规格中（附表 7.5）查得 $2\angle 160 \times 100 \times 10$（短肢相连）：$A = 50.63$ cm$^2 > A_n$，$i_x = 2.85$ cm，$i_y = 7.71$ cm，如图 4.3 所示。

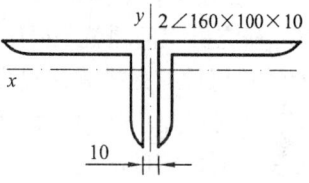

图 4.3 例题 4.1 拉杆截面

（2）各项验算：
① 强度验算：在节点设计时，将该杆连接支撑的螺栓孔包在节点板内，且使栓孔中心到节点板近端边缘距离不小于 100 mm，故截面强度验算中不考虑栓孔对截面的削弱

$$\sigma = \frac{N}{A} = \frac{968 \times 10^3}{50.63 \times 10^2} = 191 \text{ （N/mm}^2\text{）} < f$$

② 刚度验算：

$$\lambda_x = \frac{l_{0x}}{i_x} = \frac{300}{2.85} = 105 < [\lambda] = 350$$

$$\lambda_y = \frac{l_{0y}}{i_y} = \frac{148.5}{7.71} = 19 < [\lambda] = 350$$

满足要求。

第三节 实腹式轴心受压构件

实腹式轴心受压构件的承载能力极限状态包括强度承载力和稳定承载力（稳定又分整体稳定和局部稳定）；正常使用极限状态是验算构件的刚度。

一、轴心受压构件的强度

轴心受压构件的强度计算和轴心受拉构件的强度计算一样，按公式（4.1）或公式（4.2）、公式（4.3）进行计算。

实腹式轴心受压构件除较为粗短或截面有很大削弱的时候，可能因为其净截面的平均应力达到屈服强度而丧失承载能力外，一般情况下，其承载力由整体稳定控制。

二、实腹式轴心受压构件的整体稳定

1. 关于稳定问题的概述

简单地说，稳定平衡状态是指结构或构件或板件没有突然发生与原受力状态不符的较大变形而丧失承载能力的状态。突然发生与原受力状态不符的较大变形而丧失承载能力叫丧失稳定（简称失稳），失稳之前的最大力则称为稳定承载力或临界力（相应的应力称为临界应力）。保证结构安全的条件之一，是要求所设计的结构（或构件、板件）处于稳定的平衡状态。研究稳定问题就是要研究如何计算结构（或构件、板件）的稳定承载力（或临界应力），以及采用何种有效措施来提高其稳定承载力（临界应力）。需要指出的是，稳定承载力（临界应力）可以是广义的，它可以是轴心压力、弯矩、剪力（相应的应力）等。本章主要介绍轴心受压的稳定问题。

（1）轴心受压构件稳定承载力传统计算方法概述

① 欧拉公式。在求解轴心受压构件临界力时，欧拉采用了下列基本假定：
- 杆件为两端铰接的理想直杆；
- 材料为理想的弹塑性体；
- 轴心压力作用于杆件两端，杆件发生弯曲时，轴心压力的方向不变；
- 临界状态时，变形很小，可忽略杆件长度的变化；
- 临界状态时，杆件轴线挠曲成正弦半波曲线，截面保持平面。

由此得出欧拉临界力计算公式

$$N_{cr} = \frac{\pi^2 EI}{l^2} \cdot \frac{1}{1+\frac{\pi^2 EI}{l^2}\gamma_1} \quad (4.5)$$

式中，γ_1 是单位剪力作用下的剪切角。对实腹式构件，其值很小，它对 N_{cr} 的影响不超过 5/1 000，略去不计

$$N_{cr} = \frac{\pi^2 EI}{l^2} \tag{4.6}$$

相应的临界应力为

$$\sigma_{cr} = \frac{N_{cr}}{A} = \frac{\pi^2 E}{\lambda^2} \tag{4.7}$$

欧拉公式理论上严谨，最后得出的解析式简单，对细长柱其计算结果与实测结果吻合较好，故现仍为经典公式。

② 改进的欧拉公式——切线模量理论。众所周知，构件越细长，越容易失稳，即失稳的临界应力越低。当欧拉公式计算的临界应力 $\sigma_{cr} \leq f_p$（比例极限）时，欧拉假定中的线弹性假定才成立，欧拉公式的计算结果才接近实际情况。当构件较为粗短，失稳时的临界应力较高，$\sigma_{cr} > f_p$ 时，杆件进入弹塑性阶段，虽仍可采用欧拉公式的形式进行计算，但应采用弹塑性阶段的切线模量 E_t 代替欧拉公式中的弹性模量 E。因而，临界应力改用下式计算

$$\sigma_{cr} = \frac{\pi^2 E_t}{\lambda^2} \tag{4.8}$$

式中

$$E_t = \frac{(f_y - \sigma)\sigma}{(f_y - f_p)f_p} \cdot E \tag{4.9}$$

这样，临界应力和杆件的长细比（$\lambda = l_0/i, i = \sqrt{I/A}$）为双曲线关系，如图 4.4 所示。从图中可以看出，对长细比 $\lambda < \lambda_p$（$\lambda_p = \pi\sqrt{E/f_p}$）的较粗短的柱，按式（4.8）计算的结果显然比按式（4.7）计算的结果（当长细比 λ 趋于无穷小，σ_{cr} 趋于无穷大，这是不可能的）更符合实际情况。若作为规定，对于长细比 $\lambda \geq \lambda_p$ 的细长柱，临界应力按式（4.7）计算，对长细比 $\lambda < \lambda_p$ 的较粗短的柱，按式（4.8）计算，则临界应力和长细比之间的关系还是一一对应的。

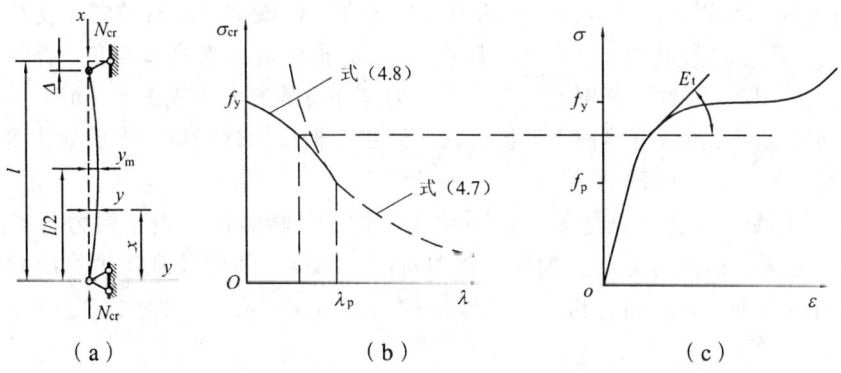

图 4.4 轴心受压构件的 σ_{cr}—λ 关系

杆件截面有两根主轴（x 和 y），有相应的长细比（λ_x 和 λ_y），由式（4.7）或式（4.8）可知，两主轴方向长细比较大者对应的临界应力小，稳定（临界应力）由两主轴方向长细比较大者控制。若两主轴方向长细比相等（$\lambda_x = \lambda_y$），则两主轴方向的临界应力相等（$\sigma_{cr,x} = \sigma_{cr,y}$），

两主轴方向的临界力也就相等（$N_{cr,x} = N_{cr,y}$），称为两主轴方向等稳定。由于等稳定充分发挥了杆件的承载能力，这样的设计最为经济合理。

③ 整体稳定计算的表达形式：

$$\sigma = \frac{N}{A} \leq \sigma_{cr}/\gamma_R = \left(\frac{\sigma_{cr}}{f_y}\right)\left(\frac{f_y}{\gamma_R}\right) = \varphi f \quad (4.10)$$

式中，$\varphi(=\sigma_{cr}/f_y)$ 称为稳定系数。

需要特别指出：

- 式（4.10）实质上是稳定验算公式，但却是强度（应力）验算形式。
- 上述由条件 $\lambda_x = \lambda_y$ 得出两主轴方向等稳定只有在临界应力和长细比一一对应的情况下才正确。钢结构中，由于考虑了残余应力等的影响，临界应力 σ_{cr} 或稳定系数 φ 与长细比 λ 不再一一对应，从而有多条柱子曲线（$\varphi-\lambda$ 的关系曲线称为柱子曲线）。真正等稳定的充分和必要条件是 $\varphi_x = \varphi_y$（或 $\sigma_{cr,x} = \sigma_{cr,y}$ 或 $N_{cr,x} = N_{cr,y}$）。

（2）强度问题和稳定问题的区别及提高稳定承载力的措施。从本章开始到以后各章，本书都会涉及到各类构件或板件的稳定问题，学习时应注意到稳定问题和强度问题有下列区别，以加深对稳定问题的理解并掌握提高构件稳定承载力的措施。

① 强度问题研究构件一个最不利点的应力或一个最不利截面的内力极限值，它与材料的强度极限（或钢材的屈服强度）、截面大小有关。稳定问题研究构件（或结构）受荷载变形后平衡状态的属性及相应的临界荷载，它与构件（或结构）的变形有关，即与构件（或结构）的整体刚度有关。所以，强度问题均按净截面计算，稳定问题均按毛截面计算（因为构件局部削弱对其变形或整体刚度影响不大）。

② 从材料性能来看，在弹性阶段，构件（或结构）的整体刚度仅与材料的弹性模量 E 有关，而各品种的钢材虽然其强度极限各不相同，但其弹性模量 E 却是相同的。因此，采用高强度钢材只能提高其强度承载力，不能提高其弹性阶段的稳定承载力。相反，钢材强度越高，强度问题越不可能起控制作用，稳定问题越有可能起控制作用而越显突出。

③ 强度问题采用一阶（线性）分析方法，即在构件或结构原有位置（受荷前的位置）上建立平衡方程，求解其内力（称为一阶内力），并据此内力来验算强度是否满足要求。在弹性阶段，按一阶（线性）分析方法求得的内力与外荷载的大小成正比，而与结构的变形无关；稳定问题采用二阶（非线性）分析方法，即在结构或构件受变形后的位置上建立平衡方程，求解其荷载，该荷载即是其稳定极限承载力。

④ 在弹性阶段，强度问题采用的一阶（线性）分析方法，由于内力与荷载成正比，与结构变形无关，因此可应用叠加原理。即对同一结构，两组荷载产生的内力等于各组荷载产生的内力之和。在二阶分析中，由于结构内力与变形有关，因此稳定分析不能采用叠加原理。

不难看出，提高构件稳定承载力的一般措施是：增加截面惯性矩、减小构件支撑间距、增加支座对构件的约束程度。总之，减少构件变形的措施均是提高构件稳定承载力的措施。

2. 实际轴心受压构件的受力性能

上述介绍的是理想轴心受压构件的稳定问题，实际轴心受压钢构件的受力性能与理想轴心受压构件有很大不同。以欧拉公式为例,严格说来,其假定均不成立,只不过有的影响大些,有的影响小些而已。已有的研究表明,实际轴心受压钢构件必须考虑下列因素对其受力性能的影响。

(1)截面的残余应力。因为截面的残余应力是自相平衡的,所以它对构件的强度承载力无影响,对弹性稳定承载力也无影响,但对弹塑性稳定承载力有较大影响。以图 4.5 所示的焊接工字形截面(忽略腹板的影响)为例,不均匀的残余应力与荷载产生的均匀应力叠加后为不均匀的应力,在荷载增加的过程中,截面残余压应力较大的区域必然先进入塑性状态,而截面其余部分仍处于弹性状态。因此,当轴心受压构件达到稳定临界状态时,截面被分为塑性区(图中阴影部分)和弹性区,塑性区的弹性模量 $E_p = 0$。为了说明残余应力对轴心受压构件稳定承载力的影响,现以两根其他情况完全相同,一根有残余应力的构件(构件1),一根无残余应力的构件(构件2)为例并以欧拉公式计算的稳定承载力(钢结构中虽不用欧拉公式计算压杆的稳定承载力,但进行定性分析还是可以的)进行定性比较如下。

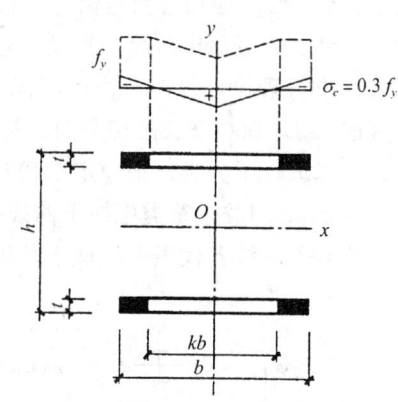

图 4.5 焊接工字钢残余应力分布

因为

$$\frac{N_{cr}^1}{N_{cr}^2} = \frac{\pi^2(EI)_1/l^2}{\pi^2(EI)_2/l^2} = \frac{(EI)_1}{(EI)_2} = \frac{EI_e + E_p I_p}{EI} = \frac{I_e}{I} \quad (4.11)$$

所以

$$\frac{N_{cr,x}^1}{N_{cr,x}^2} = \frac{I_{e,x}}{I_x} \approx \frac{2 \cdot (kb) \cdot t \cdot (h/2)^2}{2 \cdot b \cdot t \cdot (h/2)^2} = k \quad (4.12)$$

$$\frac{N_{cr,y}^1}{N_{cr,y}^2} = \frac{I_{e,y}}{I_y} \approx \frac{t \cdot (kb)^3/12}{t \cdot b^3/12} = k^3 \quad (4.13)$$

因为 $k<1.0$,所以 $k^3<k<1.0$,故得出如下结论:残余应力不仅会降低轴心钢压杆的稳定承载力,而且绕不同轴其稳定承载力降低的程度是不同的,对弱轴稳定承载力的降低远大于对强轴。

(2)构件初弯曲。实际的轴心受压构件不可能是完全理想直杆。在加工、制造、运输和安装过程中,构件不可避免地会产生微弯曲,这样,所谓的轴心受压构件实质上是压弯构件,弯矩的存在自然会降低对纵向力(轴心力)的承载能力。

实际轴心受压构件的稳定承载力除了上述截面残余应力、构件初弯曲有影响外,构件的初偏心、构件端部的约束条件等都有影响。

3. 设计规范对轴心受压构件稳定承载力的计算

根据以上的分析、介绍,真正的轴心受压构件实际上并不存在,实际构件都存在诸如残余应力、构件初弯曲、初偏心等所谓的缺陷,它们会在一定程度上影响轴心受压构件的稳定承载能力,有的影响还很大。

现行钢结构设计规范对轴心受压构件临界力的计算,考虑了杆长 1/1 000 的初挠度,并计入残余应力的影响,根据最大强度理论用数值方法计算构件的稳定承载力(临界力)。根

据临界力计算临界应力,计入材料抗力分项系数,即得在形式上和材料力学中轴心受压构件稳定验算相同的表达式

$$\sigma = \frac{N}{A} \leqslant \frac{\sigma_{cr}}{\gamma_R} = \left(\frac{\sigma_{cr}}{f_y}\right) \cdot \left(\frac{f_y}{\gamma_R}\right) = \varphi f$$

式中,$\varphi = \sigma_{cr}/f_y$ 为轴心受压构件的稳定系数,可从附表 4 查得,它与长细比 λ、截面形式、加工条件、验算稳定所绕的轴及钢号有关,A 是构件的毛截面面积。

在进行理论计算时,由于考虑了不同截面形式、尺寸、加工条件和相应的残余应力,并考虑了 1/1 000 杆长的初弯曲,若仍用一条柱子曲线($\varphi-\lambda$ 关系曲线)来表达,显然不合理,所以进行了分类,把稳定承载能力相近的截面及弯曲失稳所对应的轴合为一类,归纳为 a、b、c、d 四类。每类中柱子曲线的平均值(即 50% 分位值)作为代表曲线,如图 4.6 所示。这 4 条曲线各代表一组截面及弯曲失稳所对应的轴,如表 4.2 所示。

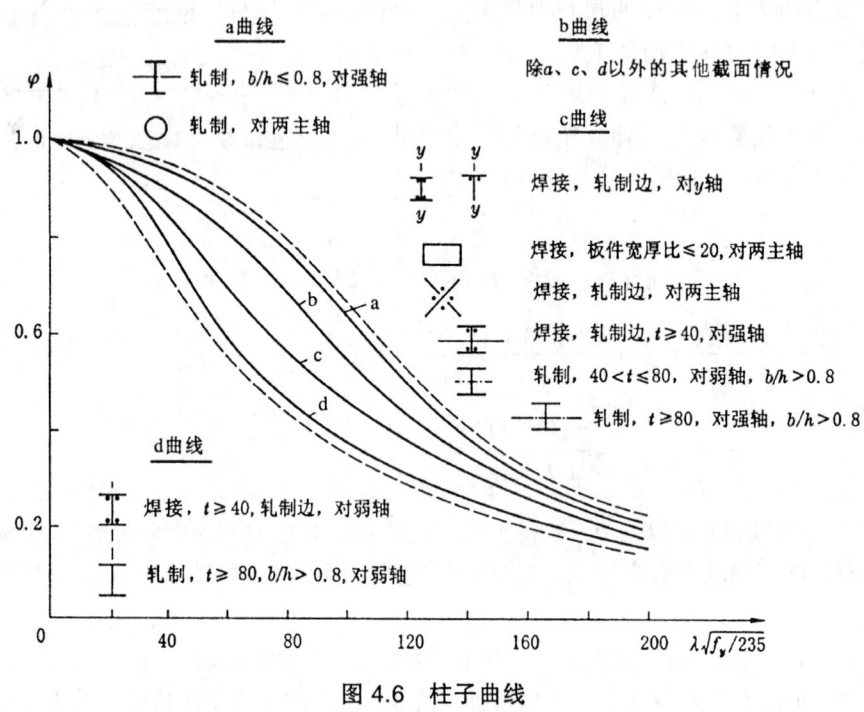

图 4.6 柱子曲线

【例题 4.2】 已知桁架中的上弦杆,轴心压力设计值为 $N = 1\ 350$ kN;两主轴方向的计算长度分别为 $l_{0x} = 300$ cm,$l_{0y} = 600$ cm;截面为两根角钢 $2\angle 200 \times 125 \times 16$ 组成短边相连的 T 形截面,角钢节点板厚 10 mm(如图 4.7 所示),钢材为 Q235AF。试验算该压杆的整体稳定性。

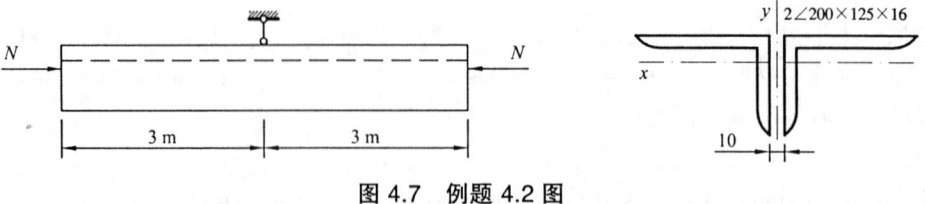

图 4.7 例题 4.2 图

【解】 由附表 7.5 中查得 $A = 99.48 \text{ cm}^2$,$i_x = 3.52 \text{ cm}$,$i_y = 9.62 \text{ cm}$。

$$\lambda_x = \frac{l_{0x}}{i_x} = \frac{300}{3.52} = 85$$

$$\lambda_y = \frac{l_{0y}}{i_y} = \frac{600}{9.62} = 62$$

因为截面两主轴同属 b 类(查表 4.2),按 $\lambda = \lambda_{\max} = \lambda_x = 85$ 查附表 4.2,得 $\varphi = 0.655$,

$$\sigma = \frac{N}{A} = \frac{1\,350 \times 10^3}{9\,948} = 136 \approx \varphi_x f = 0.655 \times 200 = 131 \quad (\text{N/mm}^2)$$

相差 4%,在工程允许范围内。

顺便指出,由 $\lambda_y = 62$ 查得 $\varphi_y = 0.799$,$\varphi_y/\varphi_x = 0.799/0.655 = 1.22$,即绕 y 轴的稳定承载力高出绕 x 轴稳定承载力的 22%(两主轴方向不等稳),这主要是受角钢规格限制的缘故。

表 4.2a 轴心受压构件的截面分类(板厚<40 mm)

截面形式			对 x 轴	对 y 轴
轧制(圆形)			a 类	a 类
轧制,$b/h \leq 0.8$			a 类	b 类
轧制,$b/h > 0.8$	焊接,翼缘为焰切边	焊接	b 类	b 类
轧制		焊接		
轧制,焊接(板件宽厚比>20)		轧制或焊接		
焊接		轧制截面和翼缘为焰切边的焊接截面		
格构式		焊接,板件边缘焰切		

续表 4.2

截面形式			对 x 轴	对 y 轴
焊接，板件边缘轧裁或剪切			b 类	c 类
焊接，板件边缘轧制或剪切	焊接，板件宽厚比 ≤20		c 类	c 类

表 4.2b 轴心受压构件截面分类（板厚 $t \geq 40$ mm）

截面形式		对 x 轴	对 y 轴
轧制工字形或 H 形截面	$t<80$ mm	b 类	c 类
	$t \geq 80$ mm	c 类	d 类
焊接工字形截面	翼缘为焰切边	b 类	b 类
	翼缘为轧制或剪切边	c 类	d 类
焊接箱形截面	板件宽厚比 >20	b 类	b 类
	板件宽厚比 ≤20	c 类	c 类

三、实腹式轴心受压构件的局部稳定

1. 关于局部稳定问题的概述

（1）局部稳定的基本概念。正如前述，提高轴心受压构件整体稳定承载力的措施是尽可能采用宽展的截面以增大截面的惯性矩，从而达到节约钢材的目的。所以，实腹式轴心受压组合构件一方面常采用钢板组成工字形和箱形截面等宽展的截面形式，另一方面采用较薄的钢板（板件）组成构件。然而，组成实腹式轴心受压组合构件的板件本身也受均匀压应力（轴心受压），也有稳定问题。板件越宽越薄，越容易失稳。当其临界应力低于整体失稳的临界应力时，组成构件的板件失稳将发生在整体失稳之前，这种现象称为局部失稳。

板件的局部失稳并不一定导致整个构件丧失承载能力，但由于失稳板件退出工作，将使能承受力的截面（称为有效截面）面积减少，同时还可能使原本对称的截面变得不对称，促使构件整体破坏。因此，构件的局部稳定必须得以保证，它属于构件承载能力极限状态的一部分。

（2）常见组合构件的板件的四边支承情况。以图 4.8 所示的工字形截面构件为例，翼缘有一自由边（悬空边）；两直接应力作用边（两端边）与在接点处通过接点板与其他构件相连接，从连接的实际支承来看，属于弹性嵌固中近于简支的情况，可先偏于安全地按简支边考虑；至于翼缘与腹板相连边，由于腹板较薄，

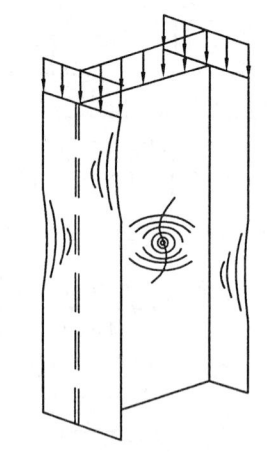

图 4.8 实腹式轴心受压构件局部失稳

在约束翼板该边转动的能力较弱，可按简支边考虑。因此，翼板按三边简支一边自由考虑。同理，腹板可按四边简支考虑。

需要指出的是，所有组成构件的矩形板的四边支承条件不外乎上述两种情况，即三边简支一边自由和四边简支；组成构件的板件的四边支承条件不能单纯地看是翼板还是腹板，得看其实际支承情况，比如箱形截面的底板（下翼缘板）和腹板间顶板（上翼缘板）为四边简支。

2. 板件失稳（局部失稳）的临界应力

在组合构件中任取一板件，如图4.9所示。根据弹性理论，建立弹性失稳时的平衡微分方程，并用二重三角正弦级数求解（失稳时的半波因此称为正弦半波），得板件弹性失稳时的临界应力

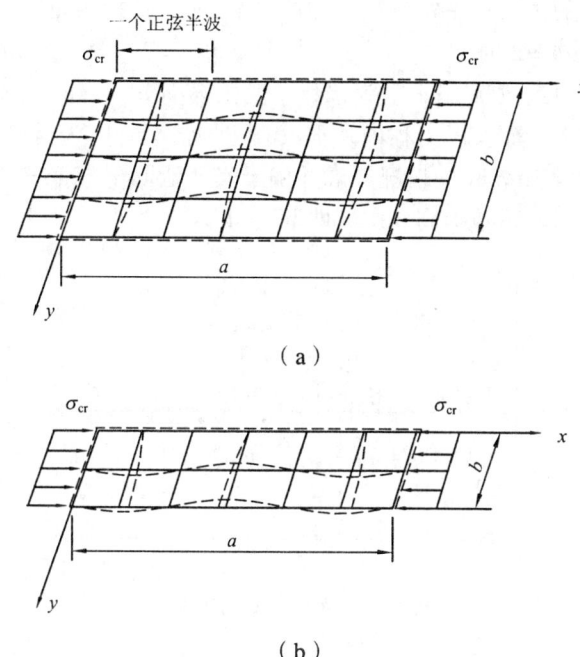

图4.9 四边简支和三边简支一边自由板的屈曲

$$\sigma_{cr} = \chi k \frac{\pi^2 E}{12(1-v^2)} \left(\frac{t}{b}\right)^2 \tag{4.14}$$

式中　χ——考虑组成构件的板件间实际上有一定的弹性嵌固作用，从而临界应力比简支的情况要高的提高系数；

　　　k——板件的屈曲系数，与荷载种类、荷载分布情况及板件的边长比例有关；

　　　E——钢材的弹性模量；

　　　v——钢材的泊松比；

　　　t——板件的厚度；

　　　b——板件受载边的边长（受剪时为板件短边边长）。

对于中等长细比的构件系弹塑性阶段屈曲。当板件在弹塑性阶段屈曲时，板件在受力方向的变形是非线性的，可用切线模量 $E_t = \eta E$ 表示其应力—应变间的变化规律。但在垂直于受力的方向则仍为线弹性。于是，这时的板为正交异性板，其屈曲应力可由下式确定

$$\sigma_{cr} = \chi k \frac{\sqrt{\eta}\pi^2 E}{12(1-\nu^2)}\left(\frac{t}{b}\right)^2 \tag{4.15}$$

对工字形截面的腹板，属于四边简支板。达到临界状态时，沿横向（y方向）出现一个正弦半波，而在纵向（x方向）随板长的增加可能出现多个正弦半波，其屈曲系数为

$$k = \left(\frac{mb}{a} + \frac{a}{mb}\right)^2 \tag{4.16}$$

式中，m 为沿板纵向（顺荷载作用的 x 方向）出现的正弦半波数。

板的屈曲系数与板的边长比 a/b 有关，如图 4.10 所示。板为正方形 $a/b=1$ 时，出现一个正弦半波（$m=1$）；$a/b=2$ 时，出现两个正弦半波（$m=2$）等。当 $a/b>1$ 时，板虽呈现几个正弦半波，但板的屈曲系数 k 基本上为常数（变化很小）；只有当 $a/b<1$ 时，板的屈曲系数（临界应力）变化较大，而实际工程中几乎没有这种情况（因为需要设置较多的横向加劲肋，不经济）。因此，可按 $a/b>1$ 的情况考虑并偏于安全地取 $k=k_{\min}=4$。同时考虑到四边有一定的弹性嵌固作用，屈曲系数提高 30%，即取 $\chi=1.3$。

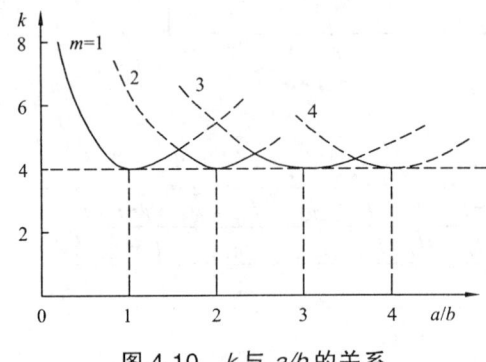

图 4.10 k 与 a/b 的关系

对工字形截面翼缘板，属于三边简支一边自由板，其屈曲系数为

$$k = 0.425 + \left(\frac{b_1}{a}\right)^2 \tag{4.17}$$

式中，a 往往是构件的长度，远远大于翼缘板宽度的一半 b_1，偏安全地取 $a/b_1=\infty$，即 $k=k_{\min}=0.425$。腹板虽是翼缘板的一个支承边，但它在平面外的刚度很小，故不考虑其对翼缘板边的弹性嵌固作用，即取 $\chi=1$。

3. 构件局部稳定的验算方法及板件宽厚比限制值

（1）构件局部稳定的验算方法。理论上，轴心受压构件的局部稳定验算有如下两种方法：
① 和验算整体稳定一样的方法验算应力；
② 验算组成构件的板件的宽厚比。

实际应用中，常采用验算板件宽厚比的方法来保证构件的局部稳定。

（2）宽厚比验算。从板件失稳时的临界应力计算式（4.15）可知，组成轴心受压构件的板件的厚宽比（t/b）越大，其临界应力越大；反之，厚宽比越小，其临界应力越小。换言

之，板件的宽厚比（b/t）越小，其临界应力越大。不难看出，当板件的宽厚比小到一定程度，临界应力大到一定程度，比如大于等于材料的强度（而强度已验算并通过）或大于等于整体失稳的临界应力（整体稳定已验算并通过），则不会发生局部失稳。因此，保证板件的局部稳定就可以通过限制板件的宽厚比来实现。

① 宽厚比限制值的确定原则。确定板件宽厚比限制值的原则是：

（i）板件局部失稳的临界应力不低于构件整体失稳的临界应力；

（ii）板件局部失稳的临界应力足够大（接近钢材的屈服强度）。

② 宽厚比限制值。《钢结构设计规范》在由上述原则确定宽厚比限制值的过程比较复杂，编者换一种讲法，旨在用较短的篇幅加深对规范条文的理解并能正确应用，仅此而已。

原则（i）对"细长构件"而言，因为细长而容易失稳，失稳时的临界应力低，材料在失稳前处于弹性阶段，欧拉公式近似可用。因此，有

$$\sigma_{cr} = \frac{\chi\sqrt{\eta}k\pi^2 E}{12(1-v^2)}\left(\frac{t}{b}\right)^2 \geqslant \frac{\pi^2 E}{\lambda^2}$$

即

$$\frac{b}{t} \leqslant \sqrt{\frac{\chi\sqrt{\eta}k}{12(1-v^2)}} \cdot \lambda = C_1 \cdot \lambda \tag{4.18}$$

上述不等式右边即为板件的宽厚比限制值。C_1 为常量。可见，由原则（i）得出的宽厚比限制值与构件两主轴方向的较大长细比 λ（因为欧拉临界应力由两主轴方向较大长细比控制）有关。

原则（ii）对"粗短构件"而言，因为粗短而不容易失稳，失稳时的临界应力高，临界应力接近钢材的屈服强度。规范取

$$\sigma_{cr} = \frac{\chi\sqrt{\eta}k\pi^2 E}{12(1-v^2)}\left(\frac{t}{b}\right)^2 \geqslant 0.95f_y$$

即

$$\frac{b}{t} \leqslant \sqrt{\frac{\chi\sqrt{\eta}k\pi^2 E}{12(1-v^2)\times 0.95f_y}} = C_2 \tag{4.19}$$

上述不等式右边即为板件的宽厚比限制值。由原则（ii）得出的宽厚比限制值为常量 C_2。

对轴心受压构件开口截面（比如工字形截面、T 形截面、H 形截面等），刚度较小，认为是"细长构件"，板件局部稳定验算采用式（4.18）的形式；对闭口截面（箱形截面、圆管截面），刚度较大，认为是"粗短构件"，板件局部稳定验算采用式（4.19）的形式。结合板件的四边支承情况、不同等级钢材换算及不同的加工工艺，规范规定：

· 工字形、H 形截面轴心受压构件

翼缘

$$\frac{b_1}{t} \leqslant (10+0.1\lambda)\sqrt{\frac{235}{f_y}} \tag{4.20}$$

腹板

$$\frac{h_0}{t_w} \leqslant (25+0.5\lambda)\sqrt{\frac{235}{f_y}} \tag{4.21}$$

式中 b_1——为翼板自由外伸宽度；

t——为翼板自由外伸厚度；

h_0——为腹板计算高度;

t_w——为腹板计算厚度;

λ——构件两主轴方向长细比的较大值:当$\lambda<30$时,取$\lambda=30$;当$\lambda>100$时,取$\lambda=100$;

$\sqrt{235/f_y}$——不同钢材等级的换算系数;

f_y——钢材的屈服强度。

・箱形截面轴心受压构件:

自由外伸翼缘

$$\frac{b_1}{t} \leq 15\sqrt{\frac{235}{f_y}} \tag{4.22}$$

腹板(腹板间无支撑翼缘)

$$\frac{h_0}{t_w}\left(\text{或}\frac{b_0}{t}\right) \leq 40\sqrt{\frac{235}{f_y}} \tag{4.23}$$

式中 b_0——翼缘在两腹板之间的无支撑宽度。

・T形截面轴心受压构件:

由于 T 形截面自由外伸翼缘与腹板的支承条件同为三边简支一边自由,两者宽厚比验算式同为:

热轧剖分 T 形钢

$$\frac{b_1}{t}\left(\text{或}\frac{h_0}{t_w}\right) \leq (15+0.2\lambda)\sqrt{\frac{235}{f_y}} \tag{4.24}$$

焊接 T 形钢

$$\frac{b_1}{t}\left(\text{或}\frac{h_0}{t_w}\right) \leq (13+0.17\lambda)\sqrt{\frac{235}{f_y}} \tag{4.25}$$

・圆管截面轴心受压构件:

$$\frac{D}{t} \leq 100\left(\frac{235}{f_y}\right) \tag{4.26}$$

式中 D、t——圆管的外径和壁厚。

式(4.20)~式(4.25)中,各项截面尺寸如图 4.11 所示。

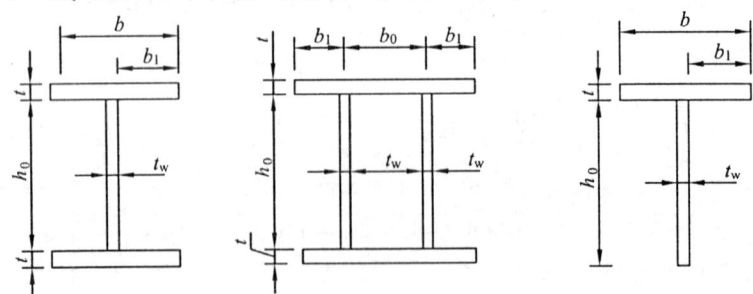

图 4.11 工字形、箱形及 T 形截面尺寸

（3）宽大截面腹板局部稳定的处理方法。对于十分宽大的工字形、H形或箱形截面轴心受压构件，当腹板的高厚比不满足式（4.21）、式（4.23）要求时，有如下3种处理措施。

① 增加腹板厚度，使其满足宽厚比限制要求。不过，对宽大截面构件，增加腹板厚度意味着显著增加用钢量，不经济。

② 设置纵向加劲肋。纵向加劲肋由一对沿纵向焊接于腹板中央两侧的肋板组成，它能有效阻止腹板凹凸变形，从而提高腹板的局部稳定性。增加的用钢量有限。

③ 任其腹板局部失稳。腹板局部失稳后，抵抗轴心力的截面减少（减少后的截面称为有效截面），因此，构件的强度和整体稳定都应按有效截面进行重新计算。考虑到腹板两边受翼板的弹性嵌固作用不会失稳，规范将腹板计算高度范围内两侧宽度各为 $20t_w\sqrt{235/f_y}$ 的部分与翼板一起作为有效截面。毫无疑问，在腹板局部稳定起绝对控制作用的情况下（按有效截面计算构件的强度和整体稳定也能满足要求），任腹板局部失稳是经济的，因为无需增加钢材用量。

腹板加劲肋及有效截面如图4.12所示。

需要指出：对于轧制型钢构件，由于翼缘、腹板较厚，且相连出倒圆角，一般都能满足局部稳定要求，无需进行局部稳定（宽厚比）验算。

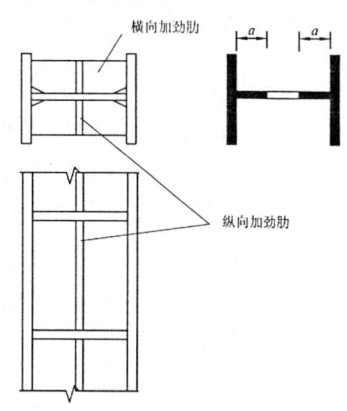

图 4.12　腹板加劲肋及有效截面

四、轴心受压构件的刚度

轴心受压构件的刚度验算方法同轴心受拉构件，即

$$\lambda = \frac{l_0}{i} \leq [\lambda]$$

与轴心受拉构件不同的是，轴心受压构件的刚度影响其承载力，所以，容许长细比要求更严。规范按表4.3采用。

表 4.3　受压构件的容许长细比

项 次	构 件 名 称	容许长细比
1	柱、桁架和天窗架中的杆件	150
	柱的缀条、吊车梁或吊车桁架以下的柱间支撑	
2	支撑（吊车梁或吊车桁架以下的柱间支撑除外）	200
	用以减小受压构件长细比的杆件	

注：① 桁架（包括空间桁架）的受压腹杆，当其内力小于等于承载能力的50%时，容许长细比值可取200。
② 计算单角钢受压构件长细比时，计算方法与表4.1注2相同。
③ 跨度大于等于60 m的桁架，其受压弦杆和端压杆的容许长细比值宜取100，其他受压杆可取150（承受静力荷载或间接承受动力荷载）或120（直接承受动力荷载）。
④ 由容许长细比控制截面的杆件，在计算其长细比时，可不考虑扭转效应。

五、实腹式轴心受压构件的截面设计

1. 设计原则

实腹式轴心受压构件的截面形式有如图4.2所示的型钢和组合截面两种类型，在选择截

面类型和设计截面尺寸时,主要遵循下面原则:

(1)肢宽壁薄:如前所述,宽展的截面形式及尺寸,可以获得较大的截面惯性矩,从而提高构件的刚度和稳定承载力。因此,在满足局部稳定(板件宽厚比限制值)的前提下,应使截面面积尽量远离截面形心,即肢宽壁薄。

(2)等稳定性:构件两主轴方向等稳定会使构件失稳时,两主轴方向的稳定承载力充分发挥出来,从而,避免某个方向控制稳定承载力,另一方向稳定承载力远未发挥出来造成浪费。

(3)构造简单:构造简单可省去或减少二次加工的费用,从而达到节省的目的。

2. 选择截面尺寸

(1)型钢截面。设计步骤如下:

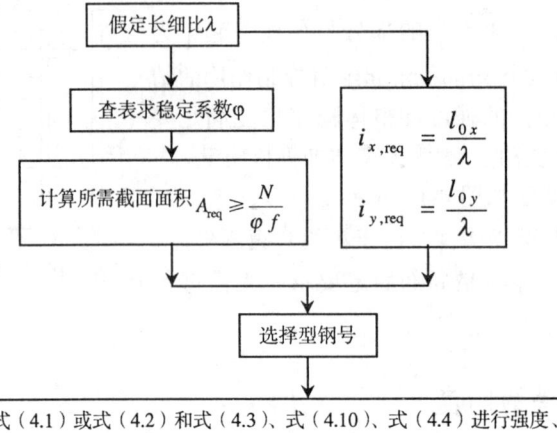

(2)组合截面。设计步骤(以工字形或H形截面为例)如下:

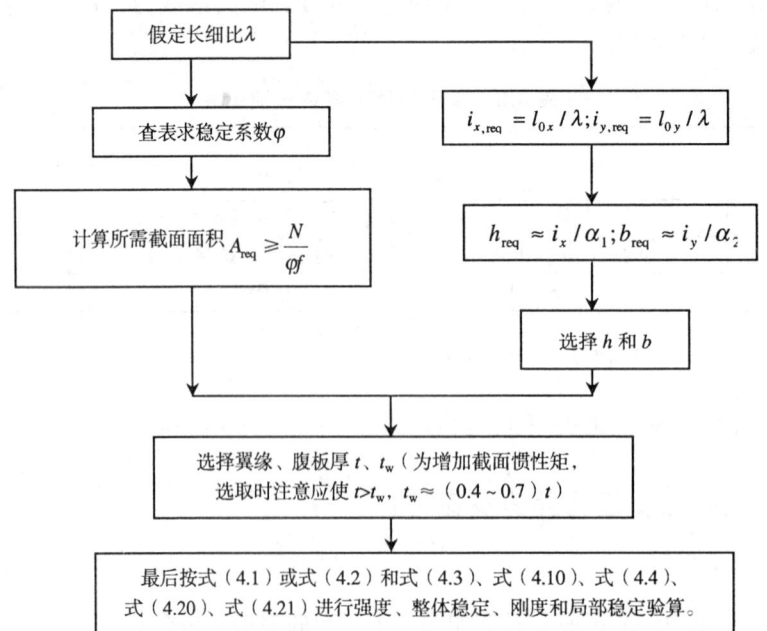

上面的 α_1、α_2 为截面回转半径与外轮廓尺寸的近似关系系数，详附录9

从轴心受压构件组合截面的设计步骤可知，当长细比 λ 的值假定过大时，计算所需截面面积过大，另一方面，外轮廓尺寸过小，宽厚比验算时实际宽厚比远小于宽厚比限制值。反过来说，宽厚比验算时实际宽厚比远小于宽厚比限制值，说明长细比假定过大，应改小后重新设计，否则，不经济；当长细比 λ 的值假定过小时，计算所需截面面积过小，另一方面，外轮廓尺寸过大，宽厚比验算时通不过（当然，强度和稳定也可能通不过），不安全。反过来说，宽厚比（或强度、稳定）验算通不过，应改大长细比 λ 并重新设计。直至既安全又经济合理为止。

【例题 4.3】 图 4.13a 所示为某工作平台柱，承受轴心压力设计值 $N = 1\,200$ kN，柱上、下两端铰接。钢材为 Q345，截面无削弱。试设计该柱截面：① 采用轧制工字钢；② 采用焊接工字形截面（翼缘为剪切边）。

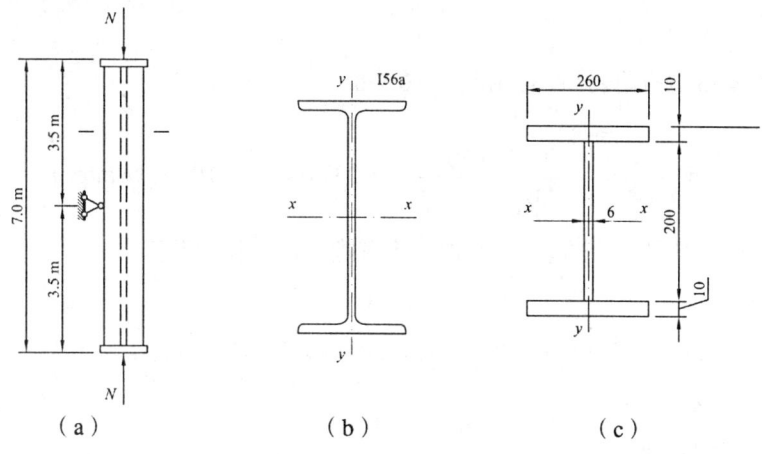

图 4.13 例题 4.3 图

【解】 由于该柱两主轴方向的计算长度不等，故取图 4.13（b）、（c）所示的截面朝向，即取 x 轴为强轴，y 轴为弱轴。这样，$l_{0x} = 7\,000$ mm，$l_{0y} = 3\,500$ mm。

（1）轧制工字钢。

① 选择截面：

假定 $\lambda = 100$，$\lambda\sqrt{f_y/235} = 100 \times 1.21 = 121$

查附表 4.1（先按 $b/h < 0.8$，即 a 类考虑），$\varphi_x = 0.488$
查附表 4.2（属于 b 类），$\varphi_y = 0.432$

$$A_{req} = \frac{N}{\varphi_{min} f} = \frac{1\,200 \times 10^3}{0.432 \times 310} = 8\,960 \quad (\text{mm}^2)$$

$$i_{x,req} = \frac{l_{0x}}{\lambda} = \frac{7\,000}{100} = 70 \text{ mm} \quad (\text{mm})$$

$$i_{y,req} = \frac{l_{0y}}{\lambda} = \frac{3\,500}{100} = 35 \text{ mm} \quad (\text{mm})$$

查附表 7.1 选择出同时满足 A_{req}、$i_{x,req}$、$i_{y,req}$ 三值的工字钢，现试选 I56a：$A = 135.38$ cm²，$i_x = 22.01$ cm，$i_y = 3.18$ cm，$b/h = 166/560 = 0.29 < 0.8$（绕 x 轴确属 a 类）。

② 截面验算：
· 强度验算：因截面无削弱，无需进行强度验算。
· 整体稳定验算：

$$\lambda_x = \frac{l_{0x}}{i_x} = \frac{7\,000}{220.1} = 31.8, \qquad \lambda_x\sqrt{\frac{f_y}{235}} = 1.21\lambda_x = 38.5$$

$$\lambda_y = \frac{l_{0y}}{i_y} = \frac{3\,500}{31.8} = 110.1, \qquad \lambda_y\sqrt{\frac{f_y}{235}} = 1.21\lambda_y = 133.2$$

由 $\lambda_x\sqrt{\dfrac{f_y}{235}} = 38.5$ 查附表4.1(a类)得 $\varphi_x = 0.945$；

由 $\lambda_y\sqrt{\dfrac{f_y}{235}} = 133.2$ 查附表4.2(b类)得 $\varphi_y = 0.373$，故 $\varphi_{\min} = 0.373$

$$\sigma = \frac{N}{\varphi A} = \frac{1\,200\times 10^3}{0.373\times 135.38\times 10^2} = 237.6 < f = 310 \quad (\text{N/mm}^2)$$

· 局部稳定（宽厚比）验算：为型钢，无需进行局部稳定验算。
· 刚度验算：

$$\lambda_x = 31.8 < [\lambda] = 150, \qquad \lambda_y = 110.1 < [\lambda] = 150$$

各项验算通过，安全。

（2）焊接工字形截面。
① 试选截面：由于焊接工字形截面的宽度可适当加大，因此，长细比可适当减小。假定 $\lambda = 70$，$\lambda\sqrt{f_y/235} = 85$，查附表 4.2（绕 x 轴属于 b 类），$\varphi_x = 0.655$；查附表 4.3（绕 y 轴属于 c 类），$\varphi_y = 0.547$

$$A_{\text{req}} = \frac{N}{\varphi_{\min} f} = \frac{1\,200\times 10^3}{0.547\times 310} = 7076 \quad (\text{mm}^2)$$

$$i_{x,\text{req}} = \frac{l_{0x}}{\lambda} = \frac{7\,000}{70} = 100 \ (\text{mm}), \qquad h_{\text{req}} = \frac{i_{x,\text{req}}}{\alpha_1} = \frac{100}{0.43} = 233 \ (\text{mm})$$

$$i_{y,\text{req}} = \frac{l_{0y}}{\lambda} = \frac{3\,500}{70} = 50 \ (\text{mm}), \qquad b_{\text{req}} = \frac{i_{y,\text{req}}}{\alpha_2} = \frac{50}{0.24} = 208 \ (\text{mm})$$

试选 $h = 200$ mm、$b = 220$ mm 和翼缘厚度 $t = 10$ mm，因此所需要的腹板厚度 t_w 为

$$t_{w,\text{req}} = \frac{A_{\text{req}} - 2bt}{h - 2t} = \frac{7\,076 - 2\times 220\times 10}{200 - 2\times 10} = 14.9 \quad (\text{mm})$$

不难发现，腹板高厚比远远小于其宽厚比限制值；腹板厚度远远大于翼缘厚度（翼缘宽厚比满足要求）。这显然不符合肢宽壁薄和腹板比翼缘薄的经济原则，表明假定的长细比 λ 偏大，使 A_{req} 偏大且集中在截面形心附近。现改取 $\lambda = 60$，$\lambda\sqrt{f_y/235} = 73$，查附表 4.2（绕

x 轴属于 b 类），$\varphi_x = 0.732$；查附表 4.3（绕 y 轴属于 c 类），$\varphi_y = 0.623$

$$A_{req} = \frac{N}{\varphi_{min} f} = \frac{1\,200 \times 10^3}{0.623 \times 310} = 6\,210 \quad (\text{mm}^2)$$

$$i_{x,req} = \frac{l_{0x}}{\lambda} = \frac{7\,000}{60} = 117 \quad (\text{mm}), \quad h_{req} = \frac{i_{x,req}}{\alpha_1} = \frac{117}{0.43} = 271 \quad (\text{mm})$$

$$i_{y,req} = \frac{l_{0y}}{\lambda} = \frac{3\,500}{60} = 58.3 \quad (\text{mm}), \quad b_{req} = \frac{i_{y,req}}{\alpha_2} = \frac{58.3}{0.24} = 243 \quad (\text{mm})$$

选用如图 4.13（c）所示的截面尺寸。

② 截面验算：

$$A = 2 \times 260 \times 10 + 200 \times 6 = 6\,400 \quad (\text{mm}^2)$$

$$I_x = \frac{1}{12} \times 6 \times 200^3 + 2 \times 260 \times 10 \times 105^2 = 61.33 \times 10^6 \quad (\text{mm}^4)$$

$$I_y = 2 \times \frac{1}{12} \times 10 \times 260^3 = 29.29 \times 10^6 \quad (\text{mm}^4)$$

$$i_x = \sqrt{\frac{I_x}{A}} = \sqrt{\frac{61.33 \times 10^6}{6\,400}} = 97.9 \quad (\text{mm})$$

$$i_y = \sqrt{\frac{I_y}{A}} = \sqrt{\frac{29.29 \times 10^6}{6\,400}} = 67.7 \quad (\text{mm})$$

· 强度验算：因截面无削弱，无需进行强度验算。

· 整体稳定验算：

$$\lambda_x = \frac{l_{0x}}{i_x} = \frac{7\,000}{97.9} = 71.5, \quad \lambda_x \sqrt{\frac{f_y}{235}} = 1.21 \lambda_x = 86.5$$

$$\lambda_y = \frac{l_{0y}}{i_y} = \frac{3\,500}{67.7} = 51.7, \quad \lambda_y \sqrt{\frac{f_y}{235}} = 1.21 \lambda_y = 62.6$$

查附表 4.2（绕 x 轴属于 b 类），$\varphi_x = 0.645$；查附表 4.3（绕 y 轴属于 c 类），$\varphi_y = 0.691$。

$$\sigma = \frac{N}{\varphi A} = \frac{1\,200 \times 10^3}{0.645 \times 6\,400} = 290.7 < f = 310 \quad (\text{N/mm}^2)$$

· 局部稳定（宽厚比）验算：

翼缘 $\quad \dfrac{b_1}{t} = \dfrac{127}{10} = 12.7 < (10 + 0.1\lambda)\sqrt{\dfrac{235}{f_y}} = (10 + 0.1 \times 71.5)/1.21 = 14.2$

腹板 $\quad \dfrac{h_0}{t_w} = \dfrac{200}{6} = 33.3 < (25 + 0.5\lambda)\sqrt{\dfrac{235}{f_y}} = (25 + 0.5 \times 71.5)/1.21 = 50.2$

· 刚度验算：

$$\lambda = \lambda_{max} = 71.5 < [\lambda] = 150$$

第四节 格构式轴心受压构件

如前所述,当轴心受压构件的长度较大,所受的荷载较小时,如仍设计成实腹式构件,构件的刚度和整体稳定将起绝对控制作用,而满足规范对刚度和整体稳定的要求势必多用很多材料,造成材料浪费。这种情况宜采用格构式构件(截面),格构式截面形式如图4.2(c)所示。格构式截面由于材料集中于分肢,离截面形心远,与实腹式构件相比,在用料相同的情况下可显著增大截面惯性矩,从而提高构件的刚度和整体稳定性。此外,由于可调整分肢间距,使构件两主轴方向等稳定。

一、格构式轴心受压构件的组成

格构式轴心受压构件是将分肢用缀材连成一体的一种构件。按分肢数不同,有双肢、三肢和四肢之分,常用双肢柱;按缀材(缀材分为缀条和缀板两种)不同分为缀条柱(见图4.14a、b)和缀板柱(见图4.14c)两种。

在格构式构件的截面上,与分肢腹板垂直的轴线(见图4.14中的 y—y 轴)称为实轴;与缀材平面垂直的轴线(见图4.14中的 x—x 轴)称为虚轴。

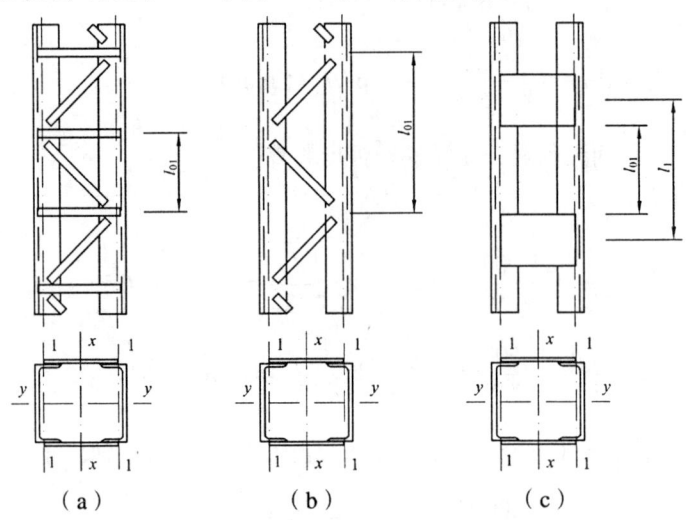

图 4.14 双肢格构式构件的组成

二、格构式轴心受压构件的整体稳定性

对既有实轴又有虚轴的格构式轴心受压构件的整体稳定需对实轴和虚轴分别考虑。

1. 绕实轴(y—y 轴)的整体稳定

格构式轴心受压构件绕实轴(y—y 轴)的整体稳定承载力计算和实腹式轴心受压构件完全相同。即直接由绕实轴的长细比 λ_y 查附表4得整体稳定系数 φ_y 值,再由式(4.10)计算绕实轴(y—y 轴)的整体稳定承载力。

2. 绕虚轴（x—x 轴）的整体稳定

轴心受压构件整体弯曲后，构件截面将产生弯矩和剪力，对实腹式轴心受压构件（或格构式轴心受压构件的实轴）由于抗剪刚度大，剪力产生的剪切变形很小，对整体稳定承载力的影响小从而忽略不计。但对于格构式轴心受压构件绕虚轴发生弯曲失稳时，所产生的剪力由缀材承担，缀材抵抗剪变形的能力小，剪力产生的剪切变形大，对整体稳定承载力的不利影响必须予以考虑。

现以欧拉公式来说明格构式轴心受压构件绕虚轴稳定承载力的计算方法。前已述及，考虑剪切变形不利影响的欧拉公式为

$$N_{cr} = \frac{\pi^2 EI}{l^2} \cdot \frac{1}{1 + \frac{\pi^2 EI}{l^2}\gamma_1}$$

令

$$\mu = \sqrt{1 + \frac{\pi^2 EI}{l^2}\gamma_1} \tag{4.27}$$

则式（4.5）成为 $N_{cr} = \dfrac{\pi^2 EI}{(\mu l)^2}$，与不考虑剪切变形的不利影响（绕实轴）$N_{cr} = \dfrac{\pi^2 EI}{l^2}$ 相比，考虑剪切变形的不利影响（绕虚轴）的整体稳定承载力计算只需用换算长度 μl 代替计算长度 l，然后和实腹式构件一样的方法计算格构式轴心受压构件绕虚轴的稳定承载力。从这个意义上讲，μ（>1.0）称为计算长度放大系数。用换算长度 μl 计算的长细比 $\lambda_0 = \mu l/i = \mu \lambda (\lambda = l/i$，为构件的实际长细比），称为换算长细比。从这个意义上讲，μ（>1.0）又称为长细比增大系数。可见，格构式轴心受压构件绕虚轴的整体稳定承载力计算的关键是计算换算长细比。

（1）双肢缀条柱的换算长细比。图 4.15 所示为双肢缀条柱处于临界状态微微弯曲的情况。上面 μ 表达式中的 γ_1 为单位剪力 $V=1$ 作用下产生的剪切角，若取一个节间的一个缀条平面（见图 4.15b）来考虑，由于有两个缀条平面，每个缀条平面承受剪力 $V_1 = 1/2$。从结构上来看，它是一个平面桁架。

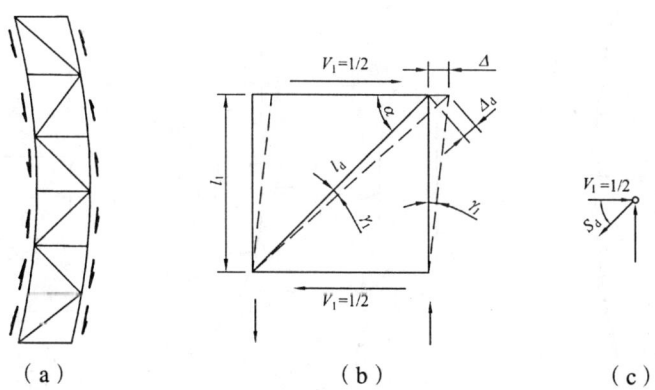

图 4.15 缀条体系的剪切变形

由斜缀条与水平缀条交点处水平方向力的平衡条件（见图 4.15c），得斜缀条拉力

$$S_d = 1/(2\cos\alpha)$$

斜缀条伸长

$$\Delta_d = S_d l_d / EA_d = l_1 / (2EA_d \sin\alpha \cos\alpha)$$

$$\Delta = \Delta_d / \cos\alpha$$

故

$$\gamma_1 \approx \tan\gamma_1 = 1/(2EA_d \sin\alpha \cos^2\alpha)$$

式中 A_d、l_d——斜缀条的截面面积和长度；

α——斜缀条与水平线的夹角。

将 γ_1 代入式（4.27），并应用到虚轴（x—x 轴），得

$$\mu = \sqrt{1 + \frac{\pi^2 I_x}{2l_{0x}^2 A_d \sin\alpha \cos^2\alpha}} = \sqrt{1 + \frac{\pi^2 A}{2\lambda_x^2 A_d \sin\alpha \cos^2\alpha}}$$

通常 $\alpha = 30° \sim 60°$，近似取 $\sin\alpha \cos^2\alpha = 0.35$，代入上式得

$$\mu = \sqrt{1 + 27\frac{A}{A_1 \lambda_x^2}}$$

式中 A——两分肢的毛截面面积之和；

A_1——两斜缀条的毛截面面积之和。

最后得双肢缀条柱对虚轴（x—x 轴）的换算长细比

$$\lambda_{0x} = \mu\lambda_x = \sqrt{\lambda_x^2 + 27A/A_1} \qquad (4.28)$$

（2）双肢缀板柱的换算长细比。图 4.16 所示为双肢缀板柱处于临界状态微微弯曲的情况。由于缀板是一块钢板，在其平面内的刚度大，它和分肢之间的连接可看成固接，并和分肢一起组成多层框架体系。对常用二分肢截面相等，各缀板刚度相同且等间距布置的情况，当柱子达到临界状态绕虚轴整体弯曲时，体系中的所有杆件都按 S 形弯曲，反弯点（0 弯矩点）在缀板中点和分肢二缀板间的中点位置，在反弯点无弯矩只有因杆件弯曲而产生的剪力。

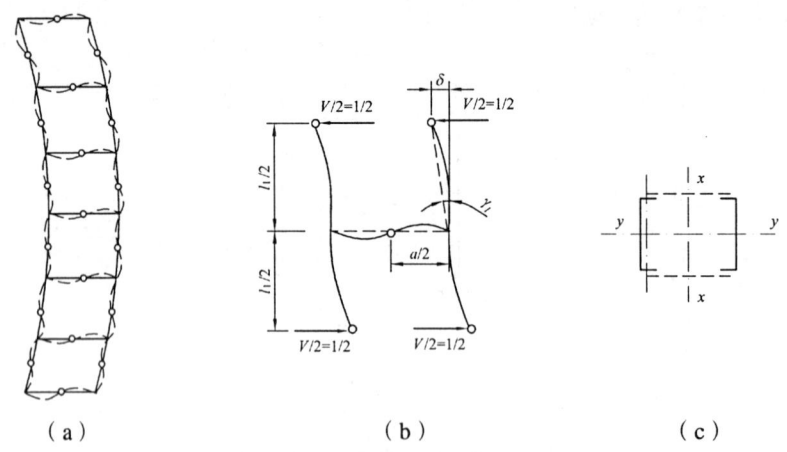

图 4.16 缀板柱的临界状态

通常缀板在其自身平面的刚度远大于分肢刚度。当前后两块缀板的线刚度之和大于单个分肢线刚度的 6 倍时，缀板的变形可忽略不计。这样（假设单位剪力平均分配于二分肢），柱的单位剪切角 γ_1 为

$$\gamma_1 \approx \tan\gamma_1 = \frac{\delta}{l_1/2} = \frac{\frac{1}{2}\left(\frac{l_1}{2}\right)^2}{3EI_1} = \frac{l_1^2}{24EI_1}$$

式中 I_1——单个分肢对自身轴 1—1 的惯性矩（i_1 是相应的回转半径）等于 $Ai_1^2/2$；

A——柱两个分肢的截面面积；

l_1——节间长度。

单个分肢长细比 $\lambda_1 = l_1/i_1$，代入式（4.27）（并注意应用到虚轴 x—x 轴），得

$$\mu = \sqrt{1 + \frac{\pi^2 EI_x}{l_{0x}^2} \cdot \frac{\lambda_1^2}{12EA}} = \sqrt{1 + \frac{\pi^2}{12} \cdot \frac{\lambda_1^2}{\lambda_x^2}} \approx \sqrt{1 + \frac{\lambda_1^2}{\lambda_x^2}}$$

最后得双肢缀板柱绕虚轴的换算长细比

$$\lambda_{0x} = \mu\lambda_x = \sqrt{\lambda_x^2 + \lambda_1^2} \tag{4.29}$$

至于三肢、四肢格构式构件绕虚轴的换算长细比的推导和双肢类似。其结果见表 4.4。

表 4.4 格构式轴心受压构件换算长细比计算公式

构件截面形式	缀材种类	计算公式	符号意义
（双肢截面图）	缀板	$\lambda_{0x} = \sqrt{\lambda_x^2 + \lambda_1^2}$	λ_1 为单个分肢对 1—1 轴的长细比，计算长度取缀板间的净距离
	缀条	$\lambda_{0x} = \sqrt{\lambda_x^2 + 27A/A_1}$	见公式（4.28）
（四肢截面图）	缀板	$\lambda_{0x} = \sqrt{\lambda_x^2 + \lambda_1^2}$ $\lambda_{0y} = \sqrt{\lambda_y^2 + \lambda_1^2}$	λ_1 为单个分肢对 1—1 轴的长细比，计算长度取缀板间的净距离
	缀条	$\lambda_{0x} = \sqrt{\lambda_x^2 + 40A/A_{1x}}$ $\lambda_{0y} = \sqrt{\lambda_y^2 + 40A/A_{1y}}$	A_{1x} 为构件横截面所截垂直于 x—x 轴的平面内各斜缀条毛截面面积之和；A_{1y} 为构件横截面所截垂直于 y—y 轴的平面内各斜缀条毛截面面积之和
（三肢截面图）	缀条	$\lambda_{0x} = \sqrt{\lambda_x^2 + \dfrac{42A}{A_1(1.5-\cos^2\theta)}}$ $\lambda_{0y} = \sqrt{\lambda_y^2 + \dfrac{42A}{A_1\cos^2\theta}}$	A 为柱各分肢总面积 A_1 为同上面的 A_{1x} 和 A_{1y}

格构式轴心受压构件绕虚轴的整体稳定验算先由换算长细比 λ_{0x} 查附表 4 得稳定系数 φ_x，然后用和实腹式轴心受压构件整体稳定验算一样的公式进行验算，即

$$\sigma = \frac{N}{A} \leq \varphi_x f$$

三、分肢的稳定性

格构式轴心受压构件相邻两缀材之间的分肢是一个单独的实腹式轴心受压构件。和实腹式轴心受压构件中局部失稳不先于构件的整体失稳一样,分肢失稳应不先于构件整体失稳。《规范》规定:① 对缀条柱,分肢长细比 λ_1 不大于整个构件最大长细比 λ_{max}(λ_y 和 λ_{0x} 中的较大者)的 0.7 倍;② 对缀板柱,分肢长细比 λ_1 不大于 40,也不大于整个构件最大长细比 λ_{max}(λ_y 和 λ_{0x} 中的较大者)的 0.5 倍(当 $\lambda_{max}<50$ 时取 $\lambda_{max}=50$)时,分肢失稳不发生在整体失稳前,无需进行分肢稳定性验算。

四、缀材计算

1. 剪力值的计算

轴心受压构件屈曲时,纵向力将在垂直于构件轴线方向有分力(即横向剪力)如图 4.17(b)所示,此剪力由缀材承受。

图 4.17(a)所示轴心受压构件在临界力 N_{cr} 作用下处于弯曲平衡的临界状态。设构件轴线挠曲成正弦半波,$y = y_m \sin(\pi z/L)$,则

$$M = N_{cr} y = N_{cr} y_m \sin(\pi z/L)$$

$$V = dM/dz = N_{cr} y_m \frac{\pi}{L} \cos(\pi z/L)$$

在 $z = 0$ 和 $z = L$ 处,剪力值为最大

$$V_{max} = N_{cr} y_m \frac{\pi}{L} \tag{4.30}$$

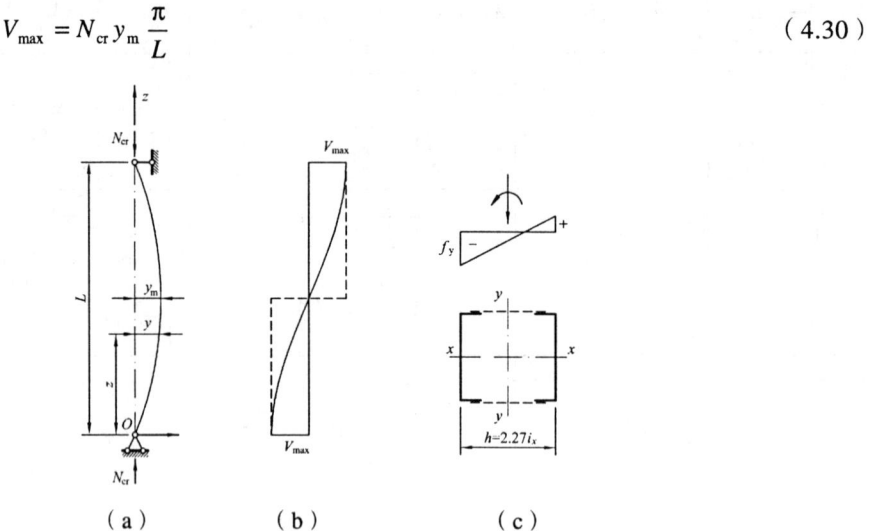

图 4.17 剪力分布图

根据纤维屈服条件确定杆件中部挠度 y_m。杆件中部截面在轴心压力 N_{cr} 和弯矩 $N_{cr}y_m$ 作用下,最大纤维压应力为(见图 4.17c)

$$\sigma_{\max} = \frac{N_{cr}}{A} + \frac{N_{cr} y_m}{I_x/(h/2)} = f_y$$

因为 $I_x = A i_x^2$，对常用的槽钢组合截面，$h \approx 2.27 i_x$（附录7.3），且 $N_{cr}/A = \varphi f_y$，由上式

$$\frac{N_{cr}}{A} + \frac{N_{cr} y_m}{A i_x^2 /(1.135 i_x)} = f_y$$

$$\varphi + \frac{1.135 \varphi y_m}{i_x} = 1$$

解之，得

$$y_m = 0.88 i_x \left(\frac{1}{\varphi} - 1 \right)$$

代入式（4.30），得

$$V_{\max} = \frac{0.88 \pi N_{cr}}{\lambda_x} \left(\frac{1-\varphi}{\varphi} \right) = \frac{N_{cr}}{K\varphi}$$

式中　　　　$K = \lambda_x / [0.88\pi(1-\varphi)]$

经分析，对通常情况 $\lambda_x = 40 \sim 160$，当采用 Q235 钢材时，可统一取 $K = 85$，再考虑不同钢材的强度换算系数，有

$$V_{\max} = \frac{Af}{85} \sqrt{\frac{f_y}{235}} \tag{4.31}$$

式中　f——Q235 钢材的强度设计值；

$\sqrt{f_y/235}$——不同钢材的强度换算系数。

为了缀材尺寸统一，方便施工且偏于安全，规范取上述剪力最大值沿全长不变（图4.17b 中虚线所示）。

2. 缀材计算

（1）缀条计算：

① 缀条受力计算：图 4.18 所示双肢缀条柱为例，将剪力 $V_{\max}$ 平均分配到两个缀条平面内，则每个缀条平面（平面桁架）所受剪力为 $V_1 = V_{\max}/2$。根据截面法知斜缀条所受轴心拉（压）力为

$$N_1 = V_1/\cos\alpha = V_{\max}/(2\cos\alpha) \tag{4.32}$$

由于构件达到临界状态时可能向左也可能向右弯曲，即斜缀条可能轴心受拉也可能轴心受压，受压控制，故按轴心受压计算。

② 缀条的各项验算：

·强度验算。因缀条与分肢多用焊接，截面无削弱，故无须进行强度验算。

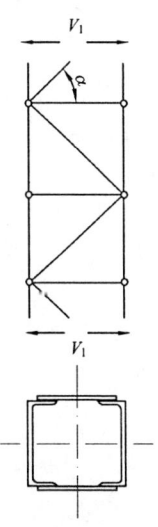

图 4.18　缀条体系受剪力作用

· 缀条稳定验算。

$$\sigma = N_1/A \leq \varphi f \qquad (4.33)$$

式中 φ ——根据斜缀条的长细比 $\lambda = l_1/i_1$ 查表而得的稳定系数，这里 l_1 是斜缀条的几何长度，i_1 是斜缀条的最小回转半径。

需要指出的是：缀条常用单角钢，缀条实际上属偏心受压，但规范为简化计算，仍按轴心受压计算，至于偏心矩的不利因素，是通过对其强度设计值 f 进行折减来考虑的。其折减系数为：

等边角钢 $0.6 + 0.0015\lambda$，且 ≤ 1.0；

短边相连的不等边角钢 $0.5 + 0.0025\lambda$，且 ≤ 1.0；

长边相连的不等边角钢 0.7。

其中，λ 为对于中间无联系的单角钢斜缀条，按最小回转半径计算的长细比；对缀条中间和相邻杆件相连的情况，取和角钢相连边平行的回转半径计算的长细比。

· 缀条局部稳定验算。因缀条多用角钢（型钢），故无须验算其局部稳定。

· 缀条刚度验算。所有缀条都应满足刚度（长细比）要求

$$\lambda \leq [\lambda] = 150$$

③ 缀条与分肢连接焊缝计算：单面相连的单角钢斜缀条按轴心受力计算其连接焊缝时，强度设计值应乘以 0.85 的折减系数，以考虑偏心的影响。

缀条体系中的横杆（水平缀条）不受力，其作用主要用来减小分肢在缀条平面的计算长度，以提高分肢的稳定。一般采用和斜缀条相同的截面，因为它比斜缀条短又不受力，当然无需进行验算。

（2）缀板计算：

① 缀板受力计算：对图 4.19（a）所示双肢缀板柱，将剪力 V_{max} 平均分配到两个分肢，每个分肢承受剪力为 $V_1 = V_{max}/2$，左右各半个分肢（承受剪力 $V_1/2$）与缀板一起形成一个多层平面刚架。假定反弯点（0 弯矩点）在各缀板间分肢的中点和缀板中点，由于该处弯矩为 0，只承受剪力，取图所示隔离体，根据力的平衡条件，可得缀板的内力为

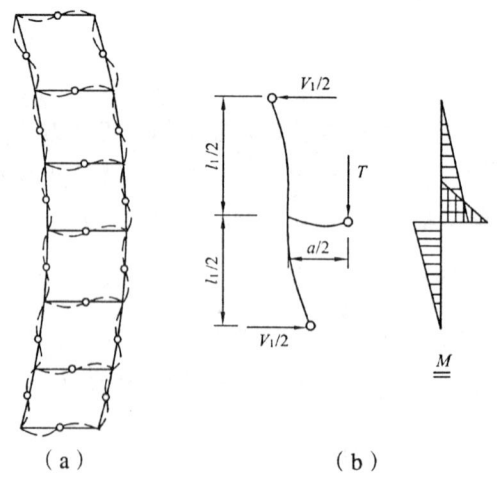

图 4.19 缀板的内力

剪力 $T = V_1 l_1 / a$ （4.34）
弯矩（和分肢连接处） $M = Ta/2 = V_1 l_1 / 2$ （4.35）

式中 l_1——相邻两缀板轴线间的距离；
　　　a——两分肢轴线间的距离。

② 缀板各项验算。用 T、M 对缀板进行强度计算。通常 T、M 不大，缀板尺寸按构造要求控制。一般柱子截面的高宽大致相等，当 $\lambda_{0x} \approx \lambda_y$ 时，取缀板宽度 $d_s > 2a/3$，厚度 $t_s \geq d_s/40$ 及 $t_s > 6$ mm 时，就可以满足前面已经提到的缀板线刚度不小于分肢线刚度 6 倍的刚度要求（构造要求）。

③ 缀板与分肢连接焊缝计算。用 T、M 对缀板与分肢的连接焊缝（搭接长度一般为 20～30 mm）进行焊缝强度计算。

3. 横　膈

为了保证格构式构件在运输和吊装过程中具有必要的刚度，防止因碰撞而使截面歪扭变形，应设置用钢板或角钢做成的横膈，横膈分为膈板和膈材两种（见图 4.20）。横膈沿柱纵向的设置为：

（1）每隔不超过 8 m 或柱截面较大宽度的 9 倍处设置一个横膈。
（2）每个运输单元不得少于 2 个横膈。
（3）柱身直接受较大集中力处设置横膈（以避免分肢局部受弯）。

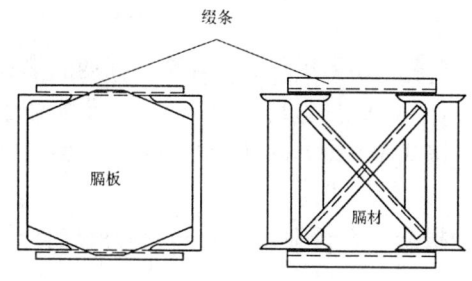

图 4.20　横膈构造

五、格构式轴心受压构件的设计步骤

有了格构式轴心受压构件各方面计算的方法和公式，就可以对其进行设计。现以常见的双肢格构式轴心受压构件为例，说明其设计步骤如下：

1. 首先确定所采用分肢的截面形式

一般说来，当轴心压力不太大时，分肢往往可采用槽钢；而当轴心压力很大（采用格构式的合理范围）时，常用角钢和钢板组成的槽形截面作为分肢。

2. 根据对实轴的整体稳定要求选择分肢截面

由于格构式轴心受压构件对实轴的整体稳定计算同实腹式轴心受压构件，根据对实轴的整体稳定要求试选分肢截面的方法与实腹式轴心受压构件根据整体稳定要求确定其截面的方法相同。

试选分肢截面后，为了设计过程少甚至不反工，有必要先对实轴的整体稳定及刚度进行验算，通过后方进行下一步计算。

3. 根据对虚轴的整体稳定要求确定两分肢间距

按试选分肢的截面及计算长度计算构件绕实轴的长细比 λ_y。由等稳定原则 $\lambda_{0x} \approx \lambda_y$，代入 λ_{0x} 的表达式（4.28）、（4.29），可得绕虚轴需要的长细比 $\lambda_{x,req}$ 如下：

缀条柱 $\qquad \lambda_{x,req} = \sqrt{\lambda_y^2 - 27\dfrac{A}{A_1}}$ （4.36）

缀板柱 $\qquad \lambda_{x,req} = \sqrt{\lambda_y^2 - \lambda_1^2}$ （4.37）

再按下述步骤计算分肢间距：

$$i_{x,req} = \dfrac{l_{0x}}{\lambda_{x,req}} \qquad (4.38)$$

$$b_{req} \approx \dfrac{i_{x,req}}{\alpha_2} \qquad (4.39)$$

根据需要的分肢间距 b_{req}，选取分肢间距 b，一般取 10 mm 的倍数。

在用式（4.36）、式（4.37）计算绕虚轴需要的长细比 $\lambda_{x,req}$ 时，需要先知道 A_1 和 λ_1，可先按 $A_1/2 \approx 0.05A$ 预选缀条的角钢型号；按 $\lambda_1 < 0.5\lambda_y$ 且不大于 40，即按 $l_{01} \leq \lambda_1 i_1$ 确定缀板净距。

4. 进行各项验算

试选的截面是否安全、合理，还需进行如下几个方面的验算：

（1）强度验算——按式（4.1）或（4.2）及（4.3）进行强度验算（一般不起控制作用）。

（2）整体稳定验算——按式（4.10）进行绕虚轴的整体稳定验算（绕实轴的整体稳定验算已在上述 2 进行）。

（3）分肢稳定验算——根据最大长细比判断是否需要进行分肢稳定验算，需要时按式（4.10）进行验算。

（4）刚度验算——按式（4.4）进行刚度验算。

如上述各项验算通过，说明所设计的截面是安全的。否则，应修改设计，直到各项验算通过为止。

5.（缀条、缀板）连接节点设计

按前述方法进行。

【**例题 4.4**】 一两端铰接格构式轴心受压构件，承受轴心压力设计值 $N = 1\,500$ kN，x 轴（虚轴）方向的计算长度 $l_{0x} = 6$ m，y 轴（实轴）方向的计算长度 $l_{0y} = 3$ m，钢材为 Q345，焊条为 E50 系列。若缀材用缀条，试设计该柱。

【**解**】

（1）确定分肢的截面形式。试选分肢为槽钢且肢尖向内的截面形式。

（2）按绕实轴的整体稳定要求选择分肢截面

查附表 1.1 得 $f = 310$ N/mm²（假设槽钢板厚≤16 mm）。

设 $\lambda = 60$，由 $\lambda\sqrt{\dfrac{f_y}{235}} = 60\sqrt{\dfrac{345}{235}} = 72.7$ 按 b 类截面查附表 4.2，得 $\varphi_y = 0.734$。

$$A_{\text{req}} = \frac{N}{\varphi \cdot f} = \frac{1\,500 \times 10^3}{0.734 \times 310} = 6\,592 = 65.92 \quad (\text{cm}^2)$$

$$i_{y,\text{req}} = \frac{l_{0y}}{\lambda} = \frac{300}{60} = 5 \quad (\text{cm})$$

由附表 7.3 选 2[20a，截面如图 4.21 所示（槽钢板厚≤16 mm）。

$$A = 2 \times 28.84 = 57.68 \quad (\text{cm}^2)$$
$$i_y = 7.86 \quad (\text{cm}), \quad I_1 = 128 \quad (\text{cm}^4)$$
$$i_1 = 2.11 \quad (\text{cm}), \quad z_0 = 2.01 \quad (\text{cm})$$
$$\lambda_y = \frac{l_{0y}}{i_y} = \frac{300}{7.86} = 38.2 < [\lambda] = 150$$

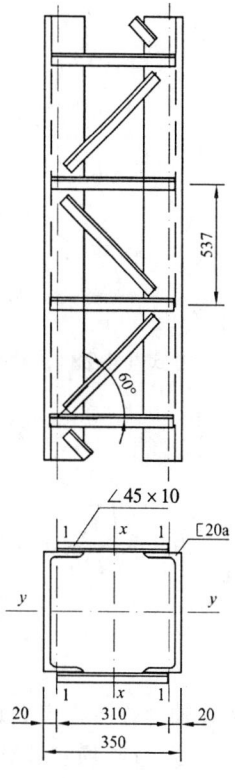

图 4.21 缀条柱
（单位：mm）

绕实轴的刚度满足要求。

由 $\lambda_y \sqrt{\dfrac{f_y}{235}} = 38.2 \sqrt{\dfrac{345}{235}} = 46.3$，按 b 类截面查附表 4.2，得 $\varphi_y = 0.873$。

$$\frac{N}{\varphi_y \cdot A} = \frac{1500 \times 10^3}{0.873 \times 57.68 \times 10^2}$$
$$= 297.9 < f = 310 \quad (\text{N/mm}^2)$$

绕实轴的整体稳定满足要求。

（3）确定分肢间距。

$$\frac{A_1}{2} \approx 0.05A = 0.05 \times 57.68 = 2.9 \quad (\text{cm}^2)$$

并考虑构造要求后缀条取 L45×45×4

$$\frac{A_1}{2} = 3.49 \quad (\text{cm}^2)$$

由式（4.36）有

$$\lambda_{x,\text{req}} = \sqrt{38.2^2 - 27 \times \frac{57.68}{2 \times 3.49}} = 35.2$$

由式（4.38）有

$$i_{x,\text{req}} = \frac{600}{35.2} = 17.1 \quad (\text{cm})$$

由附表 9 知 $\alpha_2 = 0.44$，代入式（4.40），得需要的分肢间距

$$b_{\text{req}} = \frac{17.1}{0.44} = 38.9 \quad (\text{cm})$$

取分肢间距 $b = 35$ cm。

（4）各项验算。

① 强度验算：由于截面无削弱，强度满足要求而无需进行验算。

② 整体稳定验算：由于前面已验算过绕实轴的整体稳定，下面只需验算绕虚轴的整体稳定。

$$\frac{a}{2} = \frac{b}{2} - z_0 = \frac{35}{2} - 2.01 = 15.49 \quad (\text{cm})$$

$$I_x = 2 \times (128 + 28.84 \times 15.49^2) = 14\,113.6 \quad (\text{cm}^4)$$

$$i_x = \sqrt{\frac{14\,113.6}{57.68}} = 15.6 \quad (\text{cm})$$

$$\lambda_x = \frac{600}{15.6} = 38.4$$

由式（4.28），得绕虚轴的换算长细比

$$\lambda_{0x} = \sqrt{\lambda_x^2 + 27 \times \frac{A}{A_1}} = \sqrt{38.4^2 + 27 \times \frac{57.68}{2 \times 3.49}} = 41.2$$

由 $\lambda_{0x} \sqrt{\frac{f_y}{235}} = 41.2 \sqrt{\frac{345}{235}} = 49.9$，按 b 类截面查附表 4.2，得 $\varphi_x = 0.857$。

$$\frac{N}{\varphi_x \cdot A} = \frac{1\,500 \times 10^3}{0.857 \times 57.68 \times 10^2} = 303.4 < f = 310 \quad (\text{N/mm}^2)$$

绕虚轴的整体稳定满足要求。

③ 分肢稳定验算：

$$\lambda_{\max} = \max(\lambda_{0x}, \lambda_y) = \lambda_{0x} = 41.2 < 50，取 \lambda_{\max} = 50$$

$$l_{01} = (b - 2z_0) \tan 60° = 310 \times \tan 60° = 537 \quad (\text{mm})$$

$$\lambda_1 = \frac{l_{01}}{i_1} = \frac{537}{21.1} = 25.5 < 0.7 \lambda_{\max} = 0.7 \times 50 = 35$$

分肢稳定满足要求。

④ 刚度验算：

$$\lambda_{\max} = \lambda_{0x} = 41.2 < [\lambda] = 150$$

满足刚度要求。

（5）缀条及连接计算：缀条布置如图 4.21 所示。

① 缀条计算。

· 缀条受力计算：

$$V_1 = \frac{V}{2} = \frac{1}{2} \left(\frac{Af}{85} \sqrt{\frac{f_y}{235}} \right) = \frac{1}{2} \times \left(\frac{57.68 \times 310 \times 10^2}{85} \sqrt{\frac{345}{235}} \right) = 12\,744 \quad (\text{N})$$

斜缀条内力为

$$N_t = \frac{V_1}{\cos \alpha} = \frac{12\,744}{\cos 60°} = 25\,488 \quad (\text{N})$$

· 缀条各项验算：

强度：因截面无削弱，故无需进行强度验算。

刚度：因为斜缀条角钢为 L45×45×4，查附表 7.4 得：$A = 3.49 \text{ cm}^2$，$i_{\min} = 0.89 \text{ cm}$。

$$l_d = (b - 2z_0)/\cos 60° = 310/\cos 60° = 620 \text{ (mm)}$$

$$\lambda = \frac{l_d}{i_{\min}} = \frac{620}{8.9} = 69.7 < [\lambda] = 150$$

斜缀条满足刚度要求。

整体稳定：查表 4.2 单角钢属于 b 类截面，再由 $\lambda\sqrt{\frac{f_y}{235}} = 69.7\sqrt{\frac{345}{235}} = 84.5$，查附表得 $\varphi = 0.658$。

$$\gamma_r = 0.6 + 0.001\ 5\lambda = 0.6 + 0.001\ 5 \times 69.7 = 0.7 < 1.0$$

$$\frac{N_t}{\varphi \cdot A} = \frac{25\ 488}{0.658 \times 3.49 \times 10^2} = 111 < \gamma_r \cdot f = 0.7 \times 310 = 217 \text{ (N/mm}^2\text{)}$$

斜缀条满足稳定要求。

局部稳定：因缀条为角钢（型钢），无须进行局部稳定验算。

斜缀条满足各项要求。与斜缀条截面相同且长度更短还不受力的横缀条自然满足要求。

② 连接焊缝计算。查附表 1.2 得角焊缝的强度设计值 $f_f^w = 200 \text{ N/mm}^2$。

采用两面侧焊，取 $h_f = 4 \text{ mm}$。则所需的肢背、肢尖焊缝长度 l_{w1}、l_{w2} 分别为

$$l_{w1} = \frac{K_1 N_t}{0.7 h_f \gamma_r f_f^w} + 2 \times 5 = \frac{0.7 \times 25\ 488}{0.7 \times 4 \times 0.7 \times 200} + 2 \times 5 = 55.5 \text{ (mm)}$$

$$l_{w2} = \frac{K_2 N_t}{0.7 h_f \gamma_r f_f^w} + 2 \times 5 = \frac{0.3 \times 25\ 488}{0.7 \times 4 \times 0.7 \times 200} + 2 \times 5 = 29.5 \text{ (mm)}$$

取 $l_{w1} = 60 \text{ mm}$，$l_{w2} = 40 \text{ mm}$。均满足：$l_{w,\min} \leq l_w \leq l_{w,\max}$。

【例题 4.5】 已知条件同例题 4.4。若缀材改用缀板，试设计该柱。

【解】

（1）确定分肢的截面形式（同例题 4.4）。

（2）按绕实轴的整体稳定要求选择分肢截面（同例题 4.4）。

（3）确定分肢间距

为保证分肢的稳定，可取 $\lambda_1 \leq 40$ 及 $\lambda_1 \leq 0.5\lambda_y = 25$（此处 $\lambda_y = 38.2 < 50$，故取 $\lambda_y = 50$）

设 $\lambda_1 = 25$，由式（4.37）有

$$\lambda_{x,\text{req}} = \sqrt{38.2^2 - 25^2} = 28.9$$

由式（4.38）有

$$i_{x,\text{req}} = \frac{600}{28.9} = 20.8 \text{ (cm)}$$

由附表 9 知 $\alpha_2 = 0.44$，代入式（4.39），得需要的分肢间距

$$b_{\text{req}} = \frac{20.8}{0.44} = 47.3 \text{ (cm)}$$

取 $b = 50$ cm

（4）各项验算。

① 强度验算：由于截面无削弱，强度满足要求而无需进行验算。

② 整体稳定验算：由于前面已验算过绕实轴的整体稳定，下面只需验算绕虚轴的整体稳定。

$$l_{01} = \lambda_1 i_1 = 25 \times 2.11 = 52.8 \quad (\text{cm})$$

取 $l_{01} = 50$ cm

$$a = b - 2z_0 = 50 - 2 \times 2.01 = 46 \quad (\text{cm})$$

$$I_x = 2 \times \left[128 + 28.84 \times \left(\frac{46}{2}\right)^2\right] = 30\ 768.7 \quad (\text{cm}^4)$$

$$i_x = \sqrt{\frac{I_x}{A}} = \sqrt{\frac{30\ 768.7}{57.68 \times 10^2}} = 23.1 \quad (\text{cm})$$

$$\lambda_x = \frac{l_{0x}}{i_x} = \frac{600}{23.1} = 26,\quad \lambda_1 = \frac{l_{01}}{i_1} = \frac{50}{2.11} = 23.7$$

$$\lambda_{0x} = \sqrt{\lambda_x^2 + \lambda_1^2} = \sqrt{26^2 + 23.7^2} = 35.2$$

由 $\lambda_{0x}\sqrt{\dfrac{f_y}{235}} = 35.2\sqrt{\dfrac{345}{235}} = 42.6$，按 b 类截面查附表 4.2，得 $\varphi_x = 0.889$。

$$\frac{N}{\varphi_x \cdot A} = \frac{1\ 500 \times 10^3}{0.889 \times 57.68 \times 10^2} = 292.5 < f = 310 \quad (\text{N/mm}^2)$$

绕虚轴的整体稳定满足要求。

③ 分肢稳定验算：

$\lambda_{\max} = \max(\lambda_{0x},\ \lambda_y) = \lambda_y = 38.2 < 50$，取 $\lambda_{\max} = 50$

$\lambda_1 = 23.7 < 0.5\lambda_{\max} = 0.5 \times 50 = 25$，且不大于 40，分肢稳定满足要求。

④ 刚度验算：

$$\lambda_{\max} = \lambda_y = 38.2 < [\lambda] = 150$$

满足刚度要求。

（5）缀板及连接计算。缀板布置如图 4.22 所示。

① 缀板计算：

·缀板受力计算：

缀板和分肢连接处的内力为

剪力 $\quad T = \dfrac{V_1 \cdot l_1}{a} = \dfrac{12\ 744 \times 80}{46} = 22\ 163.5 \quad (\text{N})$

弯矩 $\quad M = \dfrac{V_1 \cdot l_1}{2} = \dfrac{12\ 744 \times 80}{2} = 509\ 760 \quad (\text{N·cm})$

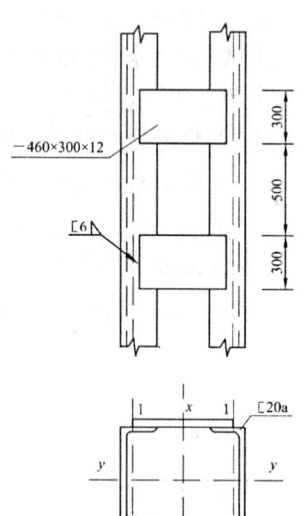

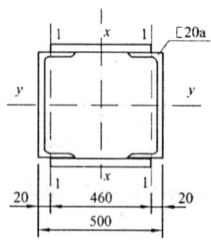

图 4.22 缀板柱（单位：mm）

· 缀板各项验算：为保证缀板有足够刚度（构件同一截面两侧缀板线刚度之和不小于分肢线刚度的 6 倍），缀板宽度 d_s 和厚度 t_s 分别满足

$$d_s \geq \frac{2a}{3} = \frac{2 \times 46}{3} = 30.7 \quad (\text{cm}),\ 取\ d_s = 300\ \text{mm}$$

$$t_s = \frac{a}{40} = \frac{46}{40} = 1.15 \quad (\text{cm}),\ 取\ t_s = 12\ \text{mm}$$

缀板为：460 mm × 300 mm × 12 mm

缀板刚度验算

$$l_1 = l_{01} + d_s = 50 + 30 = 80 \quad (\text{cm})$$

$$\frac{2(I_s/a)}{I_1/l_1} = \frac{2 \times \frac{1.2 \times 30^3}{12 \times 46}}{128/80} = 73 > 6$$

缀板满足刚度要求。

② 缀板与分肢的连接焊缝：采用三面围焊。由于缀板受力很小，取 $h_f = 6$ mm，粗略且偏安全地（仅计竖直焊缝）验算如下

$$A_f = 0.7 \times 0.6 \times 30 = 12.6 \quad (\text{cm}^2)$$
$$W_f = 0.7 \times 0.6 \times 30^2/6 = 63 \quad (\text{cm}^2)$$
$$\sigma_f = \frac{509\ 760 \times 10}{63 \times 10^3} = 80.91 \quad (\text{MPa})$$
$$\tau_f = \frac{22\ 163.5}{12.6 \times 10^2} = 17.59 \quad (\text{MPa})$$
$$\sqrt{\left(\frac{\sigma_f}{\beta_f}\right)^2 + (\tau_f)^2} = \sqrt{\left(\frac{80.91}{1.22}\right)^2 + 17.59^2}$$
$$= 68.6 < f_f^w = 200 \quad (\text{N/mm}^2)$$

焊缝强度满足要求。

第五节 柱头和柱脚设计

用作柱子的轴心受压构件，其任务是将上面结构（梁）传来的荷载传递给基础。为了保证梁上的荷载可靠、均匀地传递给柱，保证组成柱的板件的局部稳定，梁不能直接放在柱子上而需要采取适当的构造措施。梁和柱顶的连接构造称为柱头。同样，为了保证柱所受之力可靠传递给材料强度低很多的基础，柱不能直接放在基础上，而是采用适当的构造措施将力分散后再传递给基础。柱底和基础的连接构造称为柱脚。因此，柱子由柱头、柱身和柱脚 3 部分组成（见图 4.23）。

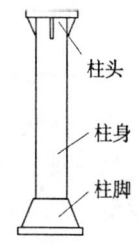

图 4.23 柱子的构成

柱头和柱脚设计包括：构造设计、传力过程分析和各零部件与连接的计算。设计原则是：传力明确而简捷，安全可靠又经济合理，既有足够的刚度又构造简单。

一、柱头

1. 构造设计

轴心受压柱和梁的连接都采用铰接，一般有两种构造方案。一种是将梁置于柱顶，另一种是将梁连接于柱的侧面。下面就轴心受压柱常用的将梁置于柱顶情况下的柱头构造介绍如下。

图 4.24 是梁支承于柱顶的典型铰接构造图。为了安放梁，在柱顶设置一块钢板，称为顶板（其厚度一般为 16~20 mm，为固定顶板位置，顶板与柱身间用构造焊缝进行围焊连接）。梁的支座反力由梁端突缘压在顶板中部，使压力沿柱身轴线下传，以保证柱子轴心受压。但是，若不采取其他措施而将顶板直接支承于柱子截面上，实腹式柱腹板外的顶板是悬空的，格构式柱的中部是悬空的，梁传来的压力分布在一个条形区，使顶板受弯，产生弯曲变形。为了减小顶板的弯曲变形，从经济角度考虑，不能依靠加厚顶板厚度来实现，通常是在顶板上加焊一块条形垫板，使梁传来的压力明确地分布在顶板的这一范围内，并在顶板下垂直于腹板方向（对实腹式柱）前后各设置一根加劲肋或在顶板下的中心位置设置加劲肋（对格构式柱）用以撑住顶板。加劲肋又将所受之力通过其与腹板的连接焊缝（对实腹式柱）或前后两端缀板的连接（对格构式柱）传递给柱身。

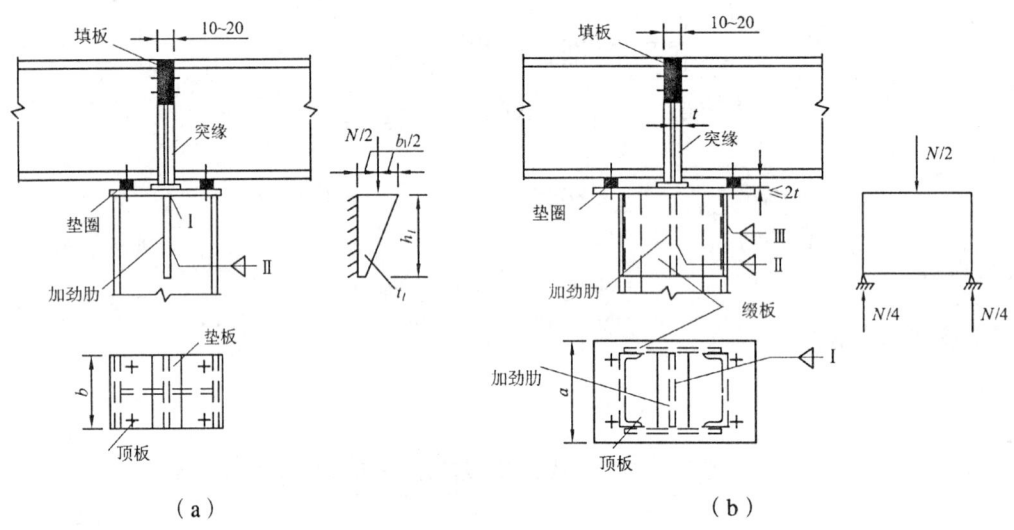

图 4.24 典型铰接柱头构造

现对图 4.24 所示实腹式柱柱头的构造分析如下。

2. 传力过程分析

（1）实腹式柱柱头。由梁传递下来的全部轴心压力 N 经梁端突缘和垫板间的端面承压传递给垫板；垫板再以局部承压将力 N 传递给顶板（为了固定垫板位置，垫板只需通过构造焊缝 $h_f = 4$ mm 和顶板相连。顶板的尺寸大小以盖住柱子截面为准，宽度比柱子截面宽约 50 mm 左右，长度应根据螺栓（螺栓不受力而只起固定梁位置的作用）的布置而定。图

4.24（a）中所示的螺栓布置在柱子截面内侧，故顶板长度可比柱子截面高度长 50 mm 左右。顶板厚度如前所述一般为 16~20 mm）；顶板又将 N 力通过端面承压或顶板与加劲肋的连接焊缝Ⅰ分别传递给前后两根加劲肋（每根加劲肋各承受 N/2）；每根加劲肋将所受力 N/2 以悬臂梁的工作方式通过其与柱腹板的连接焊缝Ⅱ（焊缝受偏心力 N/2）传递给柱腹板，进而传递给柱身。

综上所述，实腹式轴心受压柱柱头力的传递过程和方式可表示如下：

$N \xrightarrow{端面承压} 垫板 \xrightarrow{端面承压} 顶板 \xrightarrow{端面承压或焊缝Ⅰ} 加劲肋 \xrightarrow{焊缝Ⅱ} 柱身$

（2）格构式柱柱头。与实腹式柱柱头类似，可知格构式柱柱头的传力过程和方式如下：

$N \xrightarrow{端面承压} 垫板 \xrightarrow{端面承压} 顶板 \xrightarrow{端面承压或焊缝Ⅰ} 加劲肋 \xrightarrow{焊缝Ⅱ} 柱端缀板 \xrightarrow{焊缝Ⅲ} 柱身$

3. 设计计算

计算按上述传力过程进行。

（1）实腹式柱柱头。突缘端面承压面积在设计梁时已确定（突缘已满足端面承压要求）；因为垫板面积大于突缘面积，所以垫板端面承压满足要求不需验算；同理，顶板面积大于垫板面积，顶板（与垫板）端面承压也无需进行验算；真正需要计算的是从顶板与加劲肋的端面承压或焊缝Ⅰ开始如下：

① 加劲肋（与顶板）的端面承压。加劲肋宽度由顶板宽度确定，只需由端面承压强度验算条件

$$\sigma = \frac{N/2}{b_l t_l} \leqslant f_{ce}$$

确定加劲肋厚度 t_l

$$t_l \geqslant \frac{N/2}{b_l f_{ce}} \tag{4.40}$$

式中 f_{ce}——钢材端面承压强度设计值。

② 焊缝Ⅰ计算。利用端面承压需磨光顶紧，加工较为麻烦，因此，常设计来由焊缝Ⅰ传力。已知焊缝长度为 b_l（焊缝属于正面角焊缝），由焊缝强度验算条件

$$\sigma_f = \frac{N/2}{2 \times 0.7 h_{f1}(b_l - 2 \times 5)} \leqslant 1.22 f_f^w \tag{4.41}$$

式中 h_{f1}——焊缝Ⅰ的正边尺寸。

可先选取 h_{f1}（选取时注意满足最大最小尺寸要求），然后验算焊缝Ⅰ的强度。

③ 加劲肋验算。加劲肋属于悬臂梁，受均布荷载作用，合力为 N/2（见图 4.24a）。由于加劲肋悬臂较短且高度较大，总体稳定和刚度满足要求无需进行验算，但仍需计算其抗弯强度、抗剪强度和局部稳定，并满足构造要求。

·抗弯强度：

$$\sigma = \frac{M}{W} = \frac{(N/2) \times (b_l/2)}{t_l h_l^2 / 6} = 1.5 \frac{N b_l}{t_l h_l^2} \leqslant f \tag{4.42}$$

- 抗剪强度：

$$\tau_{max} = 1.5\frac{V}{A} = 1.5 \times \frac{N/2}{t_l h_l} = 0.75\frac{N}{t_l h_l} \leq f_v \tag{4.43}$$

在进行抗弯、抗剪强度计算之前，需要已知加劲肋的高度 h_l 和厚度 t_l，通常先选取 h_l 和 t_l，然后进行验算，必要时进行调整。确定加劲肋厚度时，还应考虑和柱子腹板厚度相协调。当按计算所需要的厚度比柱子腹板厚度大很多时，应将柱子头部的腹板局部换成较厚的板，如图 4.25 所示。

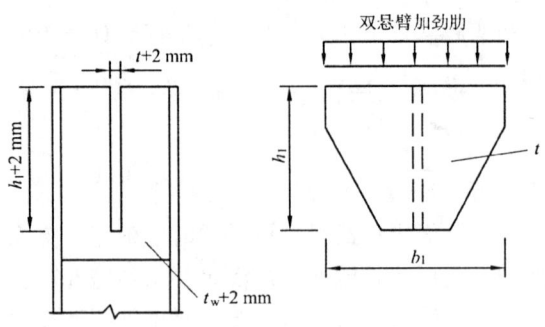

图 4.25　双悬臂加劲肋

- 局部稳定及构造要求

$$t_l \geq b_l/15 \quad 及 \quad t_l > 10 \text{ mm} \tag{4.44}$$

④ 焊缝 Ⅱ 计算。焊缝 Ⅱ 是加劲肋作为悬臂梁的固定端，它将加劲肋中的弯矩 $M = Nb_l/4$ 和剪力 $V = N/2$ 传递给柱子腹板。

弯矩 M 作用下，焊缝 Ⅱ 为端焊缝，其最大应力按下式计算

$$\sigma_f = \frac{M}{W_f} = \frac{Nb_l/4}{2 \times 0.7 h_{f2}(h_l - 2 \times 5)^2} \tag{4.45}$$

剪力 V 作用下，焊缝 Ⅱ 为边焊缝，其应力按下式计算

$$\tau_f = \frac{V}{A_f} = \frac{N/2}{2 \times 0.7 h_{f2}(h_l - 2 \times 5)} \tag{4.46}$$

将计算所得 σ_f、τ_f 代入角焊缝基本计算公式

$$\sqrt{\left(\frac{\sigma_f}{\beta_f}\right)^2 + \tau_f^2} \leq f_f^w \tag{4.47}$$

式中　h_{f2}——焊缝 Ⅱ 的正边尺寸。

当轴心力 N 很大时，为满足上式关于焊缝 Ⅱ 的强度要求，焊缝长度（即加劲肋高度）h_l 很长，造成构造不合理，也不经济。在这种情况下，将前后两根加劲肋做成整体插入柱子腹板预先所开槽内，并用四条角焊缝（即焊缝 Ⅱ）焊接连接，如图 4.25 所示。由于弯矩由双悬臂整体加劲肋承担，焊缝 Ⅱ 只承受剪力 $V = N$，焊缝长度即加劲肋高度可显著减小。这时，焊缝 Ⅱ 为边焊缝，按下式计算

$$\tau_{\mathrm{f}} = \frac{N}{4 \times 0.7 h_{\mathrm{f}2}(h_l - 2 \times 5)} \leq f_{\mathrm{f}}^{\mathrm{w}} \tag{4.48}$$

只有当上面各项验算均通过时，所设计的实腹式轴心受压构件柱头才安全可靠。

（2）格构式柱柱头。如实腹式柱柱头所述，梁突缘与垫板、垫板与顶板之间的端面承压满足要求不需验算。计算从加劲肋开始。

① 加劲肋（与顶板）的端面承压。和实腹式柱头加劲肋类似（不同之处在于此处是一根加劲肋承受全部 N 力），有

$$t_l \geq \frac{N}{b_l f_{\mathrm{ce}}} \tag{4.49}$$

② 焊缝 I 计算。和实腹式柱头加劲肋一样，利用端面承压需磨光顶紧，加工较为麻烦，因此，常设计来由焊缝 I 传力。类似于式（4.41）（注意：此处承受全部 N 力的是两条焊缝），有

$$\sigma_{\mathrm{f}} = \frac{N}{2 \times 0.7 h_{\mathrm{f}1}(b_l - 2 \times 5)} \leq 1.22 f_{\mathrm{f}}^{\mathrm{w}} \tag{4.50}$$

可确定焊缝正边尺寸 $h_{\mathrm{f}1}$（选取时注意满足最大最小尺寸要求）。

③ 加劲肋验算。和实腹式柱不同，格构式柱头加劲肋属于简支梁，受均布荷载（$q = N/b_l$）作用。

· 抗弯强度

$$\sigma = \frac{M}{W} = \frac{6q}{8 t_l h_l^2} \leq f \tag{4.51}$$

· 抗剪强度

$$\tau_{\max} = 1.5 \frac{V}{A} = 1.5 \times \frac{q b_l / 2}{t_l h_l} \leq f_{\mathrm{v}} \tag{4.52}$$

· 局部稳定及构造要求

$$t_l \geq b_l / 40 \quad 及 \quad t_l \geq 10 \mathrm{~mm} \tag{4.53}$$

④ 焊缝 II 计算。焊缝 II 作为加劲肋（简支梁）的支座，2 条焊缝（边焊缝）传递简支梁的支座反力 $N/2$。所以，所选的焊缝正边尺寸应满足条件

$$\tau_{\mathrm{f}} = \frac{V}{A_{\mathrm{f}}} = \frac{N/2}{2 \times 0.7 h_{\mathrm{f}2}(h_l - 2 \times 5)} \leq f_{\mathrm{f}}^{\mathrm{w}} \tag{4.54}$$

⑤ 柱端缀板计算。可近似按简支梁考虑，支座是焊缝 III，跨中承受加劲肋传来的集中力 $N/2$，如图 4.24（b）所示。缀板与加劲肋同高，即为 h_l，先假定端缀板厚度 t，然后按下式验算其抗弯强度和抗剪强度。

· 抗弯强度验算

$$\sigma = \frac{M}{W} = \frac{N l_l / 8}{t h_l^2 / 6} \leq f \tag{4.55}$$

· 抗剪强度验算

$$\tau = 1.5\frac{V}{A} = 1.5 \times \frac{N/4}{th_l} \leqslant f_v \tag{4.56}$$

式中 l_1——柱端缀板跨度。

必要时可调整缀板厚度。

· 局部稳定及构造要求：支承情况和加劲肋一样，所以，端缀板的局部稳定和构造要求也与件劲肋一样，即满足式（4.53）的要求。

⑥ 焊缝Ⅲ计算。承受简支梁（端缀板）的支座反力 $N/4$ 作用的焊缝Ⅲ（一条）为边焊缝，所选的焊缝正边尺寸 h_{f3} 除满足条件 $h_{f,\min} \leqslant h_{f3} \leqslant h_{f,\max}$ 外，还应满足

$$\tau_f = \frac{N/4}{0.7h_{f3}(h_l - 2\times 5)} \leqslant f_f^w \tag{4.57}$$

二、柱 脚

1. 构造设计

和轴心受压柱柱头一样，为了将柱身传来的上部荷载及自重传递给混凝土基础，轴心受压柱柱脚常设计成铰接。

图 4.26 所示为轴心受压柱柱脚的构造。如前所述，由于混凝土基础的抗压强度比钢柱的抗压强度低很多，因而必须扩大基础的受压面积，在柱脚处加一块较大的钢板（称为底板），把柱子内力经底板分散后传递到较大面积的混凝土基础上。由于柱子受的是轴心力，假如底板有足够的刚度的话，可以认为底板与基础间的压应力是均匀的。根据作用力与反作用力相等的关系，底板承受来自基础向上的均布荷载作用，而底板的支座是柱身截面（图中所示工字钢或槽钢）。显然，底板四周都有悬伸部分，在基础向上均匀荷载作用下受弯并产生弯曲变形。对于小型柱，底板悬伸部分区域小，压力又较小，因而弯曲变形小，可仅由底板将轴力传递给基础（见图 4.26a）；对于大、中型柱，若仍仅由底板将轴力传递给基础，底板悬伸部分区域大，压力又较大，因而底板弯曲变形大，和轴心受压柱柱头不是通过加厚顶板来保证其刚度一样，这时也不是通过加厚底板厚度来保证其刚度，而是设置两块类似于柱头设计

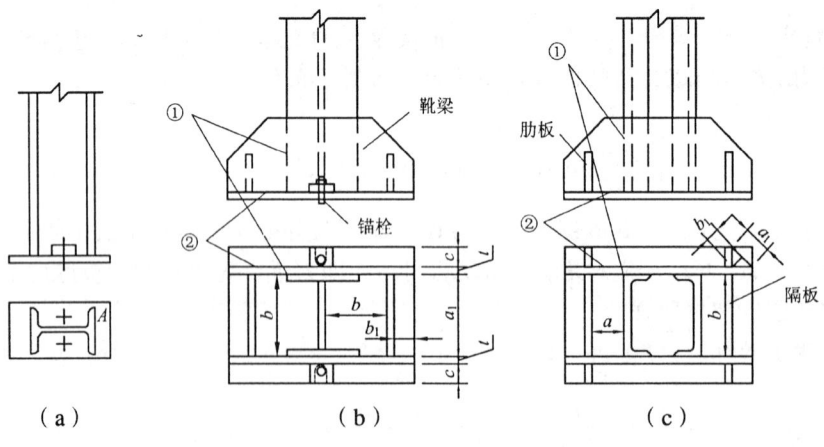

图 4.26 柱脚构造

中的加劲肋的钢板（称为靴梁）来加强底板（见图 4.26b）；对于特大型柱，承受轴力又特别大，还再加设一些隔板，将底板分成更小的区域（见图 4.26c），以减少底板的弯曲变形，保证基础反力较为均匀地作用于底板。

2. 传力过程分析

以图 4.26（b）所示的一般情况为例，传力过程如下：

$$N \xrightarrow{\text{焊缝①}} \text{靴梁} \xrightarrow{\text{焊缝②}} \text{底板} \xrightarrow{\text{抗压}} \text{基础}$$

柱身内力 N 通过焊缝 ① 传递给靴梁，靴梁又通过焊缝 ② 传递给底板，底板再通过其与基础的接触面承压传递给基础。但对柱脚的设计来说，传力过程正好相反，即基础反力作用于底板，通过焊缝 ② 传递给靴梁，再通过焊缝 ① 传递给柱身。

3. 设计计算

（1）底板尺寸。假设基础反力是均匀的，则根据混凝土基础抗压强度要求，有

$$A = BL \geq \frac{N}{f_c} + A_0 \tag{4.58}$$

式中　B、L——底板的宽度和长度；
　　　f_c——基础混凝土的轴心抗压强度设计值；
　　　A_0——螺栓孔面积。

底板一般为长方形，其宽由构造要求确定，原则上是使底板在靴梁外的悬臂部分尽可能小。

$$B = a_1 + 2t + 2c \tag{4.59}$$

式中　a_1——柱截面宽度；
　　　t——靴梁厚度，通常为 10～16 mm；
　　　c——底板悬臂长度，一般取（3.5～4.5）d，d 为螺栓直径（d = 20～24 mm），无螺栓时取 c = 20～60 mm。

上述各尺寸如图 4.26 所示。

底板长度为

$$L = A/B \tag{4.60}$$

选取底板尺寸时，应使 $L/B \leq 2$。

底板计算厚度由其抗弯强度决定如下：基础均布反力 p 作用下，柱端靴梁、隔板和肋板等作为底板的支承，于是，底板形成各种支承条件的区格板，各种支承条件区格板单位宽度的最大弯矩分别为：

一边支承板　　$M_1 = pc^2/2$ （4.61a）

二邻边支承板　$M_2 = \gamma p a^2$ （4.61b）

二对边支承板　$M_2' = pa^2/8$ （4.61c）

三边支承板　　$M_3 = \beta p a_1^2$ （4.61d）

四边支承板　　$M_4 = \alpha p a^2$ （4.61e）

式中 a——四边支承板的短边长度及两对边支承板的跨度;
a_1——三边支承板自由边长度;
a_2——二邻边支承板短边长度;
α、β、γ——弯矩系数,取值见表4.5

$$p = \frac{N}{BL - A_0} \quad (\text{N/mm}^2) \tag{4.62}$$

求得各区格弯矩后,底板厚度 t 由最大弯矩 $M_{\max}$ 控制,即

$$t \geq \sqrt{\frac{6M_{\max}}{f}} \tag{4.63}$$

式中 t——底板计算厚度,不的小于14 mm,一般取 20~40 mm;
f——底板的强度设计值。

表4.5 矩形板最大弯矩系数

四边简支板	b/a	1.0	1.1	1.2	1.3	1.4	1.5	1.6	1.7	1.8	1.9	2.0	3.0	≥4
	α	0.048	0.055	0.063	0.069	0.075	0.081	0.086	0.091	0.095	0.099	0.101	0.119	0.125
三边简支一边自由板	b_1/a_1	0.3	0.4	0.5	0.6	0.7	0.8	0.9	1.0	1.1	1.2	1.3	≥1.4	—
	β	0.026	0.042	0.058	0.072	0.085	0.092	0.104	0.111	0.117	0.121	0.123	0.125	—
二邻边支承	b_2/a_2	1.0	1.2	1.4	1.6	1.8	2.0	2.2	2.4	2.6	2.8	3.0	—	—
	γ	0.120	0.144	0.165	0.185	0.203	0.220	0.234	0.246	0.256	0.266	0.273	—	—

注:① 由 α、β 求得最大弯矩分别在短边方向正中,自由边中点处。
② 两邻边支承区格可按三边支承区格计算,取 a_1 为对角线长度, b_1 为内角顶点至对角线的距离。
③ 当双向板两方向边长相差较大,超出表列范围时,可按单向板计算。

(2)靴梁及与其相连焊缝计算。
① 靴梁受力计算:把靴梁近似地看作支承在柱身(焊缝①)上的双悬臂梁,基础反力经底板通过焊缝②作用于靴梁上,每根靴梁承受 $B/2$ 宽度内的基础反力,即 $q = pB/2$。显然,悬臂支点处弯矩和剪力最大,分别为

$$M = \frac{1}{2}qb_1^2 = \frac{1}{2}\left(\frac{pB}{2}\right)b_1^2 \tag{4.64}$$

$$V = qb_1 = \left(\frac{pB}{2}\right)b_1 \tag{4.65}$$

跨中弯矩和支座内侧剪力分别为

$$M' = \frac{1}{8}ql^2 - M = \frac{1}{8}\left(\frac{pB}{2}\right)l^2 - M \tag{4.66}$$

$$V' = \frac{1}{2}ql = \frac{1}{2}\left(\frac{pB}{2}\right)l \tag{4.67}$$

式中 p——由式（4.62）计算；

l——靴梁中跨的跨度，即柱两翼缘间的距离。

靴梁的最大弯矩和剪力分别为

$$M_{\max} = \max(M, M') \tag{4.68}$$

$$V_{\max} = \max(V, V') \tag{4.69}$$

② 靴梁本身的抗弯、抗剪强度验算：

$$\sigma = \frac{M_{\max}}{W} = \frac{6M_{\max}}{th_1^2} \leqslant f \tag{4.70}$$

$$\tau = 1.5\frac{V_{\max}}{A} = 1.5\frac{V_{\max}}{th_1} \leqslant f_v \tag{4.71}$$

如不满足，应调整 t 或 h_1，直到满足为止。

需要指出：上面计算近似认为靴梁单独受力，实际上，也可以认为底板与靴梁共同受力，即把底板看成是悬臂梁截面的一部分，按双腹板的槽形截面进行强度计算。

③ 竖向焊缝①计算：全部基础反力 N 经由 4 条竖向焊缝①（因槽钢内侧施焊不方便，不易保证焊缝质量，故只按外侧四条焊缝计算）由靴梁传递给柱身。根据边焊缝强度验算式

$$\frac{N}{4 \times 0.7h_{f1}(h_1 - 10)} \leqslant f_f^w$$

得焊脚尺寸

$$h_{f1} \geqslant \frac{N}{4 \times 0.7(h_1 - 10)f_f^w} \tag{4.72}$$

④ 水平焊缝②计算：基础反力经焊缝②（为端焊缝）传递给靴梁，柱身范围内的靴梁内侧不便于施焊。根据其强度验算式

$$\frac{N}{0.7h_{f2}(2L + 4b_1 - 6 \times 10)} \leqslant \beta_f f_f^w$$

得焊脚尺寸

$$h_{f2} \geqslant \frac{N}{0.7(2L + 4h_1 - 6 \times 10)\beta_f f_f^w} \tag{4.73}$$

（3）隔板计算。隔板作为底板的支承边，承受由底板传来的均布荷载 q_g（按 p "就近传递"原则计算，并偏安全地取其最大值），隔板两端支承于靴梁，按简支梁考虑。于是，最大弯矩、剪力分别为 $M = \frac{1}{8}q_g l_g^2$、$V = \frac{1}{2}q_g l_g$。

① 隔板的强度计算：

$$\sigma = \frac{M}{W} = \frac{6M}{th_g^2} \leqslant f \tag{4.74}$$

$$\tau = 1.5\frac{V}{A} = 1.5\frac{V}{th_g} \leq f_v \qquad (4.75)$$

式中 h_g——隔板高度。

② 隔板焊缝计算：隔板焊缝的焊脚尺寸 h_{fg} 应满足强度要求

$$\frac{q_g l_g}{0.7h_{fg}l_w} \leq \beta_f f_f^w \qquad (4.76)$$

为了保证隔板有必要的刚度，其厚度不应小于其长度的 1/50。

（4）肋板计算

肋板可按承受均布荷载 q_1（按 p "就近传递" 原近计算，并偏安全地取其最大值）的悬臂梁计算。肋板悬臂根部的弯矩、剪力最大，分别为：$M = q_1 l_1^2/2$、$V = q_1 l_1$。

① 肋板强度计算：

$$\sigma = \frac{M}{W} = \frac{6M}{t_l h_l'^2} \leq f \qquad (4.77)$$

$$\tau = 1.5\frac{V}{A} = 1.5\frac{V}{t_l h_l'} \leq f_v \qquad (4.78)$$

式中 t_l——肋板厚度；

h_l'——肋板端部切角后的高度。

② 肋板焊缝计算：

· 肋板端部竖向焊缝。此焊缝受上述弯矩 M 和剪力 V 共同作用，在焊缝最不利处分别产生应力

$$\sigma_f = \frac{M}{W_f} = \frac{6M}{2 \times 0.7h_f l_w^2}$$

$$\tau_f = \frac{V}{A_f} = \frac{V}{2 \times 0.7h_f l_w}$$

因此，应满足焊缝强度要求

$$\sqrt{\left(\frac{\sigma_f}{\beta_f}\right)^2 + \tau_f^2} \leq f_f^w \qquad (4.79)$$

· 肋板与底板间连接焊缝。此焊缝的焊脚尺寸应满足强度要求

$$h_f \geq \frac{q_l l_l}{2 \times 0.7 l_w \beta_f f_f^w} \qquad (4.80)$$

且 $h_f \geq 1.5\sqrt{t}$

（5）锚栓设置。轴心受压构件柱脚锚栓并不受力，其作用仅在于固定柱子的位置，因而按构造要求设置。一般宜设置在顺主梁方向的底板中心。在底板上开缺口，以便安装柱子。再用垫圈和螺帽直接固定在底板上。这样的锚栓不能抵抗弯矩，却能保证柱脚铰接的要求。

【例题 4.6】 一实腹式工字形截面轴心受压柱，钢材采用 Q235AF，轴心力设计值 $N = 1\,300$ kN，焊条 E43 型，试设计该柱柱头。

【解】

（1）构造设计。轴心压力作用于柱子轴线位置，柱子上端设置一块顶板，在顶板上下柱子轴线处分别设置集中垫板和加劲肋，如图 4.27 所示。

（2）传力过程和方式

$$N \xrightarrow{\text{端面承压}} 垫板 \xrightarrow{\text{端面承压}} 顶板 \xrightarrow{\text{端面承压}} 加劲肋 \xrightarrow{\text{角焊缝}} 柱身$$

（3）计算。垫板和顶板不需计算。为了留出构造焊缝的位置，顶板长度超出柱两侧翼缘各 9 mm，于是，顶板长度为 $350 + 2 \times 16 + 2 \times 9 = 400$ mm；顶板宽度应适当超出柱子翼缘的宽度，具体超出多少，视加劲肋尺寸而定。

① 由加劲肋端面承压确定其截面尺寸及顶板尺寸。加劲肋的截面面积可根据其端面承压强度确定如下：

$$A_{ce} = \frac{N}{f_{ce}} = \frac{1300 \times 10^3}{325} = 4\,000 = 40 \quad (\text{cm}^2)$$

加劲肋宽度可适当超出柱子翼缘宽度，也可不超出，视所需的面积大小而定。现取 $b_s = 130$ mm，则所需的厚度为

$$t_s = \frac{A_{ce}}{2 \times 13} = \frac{40}{26} = 1.54 \quad (\text{cm})$$

取 16 mm。$b_s/t_s = 130/16 = 8.1 < 15$ 加劲肋满足局部稳定要求。

由于加劲肋与腹板厚度相差过大，两者焊接容易损坏腹板，因而将柱头部分的腹板换成 $t_w = 16$ mm，如图 4.27 所示。

确定了加劲肋的宽度后，顶板的宽度 $\geq 2b_s + t_w = 2 \times 130 + 16 = 276$ mm，取 280 mm；顶板厚度按构造要求取 14 mm。顶板最后尺寸为 400 mm × 280 mm × 14 mm。

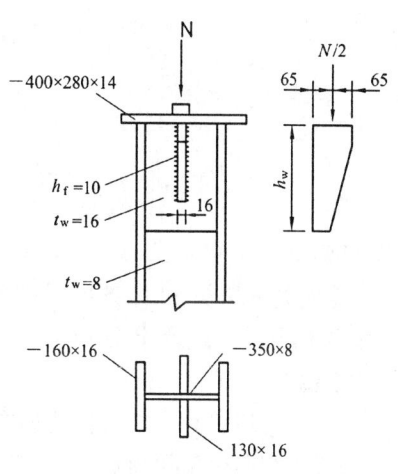

图 4.27 例题 4.6 柱头图

② 由加劲肋的强度确定其长度。关于加劲肋的长度（高度）h，则根据加劲肋（每根加劲肋按悬臂梁考虑）承受的最大弯矩和剪力确定如下：

$$M = \frac{N}{2} \cdot \frac{h_s}{2} = \frac{1\,300 \times 13}{4} = 4\,225 \quad (\text{kN} \cdot \text{cm})$$

$$V = \frac{N}{2} = \frac{1\,300}{2} = 650 \quad (\text{kN})$$

$$\sigma = \frac{M}{W} = \frac{6 \times 4\,225 \times 10^4}{16 h^2} \leq f = 215 \quad (\text{N/mm}^2)$$

$$h \geq \sqrt{\frac{6 \times 4\,225 \times 10^4}{16 \times 215}} = 271 \quad (\text{mm})$$

$$\tau = 1.5\frac{V}{A} = \frac{1.5 \times 650 \times 10^3}{16h} \leq f_v = 125 \quad (\text{N/mm}^2)$$

$$h \geq \frac{1.5 \times 650 \times 10^3}{16 \times 125} = 487.5$$

抗剪强度控制加劲肋长度，取 $h = 490$ mm，则加劲肋尺寸为 490 mm × 130 mm × 16 mm。

③ 焊缝计算。此焊缝受 $M = 4\,225$ kN·cm 和 $V = 650$ kN 共同作用。已知 $l_w = 490 - 10 = 480$ mm，取 $h_f = 8$ mm（不难验算满足最大、最小焊脚尺寸要求，焊缝长度也满足最大、最小焊缝长度要求）。

焊缝截面特性

$$A_f = 2 \times 0.7 \times 8 \times 480 = 5\,376 \quad (\text{mm}^2)$$

$$W_f = \frac{2}{6} \times 0.7 h_f l_w^2 = \frac{2}{6} \times 0.7 \times 8 \times 480^2 = 430\,080 \quad (\text{mm}^3)$$

焊缝最不利应力

$$\tau_f = \frac{V}{A_f} = \frac{650 \times 10^3}{5\,376} = 120.9 \quad (\text{N/mm}^2)$$

$$\sigma_f = \frac{M}{W_f} = \frac{4\,225 \times 10^4}{430\,080} = 98.2 \quad (\text{N/mm}^2)$$

焊缝强度验算

$$\sqrt{\left(\frac{\sigma_f}{\beta_f}\right)^2 + \tau_f^2} = \sqrt{\left(\frac{98.2}{1.22}\right)^2 + 120.9^2} = 145 \leq f_f^w = 160 \quad (\text{N/mm}^2)$$

满足要求。

【例题 4.7】 已知条件同例题 4.6。基础混凝土 C20，$f_c = 10$ N/mm²。试设计该柱柱脚。

【解】

（1）构造设计。柱脚构造如图 4.28 所示，由两块靴梁、一块底板和两个锚栓组成。

（2）传力过程和方式

$N \xrightarrow{\text{焊缝①}} 靴梁 \xrightarrow{\text{焊缝②}} 底板 \xrightarrow{\text{抗压}} 基础$

（3）计算。计算过程与上述传力过程相反（忽略柱自重不计）。

① 底板尺寸的确定：

混凝土强度 $f_c = 10$ N/mm²，考虑因为局部受压，强度可以提高，取强度提高系数 $\gamma = 1.1$，则

$$f_{ce} = \gamma f_c = 1.1 \times 10 = 11 \quad (\text{N/mm}^2)$$

栓孔直径取 40 mm，为计算简便计，栓孔的面积取 40 × 40 mm²。所以

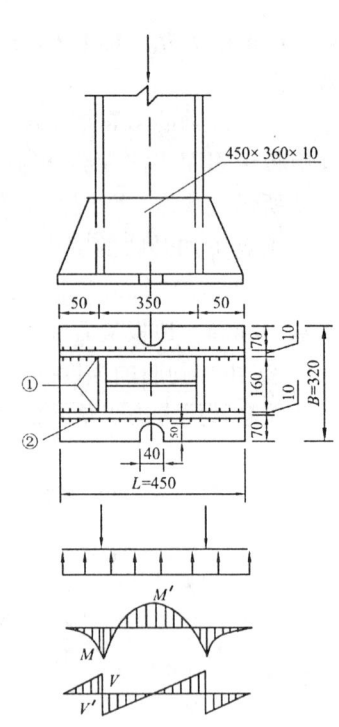

图 4.28 例题 4.7 柱脚图

$$A_0 = 2 \times 40 \times 40 = 3\,200 \text{ (mm}^2\text{)} = 32 \text{ (cm}^2\text{)}$$

底板所需面积

$$A = \frac{N}{f_{ce}} + A_0 = \frac{1\,300 \times 10^3}{11 \times 10^2} + 32 = 1\,213.8 \text{ (cm}^2\text{)}$$

取底板宽度

$$B = 16 + 2 \times (1 + 7) = 32 \text{ (cm)}$$

底板需要的长度

$$L = \frac{A}{B} = \frac{1\,213.8}{32} = 37.9 \text{ (cm)}$$

取 $L = 450$ mm。

下面根据底板的抗弯强度确定底板厚度。

底板实际所受均布压力

$$p = \frac{N}{BL - A_0} = \frac{1\,300 \times 10^3}{320 \times 450 - 3\,200} = 9.23 \text{ (N/mm}^2\text{)} \text{ (} < f_{ce} = 11 \text{ N/mm}^2\text{)}$$

悬臂部分（一边支承板）

$$M_1 = \frac{1}{2} pc^2 = \frac{1}{2} \times 9.23 \times 70^2 = 22\,613.5 \text{ (N·mm)}$$

三边支承部分

$b_1 = 50$ mm，$a_1 = 160$ mm，$b_1/a_1 = 0.313$，由表 4.5 查得 $\beta = 0.028$，

$$M_3 = \beta p a_1^2 = 0.028 \times 9.23 \times 160^2 = 6\,616.1 \text{ (N·mm)}$$

四边支承板部分

$b = 350$ mm，$a = (160 - 8)/2 = 76$ mm，$b/a = 4.605$，由表 4.5 查得 $\alpha = 0.125$，

$$M_4 = \alpha p a^2 = 0.125 \times 9.23 \times 76^2 = 6\,664.1 \text{ (N·mm)}$$

所以 $\quad M_{\max} = \max(M_1, M_3, M_4) = M_1 = 22\,613.5$ (N·mm)

底板厚度 $t \geq \sqrt{6M_{\max}/f} = \sqrt{6 \times 22\,613.5/215} = 25.1$ mm > 16 mm，属于第二组钢材，$f = 205$ N/mm^2。

重新计算底板厚度 $t \geq \sqrt{6M_{\max}/f} = \sqrt{6 \times 22\,613.5/205} = 25.7$ mm，取 $t = 26$ mm。

可见，底板厚度取决于悬臂板部分，所以悬臂长度 c 宜取小些。

② 靴梁及与其连接焊缝计算：

·靴梁受力计算：靴梁按双悬臂梁计算，每块靴梁承受均布荷载

$$q = \frac{B}{2} p = \frac{320}{2} \times 9.23 = 1\,476.8 \text{ (N/mm)}$$

在悬臂根部产生的弯矩和剪力分别为

$$M = \frac{1}{2}qa^2 = \frac{1}{2} \times 1\,476.8 \times 50^2 = 1\,846\,000 \quad (\text{N·mm})$$

$$V = qa = 1\,476.8 \times 50 = 73\,840 \quad (\text{N})$$

跨中弯矩和支座内侧剪力分别为

$$M' = \frac{1}{8}ql^2 - M = \frac{1}{8} \times 1\,476.8 \times 350^2 - 1\,846\,000 = 20\,767\,500 \quad (\text{N·m}) > M$$

$$V' = \frac{1}{2}ql = \frac{1}{2} \times 1\,476.8 \times 350 = 258\,440 \quad (\text{N}) > V$$

所以
$$M_{\max} = M' = 20\,767\,500 \quad (\text{N·mm})$$
$$V_{\max} = V' = 258\,440 \quad (\text{N})$$

· 靴梁本身的抗弯、抗剪强度计算。靴梁截面特性为（暂取靴梁厚度为 10 mm，高度为 360 mm）

$$A = 10 \times 360 = 3\,600 \quad (\text{mm}^2)$$

$$W = \frac{1}{6} \times 10 \times 360^2 = 216\,000 \quad (\text{mm}^3)$$

抗弯强度验算：

$$\sigma = \frac{M_{\max}}{W} = \frac{20\,767\,500}{216\,000} = 96.1 < f = 215 \quad (\text{N/mm}^2)$$

抗剪强度验算：

$$\tau = 1.5 \frac{V_{\max}}{A} = 1.5 \times \frac{258\,440}{3\,600} = 71.8 < f_v = 125 \quad (\text{N/mm}^2)$$

靴梁强度很富余，但其高度取决于下面即将计算的焊缝①。

· 竖向焊缝①的计算：焊缝①共 4 条，取其焊脚尺寸 $h_{f1} = 8$ mm，则由强度条件决定的焊缝长度（即靴梁高度）为

$$l_{w1} \geq \frac{N}{4 \times 0.7 h_{f1} f_f^w} = \frac{1\,300 \times 10^3}{4 \times 0.7 \times 8 \times 160} = 363 \text{ mm} < 60h_{f1}$$

取 $l_{w1} = 360$ mm（误差不超过 5%），此即前述靴梁高度。

· 水平焊缝②的计算：水平焊缝②的计算长度

$$\Sigma l_w = 2[(45-1) + 2 \times (5-1)] = 104 \quad (\text{cm})$$

根据焊缝强度要求

$$\frac{N}{0.7 h_{f2} \Sigma l_w} \leq \beta_f f_f^w$$

得焊缝②的焊脚尺寸

$$h_{f2} = \frac{N}{0.7\Sigma l_w \beta_f f_f^w} = \frac{1\,300\times10^3}{0.7\times1\,040\times1.22\times160} = 9.1 \quad (\text{mm})$$

取 $h_{f2} = 10$ mm。

锚栓用两个 $d24$，柱脚构造如图 4.28。

习 题

1. 轴心受拉构件的刚度不影响其承载能力，为什么要验算刚度？
2. 为什么轴心受力构件强度验算用净截面，刚度验算却用毛截面？
3. 为什么轴心受力构件强度验算用净截面，整体稳定验算却用毛截面？
4. 轴心受压构件整体失稳的形式及其实质？
5. 轴心受压构件用多条柱子曲线的原因是什么？
6. 提高钢号能否有效提高轴心受压柱的稳定承载力，为什么？
7. 提高轴心受压构件稳定承载力的设计原则有哪些？
8. 什么叫轴心受压构件等稳定设计？等稳定设计有何优点？
9. 轴心受压柱等稳定有哪些具体表达形式？
10. 残余应力为什么会降低轴心受压构件的整体稳定承载力？为什么对不同轴（截面形式）稳定承载力降低的程度不同？
11. 影响轴心受压构件稳定系数 φ 的因素有哪些？
12. 什么叫轴心受压构件的局部失稳？影响轴心受压构件局部失稳的因素有哪些？
13. 理论上保证轴心受压构件局部稳定的验算方法有哪些？实际应用中用哪种？
14. 宽厚比限制值的确定原则是什么？
15. 对腹板高的工字形截面、箱形截面轴心受压构件，为什么有时让腹板局部失稳可能更经济？在什么情况下更经济？
16. 让腹板局部失稳后，其他方面（强度、整体稳定）计算是否不同？为什么？
17. 为什么工字形截面、T 形截面轴心受压构件的宽厚比限制值与长细比 λ 有关？λ 是绕哪一主轴的长细比？
18. 用较粗大的缀材（不改变缀材种类）能否提高格构式轴心受压柱的整体稳定承载力？
19. 格构式轴心受压构件的适用场合？
20. 轴心受压柱采用格构式有何优点？
21. 格构式轴心受压构件分肢稳定如何保证？
22. 轴心受压构件的剪力是如何产生的？又如何分布？
23. 格构式轴心受压构件中，缀材承受剪力，为什么按最大剪力考虑？
24. 格构式轴心受压构件为什么要设置横膈？如何设置？
25. 轴心受压柱柱头由哪几部分组成？传力过程和方式如何？
26. 轴心受压柱柱脚由哪几部分组成？传力过程和方式如何？
27. 已知一屋架下弦杆，拉力设计值为 $N = 650$ kN，杆长为 $3\,000$ mm，由两个不等肢角钢短肢相拼形成倒 T 形截面，采用 Q235 钢。试设计该下弦杆角钢规格。

28. 某车间工作平台柱为一实腹式轴心受压柱（焊接工字形截面），柱两端铰接，柱高 6 m，Q235 钢。E43 焊条（自动焊），翼缘边焰切。轴心压力设计值为 5 000 kN。试设计该工作平台柱截面。

29. 一工作平台柱承受轴心压力设计值 N = 1 450 kN，柱两端铰接，柱高 6 m，l_{0x} = l_{0y} = 6 m，Q235 钢，焊条为 E43（自动焊），试 ① 按缀条柱设计该柱；② 按缀板柱设计该柱。

30. 一工作平台轴心受压柱，两端铰接，柱高 6m，截面为焊接工字形，翼缘轧制，采用 Q235 钢材，E43 型焊条（自动焊），混凝土用 C15 级，承受轴心压力设计值 N = 3 600 kN。试设计该柱柱脚。

第五章 受弯构件——梁

第一节 概 述

一、梁的形式和应用

钢结构中广泛应用的钢梁,常为实腹式受弯构件,如工业和民用建筑中的楼盖梁、工作平台梁、吊车梁、屋面檩条和墙架横梁,以及桥梁、水工闸门、起重机、海上采油平台中的梁等。

钢梁可分为型钢梁(由型钢制作的梁)和组合梁(由钢板制作的梁)两大类。型钢梁构造简单,制造省工,成本较低,但截面尺寸受到型钢规格的限制。在荷载较大或跨度较大时,由于型钢的尺寸、规格不能满足梁承载力和刚度的要求,就必须采用组合梁。

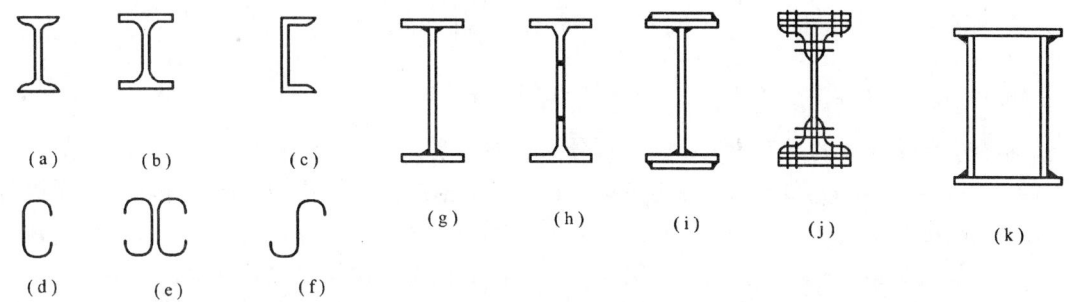

图 5.1 梁的截面类型

型钢梁又分为热轧型钢截面梁和冷弯薄壁型钢截面梁。热轧型钢梁的截面常用热轧工字钢(见图 5.1a)、热轧 H 型钢(见图 5.1b)和热轧槽钢(见图 5.1c)3 种。工字钢和槽钢其截面高而窄,适于强轴方面受弯;而热轧 H 型钢的截面分布最合理,其翼缘内外边缘平行,与其他构件连接较方便,近年来开始得到广泛应用。用于梁的热轧 H 型钢宜用窄翼缘型;槽钢因其截面扭转中心在腹板外侧,弯曲时将同时产生扭转,受荷不利,故只有在构造上使荷载作用线接近扭转中心,或能适当保证截面不发生扭转时才被采用。由于轧制条件的限制,热轧型钢腹板较厚,用钢量较多。因而受弯构件荷载和跨度较小时,可采用冷弯薄壁型钢梁(见图 5.1d、e、f),常用于轻型屋面的檩条和轻型墙面的墙梁。冷弯薄壁型钢梁用钢量较省,但防腐蚀要求比较高。

组合梁一般采用 3 块钢板焊接而成的工字形截面(见图 5.1g),或由 T 型钢(用 H 型钢剖分而成）中间加板的焊接截面（见图 5.1h）。当焊接组合梁翼缘需要很厚时，可采用两层翼缘板的截面（见图 5.1i）。受动力荷载的梁如钢材质量不能满足焊接结构的要求时，可采用高强度螺栓或铆钉连接而成的工字形截面（见图 5.1j）。荷载很大而高度受到限制或梁的抗扭要求较高时，可采用箱形截面（见图 5.1k）。组合梁的截面组成比较灵活，可使材料在截面上的分布更为合理，节省钢材。

钢梁可做成简支梁、连续梁、悬伸梁等。简支梁的用钢量虽然较多，但由于制造、安装、修理、拆换较方便，而且不受温度变化和支座沉陷的影响，因而采用最为广泛。

在土木工程中，除少数情况如吊车梁、起重机大梁或上承式铁路板梁桥等可单根梁或两根梁成对布置外，通常由若干梁平行或交叉排列而成梁格，图 5.2 即为工作平台梁格布置示例。

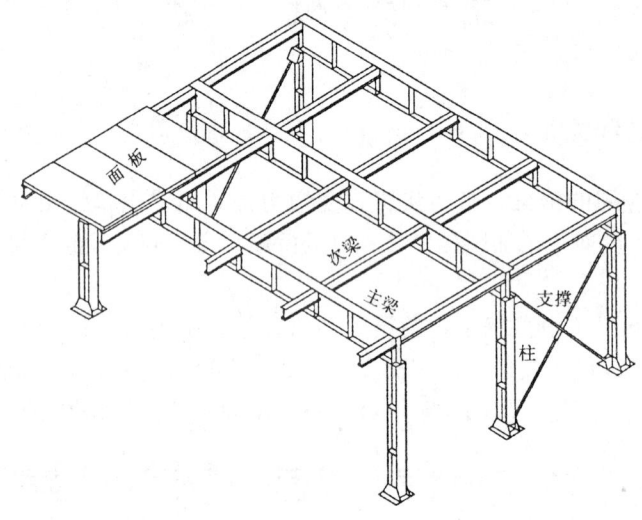

图 5.2　工作平台梁格

根据主梁和次梁的排列情况，梁格可分为 3 种类型：

（1）简单梁格（见图 5.3a）只有主梁，适用于楼盖或平台结构的横向尺寸较小或面板跨度较大的情况。

（2）普通梁格（见图 5.3b）有主梁及一个方向的次梁，次梁由主梁支承，次梁上支承面板，是最为常用的梁格类型。

（3）复杂梁格（见图 5.3c）在主梁间设纵向次梁，纵向次梁间再设横向次梁。荷载传递层次多，梁格构造复杂，故应用较少，只适用于荷载重和主梁间距很大的情况。

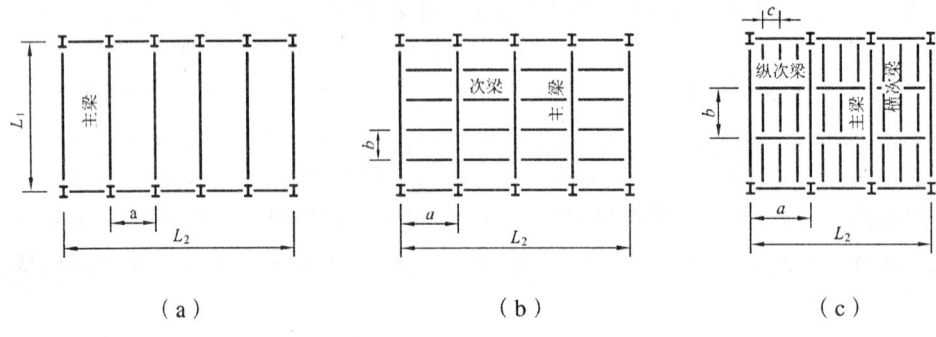

图 5.3　梁格形式

面板可用钢筋混凝土板或钢板以及钢承板（压型钢板）与钢筋混凝土的组合板和其他轻质材料板，可设计为一个方向传力的单向板或两个方向传力的双向板。面板通常应与支承梁上翼缘焊牢，以保证梁的整体稳定。

梁格中主次梁可用下列形式连接：

（1）叠接（见图 5.4a）次梁叠放在主梁上，制造和安装方便；但梁所占空间高度大，且叠放的梁格刚度较差。结构高度增大使房屋使用净空减小，如需保证较大净空只能限制梁高，使结构不经济或设计困难。

（2）升高连接（见图 5.4b 虚线）次梁从侧面与主梁连接，次梁上翼缘高于主梁上翼缘。这时要求对次梁端部切去上面部分，截面受到削弱，切割也较费工，但结构高度 H 稍减小。

（3）等高连接（见图 5.4b 实线）次梁和主梁的上翼缘位于同一水平，适用于按单向或双向板设计的面板。这种形式中次梁切割高度减少，连接较为坚固；主次梁在受压上翼缘处互相同位联系，使梁格刚度和梁的整体稳定性较好；梁格结构高度 H 较小。

（4）降低连接（见图 5.4c）次梁在主梁高度范围内与主梁的腹板连接，次梁端部的切割构造比前两种形式简单。在复式梁格中，常使横向次梁叠接于纵向次梁，而纵向次梁与主梁则采用降低连接；普通梁格中当面板很厚时，次梁与主梁也可采用这种连接。

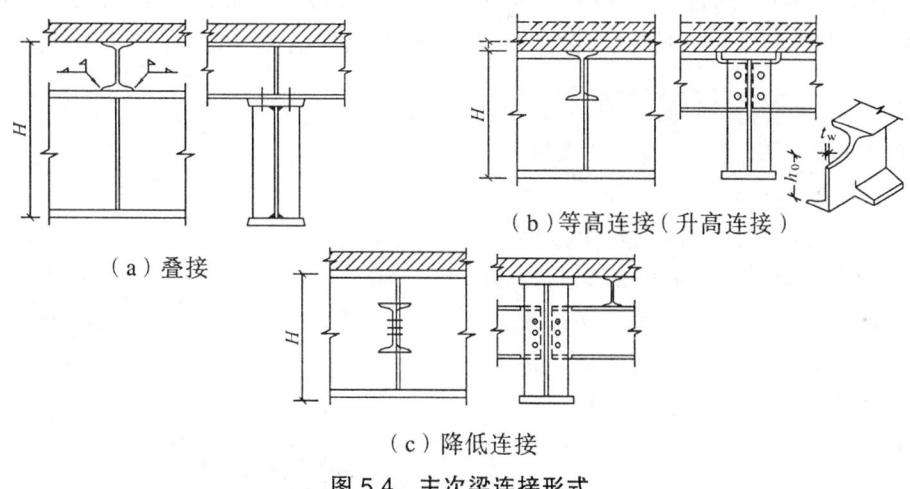

（a）叠接

（b）等高连接（升高连接）

（c）降低连接

图 5.4 主次梁连接形式

二、钢梁设计内容

钢梁设计内容主要包括强度、刚度、整体稳定和局部稳定 4 个方面。

1. 强 度

强度计算分为两种方法。一种是按梁净截面计算其抗弯强度和抗剪强度使其满足要求。计算抗弯强度时，常可按具体情况考虑一定程度的塑性。对某些梁还应计算腹板在垂直于梁轴线方向的局部压应力以及上述几种应力引起的折算应力。另一种方法是允许梁腹板在梁构件整体失效前屈曲，考虑利用腹板屈曲后强度来计算梁的抗弯强度和抗剪强度，适用于一般梁即承受静载的梁。对于吊车梁这样直接承受动载的梁，只能按第一种方法计算强度。

2. 刚　度

梁的刚度一般按荷载的标准组合（取荷载标准值，不乘荷载分项系数和动力系数）引起的最大挠度 v 来衡量，应不超过规范规定的容许挠度 $[v]$，以保证梁的正常使用。用公式表达时为

$$v \leq [v] \quad \text{或} \quad v/l \leq [v]/l \tag{5.1}$$

式中　l——梁的跨度，对悬臂梁取悬伸长度的 2 倍。

3. 整体稳定

钢梁一般做成高而窄，在最大刚度平面内受弯，在侧向保持平直而无位移。当弯矩增大使受压翼缘的最大弯曲压应力达到某一数值时，钢梁会在偶然的很小的横向干扰力下突然向刚度较小的侧向发生弯曲，同时伴随发生扭转（见图 5.5）；这时即使除去横向干扰力，侧向弯扭变形也不再消失，如弯矩再稍增大，则弯扭变形随即迅速增大，从而使钢梁失去承载能力。这种因弯矩超过临界限值而使钢梁从稳定平衡状态转变为不稳定平衡状态并发生侧向弯曲扭转的现象称为钢梁丧失整体稳定。使钢梁丧失整体稳定的截面最大弯矩和最大弯曲压应力称为梁的临界弯矩 M_{cr} 和临界应力 σ_{cr}。当钢梁的侧向刚度较差，即受压翼缘宽度 b 较小而其侧向支承点间的自由长度 l_1 较大时，σ_{cr} 常小于钢材屈服强度 f_y，比值 $\phi_b = \sigma_{cr}/f_y$ 称为钢梁的整体稳定系数。具体设计时，将屈服强度 f_y 换成设计强度 f，可按下式计算

$$\sigma = M/\phi_b W \leq f \tag{5.2}$$

钢梁丧失整体稳定在概念上与轴心受压构件丧失整体稳定相同，都是由于构件内存在纵向压应力对刚度较小方向的偶然微小侧向变形会引起附加侧向弯矩，从而进一步加大侧向变形，反过来又增大附加侧向弯矩。所不同的是，钢梁内有半个截面是弯曲拉应力，趋向于把受拉翼缘和截面受拉部分拉直（亦即使偶然侧向变形减小）而不是压屈。钢梁受拉部分与受压部分由腹板相连成整体，通过腹板的侧向弯曲应力和剪应力而牵制受压部分向侧向变形。这样，钢梁丧失整体稳定总是表现为受压翼缘发生较大侧向变形和与之用腹板相连的受拉翼缘发生较小侧向变形的钢梁弯扭屈曲（见图 5.5）。

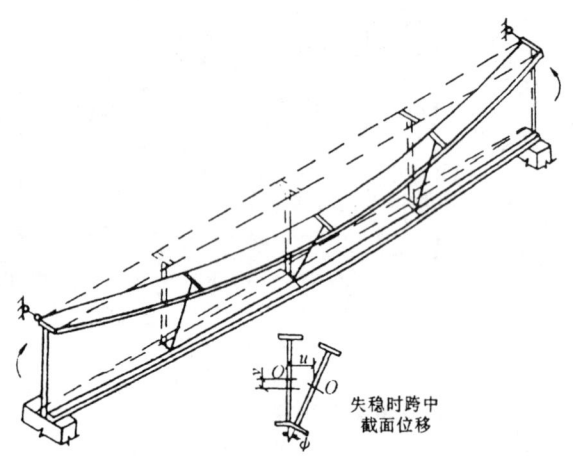

图 5.5　简支钢梁丧失整体稳定

4. 局部稳定

钢梁一般由翼缘、腹板等板件组成，这些板件在梁受荷载作用时存在稳定问题。

处理钢构件的板件局部稳定有两种方法：其一是以屈曲为承载能力的极限状态，并通过对板件宽厚比的限制，使之不在构件整体失效之前屈曲；其二是允许板件在构件整体失效之前屈曲，并利用其屈曲后强度，构件的承载能力由局部屈曲后的有效截面确定。长期以来，

热轧型钢组成的一般钢结构，大多采用前一种设计方式。近年来屈曲后强度的利用已经逐渐推广到一般钢结构。《钢结构设计规范》GB50017—2003，除承受动荷载的吊车梁腹板仍以屈曲为极限状态外，对承受静载的梁增加了利用屈曲后强度的条文。

钢梁内弯曲正应力呈三角形分布（边缘可进入塑性）。受压翼缘位于最外边缘受压纤维及其附近，整个翼缘的压应力都较大，一般接近于设计强度 f。故其局部稳定可用轴心受压构件翼缘的同样保证措施，即限制其宽厚比。

钢梁腹板承受弯曲应力和剪应力，有时还有局部压应力，应力情况比较复杂。为适应抗弯要求并节约钢材，钢梁常设计成腹板高度 h_0 较大而厚度 t_w 较薄。规范为保证腹板的局部稳定，规定对一般梁（不直接受动载的梁），允许板件屈曲并利用其屈曲后强度；对于吊车梁等直接受动载的梁，则通过对板件宽厚比的限制，使之不在构件整体失效之前屈曲来保证其局部稳定，因而往往需要设置横向加劲肋加强腹板，有时还需要在腹板受压区设置纵向加劲肋。

热轧型钢因受轧制技术的限制，其翼缘 b/t 和腹板 h_0/t_w 常较小，在弯曲应力和剪应力作用下一般不必设置加劲肋，局部稳定满足要求。

进一步的设计要求将在以下各节详细阐述。

第二节 梁的强度和刚度

为了确保安全适用、经济合理，同其他构件一样，梁的设计必须同时考虑第一和第二两种极限状态。第一极限状态即承载能力极限状态，在钢梁的设计中包括强度、整体稳定和局部稳定 3 个方面。如上所述梁的强度计算包括弯曲正应力、剪应力、局部压应力和折算应力计算；而考虑腹板屈曲后强度的计算，后面专门阐述。第二种极限状态即正常使用极限状态。在钢梁的设计中主要考虑梁的刚度。设计时要求梁有足够的抗弯刚度，即在荷载标准值作用下，梁的最大挠度不大于规范规定的容许挠度。

一、抗弯强度

梁受弯时的应力—应变曲线与受拉时相类似，屈服点也差不多，因此，钢材是理想弹塑性体的假定，在梁的强度计算中仍然适用。当弯矩 M_x 由 0 逐渐加大时，截面中的应变始终符合平截面假定（见图 5.6a），截面上、下边缘的应变最大，设为 ε_{max}。而正应力的发展过程可分为下述 3 个阶段：

（1）弹性工作阶段。当作用于梁上的弯矩 M_x 较小时，截面上的最大应变为 $\varepsilon_{max} \leq f_y/E$，梁全截面弹性工作，应力与应变成正比，此时截面上的应力为直线分布。弹性工作的极限情况是 $\varepsilon_{max} \leq f_y/E$（见图 5.6b），相应的弯矩为梁弹性工作阶段的最大弯矩，其值为

$$M_{xe} = f_y W_{nx} \tag{5.3}$$

式中 W_{nx}——梁净截面对 x 轴的模量。

（2）弹塑性工作阶段。当弯矩 M_x 继续增加，最大应变 $\varepsilon_{max} > f_y/E$，截面上、下各有一

个高为 a 的区域,其应变 $\varepsilon > f_y/E$。由于钢材为理想的弹塑性材料,所以这个区域的正应力恒等于 f_y,为塑性区。然而,应变 $\varepsilon < f_y/E$ 的中间部分区域仍保持弹性,应力与应变成正比(见图 5.6c)。

(3)塑性工作阶段。当弯矩 M_x 再继续增加,梁截面的塑性区便不断向内发展,弹性核心便不断变小。当弹性核心几乎完全消失(见图 5.6d)时,弯矩 M_x 不再增加,而变形却继续发展,形成"塑性铰",梁的承载能力达到极限。其最大弯矩为

$$M_{xp} = f_y(S_{1nx} + S_{2nx}) = f_y W_{pnx} \tag{5.4}$$

式中 S_{1nx}、S_{2nx}——中和轴以上、以下净截面对中和轴 x 的面积矩;

W_{pnx}——净截面对 x 轴的塑性模量,$W_{pnx} = S_{1nx} + S_{2nx}$。

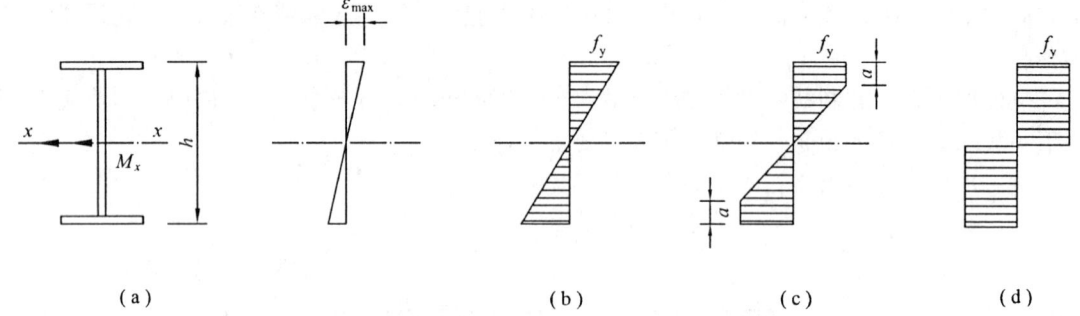

图 5.6 梁受弯时各阶段正应力的分布情况

塑性铰弯矩 M_{xp} 与弹性最大弯矩 M_{xe} 之比为

$$\gamma_F = \frac{M_{xp}}{M_{xe}} = \frac{W_{pnx}}{W_{nx}} \tag{5.5}$$

此 γ_F 值只取决于截面的几何形状而与材料的性质无关,称为截面形状系数。一般截面的 γ_F 值如图 5.7 所示。

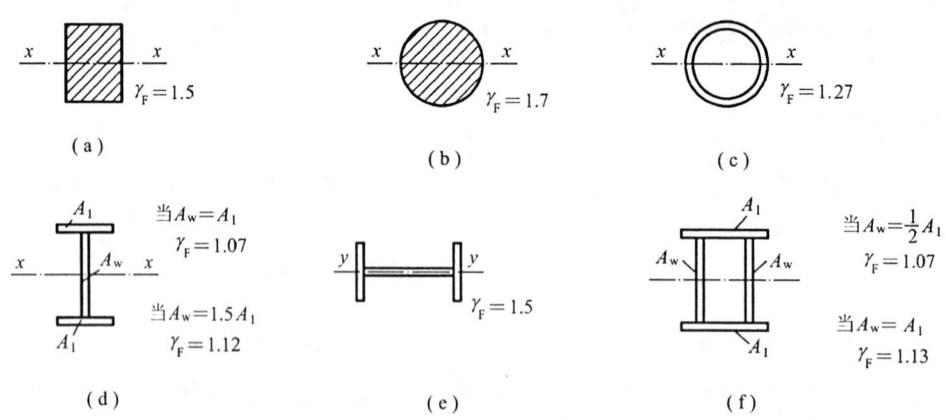

图 5.7 截面形状系数

可见,在计算梁的抗弯强度时,不考虑截面塑性发展是浪费钢材的。但若按截面形成塑性铰来设计则可能使梁的挠度过大,受压翼缘过早失去局部稳定。因此,钢结构设计规范

规定,在一定条件下有限地利用钢材的塑性性能。

规范规定:计算梁的抗弯强度时,考虑截面部分发展塑性变形,因此引进了截面部分塑性发展系数 γ_x 和 γ_y。γ_x 和 γ_y 的取值原则是:① 使截面的塑性发展深度不致过大。② 与压弯构件的有关计算规定相衔接。双轴对称工字形组合截面梁对强轴弯曲时,全截面发展塑性时的截面塑性发展系数 γ_u 与截面的翼缘和腹板面积比 $b_1 t_1 / h_0 t_w$,及梁高和翼缘厚度比 h/t_1 有关。当面积比为 0.5 和高厚比为 100 时,$\gamma_u = 1.136$,当高厚比为 50 时,$\gamma_u = 1.148$;当面积比为 1,高厚比为 100 时,$\gamma_u = 1.082$,当高厚比为 50 时,$\gamma_u = 1.093$。现考虑部分发展截面塑性,取用了 $\gamma_x = 1.05$,在面积比为 0.5 时,截面每侧的塑性发展深度约各为截面高度的 11.3%;当面积比为 1 时,此深度约各为截面高度的 22.6%。因此,当考虑截面部分发展塑性时,宜限制面积比 $b_1 t_1 / h_0 t_w < 1$,使截面的塑性发展深度不致过大。

在弯矩 M_x 作用下

$$\frac{M_x}{\gamma_x W_{nx}} \leqslant f \tag{5.6}$$

在弯矩 M_x 和 M_y 作用下

$$\frac{M_x}{\gamma_x W_{nx}} + \frac{M_y}{\gamma_y W_{ny}} \leqslant f \tag{5.7}$$

式中 M_x、M_y——绕 x 轴和 y 轴的弯矩;

W_{nx}、W_{ny}——对 x 轴和 y 轴的净截面模量;

γ_x、γ_y——截面塑性发展系数,对工字形截面,$\gamma_x = 1.05$,$\gamma_y = 1.20$,对其他截面,可按表 5.1 采用;

f——钢材的抗弯强度设计值。

表 5.1 截面塑性发展系数 γ_x、γ_y 值

截面形式	γ_x	γ_y	截面形式	γ_x	γ_y
		1.2		1.2	1.2
	1.05	1.05		1.15	1.15
	$\gamma_{x1}=1.05$	1.2		1.0	1.05
	$\gamma_{x2}=1.2$	1.05			1.0

γ_x、γ_y 是考虑塑性部分深入截面的系数,与式(5.5)的截面形状系数 γ_F 的含义有差别,故称为"截面塑性发展系数"。为避免梁失去强度之前受压翼缘局部失稳,规范规定:梁受压翼缘的自由外伸宽度 b 与其厚度 t 之比不大于 $13\sqrt{235/f_y}$,否则取 $\gamma_x = 1.0$。

对于需要进行疲劳计算的梁,取 γ_x、$\gamma_y = 1.0$,即按弹性工作阶段进行计算。

f_y 为钢材牌号所指屈服点,即不分钢材厚度一律取值:Q235 钢为 235 N/mm²;Q345 钢为 345 N/mm²;Q390 钢为 390 N/mm²;Q420 钢为 420 N/mm²。

二、梁的抗剪强度

一般情况下,梁既承受弯矩,同时又承受剪力。剪应力的计算式为

$$\tau = \frac{VS}{It_w} \leqslant f_v \tag{5.8}$$

式中 V——梁的剪力设计值;
S——计算剪应力处以上(或以下)毛截面对中和轴的面积矩;
I——毛截面惯性矩;
t_w——腹板厚度。

按上式计算的工字形和槽形截面梁腹板上的剪应力分布如图 5.8 所示。

图 5.8 腹板剪应力

当梁的抗剪强度不足时,最有效的办法是增大腹板的面积,但腹板高度 h_w 一般由梁的刚度条件和构造要求确定,故设计时常采用加大腹板厚度 t_w 的办法来增大梁的抗剪强度。

三、梁的局部承压强度

当梁在固定集中荷载(包括支座反力)作用处未设置支承加劲肋时(见图 5.9a)或受移动的集中荷载(如吊车的轮压,见图 5.9b)作用时,应验算梁腹板计算高度边缘的局部压应力 σ_c。

在集中荷载作用下,翼缘(在吊车梁中,还包括轨道)类似支承于腹板的弹性地基梁。腹板计算高度边缘的压应力分布如图 5.9(c)的曲线所示。假定集中荷载从作用处以 1∶2.5(在 h_y 高度范围)和 1∶1(在 h_R 高度范围)扩散,均匀分布于腹板计算高度边缘。按这种假定计算的均布压应力 σ_c 与理论上的局部压应力最大值十分接近。

因此,梁的局部承压强度可按下式计算

$$\sigma_c = \frac{\psi F}{t_w l_z} \leqslant f \tag{5.9}$$

式中　F——集中荷载，对动力荷载应考虑动力系数；

　　　ψ——集中荷载增大系数：对重级工作制吊车轮压，$\psi = 1.35$；对其他荷载，$\psi = 1.0$；

　　　l_z——集中荷载在腹板计算高度边缘的假定分布长度，其计算方法如下：

　　　　跨中集中荷载　　　$l_z = a + 5h_y + 2h_R$

　　　　梁端支反力　　　　$l_z = a + 2.5h_y + a_1$

　　　a——集中荷载沿梁跨度方向的支承长度，对吊车轮压可取为 50 mm；

　　　h_y——自梁承载的边缘到腹板计算高度边缘的距离；

　　　h_R——轨道的高度，计算处无轨道时 $h_R = 0$；

　　　a_1——梁端到支座板外边缘的距离，按实际长度取，但不得大于 $2.5h_y$。

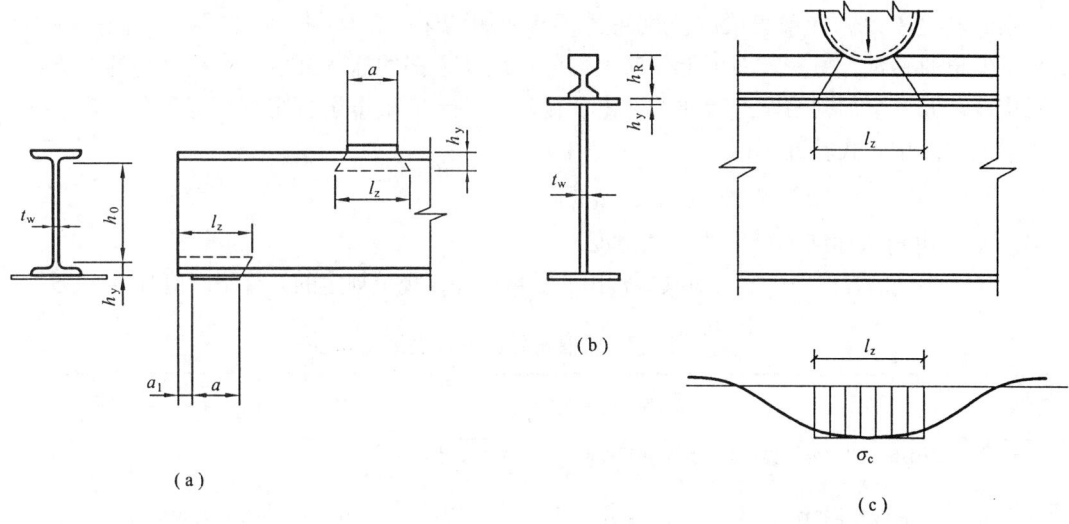

图 5.9　局部压应力

腹板的计算高度 h_0：对轧制型钢梁为腹板在与上、下翼缘相交接处两内弧起点间的距离；对焊接组合梁，为腹板高度；对铆接（或高强度螺栓连接）组合梁，为上、下翼缘与腹板连接的铆钉（或高强度螺栓）线间最近距离。

当计算不满足要求时，在固定集中荷载处（包括支座处），应对腹板用支承加劲肋予以加强，并对支承加劲肋进行计算。通常应在固定集中荷载作用处设置支承加劲肋，此时 $\sigma_c = 0$；对移动集中荷载，则只能修改梁截面，加大腹板厚度。

四、折算应力

在组合梁的腹板计算高度边缘处，当同时受有较大的正应力、剪应力和局部压应力时，或同时受有较大的正应力和剪应力时（如连续梁的支座处或梁的翼缘截面改变处等），应按下式验算该处的折算应力

$$\sqrt{\sigma^2 + \sigma_c^2 - \sigma\sigma_c + 3\tau^2} \leqslant \beta_1 f \qquad (5.10)$$

式中　σ、τ、σ_c——腹板计算高度边缘同一点上的弯曲正应力、剪应力和局部压应力，σ 和 σ_c 均以拉应力为正值，压应力为负值；

β_1——验算折算应力的强度设计值增大系数。当 σ 与 σ_c 异号时,取 $\beta_1 = 1.2$;当 σ 与 σ_c 同号时或 $\sigma_c = 0$, $\beta_1 = 1.1$。

取 β_1 大于 1 是考虑到所验算的部位是腹板边缘的局部区域,几种应力皆以其较大值在同一点上出现的概率很小,故将强度设计值乘以 β_1 予以提高。

五、梁的刚度

梁的刚度用正常使用荷载(取荷载标准值,不考虑荷载分项系数和动力系数)引起的最大挠度 v 来度量,要求不超过规范根据具体使用要求规定的容许挠度值 $[v]$,以保证梁的正常使用。

梁的刚度不足,如楼盖梁的挠度超过正常使用的某一限值时,一方面给人们一种不舒服和不安全的感觉,另一方面可能使其上部的楼面及下部的抹灰开裂,影响结构的功能;吊车梁挠度过大,会加剧吊车运行时的冲击和振动,甚至使吊车运行困难,等等。

梁的刚度按下式验算

$$v \leqslant [v]$$

式中 v——由荷载标准值产生的最大挠度;

$[v]$——梁的容许挠度值,对某些常用的受弯构件,规范规定的容许挠度值 $[v]$ 见表 5.2。

表 5.2 受弯构件的容许挠度

项次	构件类别	挠度容许值	
		$[v_T]$	$[v_Q]$
1	吊车梁和吊车桁架(按自重和起重量最大的一台吊车计算挠度) (1)手动吊车和单梁吊车(含悬挂吊车) (2)轻级工作制桥式吊车 (3)中级工作制桥式吊车 (4)重级工作制桥式吊车	$l/500$ $l/800$ $l/1\,000$ $l/1\,200$	
2	手动或电动葫芦的轨道梁	$l/400$	
3	有重轨(重量≥38 kg/m)轨道的工作平台梁 有轻轨(重量≤24 kg/m)轨道的工作平台梁	$l/600$ $l/400$	
4	楼(屋)盖梁或桁架,工作平台梁(第3项除外)和平台板 (1)主梁或桁架(包括设有悬挂起重设备的梁和桁架) (2)抹灰顶棚的次梁 (3)除(1)、(2)款外的其他梁(包括楼梯梁) (4)屋盖檩条 支承无积灰的瓦楞铁和石棉瓦屋面者 支承压型金属板、有积灰的瓦楞铁和石棉瓦等屋面者 支承其他屋面材料者 (5)平台板	$l/400$ $l/250$ $l/250$ $l/150$ $l/200$ $l/200$ $l/150$	$l/500$ $l/350$ $l/300$
5	墙架构件(风荷载不考虑阵风系数) (1)支柱 (2)抗风桁架(作为连续支柱的支承时) (3)砌体墙的横梁(水平方向) (4)支承压型金属板、瓦楞铁和石棉瓦墙面的横梁(水平方向) (5)带有玻璃窗的横梁(竖直和水平方向)	 $l/200$	$l/400$ $l/1\,000$ $l/300$ $l/200$ $l/200$

注:① l 为受弯构件的跨度(对悬臂梁和伸臂梁为悬伸长度的 2 倍)。

② $[v_T]$ 为全部荷载标准值产生的挠度(如有起拱应减去预拱度)的允许值;

$[v_Q]$ 为可变荷载标准值产生的挠度的允许值。

梁的挠度可按力学方法计算,也可由结构静力计算手册取用。对受多个集中荷载的梁（如吊车梁、楼盖主梁等），其挠度的精确计算比较复杂,但与最大弯矩相同时的均布荷载作用下的挠度接近。因此,实践上用近似公式验算梁的挠度。

计算梁的挠度 v 值时,取用的荷载标准值应与表 5.2 规定的容许挠度值 $[v]$ 相对应。例如,对吊车梁,挠度 v 应按自重和起重量最大的一台吊车计算；对楼盖或工作平台梁,应分别验算全部荷载产生的挠度和仅有可变荷载产生的挠度。

对等截面简支梁

$$\frac{v}{l} = \frac{5}{384} \frac{q_k l^3}{EI_x} = \frac{5}{48} \cdot \frac{q_k l^2 \cdot l}{8EI_x} \approx \frac{M_k l}{10EI_x} \leq \frac{[v]}{l} \tag{5.11}$$

对变截面简支梁

$$\frac{v}{l} = \frac{M_k l}{10EI_x} \left(1 + \frac{3}{25} \frac{I_x - I_{x1}}{I_x}\right) \leq \frac{[v]}{l} \tag{5.12}$$

式中　q_k——均布线荷载标准值；

　　　M_k——荷载标准值产生的最大弯矩；

　　　I_x——跨中毛截面惯性矩；

　　　I_{x1}——支座附近毛截面惯性矩。

第三节　梁 的 扭 转

钢梁的截面一般高而窄,且常采用开口薄壁截面（如工字形、槽形等）,其侧向抗弯刚度和抗扭刚度都较差。当梁的弯矩较大而受压翼缘的侧向支承较少时,可能发生侧向弯曲扭转整体失稳（见图 5.5）。为了更好理解梁的整体稳定理论,本节将先对梁（主要对开口薄壁截面梁）的剪应力、剪切中心和扭转作简单叙述。

一、剪力流和剪切中心

由梁的剪应力计算公式（5.8）,可求得梁竖向受弯时截面的竖向剪应力（见图 5.8）。这在实体式截面（例如矩形截面）时为正确,但对薄壁构件则存在一些不合理现象。例如,在工字形截面梁中,按式（5.8）所得腹板剪应力顺着腹板中轴线方向,是合理的；而翼缘剪应力则有不合理处,主要是在翼缘与腹板的交接处发生翼缘剪应力很小而腹板剪应力较大的剧烈突变。这是由于计算翼缘剪应力时假定为沿翼缘全宽均匀分布,实际上翼缘外伸表面为自由表面,不存在水平剪应力,因而也不会有成对相等产生的垂直于表面方向的翼缘竖向剪应力,亦即剪应力不会在翼缘全宽内均匀分布。梁弯曲剪应力截面上的分布应如图 5.10 所示。

任意处的剪应力为 $\tau = \frac{VS}{I_x t}$；显然,截面全部剪应力的总合力等于竖向剪力 V,水平合力则互相抵消平衡。

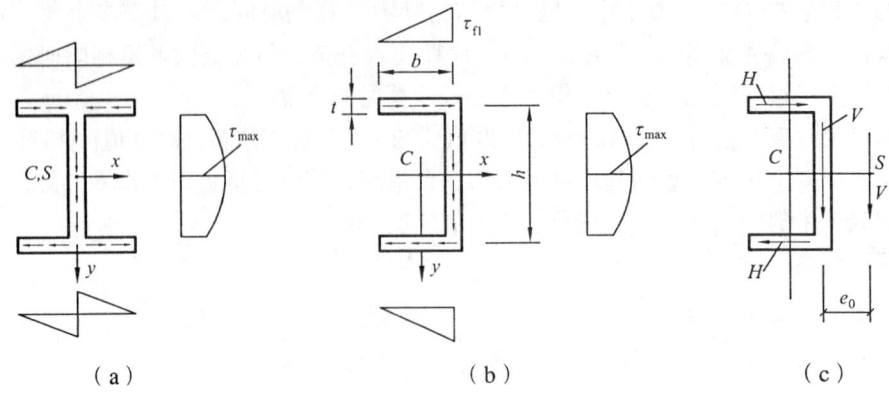

图 5.10 梁的弯曲剪应力

为了实用的方便，常用薄壁截面单位长度上的剪力 $q=\tau t$（N/mm），将剪力 $q=\tau t$ 按其方向用箭头线画在薄壁截面中轴线上时，将成为自下向上或自上向下的连续射线（见图 5.10），故 $q=\tau t$ 称为薄壁构件竖向（或水平）弯曲产生的剪力流。这种剪力流在任意截面上都是连续的，在板件交点处流入的与流出的剪力流相等；并且在截面端点处为 0，中和轴处最大。

对双轴对称截面（如图 5.10a 工字形截面），如果横向荷载作用于形心轴上时，则梁只产生弯曲，不会扭转。对于槽形、T 形、L 形等非双轴对称截面，当横向荷载作用在非对称轴的形心轴上时，梁除产生弯曲外，还伴随有扭转。现以图 5.10（b）的槽形截面梁为例来说明。

如图 5.10（c）所示，当横向荷载 V 不通过截面的某一特定点 S 时，梁将产生弯曲并同时有扭转变形，其外扭矩为 Ve，若荷载逐渐平行地向腹板一侧移动，外扭矩和扭转变形就逐渐减小；直到荷载移到通过 S 点时，梁将只产生平面弯曲而不产生扭转，亦即 S 点正是梁弯曲产生的剪力流的合力作用线通过点。因此 S 点称为截面的剪切中心。荷载通过 S 点时梁只弯曲而无扭转，故也称为弯曲中心。根据位移互等定理，既然荷载通过 S 点时截面不发生扭转即扭转角为 0，则构件承受扭矩作用而扭转时 S 点将无线位移，亦即截面将绕 S 点发生扭转变形，同时扭转荷载的扭矩也是以 S 点为中心取矩计算，故 S 点也称为扭转中心。

现根据截面内力的平衡来求剪切中心 S 的位置。当梁承受通过 S 点的横向荷载时，梁只产生三角形分布的弯曲应力和按剪力流理论的剪应力。截面弯曲应力的合力正好等于弯矩 M；截面剪力流的合力正好等于剪力 V。而且合力作用线必然通过 S 才能正好与横向荷载平衡。因此，求出剪力流合力的作用线位置也就是确定了剪切中心 S 的位置（见图 5.10c）。

由 $\qquad H \cdot h - V \cdot e_0 = 0$

$$H = \frac{1}{2} bt \cdot \tau_{f1} = \frac{1}{2} bt \cdot \frac{V}{I_x t} \left(bt \cdot \frac{h}{2} \right) = \frac{V \cdot b^2 th}{4I_x}$$

得 $\qquad e_0 = \frac{h}{V} H = \frac{b^2 t h^2}{4I_x}$ （5.13）

剪切中心的位置仅与截面形式和尺寸有关，而与外荷载无关。各种截面的剪切中心位置为：

① 轴对称截面以及对形心成点对称的截面（见图5.11a、b），剪切中心与截面形心相重合。

② 单轴对称截面，剪切中心在对称轴上（见图5.11c、d、e），其具体位置可通过计算确定。

③ 由矩形薄板中线相交于一点组成的截面，每个薄板中的剪力通过这个交点，所以剪切中心在此交点上（见图5.11f、g、h）。

图5.11给出常见截面剪切中心位置。

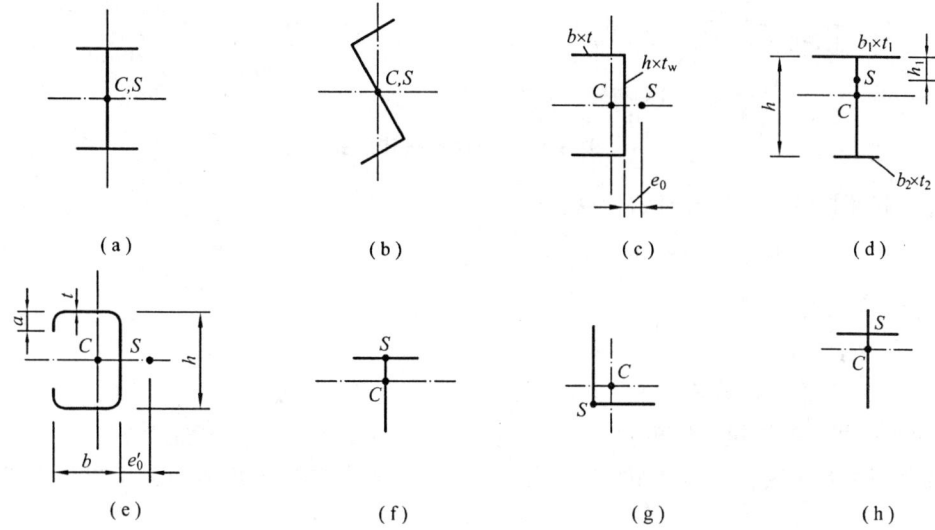

图 5.11 开口薄壁截面的剪切中心

其中，

（c）中：　　$e_0 = \dfrac{3tb^2}{t_w h + 6tb}$

（d）中：　　$h_1 = \dfrac{t_2 b_2^3}{t_1 b_1^3 + t_2 b_2^3} \cdot h$

（e）中：　　$e_0' = \dfrac{tb}{I_x}\left(\dfrac{1}{4}bh^2 + \dfrac{1}{2}ah^2 - \dfrac{2}{3}a^3\right)$

二、自由扭转

梁的扭转有两种形式，即自由扭转和约束扭转。

（1）开口薄壁构件（如工字形、槽形截面等）扭转时，原来为平面的横截面不再成为平面，有的凹进而有的凸出，这种现象称为翘曲。如果扭转时轴向位移不受任何约束，截面可自由翘曲变形（见图5.12a），称为自由扭转或圣维南扭转。自由扭转时，各截面的翘曲变形相同，纵向纤维保持直线且长度保持不变，截面上只有剪应力，没有纵向正应力，因此又称为纯扭转。如果由于支承情况或外力作用方式使构件扭转时截面的翘曲受到约束，称为约束扭转（见图5.12b、c）。

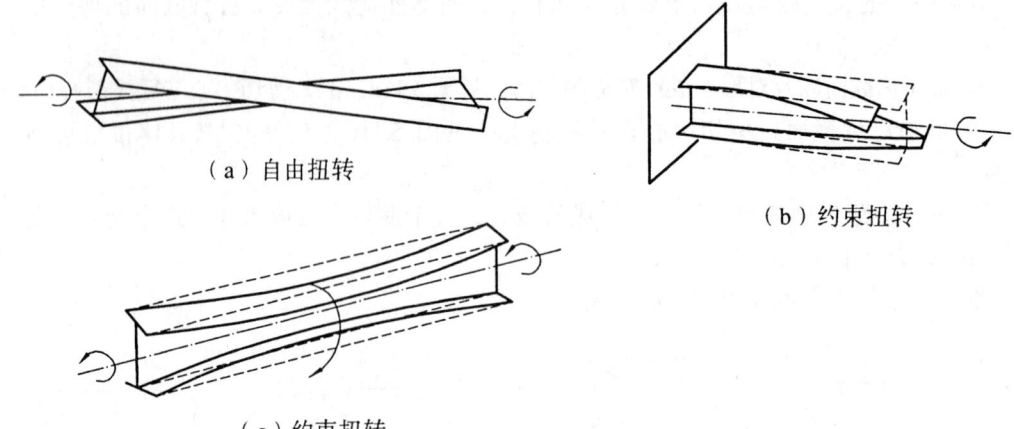

图 5.12 构件的扭转形式

任意截面杆件自由扭转时的计算公式为

$$M_t = GI_t d\varphi / dz \tag{5.14}$$

式中 M_t——作用扭矩；
G——剪切模量；
φ——截面的扭转角；
I_t——截面的抗扭惯性矩。

当截面由几个狭长矩形板组成时（如工字形、T 形、槽形、角形等），I_t 可由下式计算

$$I_t = \frac{k}{3} \sum_{i=1}^{n} b_i t_i^3 \tag{5.15}$$

式中 $b_i t_i$——任意矩形板的宽度和厚度；
k——考虑连接处的有利影响系数，其值由试验确定。对角形截面可取 $k = 1.0$；T 形截面 $k = 1.15$；槽形截面 $k = 1.12$；工字形截面 $k = 1.25$。

自由扭转（纯扭转）时，开口薄壁构件截面上只有剪切应力，其分布情况为在壁厚范围内组成一个封闭的剪力流，如图 5.13 所示。剪应力的方向与壁厚中心线平行，大小沿壁厚直线变化，中心线处为 0，壁内、外边缘处为最大。最大剪应力值为

$$\tau_t = \frac{M_t t}{I_t} \tag{5.16}$$

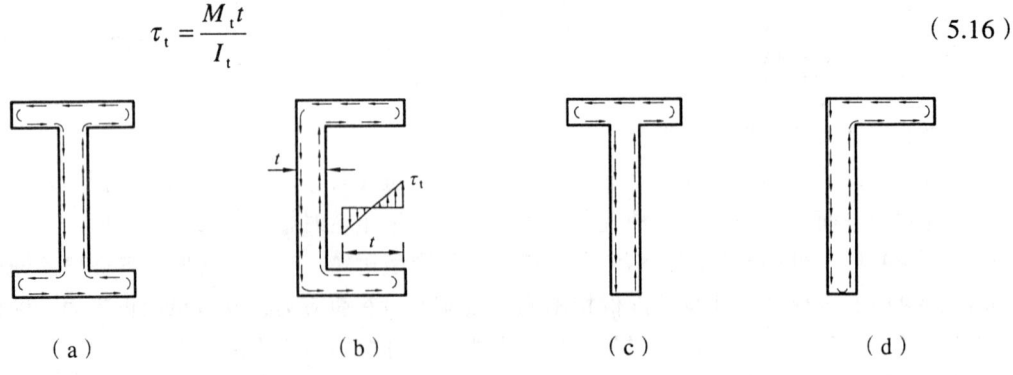

(a)　　　　　(b)　　　　　(c)　　　　　(d)

图 5.13 开口薄壁构件纯扭转时的剪力流

（2）闭口薄壁构件（如箱形和圆管截面等）自由扭转时，截面上剪应力的分布与开口截面完全不同，它不可能有如图 5.13 在壁厚两边剪应力方向相反的分布形式。杆件自由扭转时，闭口截面壁厚两侧剪应力方向相同。由于是薄壁的，可以认为剪应力沿厚度均匀分布，方向为切线方向（见图 5.14），可以证明任一处壁厚的剪力 τt 为一常数。这样，微元段 ds 上的剪力对原点的力矩为 $h\tau t ds$，总扭转力矩为

$$M_t = 2\tau t A \qquad (5.17)$$

式中 A——闭口截面壁厚中心线所围成的面积。

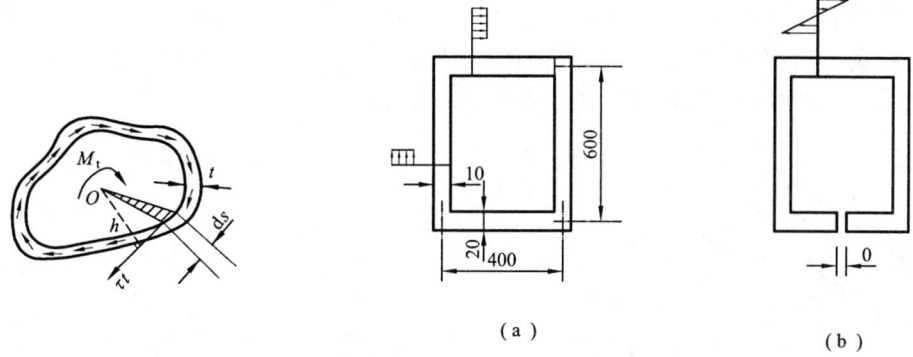

图 5.14　闭口截面的纯扭转　　　　图 5.15　箱形截面和开口截面

闭口截面的抗扭能力要比开口截面的抗扭能力大得多。现以图 5.15 的截面为例，图 5.15（a）为闭口截面；图 5.15（b）为截面尺寸完全相同的开口截面（某处有宽度为 0 的切口）。

对闭口截面，腹板上剪应力最大，其值为

$$\tau_{t1} = \frac{M_t}{2At_w} = \frac{M_t}{2\times 40\times 60\times 1} = \frac{M_t}{4\,800}$$

对开口截面，翼缘板上、下边缘的剪应力最大，其值为

$$I_t = \frac{1.12}{3}(40\times 2^3 + 2\times 20\times 2^3 + 2\times 60\times 1^3) = 284 \quad (\text{cm}^4)$$

$$\tau_{t2} = \frac{M_t t_f}{I_t} = \frac{2M_t}{284} = \frac{M_t}{142}$$

二者比较，在相同扭矩作用下，此种截面尺寸情况的剪应力开口截面为闭口截面的 34 倍。

三、约束扭转

实际梁由于杆端支承条件可能限制端部截面使其不能自由翘曲，或杆件沿全长的扭矩有变化，不同扭矩段自由扭转时将有不同的截面翘曲而在交接处受到互相牵制。因此杆件的扭转一般属于约束扭转。实际翘曲和变形将是根据变形协调条件得到调整后的结果。由于翘曲和变形的调整，无论在扭矩不同或相同的杆件段内，杆件扭转率 $d\varphi/dz$ 都不是等值，各纵向纤维将扭成不均匀的曲线形。同时，翘曲调整使各纵向纤维长度有变

化并引起相应正应力（拉或压，称为翘曲正应力），正应力在截面内为不均匀分布，但在全截面内平衡。各纵向纤维的正应力和相应纵向应变不相同，使杆件各部分产生不同方向的弯曲变形；各纵向纤维正应力沿杆件长度有变化，则引起与之相平衡的剪应力（称为翘曲剪应力）。

约束扭转应按弹性力学理论求解，比较复杂。通常将全部扭转分解为自由扭转和翘曲扭转两部分的叠加。前者产生自由扭转剪应力以及扭转角 φ 和截面翘曲变形；后者产生翘曲正应力、剪应力和相应较复杂的变形。

如图 5.16 为固定端截面不能自由翘曲的悬臂工字形截面杆件承受扭矩 M_T。由于截面翘曲受到一定限制，扭转时上、下翼缘向相反方向侧移时将成为曲线形，亦即上、下翼缘发生向相反方向的侧向弯曲，引起相反方向的剪力 V_1 和弯矩 M_1。假定腹板在扭转后没有弯曲变形，因而上、下翼缘侧移后仍能与之保持垂直相交关系。

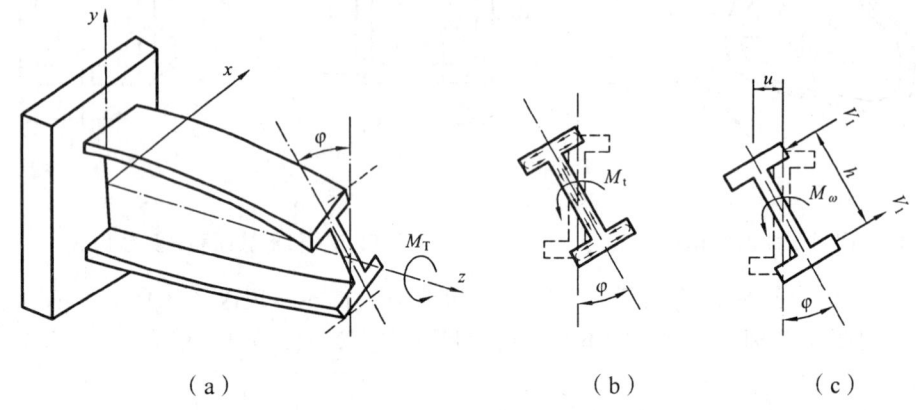

图 5.16 工字形截面构件的约束扭转

上、下翼缘中相反方向的剪力 V_1 将形成一个内扭矩 $M_\omega = V_1 h$（见图 5.16c）。这个由于截面不均匀翘曲引起翼缘侧弯成曲线而形成的内扭矩称为翘曲扭矩。显然，全部扭矩 M_T 将由自由扭矩 M_t 和翘曲扭矩 M_ω 共同抵抗承受，即

$$M_T = M_t + M_\omega \tag{5.18}$$

对悬臂杆件，在固定端处的截面翘曲受到完全约束，不能自由扭转，故扭矩 M_T 将全部由 M_ω 承受。离固定端越远，M_ω 部分逐渐减小，M_t 部分逐渐增大并成为主导。杆件越短，则翘曲扭矩的范围和影响将相对越大。

对距固定端为 z 的任意截面，设扭转角为 φ，上、下翼缘在水平方向的位移各为 u，则

$$u = \frac{h}{2}\varphi$$

根据弯矩曲率关系，一个翼缘的弯矩为

$$M_1 = -EI_1 \frac{d^2 u}{dz^2} = -EI_1 \cdot \frac{h}{2} \cdot \frac{d^2 \varphi}{dz^2}$$

一个翼缘的水平剪力为

$$V_1 = \frac{dM_1}{dz} = -EI_1 \frac{h}{2} \cdot \frac{d^3\varphi}{dz^3}$$

式中 I_1——一个翼缘对腹板轴（y 轴）的惯性矩。

忽略腹板的影响，翘曲扭矩 M_ω 应为

$$M_\omega = V_1 h = -EI_1 \frac{h^2}{2} \cdot \frac{d^3\varphi}{dz^3}$$

令 $I_1 \cdot h^2/2 = I_\omega$，称为翘曲常数（或称扇性惯性矩）。

综上所述，杆件的自由扭转是特殊情况，约束扭转是一般情况。约束扭转包括自由扭转和翘曲扭转两部分，其平衡微分方程为

$$M_T = M_t + M_\omega = GI_t \frac{d\varphi}{dz} - EI_\omega \frac{d^3\varphi}{dz^3} \tag{5.19}$$

计算梁的扭转和推导梁的整体稳定公式时需用这个基本微分方程。

第四节　梁的整体稳定

钢梁截面一般做成高而窄的形式，竖向刚度较大，侧向刚度较小。如果梁的跨中侧向支承间距较大或无侧向支承，在最大刚度主平面内承受横向荷载或弯矩作用，当荷载达到一定数值时，钢梁将产生突然的侧向弯曲，同时伴随发生扭转，丧失承载能力，这种现象叫作钢梁丧失整体稳定或钢梁侧向弯扭屈曲，或称钢梁侧扭屈曲。

如图 5.17 所示的工字形截面梁，荷载作用在其最大刚度平面内，当荷载较小时，梁的弯曲平衡状态是稳定的。虽然外界各种因素会使梁产生微小的侧向弯曲和扭转变形，但外界影响消失后，梁仍能恢复原来的弯曲平衡状态。但当荷载增大到某一数值后，梁在向下弯曲的同时，将突然发生侧向弯曲和扭转，丧失整体稳定。梁维持其稳定平衡状态所能承担的最大荷载或最大弯矩，称为临界荷载或临界弯矩，相应的最大弯曲压应力称为临界应力。

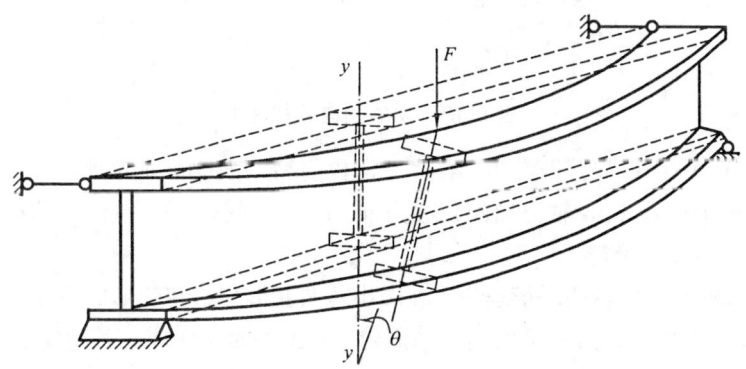

图 5.17　梁的整体失稳

一、梁整体稳定的基本理论

下面以一纯弯曲的双轴对称工字形截面简支梁为例,说明稳定基本理论并导出其公式,然后补充说明不同荷载类型和作用位置及单轴对称工字形截面的情况。

如图 5.18 所示为一双轴对称工字形截面简支梁,梁两端各受力矩 M 作用,弯矩沿长度均匀分布。所谓简支就是梁端被约束不能扭转但可自由翘曲,能绕 x 轴和 y 轴转动,但不能绕 z 轴转动,也不能侧向移动(夹支座)。

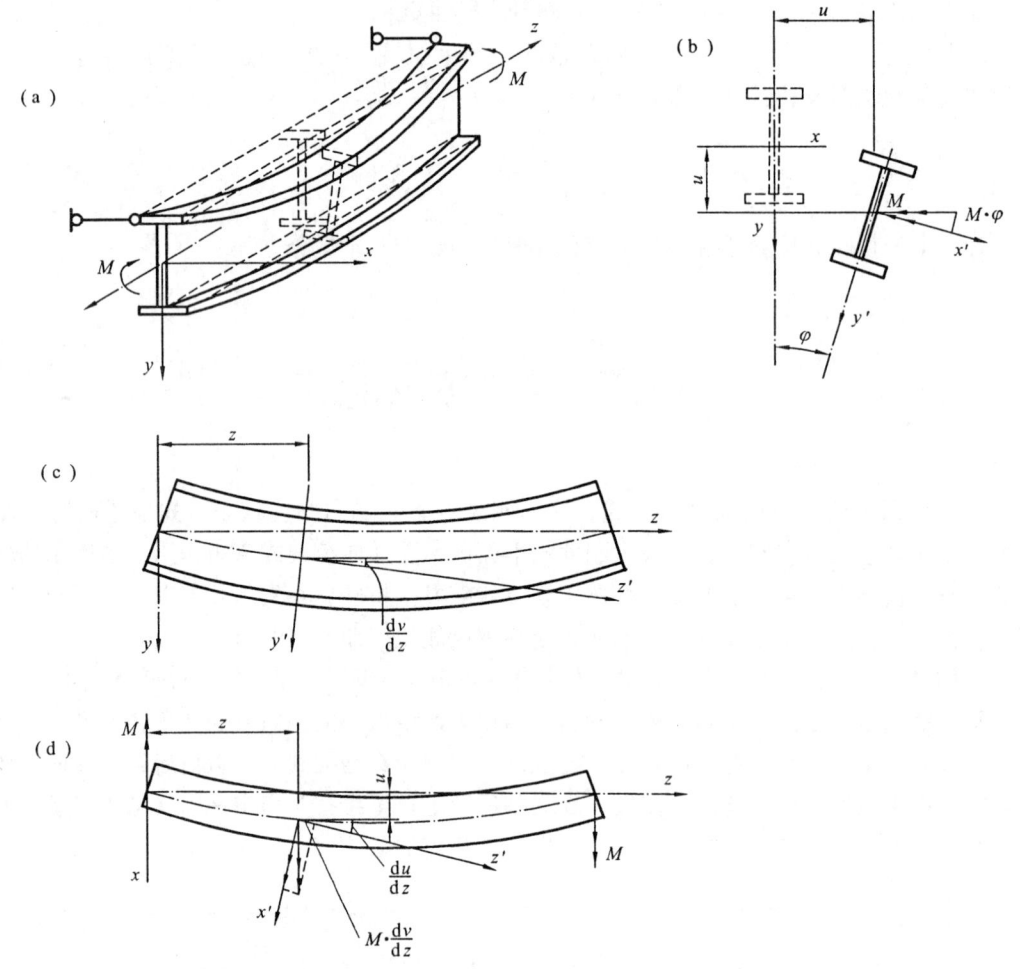

图 5.18 梁的侧向弯扭屈曲

设固定坐标为 x、y、z,当弯矩 M 达一定数值后,发生屈曲变形,此时相应的坐标为 x'、y'、z',截面形心在 x、y 轴方向的位移为 u、v,截面扭转角为 φ。弯矩用双箭头向量表示,其方向按右手法则确定。

以下根据弹性杆件的随遇平衡理论,在微小弯曲变形和扭转变形的情况下建立微分方程。

如图 5.18(c)所示,梁在最大刚度平面内($y'z'$ 平面)弯曲,其弯矩的平衡方程为

$$-EI_x \frac{d^2 v}{dz^2} = M \qquad ①$$

如图 5.18（d）所示，梁侧向弯曲（$x'z'$平面）其弯矩的平衡方程为

$$-MI_y \frac{d^2 u}{dz^2} = M \cdot \varphi \qquad ②$$

如图 5.18（b）所示，由于梁端部为夹支座，因此中部任意截面扭转时，其纵向纤维发生了弯曲，属约束扭转。由式（5.19）可得此扭转的微分方程为

$$-EI_\omega \frac{d^3 \varphi}{dz^3} + GI_t \frac{d\varphi}{dz} = M \frac{du}{dz} \qquad ③$$

式①可独立求解，它是沿最大刚度平面的弯曲问题，与梁的弯扭屈曲无关。

式②、③具有两个未知数，因此必须联立求解。将式③再微分一次，并利用式②消去 u''，则得到只有未知数 φ 的弯扭屈曲微分方程为

$$EI_\omega \frac{d^4 \varphi}{dz^4} - GI_t \frac{d^2 \varphi}{dz^2} - \frac{M^2}{EI_y} \cdot \varphi = 0 \qquad (5.20)$$

假定两端简支梁的扭转角为正弦曲线分布，即

$$\varphi = C \cdot \sin \frac{\pi z}{l}$$

代入式（5.20）中，得

$$\left[EI_\omega \left(\frac{\pi}{l} \right)^4 + GI_t \left(\frac{\pi}{l} \right)^2 - \frac{M^2}{EI_y} \right] C \cdot \sin \frac{\pi z}{l} = 0$$

要使上式在任何 z 值都能成立，必须使方括号中数值为 0，有

$$\left[EI_\omega \left(\frac{\pi}{l} \right)^4 + GI_t \left(\frac{\pi}{l} \right)^2 - \frac{M^2}{EI_y} \right] = 0$$

这是一个四阶齐次常系数线性微分方程，解此方程可得 M 的最小解（具体过程参见有关书籍），就是双轴对称工字形截面简支梁纯弯曲时的临界弯矩 M_{cr}：

$$M_{cr} = \frac{\pi^2 EI_y}{l^2} \sqrt{\frac{I_\omega}{I_y} \left(1 + \frac{l^2 GI_t}{\pi^2 EI_\omega} \right)} \qquad (5.21)$$

当梁为单轴对称截面（见图 5.19）、不同支承情况或不同荷载类型时，可用能量法推导出类似的临界弯矩公式

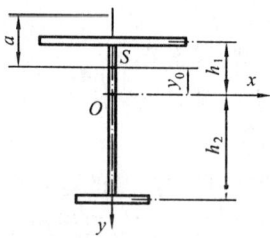

图 5.19 单轴对称截面

$$M_{cr} = \beta_1 \frac{\pi^2 EI_y}{l^2} \left[\sqrt{(\beta_2 a + \beta_3 C_y)^2 + \frac{I_\omega}{I_y}\left(1 + \frac{l^2 GI_t}{\pi^2 EI_\omega}\right)} + \beta_2 a + \beta_3 C_y \right] \quad (5.22)$$

$$C_y = \frac{1}{2I_x} \int_A y(x^2 + y^2)\,dA + y_0$$

式中　y_0——剪切中心的纵坐标，$y_0 = (I_1 h_1 - I_2 h_2)/I_y$；

　　　EI_y——截面侧向抗弯刚度；

　　　GI_t——截面自由扭转刚度；

　　　EI_ω——截面翘曲刚度；

　　　a——剪切中心 S 至横向荷载作用点的距离，荷载在剪切中心以上时取负值，反之取正值；

　　　I_1、I_2——受压翼缘和受拉翼缘对 y 轴的惯性矩；

　　　h_1、h_2——受压翼缘和受拉翼缘形心至整个截面形心的距离；

　　　β_1、β_2、β_3——系数，随荷载类型而异，其值见表 5.3。

表 5.3　工字形截面简支梁整体稳定的系数 β_1、β_2、β_3 值

荷载类型	β_1	β_2	β_3
纯弯曲	1.00	0	1.00
满跨均布荷载	1.13	0.46	0.53
跨度中点集中荷载	1.35	0.55	0.40

公式（5.22）同样适用于双轴对称工字形截面梁，此时取 $I_1 = I_2 = I_y/2$，$y_0 = 0$，$C_y = 0$；当为简支梁受纯弯曲时，$\beta_1 = 1$，$\beta_2 = 0$，上式归结为（5.21）式。

公式（5.22）中：

β_1 是支承条件和荷载类型影响系数。在横向荷载作用的情况下，梁的临界弯矩都比纯弯曲时高（见表 5.3）。这是由于纯弯曲时梁所有截面弯矩均达到最大值，而横向荷载作用情况下只有跨中达到最大值。

$\beta_2 a$ 反应了荷载作用位置的影响。当荷载作用在剪切中心 S 位置时 $a = 0$。荷载作用于上翼缘比作用于下翼缘的临界弯矩低。这是由于梁一旦扭转，作用于上翼缘的荷载对剪心 S 产生不利的附加扭矩，使梁扭转加剧，助长屈曲；而荷载作用在下翼缘产生的附加扭矩则会减缓梁的扭转。

$\beta_3 C_y$ 项是截面不对称的影响项。对双轴对称截面 $C_y = 0$；对加强受压翼缘的截面（见图 5.19）$C_y > 0$，使临界弯矩增大，表明对整体稳定有利；对加强受拉翼缘的截面 $C_y < 0$，使临界弯矩减小，表明对整体稳定不利。

综上所述，影响梁整体稳定的主要因素有：

（1）梁的截面形状和尺寸，即梁的侧向抗弯刚度 EI_y、抗扭刚度 GI_t 越大，临界弯矩 M_{cr} 越大。

（2）荷载的种类和荷载作用位置。荷载产生的弯矩图越饱满（接近纯弯曲时的弯矩图），临界弯矩 M_{cr} 越小，纯弯曲时的 M_{cr} 越最小；荷载作用于下翼缘比作用于上翼缘梁的临界弯矩 M_{cr} 大。

（3）梁受压翼缘的自由长度 l_1 越大，即受压翼缘侧向支承点间距越大，临界弯矩 M_{cr} 越小。

二、梁整体稳定的计算方法

由式（5.21），可写出梁临界应力的计算式为

$$\sigma_{cr} = \frac{M_{cr}}{W_x}$$

对梁的整体稳定进行计算，要求

$$\sigma = \frac{M_x}{W_x} \leqslant \frac{\sigma_{cr}}{\gamma_R} = \frac{\sigma_{cr} f_y}{f_y \gamma_R} = \varphi_b f, \quad 即 \quad \frac{M_x}{\varphi_b W_x} \leqslant f$$

式中 M_x——绕强轴作用的最大弯矩；

W_x——按受压纤维确定的梁毛截面模量；

φ_b——梁的整体稳定系数，$\varphi_b = \sigma_{cr}/f_y$。

对双轴对称工字形截面简支梁受纯弯曲时，根据式（5.21）有

$$\varphi_b = \frac{\sigma_{cr}}{f_y} = \frac{M_{cr}}{W_x f_y} = \frac{\pi^2 E I_y}{W_x f_y l^2} \sqrt{\frac{I_\omega}{I_y}\left(1 + \frac{l^2 G I_t}{\pi^2 E I_\omega}\right)} \tag{5.23}$$

将 $E = 206 \times 10^3 \text{ N/mm}^2$，$E/G = 2.6$，$f_y = 235 \text{ N/mm}^2$，$I_y/l^2 = Ai_y^2/l^2 = A/\lambda_y^2$，$I_\omega = (h^2/4) I_y$，$I_t \approx At_1^2/3$，$\sqrt{I_\omega/I_y} = h/2$，$l^2 G I_t/(\pi^2 E I_\omega) \approx (\lambda_y t_1/4.4h)^2$ 代入上式可得

$$\varphi_b = \frac{4320}{\lambda_y^2} \cdot \frac{Ah}{W_x} \sqrt{1 + \left(\frac{\lambda_y t_1}{4.4h}\right)^2} \frac{235}{f_y} \tag{5.24}$$

对其他情况的工字形简支梁，将式（5.24）加以修正就可采用。

上述整体稳定系数是按弹性稳定理论求得的。研究证明，当求得的 φ_b 大于 0.6 时，梁已进入非弹性工作阶段，部分截面应力达到 f_y 而成为塑性变形区，整体稳定承载能力有明显的降低，必须对 φ_b 进行修正。

当梁的整体稳定承载力不足时，可采用加大梁的截面尺寸或增加侧向支承的办法予以解决，前一种办法中尤其是增大受压翼缘的宽度最有效。

必须指出的是：不论梁是否需要计算整体稳定性，梁的支承处均应采取构造措施以阻止其端截面的扭转（在力学意义上称为"夹支"）。

三、规范规定的梁整体稳定计算方法

1. 钢梁整体稳定的计算公式和要求

《钢结构设计规范》GB50017—2003 规定：在最大刚度主平面内单向受弯的钢梁，其整体稳定应按下式计算

$$\frac{M_x}{\varphi_b W_x} \leqslant f \qquad (5.25)$$

双向受弯钢梁同时在两个主平面内承受弯矩，其整体失稳仍将是在弱轴侧向的弯扭失稳，理论分析较为复杂，一般近似按经验公式计算。规范规定双向受弯工字形截面钢梁整体稳定按下式计算

$$\frac{M_x}{\varphi_b W_x} + \frac{M_y}{\gamma_y W_y} \leqslant f \qquad (5.26)$$

式中 M_x、M_y——绕强轴（x轴）、弱轴（y轴）作用的弯矩；

W_x、W_y——按受压纤维确定的对x轴、y轴的毛截面抵抗矩；

φ_b——绕强轴弯曲所确定的整体稳定系数，按有关公式计算；

γ_y——对弱轴的截面塑性发展系数，按表5.1。

规范规定符合下列情况之一的钢梁可不计算其整体稳定性：

（1）有铺板（各种钢筋混凝土板和钢板）密铺在梁的受压翼缘上并与其牢固连接，能阻止梁受压翼缘侧向位移时。

（2）H型钢或等截面工字形简支梁受压翼缘的自由长度l_1与其宽度b_1之比不超过表5.4所规定的数值时。

表5.4 H型钢或等截面工字形简支梁不需计算整体稳定性的最大l_1/b_1值

钢 号	跨中无侧向支承点的梁		跨中受压翼缘有侧向支承点的梁，不论荷载作用于何处
	荷载作用在上翼缘	荷载作用在下翼缘	
Q235	13.0	20.0	16.0
Q345	10.5	16.5	13.0
Q390	10.0	15.5	12.5
Q420	9.5	15.0	12.0

注：其他钢号的梁不需计算整体稳定性的最大l_1/b_1值，应取Q235钢数值乘以$\sqrt{235/f_y}$。

（3）箱形截面简支梁，其截面高宽比（见图5.20）满足$h/b_0 \leqslant 6$，且$l_1/b_0 < 95(235/f_y)$时（箱形截面的此条件很容易满足）。

2. 钢梁整体稳定系数φ_b的计算

《钢结构设计规范》GB50017—2003规定：承受各种荷载的双轴和单轴对称组合工字形等截面简支梁及轧制H型钢简支梁的φ_b计算公式如下

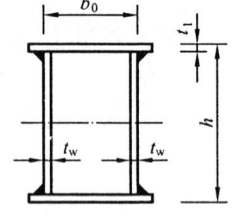

图5.20 箱形截面

$$\varphi_b = \beta_b \frac{4320}{\lambda_y^2} \cdot \frac{Ah}{W_x} \left[\sqrt{1 + \left(\frac{\lambda_y t_1}{4.4h}\right)^2} + \eta_b \right] \frac{235}{f_y} \qquad (5.27)$$

式中 A——梁毛截面面积;

h、t_1——梁全高和受压翼缘厚度;

$\lambda_y = l_1/i_y$——梁在侧向支承点间对截面弱轴 y—y 的长细比,i_y 为梁毛截面对 y 轴的截面回转半径;

η_b——截面不对称影响系数,双轴对称工字形截面,$\eta_b = 0$;单轴对称工字形截面:加强受压翼缘 $\eta_b = 0.8(2\alpha_b - 1)$,加强受拉翼缘 $\eta_b = 2\alpha_b - 1$;

其中 $\alpha_b = \dfrac{I_1}{I_1 + I_2}$($I_1$ 和 I_2 分别为受压翼缘和受拉翼缘对 y 轴的惯性矩);

β_b——梁整体稳定的等效弯矩系数,按表 5.5 采用。

规范规定,当按式(5.27)确定的 $\varphi_b > 0.6$ 时,用下式求得的 φ_b' 代替 φ_b 进行梁的整体稳定计算:

$$\varphi_b' = 1.07 - 0.282/\varphi_b \leq 1.0 \tag{5.28}$$

表 5.5 H 型钢和等截面工字形简支梁系数 β_b

项次	侧向支承	荷 载		$\xi = \dfrac{l_1 t_1}{b_1 h}$		适用范围
				$\xi \leq 2.0$	$\xi > 2.0$	
1	跨中无侧向支承点	均布荷载作用在	上翼缘	$0.69 + 0.13\xi$	0.95	图 5.21(a)、(b)中的截面
2			下翼缘	$1.73 - 0.20\xi$	1.33	
3		集中荷载作用在	上翼缘	$0.73 + 0.18\xi$	1.09	
4			下翼缘	$2.23 - 0.28\xi$	1.67	
5	跨度中点有一个侧向支承点	均布荷载作用在	上翼缘	1.15		
6			下翼缘	1.40		
7		集中荷载作用在截面高度上任意位置		1.75		
8	跨中点有不少于两个等距离侧向支承点	任意荷载作用在	上翼缘	1.20		图 5.21 中的所有截面
9			下翼缘	1.40		
10	梁端有弯矩,但跨中无荷载作用			$1.75 - 1.05\left(\dfrac{M_2}{M_1}\right) + 0.3\left(\dfrac{M_2}{M_1}\right)^2$ 但 ≤ 2.3		

注:① M_1 和 M_2 为梁的端弯矩,使梁产生同向曲率时,M_1 和 M_2 取同号,产生反向曲率时,取异号。
② 表中项次 3、4、7 的集中荷载是指一个或少数几个集中荷载位于跨度中央附近的情况,对其他情况的集中荷载,应按表中项次 1、2、5、6 内的数值采用。

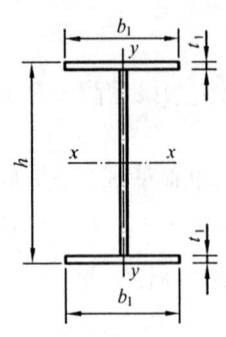 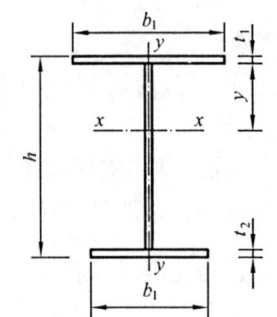 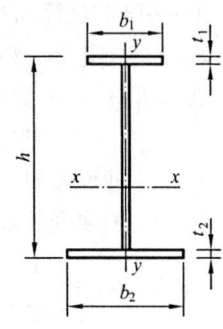

(a) 双轴对称工形截面　　(b) 加强受压翼缘的单轴对称工形截面　　(c) 加强受拉翼缘的单轴对称工形截面

图 5.21　焊接工字形截面

对轧制普通工字钢简支梁整体稳定系数 φ_b 应按表 5.6 采用，当所得的 φ_b 值大于 0.60 时，应按式（5.28）算得相应 φ_b' 代替 φ_b 值。

表 5.6　轧制普通工字钢简支梁的 φ_b

项次	荷载情况		工字钢型号	自由长度 l_1/m							
				2	3	4	5	6	7	8	9	10
1	跨中无侧向支承点的梁	集中荷载作用于 上翼缘	10~20	2.00	1.30	0.99	0.80	0.68	0.58	0.53	0.48	0.43
			22~32	2.40	1.48	1.09	0.86	0.72	0.62	0.54	0.49	0.45
			36~63	2.80	1.60	1.07	0.83	0.68	0.56	0.50	0.45	0.40
2		集中荷载作用于 下翼缘	10~20	3.10	1.95	1.34	1.01	0.82	0.69	0.63	0.57	0.52
			22~40	5.50	2.80	1.84	1.37	1.07	0.86	0.73	0.64	0.56
			45~63	7.30	3.60	2.30	1.62	1.20	0.96	0.80	0.69	0.60
3		均布荷载作用于 上翼缘	10~20	1.70	1.12	0.84	0.68	0.57	0.50	0.45	0.41	0.37
			22~40	2.10	1.30	0.93	0.73	0.60	0.51	0.45	0.40	0.36
			45~63	2.60	1.45	0.97	0.73	0.59	0.50	0.44	0.38	0.35
4		均布荷载作用于 下翼缘	10~20	2.50	1.55	1.08	0.83	0.68	0.56	0.52	0.47	0.42
			22~40	4.00	2.20	1.45	1.10	0.85	0.70	0.60	0.52	0.46
			45~63	5.60	2.80	1.80	1.25	0.95	0.78	0.65	0.55	0.49
5	跨中有侧向支承点的梁（不论荷载作用点在截面高度上的位置）		10~20	2.20	1.39	1.01	0.79	0.66	0.57	0.52	0.47	0.42
			22~40	3.00	1.80	1.24	0.96	0.76	0.65	0.56	0.49	0.43
			45~63	4.00	2.20	1.38	1.01	0.80	0.66	0.56	0.49	0.43

注：表中的 φ_b 适用于 Q235 钢，对其他钢号，表中数值乘以 $235/f_y$。

对轧制槽钢简支梁，其整体稳定系数，不论荷载形式和荷载作用点在截面高度上的位置均可按下式计算

$$\varphi_b = \frac{570bt}{l_1 h} \cdot \frac{235}{f_y} \qquad (5.29)$$

式中　h、b、t——槽钢截面的高度、翼缘宽度和平均厚度。

按式（5.29）算得的 φ_b 值大于 0.6 时，应按式（5.28）算得相应的 φ_b' 代替 φ_b 值。

对双轴对称工字形等截面（含 H 型钢）悬臂梁，其整体稳定系数，可按式（5.27）计算，但式中系数 β_b 应按表 5.7 查得，$\lambda_y = l_1/i_y$（l_1 为悬臂梁的悬伸长度）。当求得的 φ_b 值大于 0.6

时，应按式（5.28）算得相应的 φ'_b 值代替 φ_b 值。

表 5.7 双轴对称工字形等截面（含 H 型钢）悬臂梁的系数 β_b

项次	荷载形式		$\xi = \dfrac{l_1 t}{bh}$		
			$0.60 \leq \xi \leq 1.24$	$1.24 < \xi \leq 1.96$	$1.96 < \xi \leq 3.10$
1	自由端一个集中荷载作用在	上翼缘	$0.21 + 0.67\xi$	$0.72 + 0.26\xi$	$1.17 + 0.03\xi$
2		下翼缘	$2.94 - 0.65\xi$	$2.64 - 0.40\xi$	$2.15 - 0.15\xi$
3	均布荷载作用在上翼缘		$0.62 + 0.82\xi$	$1.25 + 0.31\xi$	$1.66 + 0.10\xi$

注：本表按支承端为固定的情况确定，当用于由邻跨延伸出来的伸臂梁时，应在构造上采取措施加强支承处的抗扭能力。

【例题 5.1】 某平台梁格，荷载标准值为：恒载（不包括梁自重）1.5 kN/m²，活荷载 9 kN/m²。次梁跨度为 5 m，间距为 2.5 m，截面为 HN350×175×7×11，钢材为 Q235 钢，平台铺板不与次梁连牢，取次梁自重为 0.5 kN/m，验算该次梁。

【解】 次梁承受的线荷载标准值为

$$q_k = (1.5 \times 2.5 + 0.5) + 9 \times 2.5 = 4.25 + 22.5 = 26.75 = 26.75 \text{ (N/mm)}$$

荷载设计值为可变荷载效应控制的组合：恒荷载分项系数为 1.2；活荷载分项系数为 1.3。

$$q = 4.25 \times 1.2 + 22.5 \times 1.3 = 34.35 \text{ (kN/m)}$$

最大弯矩设计值为

$$M_x = \frac{1}{8}ql^2 = \frac{1}{8} \times 34.35 \times 5^2 = 107.3 \text{ (kN·m)}$$

HN350×175×7×11 的截面特性：$I_x = 13\,700 \text{ cm}^4$，$W_x = 782 \text{ cm}^3$，$A = 63.66 \text{ cm}^2$，$i_y = 3.93 \text{ cm}$。

由于型钢的腹板较厚，一般不必验算抗剪强度；若将次梁连于主梁的加劲肋上，也不必验算次梁支座处的局部承压强度。

由于平台铺板不与次梁连牢，需验算梁的整体稳定。

$$\xi = \frac{l_1 t_1}{b_1 h} = \frac{5\,000 \times 11}{175 \times 350} = 0.898$$

$$\beta_b = 0.69 + 0.13 \times 0.898 = 0.807$$

$$\lambda_y = \frac{500}{3.93} = 127$$

$$\varphi_b = \beta_b \frac{4\,320}{\lambda_y^2} \cdot \frac{Ah}{W_x} \sqrt{1 + \left(\frac{\lambda_y t_1}{4.4h}\right)^2}$$

$$= 0.807 \times \frac{4\,320}{127^2} \times \frac{63.66 \times 35}{782} \sqrt{1 + \left(\frac{127 \times 1.1}{4.4 \times 35}\right)^2} = 0.83$$

$$\varphi'_b = 1.07 - 0.282/0.83 = 0.73$$

验算整体稳定：

$$\sigma = \frac{M_x}{\varphi'_b W_x} = \frac{107.3 \times 10^6}{0.73 \times 782 \times 10^3} = 188 < f = 215 \text{ (N/mm}^2\text{)}$$

截面无大削弱,可不验算正截面强度。

验算挠度,在全部荷载标准值作用下:

$$\frac{v_\text{T}}{l} = \frac{5}{384} \cdot \frac{26.75 \times 5\,000^3}{206 \times 10^3 \times 13\,700 \times 10^4} = \frac{1}{648} < \frac{[v_\text{T}]}{l} = \frac{1}{250}$$

在可变荷载标准值作用下:

$$\frac{v_\text{Q}}{l} = \frac{1}{648} \cdot \frac{22.5}{26.75} = \frac{1}{770} < \frac{[v_\text{Q}]}{l} = \frac{1}{300}$$

第五节 梁的局部稳定和加劲肋设计

组合梁一般由板件组成翼缘和腹板,如果将这些板件不适当地减薄加宽,当板中压应力或剪应力达到某一数值后,腹板或受压翼缘有可能偏离其平面位置,出现波形鼓曲(见图 5.22),这种现象称为梁的局部失稳。处理钢构件的板件局部稳定,有两种方法:其一是以屈曲为承载能力的极限状态,并通过对板件宽厚比的限制,使之不在构件整体失效之前屈曲;其二是允许板件在构件整体失效之前屈曲,并利用其屈曲后强度,构件的承载能力由局部屈曲后的有效截面确定。

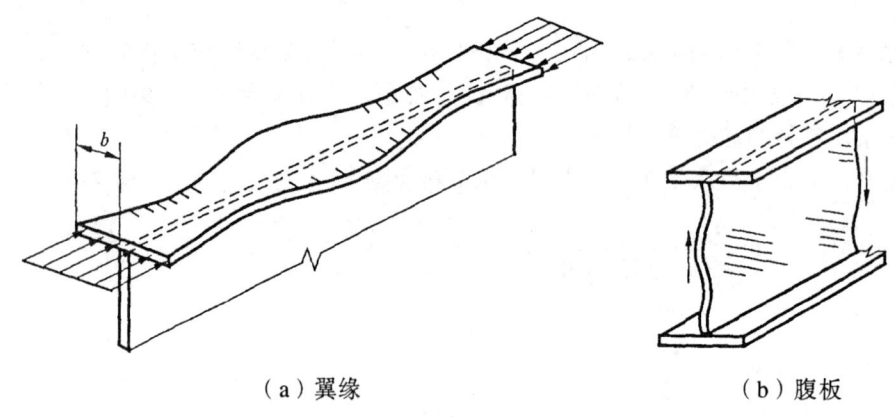

(a)翼缘　　　　　　　　(b)腹板

图 5.22 梁局部失稳

板件根据其宽厚比大小可分为厚板、薄板和宽薄板 3 种。其中薄板短方向宽度 b 与厚度 t 之比,大概是在下列范围之内:

$$5 \sim 8 < b/t < 80 \sim 100$$

宽厚比小于上式范围的板为厚板,计算时必须考虑板的剪切变形。而薄板的剪切变形与弯曲变形相比,则可略去不计,从而能在类似梁的平截面假定的基础上建立实用计算理论。宽厚比大于上式范围的板为宽薄板,其在弯曲变形时,由于支座的约束,以及弯曲后的曲面通常为不可展曲面,板在平面方向会因挠度增加产生逐渐增大的拉应力,这种应力对板屈曲后强度有较大影响,将在下一节讨论。

一、矩形薄板的屈曲

组成梁的板件（翼缘和腹板）要受到弯曲正应力、剪应力以及局部压应力的作用。我们首先讨论在各种应力单独作用下板件的屈曲，然后讨论这些应力共同作用下的薄板稳定问题。对于单向均匀受压简支矩形薄板的屈曲问题，在前面已经讨论，此处不再叙述。

周边荷载作用下，根据弹性力学中的小挠度理论，可以得到薄板的屈曲平衡方程为

$$D\left(\frac{\partial^4 w}{\partial x^4} + 2\frac{\partial^4 w}{\partial x^2 \partial y^2} + \frac{\partial^4 w}{\partial y^4}\right) + N_x \frac{\partial^2 w}{\partial x^2} + 2N_{xy}\frac{\partial^2 w}{\partial x \partial y} + N_y \frac{\partial^2 w}{\partial y^2} = 0 \quad (5.30)$$

式中 w——板的挠度；

N_x、N_y——在 x、y 轴方向，沿板周边中面单位宽度上所承受的力，压力为正，拉力为负；

N_{xy}——单位宽度的剪力；

D——板单位宽度的抗弯刚度：

$$D = \frac{Et^3}{12(1-v^2)}$$

其中，$v = 0.3$，为材料泊松比。

1. 单向非均匀受压的四边简支板

如图 5.23 所示的单向非均匀受压板，荷载沿板宽成线性非均匀分布，距原点 y 处的荷载为

$$N_x = N_1\left(1 - \frac{\rho_0}{b} \cdot y\right) \quad (5.31)$$

式中，$\rho_0 = (\sigma_1 - \sigma_2)/\sigma_1$ 为应力梯度；σ_1、σ_2 各为最大应力和最小应力，以压应力为正，拉应力为负。均匀受压时 $\rho_0 = 0$；纯弯曲时 $\rho_0 = 2$；压弯组合时 ρ_0 值在 0~2 之间。其临界应力的表达式为

$$\sigma_{cr} = k\frac{\pi^2 E}{12(1-v^2)}\left(\frac{t}{b}\right)^2 \quad (5.32)$$

式中，k 为屈曲系数。

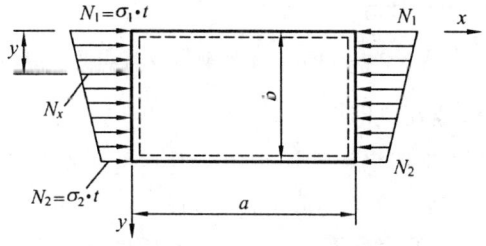

图 5.23 非均匀受压简支板

现略去运算过程，为了应用的方便，把各种不同 ρ_0 值的 k 值归纳成为如下的近似式：

当 $0 \leq \rho_0 \leq 2/3$ 时,
$$k = \frac{4}{1-0.5\rho_0} \quad (5.33\text{a})$$

当 $2/3 < \rho_0 \leq 1.4$ 时,
$$k = \frac{4.1}{1-0.474\rho_0} \quad (5.33\text{b})$$

当 $1.4 < \rho_0 \leq 2$ 时,
$$k = 6\rho_0^2 \quad (5.33\text{c})$$

均匀受压时 $\rho_0 = 0$,$k = 4.0$;纯弯曲(如梁的腹板)时 $\rho_0 = 2$,$k = 24$。

2. 四边简支板均匀受剪

四边简支受均匀剪应力的板,由于与剪应力等效的主拉应力和主压应力数值相等并均呈 45° 方向,故屈曲时产生如图 5.24(b)所示大约 45° 方向的波形凹凸。

均匀分布的剪应力为 τ,单位宽度的剪力为 $N_{xy} = \tau t$,四边简支矩形板在均布剪应力作用下的临界应力为

$$\tau_{cr} = k \frac{\pi^2 E}{12(1-v^2)} \left(\frac{t}{l_2}\right)^2 \quad (5.34)$$

屈曲系数 k 的理论计算结果如图 5.24(c)的曲线所示,其横坐标 l_1/l_2 表示板的长边尺寸(l_1)和短边尺寸(l_2)之比。经简化后屈曲系数 k 计算式为

$$k = 5.34 + \frac{4}{(l_1/l_2)^2} \quad (5.35)$$

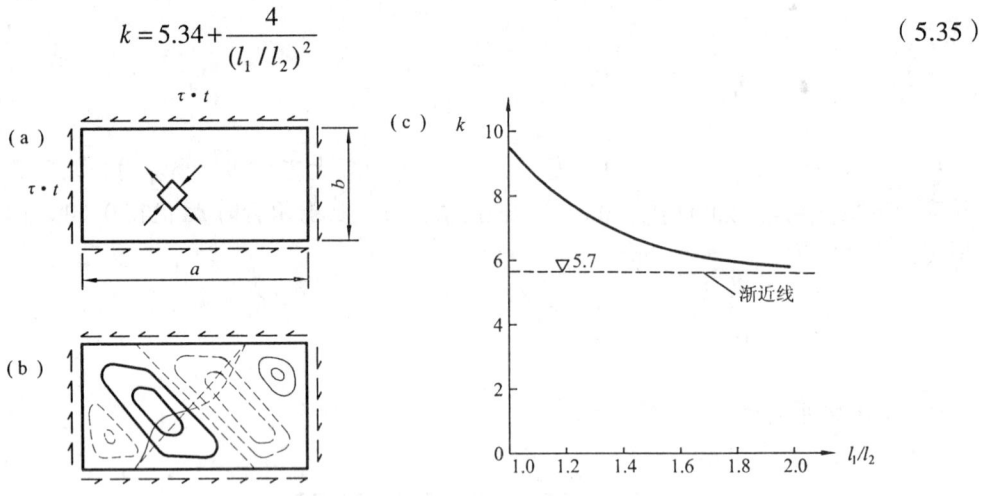

图 5.24 四边简支受剪板及其屈曲系数

3. 一个边缘受压的四边简支板

在工程实践中,往往遇到矩形板在一个边缘受压的情况。例如,吊车梁的腹板,承受由轨道上的轮压在梁腹板上边缘产生的非均匀分布压应力(见图 5.25a)。此种单侧受压板,临界应力仍可采用式(5.32)的表达形式,即

$$\sigma_{c,cr} = k \frac{\pi^2 E}{12(1-v^2)} \left(\frac{t}{b}\right)^2 \quad (5.36)$$

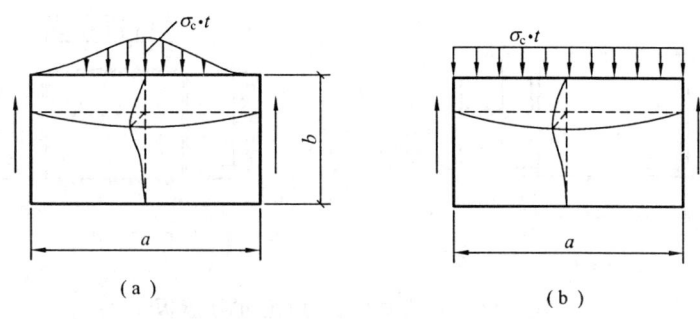

图 5.25 一侧受压板

欲求此种情况的屈曲系数 k 值很困难,一般采用理论分析和试验相结合的办法来确定。现介绍两种 k 值的近似取值方法。

(1)当考虑压应力为图 5.25(a)的非均匀分布时,四边简支板的近似 k 值为

$$0.5 \leqslant \frac{a}{b} \leqslant 1.5 \qquad k = \frac{7.4}{a/b} + \frac{4.5}{(a/b)^2}$$
$$1.5 < \frac{a}{b} \leqslant 2.0 \qquad k = \frac{11.0}{a/b} - \frac{0.9}{(a/b)^2} \tag{5.37}$$

此种取值方法首先在原苏联规范中应用,我国规范也从 20 世纪 50 年代开始沿用。实际取用的值,还要考虑由试验确定的翼缘对腹板边缘的弹性约束作用。

(2)当考虑压应力为图 5.25(b)的均匀分布时,四边简支板的 k 值可采用巴斯纳(K.Baslar)推荐的近似值,即

$$k = 2 + \frac{4}{(a/b)^2} \tag{5.38}$$

对于吊车梁的腹板,其均布压应力 σ_c 取为轮压 F 除以 at 和 bt 中的较小者,而且还应考虑翼缘对腹板的约束作用,取屈曲系数为

$$k = 5.5 + \frac{4}{(a/b)^2} \tag{5.39}$$

此种取值方法被美国长期使用。

二、各种应力共同作用下的薄板稳定

以上介绍的是矩形板在各种应力单独作用下的临界应力。实际上钢梁的腹板通常承受两种或两种以上应力的共同作用,现分情况介绍其稳定计算方法。

1. 仅用横向加劲肋加强的梁腹板

梁腹板在两横向加劲肋之间的区格(见图 5.26),通常同时受到弯曲正应力 σ,均布剪应力 τ,可能还有局部压应力 σ_c 的共同作用。当这些应力某种组合达到一定值时,腹板将由平板稳定状态转变为微曲的平衡状态。

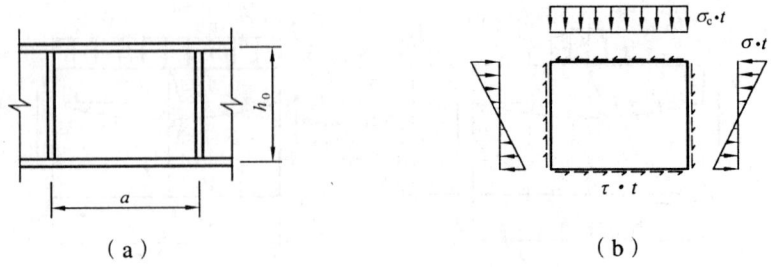

图 5.26 用横向加劲肋加强的梁腹板

设有横向加劲肋的腹板区格，当弯曲正应力和剪应力同时作用时（见图 5.27a），临界条件是

$$\left(\frac{\sigma}{\sigma_{cr}}\right)^2 + \left(\frac{\tau}{\tau_{cr}}\right)^2 = 1$$

当单向均匀压应力和剪应力共同作用时（见图 5.27b），临界条件是

$$\left(\frac{\tau}{\tau_{cr}}\right)^2 + \frac{\sigma_y}{\sigma_{y,cr}} = 1$$

参照以上两式和澳大利亚及英国规范，现规范对 3 种应力并存的仅设横向加劲肋的区格采用下列局部稳定相关公式

$$\left(\frac{\sigma}{\sigma_{cr}}\right)^2 + \left(\frac{\tau}{\tau_{cr}}\right)^2 + \frac{\sigma_c}{\sigma_{c,cr}} \leq 1.0 \tag{5.40}$$

式中　σ、τ、σ_c——板件的正应力、剪应力和横向局部压应力，和这些应力对应的 3 个分母则分别为各应力单独作用时的临界应力。

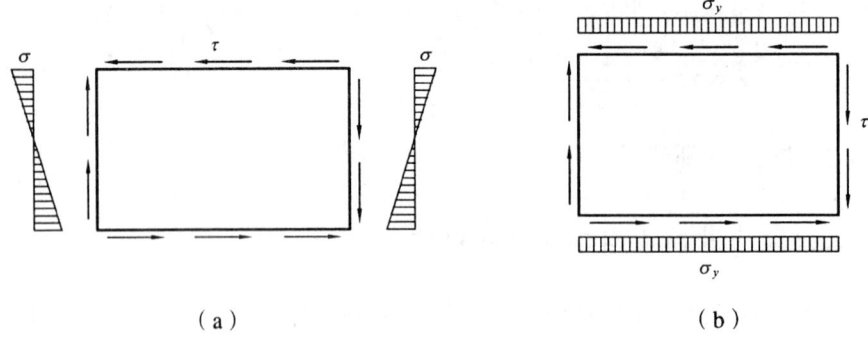

图 5.27 承受多种应力的区格

2. 兼有横向肋和纵向肋的梁腹板

兼有横向肋和纵向肋的梁腹板，纵向加劲肋将把腹板分为上下两个区格（见图 5.28）。上区格在弯矩作用下非均匀受压，受有正应力和剪应力，在横向集中荷载作用下不仅在上边缘有局部应力 σ_c，下边缘还有局部压应力 $0.3\sigma_c$。

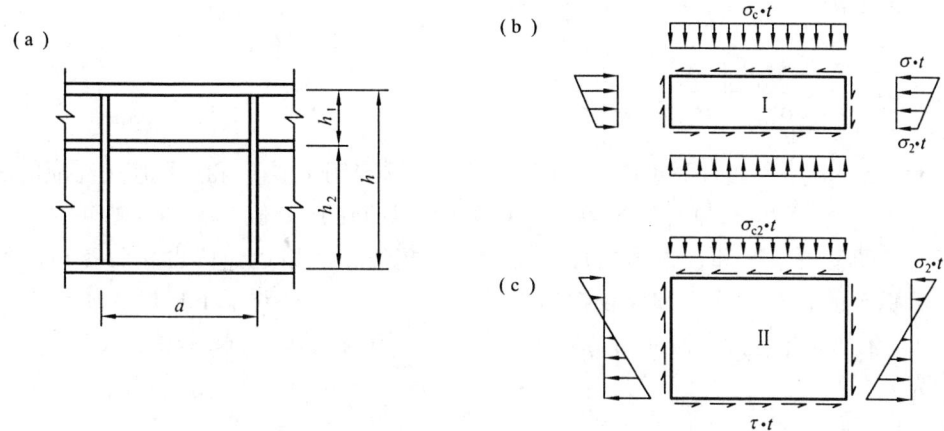

图 5.28 同时用横向肋和纵向肋加强的梁腹板

腹板上区格为狭长的板条，与接近于正方形的区格相比，它的稳定承载力有所提高。图 5.29 给出宽高比等于 1 和 5 的区格在双向压应力作用下的相关曲线的对比，比值 $\alpha=5$ 的狭长板曲线比 $\alpha=1$ 的正方形板高得多，并且接近于圆弧，即可用下式近似表达：

$$\left(\frac{\sigma}{\sigma_{cr}}\right)^2+\left(\frac{\tau}{\tau_{cr}}\right)^2=1$$

这一相关关系式可用于图 5.28 的上区格，该图的纵向压应力是非均匀的，最大应力 σ 达到临界状态的条件是屈曲系数 $k\sigma=5.13$，把非均匀应力化作均匀分布的平均应力 $(\sigma+0.55\sigma)/2=0.775\sigma$ 时，屈曲系数相应地变为 $5.13\times0.775=4$，即恰好是均匀受压板的屈曲系数。

图 5.30 给出宽高比等于 1 和 4 的板在横向压力和剪力共同作用下的相关曲线，也表明狭长板的稳定承载力比正方形板高得多。$\alpha=4$ 时的相关曲线也和圆比较接近。

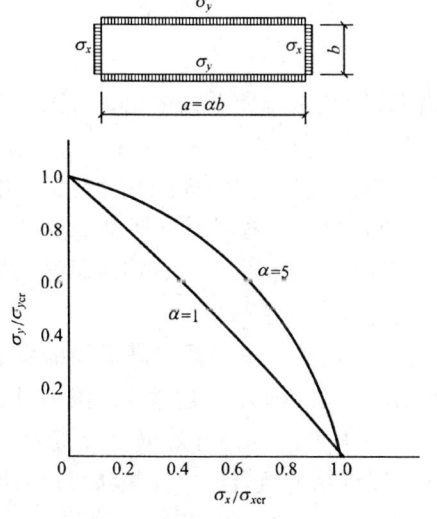

图 5.29 双向受压板的相关屈曲

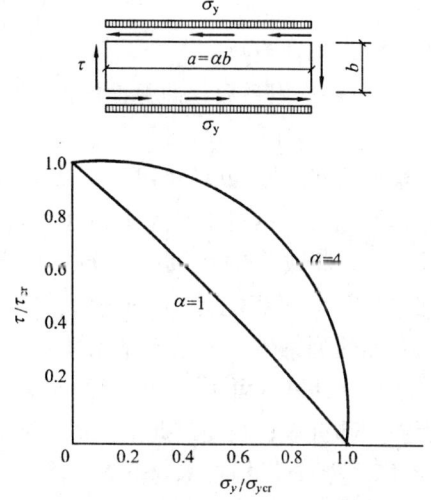

图 5.30 受剪和横向压力的板的相关屈曲

综合以上情况，上区格的局部稳定相关公式取为

$$\frac{\sigma}{\sigma_{cr1}} + \left(\frac{\sigma_c}{\sigma_{c,cr1}}\right)^2 + \left(\frac{\tau}{\tau_{cr1}}\right)^2 \leq 1 \quad (5.41)$$

式中　σ、τ、σ_c——板件的正应力、剪应力和横向局部压应力，和这些应力对应的3个分母则分别为各应力单独作用时的临界应力。

下区格的受力情况和仅设横向加劲肋的情况相似，区格边长比也和后者相差不多。因此局部稳定的相关公式也和仅设横向加劲肋者相似，即：对于下板段（靠近受拉翼缘的板段），受力状态与仅有横向肋的腹板近似，所以其屈曲临界条件表达式与式（5.40）相似，为

$$\left(\frac{\sigma_2}{\sigma_{cr2}}\right)^2 + \left(\frac{\tau}{\tau_{cr2}}\right)^2 + \frac{\sigma_{c2}}{\sigma_{c,cr2}} \leq 1.0 \quad (5.42)$$

实际作用应力 σ_2 和 σ_{c2}（等于 $0.3\sigma_c$）如图5.27（c）所示，和这些应力对应的3个分母则分别为各应力单独作用时的临界应力。

三、梁局部稳定计算的规范规定

前述板件屈曲应力计算公式是由弹性稳定理论求解理想的弹性板得出的。所谓理想板，一是没有几何和力学缺陷，二是边缘为理想铰支或者是理想嵌固。

钢构件都是由几块板件相互连接组成的，各板之间存在相互约束作用。两板衔接的边，既不是铰支又不是嵌固边，而是广义的弹性约束边。对较弱的板来说，是正约束，即为弹性嵌固边。对较强的板，情况相反，属负约束。考虑相互约束，则前述临界应力的公式可统一表达为

$$\sigma_{cr} = \chi k \frac{\pi^2 E}{12(1-\nu^2)}\left(\frac{t}{b}\right)^2 \quad (5.43)$$

式中　k——屈曲系数；

　　　χ——嵌固系数，即弹性嵌固板的屈曲系数和四边简支板屈曲系数之比，对正约束板 $\chi>1$。

当板件宽厚比 b/t 较小时，上式给出的临界应力将超过构件的比例极限甚至屈服强度进入非弹性范围。钢材不是完全弹性材料，梁整体稳定的临界应力超过 $0.6f$ 时就需要进行非弹性修正，而式（5.43）是腹板局部稳定临界应力无限弹性的计算公式，直接使用显然是不适宜的。因此，实用上要对前述板件屈曲应力计算公式进行弹塑性修正。

对热轧型钢梁，由于轧制条件，热轧型钢板件宽厚比较小，一般都能满足局部稳定要求，不需要计算。而对冷弯薄壁型钢梁的受压或受弯板件，宽厚比不超过规定的限制时，认为板件全部有效；当超过此限制时，则只考虑一部分宽度有效（称为有效宽度），应按现行《冷弯薄壁型钢结构技术规范》计算。这里主要叙述一般钢结构组合梁中翼缘和腹板的局部稳定。

1. 梁受压翼缘局部稳定

梁的受压翼缘可看作一单向均匀受压板。将 $E = 206 \times 10^3$ N/mm² 和 $\nu = 0.3$ 代入式（5.34），得

$$\sigma_{cr} = 18.6 \chi k \left(\frac{100t}{b}\right)^2 \tag{5.44}$$

式中　t——板的厚度；
　　　b——板的宽度。

对不需要验算疲劳的梁，按规范用式（5.6）和式（5.7）计算其抗弯强度时，已考虑塑性部分伸入截面，因而整个翼缘板已进入塑性，但在和压应力相垂直的方向，材料仍然是弹性的。这种情况属正交异性板，其临界应力的精确计算比较复杂。一般可在式（5.43）中用 $\sqrt{\eta}E$ 代替 E ($\eta \leq 1$)，为切线模量 E_t 与弹性模量 E 之比）来考虑这种弹塑性的影响。所以有

$$\sigma_{cr} = 18.6 \chi k \sqrt{\eta} \left(\frac{100t}{b}\right)^2 \tag{5.45}$$

受压翼缘板的悬伸部分，为三边简支板而板长 a 趋于无穷大的情况，其屈曲系数 $k = 0.425$。支承翼缘板的腹板一般都比较薄（负约束），对翼缘板没有什么约束作用，因此取弹性约束系数 $\chi = 1.0$。如取 $\eta = 0.25$，为充分发挥材料强度，翼缘的合理设计是采用一定厚度的钢板，让其临界应力 σ_{cr} 不低于钢材的屈服点 f_y，使翼缘不丧失稳定，即 $\sigma_{cr} \geq f_y$ 有

$$\sigma_{cr} = 18.6 \times 0.425 \times 1.0 \sqrt{0.25} \left(\frac{100t}{b}\right)^2 \geq f_y$$

则

$$\frac{b}{t} \leq 13 \sqrt{\frac{235}{f_y}} \tag{5.46}$$

当梁在绕强轴的弯矩 M_x 作用下的强度按弹性设计（即取 $\gamma_x = 1.0$）时，宽厚比 b/t 值可放宽为

$$\frac{b}{t} \leq 15 \sqrt{\frac{235}{f_y}} \tag{5.47}$$

对箱形梁翼缘板（见图 5.20）在两腹板之间的部分，相当于四边简支单向均匀受压板，其 $k = 4.0$。令 $\chi = 1.0$，$\eta = 0.25$，代入式（5.45）中得

$$\frac{b_0}{t} \leq 40 \sqrt{\frac{235}{f_y}} \tag{5.48}$$

2. 梁腹板局部稳定

钢结构设计规范规定，承受静力荷载和间接承受动力荷载的组合梁，宜考虑腹板屈曲后强度，按第六节的规定计算其抗弯和抗剪承载力；而直接承受动力荷载的吊车梁及类似构件或其他不考虑屈曲后强度的组合梁，则按以下规定配置加劲肋，并计算各板段的稳定性。

① 当 $h_0/t_w \leqslant 80\sqrt{235/f_y}$ 时，对有局部压应力（$\sigma_c \neq 0$）的梁，应按构造配置横向加劲肋（$a \leqslant 2.0h_0$）（见图 5.31a）；但对无局部压应力（$\sigma_c = 0$）的梁，可不配置加劲肋。

② 当 $h_0/t_w > 80\sqrt{235/f_y}$ 时，应按计算配置横向加劲肋（见图 5.31a）。其中，当 $h_0/t_w > 170\sqrt{235/f_y}$（受压翼缘扭转受到约束，如连有刚性铺板、制动板或焊有钢轨时）或 $h_0/t_w > 150\sqrt{235/f_y}$（受压翼缘扭转未受到约束时）或按计算需要时，应在弯曲应力较大区格的受压区增加配置纵向加劲肋（见图 5.31b、c）。局部压应力很大的梁，必要时尚宜在受压区配置短加劲肋（见图 5.31d）。

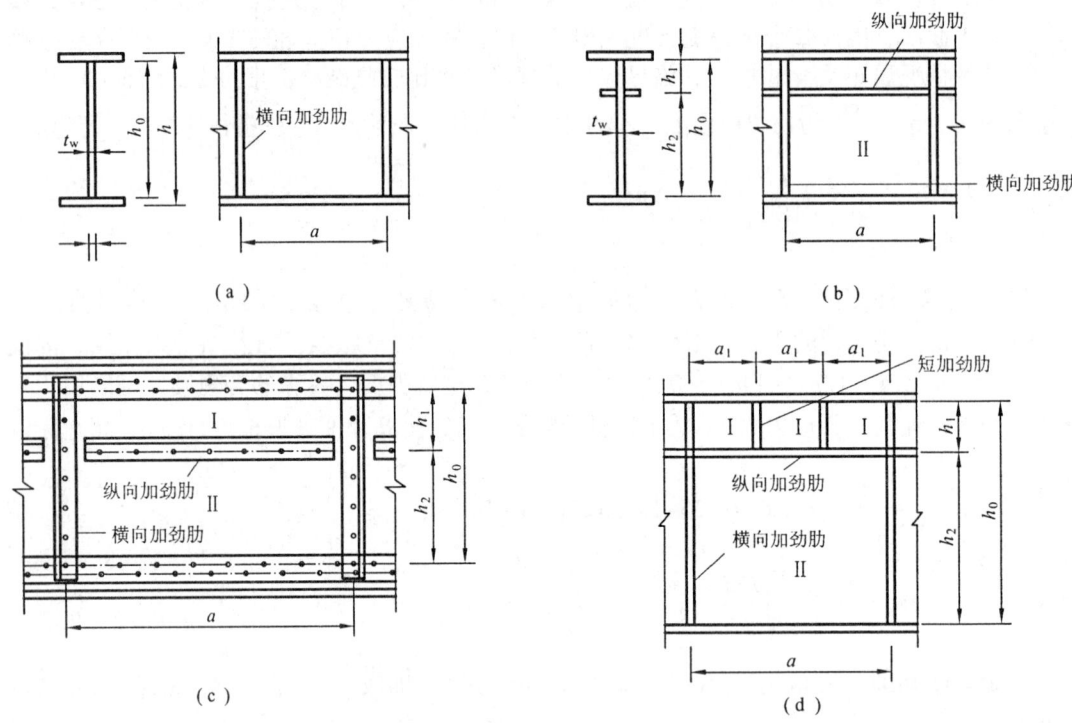

图 5.31 腹板加劲肋的布置

任何情况下 h_0/t_w 均不应超过 $250\sqrt{235/f_y}$。

此处 h_0 为腹板的计算高度，对焊接梁 h_0 等于腹板高度 h_w；对螺栓连接的梁为腹板与上、下翼缘连接螺栓的最近距离（见图 5.31c），对单轴对称梁，当确定是否要配置纵向加劲肋时，h_0 应取腹板受压区高度 h_c 的 2 倍。

③ 梁的支座处和上翼缘受有较大固定集中荷载处宜设置支承加劲肋。

为避免焊接后的不对称残余变形并减少制造工作量，焊接吊车梁宜尽量避免设置纵向加劲肋，尤其是短加劲肋。

通常，梁的加劲肋和翼缘使腹板分成若干四边支承的矩形区格。这些区格一般受有弯曲正应力、剪应力，以及局部压应力作用。在弯曲正应力单独作用下，腹板的失稳形式如图 5.32（a）所示，凸凹波形的中心靠近其压应力合力的作用线；在剪应力单独作用下，腹板在 45°方向产生主应力，主拉应力和主压应力数值上都等于剪应力。在主压应力作用下，腹板失稳形式如图 5.32（b）所示，为大约 45°方向倾斜的凸凹波形；在局部压应力单独作用下,腹板的失稳形式如图 5.32(c)所示,产生一个靠近横向压应力作用边缘的鼓曲面。

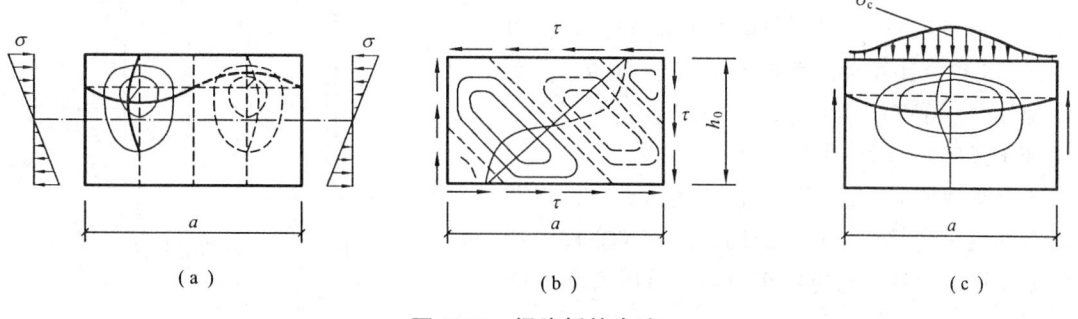

图 5.32 梁腹板的失稳

横向加劲肋主要防止由剪应力和局部压应力可能引起的腹板失稳,纵向加劲肋主要防止由弯曲压应力可能引起的腹板失稳,短加劲肋主要防止由局部压应力可能引起的腹板失稳。

计算时,一般先布置加劲肋,然后计算各区格板的平均作用应力和相应的临界应力,使其满足稳定条件。若不满足或是富裕过多,则再调整加劲肋间距,重新计算。下面介绍规范规定的各种加劲肋配置时腹板稳定计算方法。

(1)仅用横向加劲肋加强的腹板。

腹板在各区格(两个横向肋之间的板段)同时受有弯曲正应力 σ、剪应力 τ、一个边缘压应力 σ_c(无支承加劲肋时)共同作用(见图 5.26),稳定条件可采用式(5.40),即腹板各区格稳定计算式为

$$\left(\frac{\sigma}{\sigma_{cr}}\right)^2 + \left(\frac{\tau}{\tau_{cr}}\right)^2 + \frac{\sigma_c}{\sigma_{c,cr}} \leqslant 1.0$$

式中 σ——所计算腹板区格内,由平均弯矩产生的腹板计算高度边缘的弯曲压应力;

τ——所计算腹板区格内,由平均剪力产生的腹板平均剪应力,$\tau = V/(h_w t_w)$;

σ_c——腹板边缘的局部压应力,应按式(5.9)计算,但一律取 $\psi=1.0$,式中 F 取为吊车轮压设计值,当吊车为轻级或中级工作制者,轮压设计值可乘以折减系数 0.9;

σ_{cr}、τ_{cr}、$\sigma_{c,cr}$——各种应力单独作用下板的临界应力。

各单项临界应力值都不应超过各自的屈服强度。引进抗力分项系数后,都不应超过强度设计值。按下面方法计算:

① σ_{cr} 的计算式。仅设横向加劲肋时,弹性范围临界应力 σ_{cr} 都由公式(5.43)计算,但是对嵌固系数 χ 作了修改和简化,即区分梁上翼缘(受压翼缘)扭转受到完全约束和未受到约束两种情况,分别取 $\chi=1.66$ 和 1.23;塑性范围临界应力 $\sigma_{cr} = f_y$;在弹性范围的式(5.43)和塑性范围式 $\sigma_{cr} = f_y$ 之间还需要有弹塑性过渡区。因此,现行规范把临界应力的计算都分为 3 个公式,分别属于塑性、弹塑性和弹性范围。

单轴对称的工字形截面梁，受弯时中和轴不在腹板高度中央，通常为了保持整体稳定，受压翼缘大于受拉翼缘，腹板边缘压应力小于边缘拉应力（见图5.33）。在这种情况下 σ_1 的临界应力按式（5.43）计算时，系数 k 应大于23.9。在实际设计中，可以保留 $k=23.9$，而把腹板高度用2倍受压区高度即 $2h_c$ 代替。

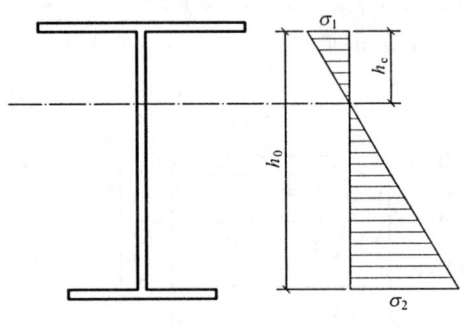

图5.33 单轴对称梁

现行规范采用国际上通行的表达方法，临界应力的表达式都和腹板的通用高厚比（亦称正则化宽厚比）挂钩。对弯曲正应力，通用高厚比是

$$\lambda_b = \sqrt{f_y / \sigma_{cr}} = \frac{h_0}{t_w} \sqrt{\frac{12(1-v^2)f_y}{\chi k \pi^2 E}} = \frac{h_0/t_w}{28.1\sqrt{\chi k}} \sqrt{\frac{f_y}{235}} \tag{5.49}$$

上式可使不同钢号的板件用同一公式计算。在上式中代入 $k=23.9$ 和 $\chi=1.66$ 或 1.23，并以 $2h_c$ 代替 h_0，得到下列两式：

当梁受压翼缘扭转受到约束时

$$\lambda_b = \frac{2h_c/t_w}{177} \sqrt{\frac{f_y}{235}} \tag{5.50a}$$

当梁受压翼缘扭转未受到约束时

$$\lambda_b = \frac{2h_c/t_w}{153} \sqrt{\frac{f_y}{235}} \tag{5.50b}$$

临界弯曲应力的表达式为：
当 $\lambda_b \leq 0.85$ 时

$$\sigma_{cr} = f \tag{5.51a}$$

当 $0.85 < \lambda_b \leq 1.25$ 时

$$\sigma_{cr} = [1 - 0.75(\lambda_b - 0.85)]f \tag{5.51b}$$

当 $\lambda_b > 1.25$ 时

$$\sigma_{cr} = 1.1f / \lambda_b^2 \tag{5.51c}$$

式中 λ_b——用于腹板受弯计算时的通用高厚比；

h_c——梁腹板弯曲受压区高度，对双轴对称截面 $2h_c = h_0$。

公式（5.51）三式分别属于塑性、弹塑性和弹性范围。确定它们之间界限的依据如下：

对于既无几何缺陷又无残余应力的理想弹塑性板，并不存在弹塑性过渡区。塑性范围和弹性范围的分界点是 $\lambda_b = 1.0$，因为当 $\lambda_b = 1.0$ 时 $\sigma_{cr} = f_y$。实际工程中的板由于存在缺陷，在 λ_b 未达1.0之前临界应力就开始下降。考虑这些因素，我们取为0.85，腹板边缘应力达到强度设计值时高厚比为130（翼缘扭转未受约束）和150（翼缘扭转受到约束），比较合理。规范规定，计算梁整体稳定时，当稳定系数 φ_b 大于0.6时即需作非弹性修正，相应的 λ_b 为 $(1/0.6)^{1/2} = 1.29$。考虑到残余应力的不利影响对腹板稳定不如对梁整体稳定大，取1.25。

② τ_{cr} 的计算式。对于受剪腹板稳定系数和腹板长宽比 a/h_0 有关，即

当 $a/h_0 \leq 1.0$ 时
$$k_\tau = 4 + 5.34(h_0/a)^2$$

当 $a/h_0 > 1.0$ 时
$$k_\tau = 5.34 + 4(h_0/a)^2$$

取 $\chi = 1.23$ 可得：

当 $a/h_0 \leq 1.0$ 时
$$\lambda_s = \frac{h_0/t_w}{41\sqrt{4+5.34(h_0/a)^2}}\sqrt{\frac{f_y}{235}} \tag{5.52a}$$

当 $a/h_0 > 1.0$ 时
$$\lambda_s = \frac{h_0/t_w}{41\sqrt{5.34+4(h_0/a)^2}}\sqrt{\frac{f_y}{235}} \tag{5.52b}$$

临界剪应力的计算公式是：

当 $\lambda_s \leq 0.8$ 时
$$\tau_{cr} = f_v \tag{5.53a}$$

当 $0.8 < \lambda_s \leq 1.2$ 时
$$\tau_{cr} = [1 - 0.59(\lambda_s - 0.8)]f_v \tag{5.53b}$$

当 $\lambda_b > 1.2$ 时
$$\tau_{cr} = 1.1 f_v / \lambda_s^2 \tag{5.53c}$$

式中 λ_s——用于腹板受剪计算时的通用高厚比。

这里，塑性界限和弹性界限分别取在 $\lambda_s = 0.8$ 和 1.2，前者参考欧盟规范 EC3-ENV—1993 采用。通常认为钢材剪切比例极限为 $0.8f_{vy}$，再引进板件几何缺陷影响系数 0.9，弹性界限应为 $[1/(0.8 \times 0.9)]^{1/2} = 1.18$，调整为 1.2。

③ $\sigma_{c,cr}$ 的计算式。对于承受局部压应力的腹板稳定系数和腹板长宽比 a/h_0 有关，即

当 $0.5 \leq a/h_0 \leq 1.5$ 时
$$\chi k = 10.9 + 13.4(1.83 - a/h_0)^3$$

当 $1.5 < a/h_0 \leq 2.0$ 时
$$\chi k = 18.9 - 5a/h_0$$

所以有：

当 $0.5 \leq a/h_0 \leq 1.5$ 时
$$\lambda_c = \frac{h_0/t_w}{28\sqrt{10.9+13.4(1.83-a/h_0)^3}}\sqrt{\frac{f_y}{235}} \tag{5.54a}$$

当 $1.5 < a/h_0 \leq 2.0$ 时
$$\lambda_c = \frac{h_0/t_w}{28\sqrt{18.9-5a/h_0}}\sqrt{\frac{f_y}{235}} \tag{5.54b}$$

局部压应力临界值的计算公式是：

当 $\lambda_c \leq 0.9$ 时

$$\sigma_{c,cr} = f \tag{5.55a}$$

当 $0.9 < \lambda_c \leq 1.2$ 时

$$\sigma_{c,cr} = [1 - 0.79(\lambda_c - 0.9)]f \tag{5.55b}$$

当 $\lambda_c > 1.2$ 时

$$\sigma_{c,cr} = 1.1 f / \lambda_c^2 \tag{5.55c}$$

式中　λ_c——用于腹板受局部压力计算时的通用高厚比。

局部压应力和弯曲应力同属正应力，但是，腹板中引起横向非弹性变形的残余应力不如纵向大，所以规范把弹塑性界限取为1.2，而不是1.25。关于塑性范围的界限缺少参考资料，为了避免过渡段影响过大，取为0.9。

在以上3组临界应力公式（5.51）、（5.53）和（5.55）中，第1个和第2个公式都引进了抗力分项系数，对高厚比足够小的腹板，临界应力等于强度设计值 f 或 f_v，而不是屈服强度 f_y 或 f_{vy}。但是第3个公式都有系数1.1，它是抗力分项系数的近似值。与式（5.49）相对照可以看出，式（5.51c）的临界应力就是弹性屈服应力的理论值，即不再含抗力分项系数。弹性和塑性范围区别对待的原因，是板处于弹性范围时，存在较大的屈曲后强度，安全系数可以相对小一些，只保留荷载分项系数就够了。

（2）兼有横向和纵向加劲肋的腹板。

梁腹板的纵向加劲肋设置在距离板上边缘（受压翼缘侧）1/4～1/5高度处，把腹板划分为上、下两个区格。上区格是个狭长板幅，在弯矩的作用下非均匀受压，在横向集中荷载作用下则不仅在上边缘有局部压应力 σ_c，下边缘还有局部压应力 $0.3\sigma_c$（见图5.34）。

上区格（受压翼缘与纵向肋之间的区格）的稳定条件可采用相关公式（5.41），即

$$\frac{\sigma}{\sigma_{cr1}} + \left(\frac{\sigma_c}{\sigma_{c,cr1}}\right)^2 + \left(\frac{\tau}{\tau_{cr1}}\right)^2 \leq 1$$

式中，σ_{cr1}、τ_{cr1}、$\sigma_{c,cr1}$ 按下列方法计算：

· σ_{cr1} 按式（5.51）计算，但式中的 λ_b 改用下列的 λ_{b1} 代替。上区格高度均取平均值 $h_1 = 0.225h_0$，在弯曲应力作用下，上区格为非均匀受压，由 σ 变到 0.55σ，其屈曲系数为

$$K_\sigma = \frac{8.2}{1.05 + 0.55} = 5.13$$

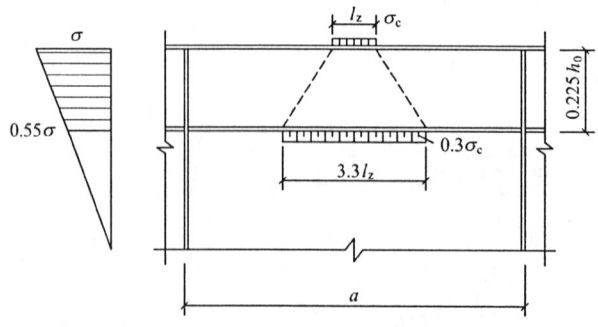

图5.34　纵向加劲肋上面的区格

梁受压翼缘扭转受到约束时，取嵌固系数 $\chi = 1.4$，相应的通用高厚比

$$\lambda_{b1} = \frac{h_1/t_w}{28.1\sqrt{1.4 \times 5.13}}\sqrt{\frac{f_y}{235}} = \frac{h_1/t_w}{75}\sqrt{\frac{f_y}{235}} \qquad (5.56a)$$

梁受压翼缘扭转未受到约束时，取嵌固系数 $\chi = 1.0$，则有

$$\lambda_{b1} = \frac{h_1/t_w}{64}\sqrt{\frac{f_y}{235}} \qquad (5.56b)$$

- τ_{cr1} 按式（5.53）计算，但式中的 h_0 改为 h_1。上区格的剪应力计算没有特殊之处，在式（5.52）中用 h_1 代替 h_0，得出通用高厚比后代入式（5.53）即得临界剪应力。
- $\sigma_{c,cr1}$ 按式（5.55）计算，但式中的 λ_c 改用下列的 λ_{c1} 代替。在横向集中荷载作用下，上区格可看作板状轴心受压柱来计算其临界应力。板柱上端承受压应力，分布宽度为 l_z，板柱高度中央的应力分布宽度为上下段的平均值 $2.15l_z$，可以近似取为 $2h_1$。这样，可以把板柱看作截面积为 $2h_1t_w$ 的均匀受压构件。板柱的临界力在欧拉公式的基础上对弹性模量 E 除以 $(1-v^2)$，则有

$$P_{cr} = \frac{\pi^2 E}{(1-v^2)\lambda^2} \cdot 2h_1 t_w$$

此柱的计算长度为 μh_1，截面回转半径为 $t_w/12^{1/2}$，代入上式得

$$P_{cr} = \frac{\pi^2 E}{6(1-v^2)} \cdot \left(\frac{t_w}{\mu h_1}\right)^2 \mu h_1 t_w$$

σ_c 的临界值为

$$\sigma_{c,cr1} = \frac{P_{cr}}{\mu h_1 t_w} = 37.2\left(\frac{100t_w}{\mu h_1}\right)^2$$

当上翼缘（受压翼缘）扭转受到约束时，相当于板柱上端嵌固，计算长度系数 μ 为 0.707，此时

$$\lambda_{c1} = \sqrt{\frac{f_y}{\sigma_{c,cr1}}} = \frac{h_1 t_w}{56}\sqrt{\frac{f_y}{235}} \qquad (5.57a)$$

对上翼缘扭转未受约束的梁，计算长度系数 μ 为 1.0，有

$$\lambda_{c1} = \sqrt{\frac{f_y}{\sigma_{c,cr1}}} = \frac{h_1 t_w}{40}\sqrt{\frac{f_y}{235}} \qquad (5.57b)$$

下区格（受拉翼缘与纵向肋之间的区格）的受力情况和仅设横向加劲肋的情况相似，区格边长比也和后者相差不多。因此局部稳定的相关公式也和仅设横向加劲肋者相似，即稳定条件可采用相关公式（5.42），有

$$\left(\frac{\sigma_2}{\sigma_{cr2}}\right)^2 + \left(\frac{\tau}{\tau_{cr2}}\right)^2 + \frac{\sigma_{c2}}{\sigma_{c,cr2}} \leq 1.0$$

式中 σ_2——所计算区格内腹板在纵肋处压应力平均值;

σ_{c2}——腹板在纵肋处的横向压应力,取 $0.3\sigma_c$。

σ_{cr2} 按式(5.51)计算,但式中的 λ_b 改用下列的 λ_{b2} 代替。腹板下区格在弯矩作用下的屈曲系数为

$$k_\sigma = 5.98(1+1/0.55)^2 = 47.6$$

相应的通用高厚比为

$$\lambda_{b2} = \frac{h_2/t_w}{28.1\sqrt{47.6}}\sqrt{\frac{f_y}{235}} = \frac{h_2/t_w}{194}\sqrt{\frac{f_y}{235}} \qquad (5.58)$$

τ_{cr2} 按式(5.52)和(5.53)计算,但式中的 h_0 改为 h_2。

$\sigma_{c,cr2}$ 按式(5.54)和式(5.55)计算,但式中的 h_0 改为 h_2。当 $a/h_2>2$ 时,取 $a/h_2=2$。

(3)设有短加劲肋的腹板。有些吊车梁的腹板在设置纵向和横向加劲肋后局部稳定仍然得不到保证,这时可在上区格加设 1~3 道短加劲肋,稳定条件可采用相关公式(5.41)。

① 加设短加劲肋,对弯曲压应力的临界值没有影响,仍然和有纵向加劲肋时一样,由式(5.51)和式(5.56)计算。

② 临界剪应力虽然受到短加劲肋影响,但计算方法没有改变,仍然按式(5.52)和式(5.53)计算,不过计算时用 h_1 和 a_1 代替 h_0 和 a,a_1 为短加劲肋间距(见图 5.35)。

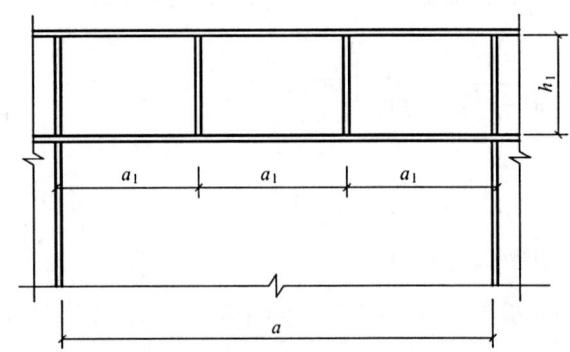

图 5.35 设有短加劲肋的腹板

③ 影响最大的是局部压应力的临界值。未设短加劲肋时,腹板上区格是狭长板,在局部压力作用下性能接近两边支承板。设有短加劲肋后,成为四边支承板,稳定承载力有所提高,并和比值 a_1/h_1 有关。以区格宽度 a_1 为准进行计算,当 $a_1/h_1 \leq 1.2$ 时,屈曲系数为 6.8,而 $a_1/h_1 > 1.2$ 时为 $6.8(0.4+0.5a_1/h_1)^{1/2}$。

$\sigma_{c,cr1}$ 用式 5.55 计算,但式中 λ_b 改用下列 λ_{c1} 代替。

对 $a_1/h_1 \leq 1.2$ 的区格,相应的通用宽厚比为:

当梁受压翼缘扭转受到约束时,嵌固系数为 1.4,有

$$\lambda_{c1} = \frac{a_1/t_w}{87}\sqrt{\frac{f_y}{235}} \qquad (5.59a)$$

当梁受压翼缘扭转未受约束时

$$\lambda_{c1} = \frac{a_1/t_w}{73}\sqrt{\frac{f_y}{235}} \tag{5.59b}$$

对 $a_1/h_1>1.2$ 时的区格，仍用式（5.59）计算 λ_{c1}，但在上两式右端应乘以 $1/(0.4+0.5a_1/h_1)^{1/2}$。

（4）加劲肋的构造要求：

① 中间加劲肋。焊接梁的加劲肋一般用钢板做成，并在腹板两侧成对布置。对非重级工作制吊车梁的中间加劲肋，为了节约钢材和制造工作量，也可单侧布置。

横向加劲肋的最小间距为 $0.5h_0$，最大间距为 $2h_0$（对无局部压应力的梁，当 $h_0/t_w \le 100$ 时，可采用 $2.5h_0$）；纵向加劲肋至腹板受压边缘的距离应在 $h_c/2.5 \sim h_c/2$ 范围之间；短加劲肋的最小间距为 $0.75h_1$。

为保证加劲肋作为腹板的可靠支承，对加劲肋的截面尺寸和截面惯性矩应有一定要求。双侧布置的钢板横向加劲肋的外伸宽度应满足下式要求：

$$b_s \ge \frac{h_0}{30} + 40 \quad (\text{mm}) \tag{5.60}$$

厚度
$$t_s \ge \frac{b_s}{15} \tag{5.61}$$

单侧布置时，外伸宽度应比上式增大 20%。

当腹板同时用横向加劲肋和纵向加劲肋加强时，应在其相交处切断纵向肋而使横向加劲肋保持连续。此时，横向肋的断面尺寸除应符合上述规定外，其截面惯性矩（对 z—z 轴），尚应满足下式要求

$$I_z \ge 3h_0 t_w^3 \tag{5.62}$$

纵向加劲肋的截面惯性矩（对 y—y 轴），应满足下式的要求：

当 $a/h_0 \le 0.85$ 时

$$I_y \ge 1.5h_0 t_w^3 \tag{5.63}$$

当 $a/h_0 > 0.85$ 时

$$I_y \ge \left(2.5 - 0.45\frac{a}{h_0}\right)\left(\frac{a}{h_0}\right)^2 h_0 t_w^3 \tag{5.64}$$

短加劲肋的最小间距为 $0.75h_1$。短加劲肋外伸宽度应取横向加劲肋外伸宽度的 0.7～1.0 倍，厚度不小于短加劲肋外伸宽度的 1/15。

对大型梁，可采用以肢尖焊于腹板的角钢加劲肋，其截面惯性矩不得小于相应钢板加劲肋的惯性矩。

计算加劲肋截面惯性矩的 y 轴和 z 轴，双侧加劲肋为腹板轴线；单侧加劲肋为与加劲肋相连的腹板边缘线。

为了避免焊缝交叉，减小焊接应力，在加劲肋端部应切角（见图 5.36）。对直接承受动荷载的梁（如吊车梁），中间横向加劲肋下端不应与受拉翼缘焊接，以避免降低受拉翼缘的疲劳强度，一般在距受拉翼缘 50～100 mm 处断开（见图 5.36b）。

② 支承加劲肋。承受固定集中荷载或者支座反力的横向加劲肋称为支承加劲肋。支承

加劲肋应在腹板两侧成对设置，应进行整体稳定和端面承压计算，因此其截面往往比中间横向加劲肋大。

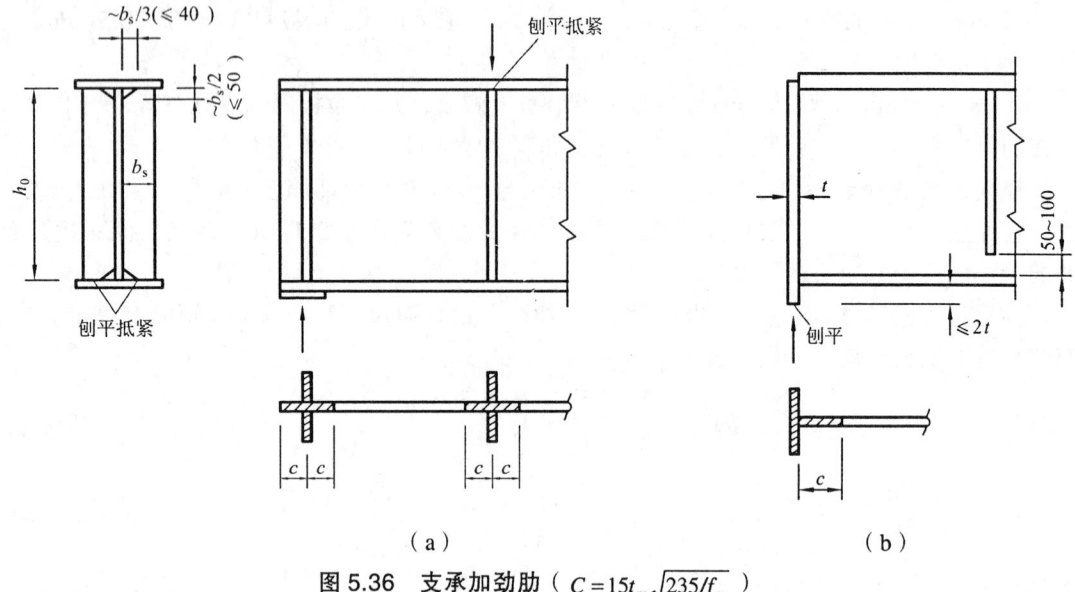

图 5.36 支承加劲肋（$C = 15t_w\sqrt{235/f_y}$）

按轴心压杆计算支承加劲肋在腹板平面外的稳定性。此压杆的截面包括加劲肋以及每侧各 $15t_w\sqrt{235/f_y}$ 范围内的腹板面积（见图 5.36 中阴影部分），其计算长度近似取为 h_0。

支承加劲肋一般刨平抵紧梁的翼缘（见图 5.36a）或柱顶（见图 5.36b），其端面承压强度按下式计算：

$$\sigma_{ce} = \frac{F}{A_{ce}} \leqslant f_{ce} \qquad (5.65)$$

式中　F——集中荷载或支座反力；
　　　A_{ce}——端面承压面积；
　　　f_{ce}——钢材端面承压强度设计值。

突缘支座（见图 5.36b）的伸出长度不应大于加劲肋厚度的 2 倍。

支承加劲肋与腹板的连接焊缝，应按承受全部集中力或支座反力进行计算。计算时假定应力沿焊缝长度均匀分布。

第六节　考虑腹板屈曲后强度梁的设计

在上一节的讨论中，我们均假定板屈曲时的挠度很小，忽略了板中面由挠曲产生的应力。但是对很薄的宽薄板来说，挠度较大，在中面上形成的应力的有利影响比较显著。因此宽薄板在屈曲后仍能继续承担更大的荷载，即具有屈曲后强度。对梁腹板来说，可能受压屈曲可能受剪屈曲，屈曲后都存在继续承载的能力，两种应力状态下屈曲后强度产生的方式不同，因而计算原则也不同。

1. 概 述

如图 5.37 所示的四边简支薄板，纵向受有均匀分布的压力。当纵向压应力达弹性临界应力时板开始屈曲（见图 5.37a），由于是四边支承的板，在板横向中部将产生拉力，而限制了板纵向变形的发展，这种限制提高了板的纵向承载力。随着纵向压力的增加，板的两侧部分会超过 σ_{cr} 直至板的侧边应力达到材料屈服强度，而板的中部应力基本保持为 σ_{cr}，板的应力分布图形变成马鞍形（见图 5.37b），同时板的两纵边也出现自相平衡的应力。这种承载潜力称为板的屈曲后强度，薄板受弯和受剪时也有这种承载潜力。

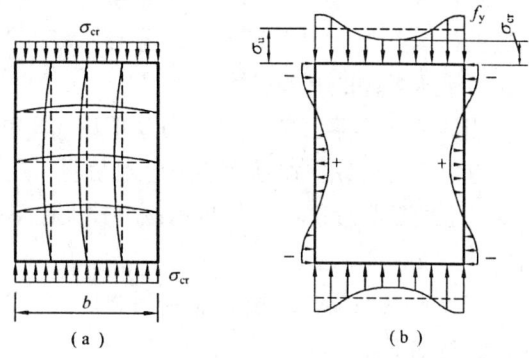

图 5.37 受压板件的屈曲后强度

为了便于计算，实用时引入了有效宽度的概念。将受压薄板达极限状态时的马鞍形应力分布图形（见图 5.38a），先简化为矩形分布图形（见图 5.38b），然后在合力不变的前提下用两侧应力为 f_y 的矩形图形（见图 5.39c）来代替，这个矩形的宽度之和就称为此板的有效宽度 b_e。对非均匀压应力作用，板件两边的有效宽度就不相等（见图 5.39），但相加起来仍等于 b_e。

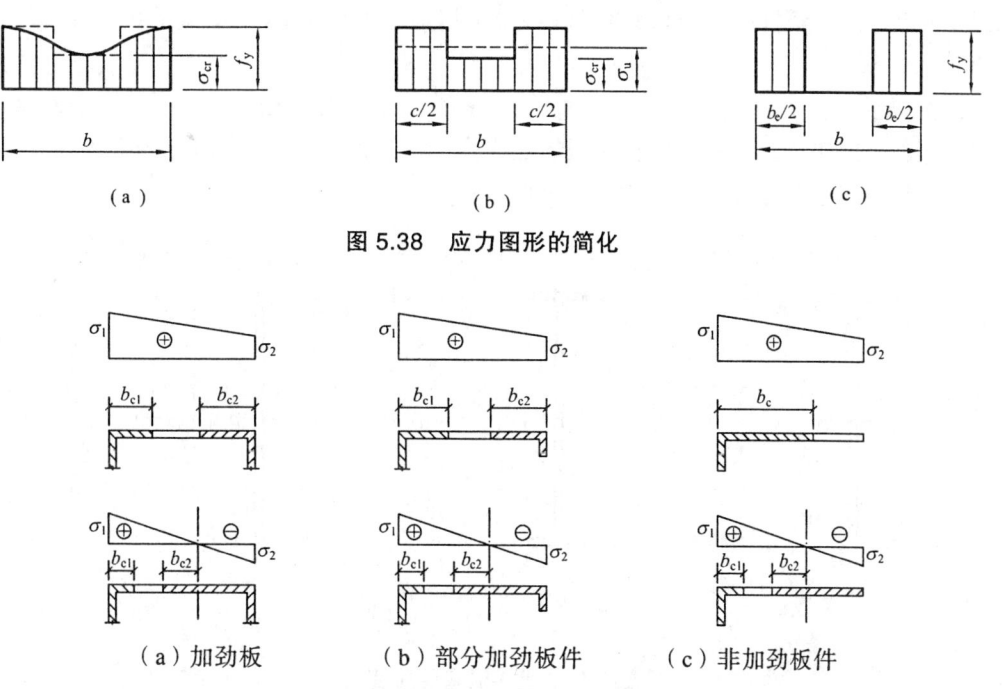

图 5.38 应力图形的简化

（a）加劲板　　（b）部分加劲板件　　（c）非加劲板件

图 5.39 受压板件的有效截面图

根据板件两边支承情况将其分为加劲板件、部分加劲板件和非加劲板件3种。

加劲板件为两纵边均与其他板件相连接的板件，如箱形截面的翼缘和腹板，槽形截面的腹板等；部分加劲板件即为一纵边与其他板件相连，另一纵边为卷边加劲的板件，如带卷边的C型钢（槽钢）的翼缘板等；非加劲板件即一纵边与其他板件相连，另一纵边为自由边的板件，如不带卷边的C型钢（槽钢）的翼缘板等。

受压板件有效宽度的计算，除与板件的实际宽厚比、所受应力大小和分布情况、板件纵边的支承类型等因素有关外，还与相邻板件对它的约束程度有关。图5.39给出不同应力分布时受压板件的有效截面。

当梁腹板用第五节所述小挠度理论（即弹性屈曲理论）来计算时，常要设置横向加劲肋，有时还要设纵向加劲肋甚至短加劲肋，这既费工又费料。对一般梁（吊车梁除外）若考虑板件屈曲后强度，则腹板高厚比可较大而不设加劲肋或仅仅设置横向加劲肋，因此有很大的经济意义。

工字形截面梁考虑腹板屈曲后强度，包括单纯受弯、单纯受剪和弯剪共同作用3种情况，分述如下。

2. 梁腹板受弯屈曲后强度

梁腹板在弯矩达到一定程度时受压区出现凸曲变形（见图5.40a）。此时若边缘应力未达到屈服，则梁还能继续承受更大的荷载，但截面上的应力出现重分布，凸曲部分的应力不再继续增大，甚至有所减小，而和翼缘相邻部分及压应力较小和受拉部分的应力继续增加，直至边缘应力达到屈服为止。此时梁的中和轴略有下降，腹板受拉区全部有效；受压区可引入有效宽度的概念，认为腹板受压区的一部分退出工作（见图5.40b），并假定有效宽度均分在受压区的上、下部位。梁所能承受的弯矩即取这一有效截面（见图5.40c）按应力线性分布计算。

因为腹板屈曲后使梁的抗弯承载力下降得不多，在计算梁腹板屈曲后的抗弯承载力时，一般用近似公式来确定。各种资料采用的近似公式各不相同，但计算结果差别很小。我国规范建议的梁抗弯承载力计算公式如下：

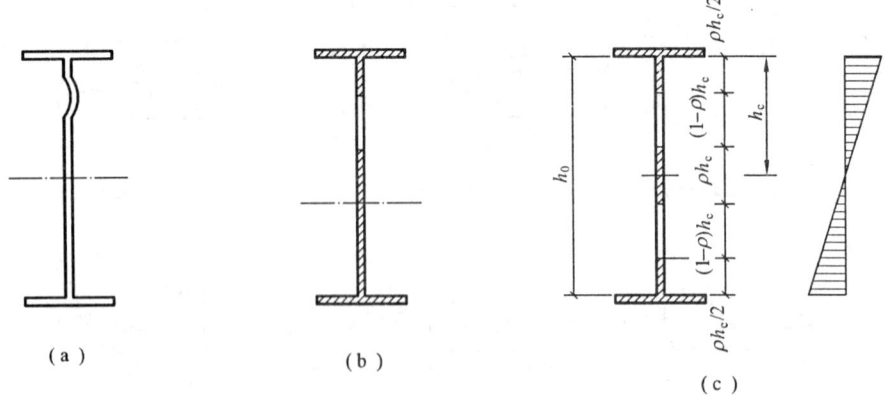

图5.40 腹板受弯屈曲后强度

临界应力公式为

$$\sigma_{cr} = k\frac{\pi^2 E}{12(1-\nu^2)}\left(\frac{t}{b}\right)^2$$

板件受压屈曲后最大受压纤维屈服时，可有下列关系

$$f_y = k\frac{\pi^2 E}{12(1-\nu^2)}\left(\frac{t}{b_e}\right)^2 \tag{5.66}$$

式中，b_e 为板屈曲后有效宽度，由式（5.32）和式（5.66）可得

$$\frac{b_e}{b} = \sqrt{\frac{\sigma_{cr}}{f_y}} \tag{5.67}$$

对受弯的梁腹板来说，式（5.67）左端为 h_e/h_0，而右端则为 $1/\lambda_b$。因此有

$$\frac{h_e}{h_c} = \frac{1}{\lambda_b} \tag{5.68}$$

令 $\rho = h_e/h_c$ 称为腹板受压区有效高度系数，考虑到几何缺陷和残余应力等不利因素，把式（5.68）修正为

当 $\lambda_b > 1.25$ 时

$$\rho = \frac{1}{\lambda_b}\left(1 - \frac{0.2}{\lambda_b}\right) \tag{5.69a}$$

式（5.69a）只适用于弹性范围。

在弹塑性范围有：

当 $0.85 < \lambda_b \leq 1.25$ 时

$$\rho = 1 - 0.82(\lambda_b - 0.85) \tag{5.69b}$$

当 $\lambda_b \leq 0.85$ 时，腹板不发生屈曲，即全部有效，则

$$\rho = 1.0 \tag{5.69c}$$

腹板只分担梁弯矩的一部分，腹板屈曲后梁的抗弯承载力需要由整个截面来确定。梁有效截面如图 5.40（b）所示，是单轴对称的，计算它的截面模量比较复杂。由于腹板分担的弯矩份额较小，可以采用近似方法使计算简化。对双轴对称的工形截面梁，具体简化措施是，在腹板受拉区也扣除 $(1-\rho)h_e$，使中和轴仍在梁高度中央（见图 5.40c），但计算腹板惯性矩时，不扣除无效区关于自身形心轴的惯性矩作为补偿，亦即有效截面的惯性矩按下式计算

$$I_{we} = I_w - 2(1-\rho)h_c t_w\left[\frac{1}{2}\rho h_c + \frac{1}{2}(1-\rho)h_c\right]^2$$

或

$$I_{we} = I_w - \frac{1-\rho}{2}h_c^3 t_w \tag{5.70}$$

在式（5.70）的基础上加上翼缘提供的惯性矩 I_f，可得整个截面的有效惯性矩为

$$I_e = I_f + I_w - \frac{1-\rho}{2}h_c^3 t_w$$

或

$$I_e = I_x\left[1 - \frac{1-\rho}{2} \cdot \frac{h_c^3 t_w}{I_x}\right] = \alpha_e I_x \quad (5.71)$$

$$\alpha_e = 1 - \frac{1-\rho}{2} \cdot \frac{h_c^3 t_w}{I_x}$$

α_e 称为梁截面模量折减系数，由计算可知，α_e 比 1.0 下降不多。上式是按双轴对称截面塑性发展系数 $\gamma_x = 1.0$ 得出的偏安全的近似公式，也可用于 $\gamma_x = 1.05$ 和单轴对称截面。

梁受弯屈曲后强度为

$$M_{eu} = \gamma_x \alpha_e W_x f \quad (5.72)$$

式中　γ_x——梁截面塑性发展系数。

3. 梁腹板受剪屈曲后强度

腹板区格在受剪时产生主压应力及主拉应力（见图 5.41a）。当主压应力达到一定程度时，迫使腹板屈曲，此时主拉应力还未达到限值。因此腹板还可以通过斜向的拉力场承受继续增加的剪力，屈曲后强度具体体现在 f_{vy} 和 τ_{cr} 间的差距。不同的研究工作者提出过许多种拉力场分布假定，从而存在多种受剪后屈曲强度的计算方法。美国 AISC 规范较早开始利用屈曲后强度，所采用的是比较简单的 Basler 方法，这种方法假定拉力场只存在于两相邻横向加劲肋之间（见图 5.41c），计算比较简便，但公式推导过程中存在矛盾。欧盟规范 EC3-ENV—1993 给出较为精确的计算方法，认为拉力场不仅存在于横向加劲肋之间，同时也存在于上、下翼缘之间（见图 5.41d），计算时需要先确定拉力带宽度，计算比较复杂。为了减轻计算工作量，该规范还给出一种简化计算方法。此法算得的屈曲后强度相当于不同尺寸区格的承载力下限。我国规范的规定参考了后一种方法。

规范极限剪力计算也以相应的通用高厚比 λ_s 为参数。计算 λ_s 时取嵌固系数 $\chi = 1.23$。拉力场剪力值参考了欧盟规范的"简单屈曲后方法"。但是，由于拉力带还有弯曲应力，把欧盟的拉力场乘以 0.8。欧盟不计嵌固系数，极限剪应力并不比我们采用的高。

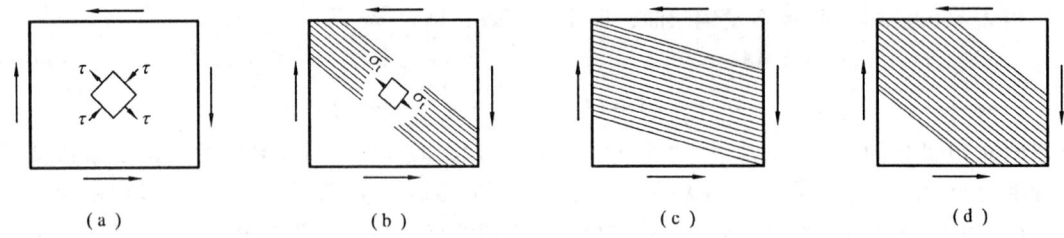

图 5.41　腹板受剪屈曲后的拉力场

现行规范规定的腹板极限剪力设计值计算公式如下：

当 $\lambda_s \leq 0.8$ 时

$$V_u = h_w t_w f_v \quad (5.73a)$$

当 $0.8 < \lambda_s \leq 1.2$ 时

$$V_u = h_w t_w f_v [1 - 0.5(\lambda_s - 0.8)] \quad (5.73b)$$

当 $\lambda_s > 1.2$ 时

$$V_u = h_w t_w f_y / \lambda_b^{1.2} \quad (5.73c)$$

式中 λ_s——用于腹板抗剪计算的通用高厚比,按式(5.52a)和式(5.52b)计算。

4. 弯剪联合作用下梁的屈曲后承载力

梁腹板的区格一般都同时受有弯矩和剪力,在二者的综合作用下,梁屈曲后的承载力由下式验算

$$\left(\frac{V}{0.5V_u}-1\right)+\frac{M-M_f}{M_{eu}-M_f}\leq 1 \quad (5.74)$$

式中,V_u 和 M_{eu} 分别用式(5.73)和式(5.72)计算;M_f 为梁两翼缘所能承担的弯矩设计值。

双轴对称的工字形截面梁

$$M_f = A_f h_f f \quad (5.75)$$

单轴对称的工字形截面梁

$$M_f = \left(A_{f1}\frac{h_1^2}{h_2} + A_{f2}h_2\right)f \quad (5.76)$$

式中 A_{f1}、A_{f2}——较大翼缘和较小翼缘的截面积,当为双轴对称时,二者相等,记为 A_f(一个翼缘的截面积);

h_1、h_2——较大和较小翼缘的形心至梁中和轴距离;

h_f——上、下翼缘轴线间距离。

式(5.74)是强度计算的相关公式,M 和 V 为任意一截面同时出现的弯矩和剪力(并不是稳定计算所用的区格平均弯矩和平均剪力)。

当 $M<M_f$ 时,弯矩可全部由翼缘承担,此时在公式(5.74)中取 $M=M_f$,该式退化为 $V\leq V_u$。

当梁在弯矩作用下边缘屈服而截面全部有效时,腹板还有很大的承受剪力的能力。由于引进塑性发展系数 $\lambda_x=1.05$,腹板边缘虽然有一小部分塑性区,仍然有相当可观的承受剪力的能力,对于腹板非全部有效的截面情况也类似。小于 $0.5V_u$ 的剪力不会影响梁承受弯矩的能力,因此,当 $V\leq 0.5V_u$ 时,在式(5.74)中取 $V=0.5V_u$ 时,该式退化为 $M\leq M_{eu}$。

5. 利用屈曲后强度的加劲肋

利用腹板屈曲后强度的梁,可以不设中间横向加劲肋,或是只在有固定集中荷载处设置中间加劲肋(高厚比很大的腹板,如果施工时不易保证质量,可以适当设置构造加劲肋),不设纵向加劲肋。

梁腹板在剪力作用下屈曲后以斜拉力带的形式继续抵抗剪力,此时,梁的行为类似桁架,横向加劲肋起桁架竖杆的作用,拉力带的水平分力在相邻区格腹板之间传递和平衡,而竖向分力则由加劲肋承担,为此,加劲肋应按轴心压杆进行计算,其轴力为

$$N_s = V_u - \tau_{cr} h_w t_w + F \quad (5.77)$$

式中 V_u——按公式(5.73)计算;

F——作用于中间支承加劲肋上端的集中压力;

τ_{cr}——临界剪应力,按式(5.53)计算;

h_w——腹板高度。

利用腹板屈曲后强度时,支座加劲肋需要特别处理。原因是拉力带的水平分力使它受

弯。采用图5.41c的拉力带，由图5.42（a）可推得水平力H的简化计算公式。拉力带倾角为ϕ，ϕ值由下式确定

$$\tan 2\phi = h_0/a = 1/\alpha$$

由 $\tan 2\phi = \dfrac{2\tan\phi}{1-\tan^2\phi}$ 可算得

$$\tan\phi = \sqrt{1+\alpha^2} - \alpha$$

拉力带的竖向分力为

$$V_t = (\tau_u - \tau_{cr}) t_w h_t$$

而

$$h_t = h_0 - a\tan\phi = h_0(1 - \alpha\tan\phi)$$

拉力带水平分力为

$$H = \dfrac{V_t}{\tan\phi} = (\tau_u - \tau_{cr}) A_w \dfrac{1-\alpha\tan\phi}{\tan\phi}$$

代入$\tan\phi$和α的关系式可得

$$H = (\tau_u - \tau_{cr}) A_w \sqrt{1+\alpha^2}$$

即

$$H = (V_u - \tau_{cr} h_w t_w)\sqrt{1+(a/h_0)^2} \tag{5.78}$$

对设中间横向加劲肋的梁，a取支座端区格的加劲肋间距。对不设中间横向加劲肋的腹板，a取梁支座至跨内剪力为0点的距离。如果腹板满足局部稳定条件（式5.55），则可取$H=0$。

H可近似地认为作用在离腹板上边缘1/4高度处。端加劲肋应按承受H和支座反力R的压弯构件计算其腹板平面外稳定性。如图5.42（a）的构造方式，压弯构件的截面应包括相邻$15t_w$宽的腹板。如果采用图5.42（b）的构造，即增加一块封头肋板，则加劲肋1可作为承受轴压力R的杆件计算，而封头肋板2的截面积应不小于

$$A_e = \dfrac{3h_0 H}{16ef} \tag{5.79}$$

式中 e——肋板1和2之间的距离。

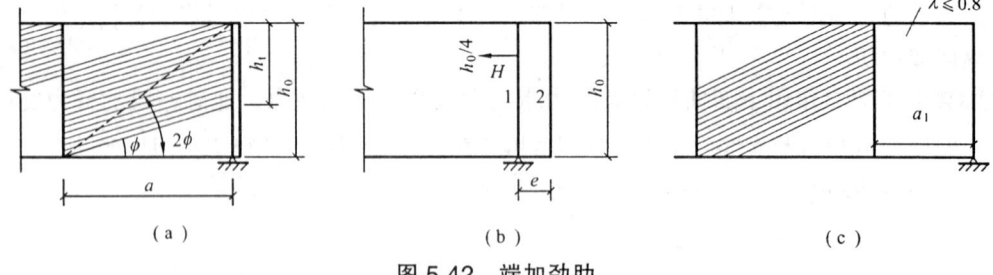

图5.42 端加劲肋

梁端构造处理还有另一种方法，就是缩小第1个区格的宽度a_1，使第1个区格的通用高厚比$\lambda_s \leq 0.8$，即不存在屈曲的可能性。第2个区格宽度较大，利用屈曲后强度的拉力带的水平分力由整个第1格区格承担，支座加劲肋就不会受到H的作用。这种端节间不利用腹板屈曲后强度的方法，世界上有少数国家采用（如美国）。

第七节 钢梁的设计

一、型钢梁的设计

1. 单向受弯型钢梁

单向受弯型钢梁的设计比较简单，通常先按抗弯强度（当梁的整体稳定有保证时）或整体稳定（当需要计算整体稳定时）求出需要的截面模量：

$$W_{nx}^T = \frac{M_{max}}{\gamma_x f}$$

或

$$W_x^T = \frac{M_{max}}{\varphi_b f}$$

式中的整体稳定系数 φ_b 可根据经验估计假定。

根据求出的截面模量选择合适的型钢（一般为 H 型钢或普通工字钢），然后进行验算。

由于型钢截面的翼缘和腹板厚度较大，不必验算局部稳定；当端部腹板无大的削弱时，也不必验算剪应力。而局部压应力也只在有较大集中荷载或支座反力处才验算。

2. 双向受弯型钢梁

双向受弯型钢梁承受两个主平面方向的荷载，设计方法与单向受弯型钢梁相同，应考虑抗弯强度、整体稳定、挠度等的计算，而剪应力和局部稳定一般不必计算，局部压应力只有在有较大集中荷载或支座反力的情况下，必要时才验算。

双向受弯梁的抗弯强度按式（5.7）计算。

双向受弯的 H 型钢或工字钢截面梁应按经验近似公式（5.26）计算其整体稳定。

设计时应尽量通过构造满足不需计算整体稳定的条件，这样可按抗弯强度条件选择型钢截面，由式（5.7）可得

$$W_{nx}^T = \left(M_x + \frac{\gamma_x W_{nx}}{\gamma_y W_{ny}} M_y \right) \frac{1}{\gamma_x f} = \frac{M_x + \alpha M_y}{\gamma_x f} \quad (5.80)$$

对小型号的型钢，可近似取 $\alpha = 6$（窄翼缘 H 型钢和工字钢）或 $\alpha = 5$（槽钢）。

双向受弯型钢梁常用于檩条，其截面一般为 H 型钢（檩条跨度较大时）、槽钢（跨度较小时）或冷弯薄壁 Z 型钢、C 型钢（跨度不大且为轻型屋面时）等。这些型钢的腹板垂直于屋面放置，因而竖向线荷载 q 可分解为垂直于截面两个主轴 x—x 和 y—y 的分荷载，从而引起双向弯曲。

二、组合梁的设计

1. 截面选择

组合梁的截面应满足强度、刚度、整体稳定和局部稳定的要求。选择组合梁的截面时，首先要初步估算确定梁的截面高度、腹板厚度和翼缘尺寸。下面以双轴对称焊接工字形组合

梁为例，说明组合梁设计的方法和步骤。

（1）梁的截面高度。确定梁的截面高度应综合考虑建筑要求、刚度条件和经济性。建筑要求即建筑允许的最大梁高又称建筑高度，是指梁的底面到铺板顶面之间的高度，它往往由生产工艺和使用要求决定。给定了建筑高度也就决定了梁的最大高度 $h_{\max}$。

刚度条件是要求梁在全部荷载标准值作用下的挠度 v 不大于容许挠度 $[v_T]$，因此刚度条件决定了梁的最小高度 $h_{\min}$。

将 $\sigma_k = M_x h/(2I_x)$ 代入式（5.11），有

$$\frac{v}{l} \approx \frac{M_k^i l}{10EI_x} = \frac{\sigma_k l}{5Eh} \leqslant \frac{[v_T]}{l}$$

式中　σ_k——全部荷载标准值产生的最大弯曲正应力。

若此梁的抗弯强度基本用足，可令 $\sigma_k = f/1.3$，这里 1.3 为假定的平均荷载分项系数。由此得梁的最小高跨比的计算式为

$$\frac{h_{\min}}{l} = \frac{\sigma_k l}{5E[v_T]} = \frac{f}{1.34 \times 10^6} \cdot \frac{l}{[v_T]} \tag{5.81}$$

从经济性最好即用料最省出发，可以确定梁的经济高度。所谓梁的经济高度就是满足一切条件（强度、刚度、整体稳定和局部稳定）的、用钢量最省的梁高。因条件较多，精确求解需按照优化设计的方法用计算机进行，比较复杂。对楼盖和平台结构来说，组合梁一般用作主梁。由于主梁的侧向有次梁支承，整体稳定不是最主要的，所以，梁的截面一般由抗弯强度控制。因此计算满足抗弯强度的、梁用钢量最少的高度，这个高度在一般情况下就是梁的经济高度。由图 5.43 的截面

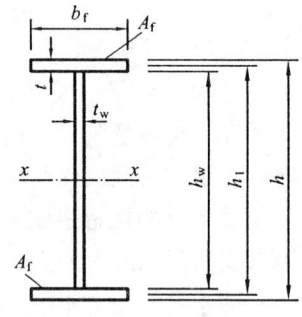

图 5.43　组合梁的截面

$$I_x = \frac{1}{12} t_w h_w^3 + 2A_1 \left(\frac{h_1}{2}\right)^2 = W_x \frac{h}{2}$$

由此得每个翼缘的面积为

$$A_1 = W_x \frac{h}{h_1^2} - \frac{1}{6} t_w \frac{h_w^3}{h_1^2}$$

因为翼缘厚度相对于梁高很小，近似取 $h \approx h_1 \approx h_w$，则翼缘面积为

$$A_1 = \frac{W_x}{h_w} - \frac{1}{6} t_w h_w \tag{5.82}$$

梁截面的总面积 A 为两个翼缘面积（$2A_1$）与腹板面积（$t_w h_w$）之和。腹板加劲肋的用钢量约为腹板用钢量的 20%，故将腹板面积乘以构造系数 1.2。由此得

$$A = 2A_1 + 1.2 t_w h_w = 2W_x/h_x + 0.867 t_w h_w \tag{a}$$

腹板厚度与其高度有关，设计时采用下列经验公式

$$t_w = \sqrt{h_w}/3.5$$

上式中，t_w 和 h_w 单位均为 mm，将其代入（a）式，得

$$A = \frac{2W_x}{h_w} + 0.248 h_w^{3/2}$$

总截面积最小的条件为

$$\frac{dA}{dh_w} = -\frac{2W_x}{h_w^2} + 0.372 h_w^{1/2} = 0$$

由此得用钢量最小时的经济高度 h_s 为

$$h_s \approx h_w = (5.376 W_x)^{0.4} = 2 W_x^{0.4} \tag{5.83}$$

W_x 可按下式求出

$$W_x = \frac{M_x}{\alpha f} \tag{5.84}$$

式中，h_s、h_w 的单位为 mm；W_x 的单位为 mm^3。

上式中，α 为系数。对一般单向受弯梁：当最大弯矩处无孔时 $\alpha = \gamma_x = 1.05$；有孔时 $\alpha = 0.85 \sim 0.90$ 对吊车梁，考虑横向水平荷载的作用可取 $\alpha = 0.7 \sim 0.9$。

实际采用梁的高度不能影响建筑物使用要求所需的净空尺寸，即不能大于建筑物的最大允许梁高，又不应小于由刚度条件确定的最小梁高 h_{min}，而应接近梁的经济高度。

确定梁高时，应适当考虑腹板的规格尺寸，一般取腹板高度为 50 mm 的倍数。

（2）腹板厚度。腹板厚度应满足抗剪强度的要求。初选截面时，可近似地假定最大剪应力为腹板平均剪应力的 1.2 倍。

腹板的抗剪强度计算公式可简化为

$$\tau_{max} \approx 1.2 \frac{V_{max}}{h_w t_w} \leq f_v$$

可得

$$t_w \geq 1.2 \frac{V_{max}}{h_w f_v}$$

由上式确定的 t_w 值往往偏小。为了考虑局部稳定和构造等因素，腹板厚度一般用下列经验公式进行估算

$$t_w = \frac{\sqrt{h_w}}{3.5} \tag{5.85}$$

式（5.85）中，t_w 和 h_w 的单位均为 mm。实际采用的腹板厚度应考虑钢板的现有规格，一般为 2 mm 的倍数。对于非吊车梁，腹板厚度取值宜比式（5.85）的计算值略小；对考虑腹板屈曲后强度的梁，腹板厚度可更小，但不得小于 6 mm，也不宜使高厚比超过 $250\sqrt{235/f_y}$。

（3）翼缘尺寸。已知腹板尺寸，由式（5.82）即可求得需要的翼缘截面积 A_1。

翼缘板的宽度一般采用 $b_1 = (1/6 - 1/3)h$，b_1 太大将使翼缘内应力分布很不均匀，且

不满足局部稳定的要求；b_1 太小则对梁的整体稳定不利，应尽可能使 $l_1/b_1 \leq$ 规范不必计算整体稳定所规定的限值，使截面可得到充分的利用。

应使 b_1 满足制造和构造考虑的翼缘最小宽度，以及上翼缘上搁置面板（普通梁）或安装吊车轨道（吊车梁）的要求，对普通梁应使 $b \geq 180$ mm，对吊车梁应使 $b \geq 250$ mm。

翼缘厚度 $t = A_1/b_1$。

确定翼缘板的尺寸时，应注意满足局部稳定要求，使受压翼缘的外伸宽度 b 与其厚度 t 之比 $b/t \leq 13\sqrt{235/f_y}$（考虑塑性发展，即取 $\gamma_x = 1.05$）或 $\leq 15\sqrt{235/f_y}$（弹性设计，即取 $\gamma_x = 1.0$）。

选择翼缘尺寸时，同样应符合钢板规格，宽度取 10 mm 的倍数，厚度取 2 mm 的倍数。

（4）截面验算。根据试选的截面尺寸，求出截面的各种几何特性，如惯性矩、截面模量等，然后进行截面验算。梁的截面验算包括强度、刚度、整体稳定和局部稳定几个方面。其中，腹板的局部稳定通常还是适当配置加劲肋来保证（考虑腹板屈曲后强度可仅配支承加劲肋）。

（5）梁截面沿长度的改变。梁的弯矩是沿梁的长度变化的，因此，梁的截面如能随弯矩而变化，则可节约钢材。对跨度较小的梁，一般不改变截面，因为其截面改变经济效果不大，或改变截面节约的钢材不能抵消构造复杂引起的加工困难而增加的费用。

梁截面的改变有两种方法：一种方法是改变翼缘的尺寸，即改变其宽度或厚度；另一种方法是改变梁高。第一种方法构造相对简单，第二种方法构造比较复杂，所以，通常用第一种方法改变梁截面，必要时采用第二种方法。

单层翼缘板的焊接梁改变截面时，宜改变翼缘板的宽度（见图 5.44）而不改变其厚度。因改变厚度时，该处应力集中严重，且使梁顶部不平，有时使梁支承其他构件不便。

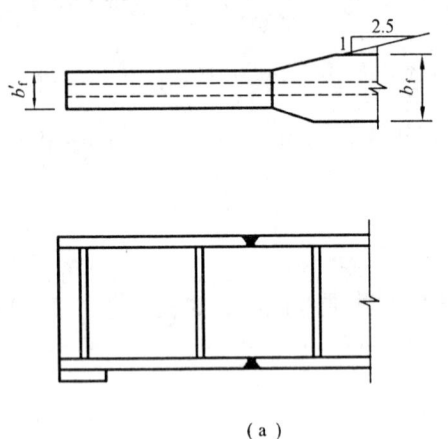
(a)

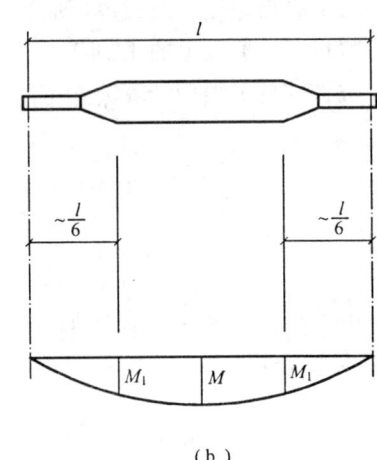
(b)

图 5.44 梁翼缘宽度的改变

梁改变一次截面约可节约钢材 10% ~ 15%，如再多改变一次，约再多节约 3% ~ 4%，效果不显著。为了便于制造，一般只改变一次截面。

对承受均布荷载的梁，截面改变位置在距支座 1/6 处（见图 5.44b）最有利。较窄翼缘板宽度 b_1'，应由截面开始改变处的弯矩 M_1 确定。为了减少应力集中，宽板应从截面开始改变处向弯矩减小的一方以不大于 1∶2.5 的斜度切斜延长，然后与窄板对接。

多层翼缘板的梁，可用切断外层板的办法来改变梁的截面（见图 5.45）。理论切断点的位置可由计算确定。为了保证被切断的翼缘板在理论切断处能正常参加工作，实际切断点应再向弯矩较小一侧延长一段距离 l_1，l_1 应满足下列要求

端部有正面角焊缝：

当 $h_f \geqslant 0.75t_1$ 时　　　$l_1 \geqslant b_1$

当 $h_f < 0.75t_1$ 时　　　$l_1 \geqslant 1.5b_1$

端部无正面角焊缝：　$l_1 \geqslant 2b_1$

b_1 和 t_1 分别为被切断翼缘板的宽度和厚度；h_f 为侧面角焊缝和正面角焊缝的焊脚尺寸。

有时为了满足使用要求而降低梁的建筑高度，这时简支梁可以在靠近支座处改变梁高，而使翼缘截面保持不变（见图 5.46），其中图 5.46（a）构造简单制作方便。梁端部高度应根据抗剪强度要求确定，但不宜小于跨中高度的 1/2。

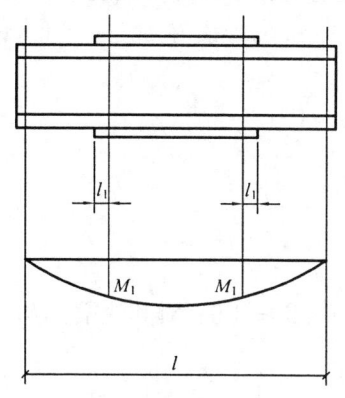

图 5.45　翼缘板的切断

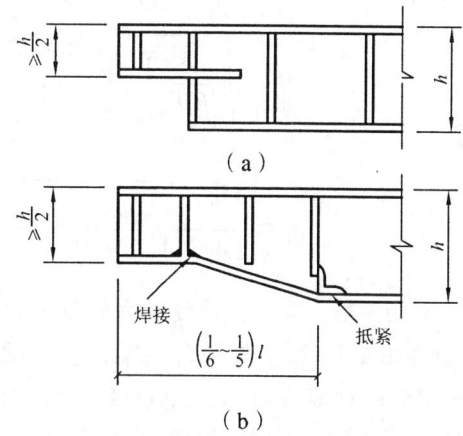

图 5.46　变高度梁

（6）焊接组合梁翼缘焊缝的计算。当梁弯曲时，由于相邻截面中作用在翼缘上的弯曲正应力有差值，翼缘与腹板间将产生水平剪应力（见图 5.47）。沿梁单位长度的水平剪力为

$$v_1 = \tau_1 t_w = \frac{VS_1}{I_x t_w} \cdot t_w = \frac{VS_1}{I_x}$$

式中　τ_1——腹板与翼缘交界处的水平剪应力（与竖向剪应力相等）；

S_1——翼缘截面对梁中和轴的面积矩。

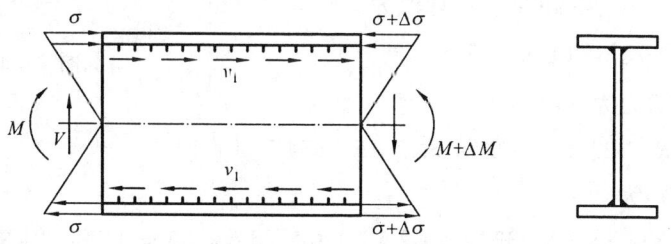

图 5.47　翼缘焊缝的水平剪力

当腹板与翼缘板用角焊缝连接时，角焊缝有效截面上承受的剪应力 τ_f 不应超过角焊缝强度设计值 f_f^w：

$$\tau_f = \frac{v_1}{2\times 0.7 h_f} = \frac{VS_1}{1.4 I_x h_f} \leqslant f_f^w$$

需要的焊脚尺寸为

$$h_f \geqslant \frac{VS_1}{1.4 I_x f_f^w} \quad (5.86)$$

当梁的翼缘上承受有固定集中荷载而未设置支承加劲肋（通常应设置）时，或受有移动集中荷载（如吊车梁）时，上翼缘与腹板之间的连接焊缝，除承受沿焊缝长度方向的剪应力 τ_f 外，还承受垂直于焊缝长度方向的局部压应力

$$\sigma_f = \frac{\psi F}{2 h_e l_z} = \frac{\psi F}{1.4 h_f l_z}$$

因此，受有局部压应力的上翼缘与腹板之间的连接焊缝应按下式计算强度

$$\frac{1}{1.4 h_f} \sqrt{\left(\frac{\psi F}{\beta_f l_z}\right)^2 + \left(\frac{VS_1}{I_x}\right)^2} \leqslant f_f^w$$

所以有

$$h_f \geqslant \frac{1}{1.4 f_f^w} \sqrt{\left(\frac{\psi F}{\beta_f l_z}\right)^2 + \left(\frac{VS_1}{I_x}\right)^2} \quad (5.87)$$

式中，β_f 为系数，对直接承受动力荷载的梁（如吊车梁），$\beta_f = 1.0$；对其他梁，$\beta_f = 1.22$。

【例题 5.2】 一工作平台主梁，受次梁传来的集中荷载标准值为 $F_k = 253$ kN，设计值为 323 kN，其计算简图如图 5.48。钢材为 Q235B，焊条 E43 型，试设计此主梁。

【解】 由于此梁跨度大、承受的荷载也比较大，根据经验普通型钢和 H 型钢截面已很难满足要求，故采用焊接组合梁。

根据此梁的跨度和承受的荷载大小，估计翼缘板厚度 $t_1 > 16$ mm。故抗弯强度设计值 $f = 205$ N/mm²。

假设此主梁自重为 3 kN/m，设计值为

$$1.2 \times 3 = 3.6 \text{ (kN/m)}$$

支座处最大剪力为

$$V_1 = R = 323 \times 2.5 + 0.5 \times 3.6 \times 15 = 834.5 \text{ (kN)}$$

跨中最大弯矩为

$$M_x = 834.5 \times 7.5 - 323(5 + 2.5) - 0.5 \times 3.6 \times 7.5^2 = 3735 \text{ (kN·m)}$$

需要的截面模量为

$$W_x \geqslant \frac{M_x}{\alpha f} = \frac{3735 \times 10^6}{1.05 \times 205} = 17352 \times 10^3 \text{ (mm}^3\text{)}$$

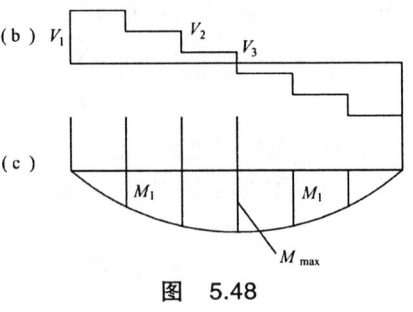

图 5.48

查型钢表,最大的轧制型钢也不能满足要求。

(1)确定截面尺寸:

由刚度条件,$[v_T]/l = 1/400$,梁的最小高度为(式 5.81)

$$h_{\min} = \frac{f}{1.34 \times 10^6} \cdot \frac{l^2}{[v_T]} = \frac{205}{1.34 \times 10^6} \times 400 \times 15\,000 = 918 \quad (\text{mm})$$

梁的经济高度为(式 5.83)

$$h_e = 2W_x^{0.4} = 2 \times (17\,350 \times 10^3)^{0.4} = 1\,573 \quad (\text{mm})$$

取梁的腹板高度

$$h_w = h_0 = 1\,500 \quad (\text{mm})$$

按抗剪要求的腹板厚度

$$t_w \geq 1.2 \frac{V_{\max}}{h_w f_v} = 1.2 \times \frac{834.5 \times 10^3}{1\,500 \times 125} = 5.3 \quad (\text{mm})$$

按经验公式

$$t_w = \sqrt{h_w}/3.5 = \sqrt{1\,500}/3.5 = 11.0 \quad (\text{mm})$$

考虑腹板屈曲后强度,取腹板厚度为 $t_w = 8$ mm。

每个翼缘所需截面积

$$A_f = \frac{W_x}{h_w} - \frac{t_w h_w}{6} = \frac{17\,350 \times 10^3}{1\,500} - \frac{8 \times 1\,500}{6} = 9\,567 \quad (\text{mm})$$

翼缘宽度

$$b = h/6 \sim h/3 = 1\,500/6 - 1\,500/3 = 250 \sim 500 \quad (\text{mm}),\ 取\ b = 450\ \text{mm}$$

翼缘厚度

$$t_1 = A_1/b = 9\,567/450 = 21.26 \quad (\text{mm}),\ 取\ t_1 = 22\ \text{mm}$$

翼缘板外伸宽度与厚度之比为

$$\frac{(450-22)/2}{22} = 9.7 < 13$$

满足要求。

为了施工方便,不沿梁长度改变截面。

(2)强度验算:

梁截面尺寸如图 5.49,梁截面的几何特性计算

$$I_x = \frac{1}{12}(45 \times 154.4^3 - 44.2 \times 150^3) = 1\,372\,000 \quad (\text{cm}^4)$$

$$W_x = \frac{2I_x}{h} = \frac{2 \times 1\,372\,000}{154.4} = 17\,800 \quad (\text{cm}^3)$$

$$S = 45 \times 2.2 \times 76.1 + 75 \times 0.8 \times 37.5 = 9\,784 \quad (\text{cm}^3)$$

$$A = 150 \times 0.8 + 2 \times 45 \times 2.2 = 318 \quad (\text{cm}^2)$$

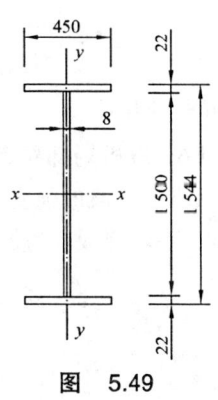

图 5.49

钢材质量密度为 7 850 kg/m³,重量集度为 77 kN/m³,梁自重为

$$g_k = 0.0318 \times 77 = 2.45 \quad (\text{kN/m})$$

考虑腹板加劲肋等增加的重量，原假设的梁自重 3 kN/m 比较合适。

验算抗弯强度（截面无削弱 $W_{nx} = W_x$）：

$$\sigma = \frac{M_x}{\gamma_x W_{nx}} = \frac{3735 \times 10^6}{1.05 \times 17800 \times 10^3} = 200 < f = 205 \quad (\text{N/mm}^2)$$

验算抗剪强度

$$\tau = \frac{V_{max} S}{I_x t_w} = \frac{834.5 \times 10^3 \times 9784 \times 10^3}{1372 \times 10^7 \times 8} = 74.4 < f_v = 125 \quad (\text{N/mm}^2)$$

在主梁的支座处以及支承次梁处均配置支承加劲肋，故不验算局部承压强度（即 $\sigma_c = 0$）。

（3）梁整体稳定验算。次梁可视为主梁受压翼缘的侧向支承点，主梁受压翼缘自由长度（次梁间距）与宽度之比 $l_1/b_1 = 250/45 = 5.6 < 16$，故根据规范规定，不需验算主梁的整体稳定性。

（4）刚度验算。查附表 2.1，在全部荷载标准值作用下挠度容许值为 $[v_T] = l/400$；在仅有可变荷载标准值作用下挠度容许值为 $[v_Q] = l/500$。

全部荷载标准值在梁跨中产生的最大弯矩。

支座反力 $R_k = 253 \times 2.5 + 3 \times 15/2 = 655 \quad (\text{kN})$

$M_k = 655 \times 7.5 - 253 \times (5+2.5) - 3 \times 7.5^2/2 = 2930.6 \quad (\text{kN} \cdot \text{m})$

由式（5.11）得

$$\frac{v_T}{l} \approx \frac{M_k l}{10 E I_x} = \frac{2930.6 \times 10^6 \times 15000}{10 \times 206000 \times 1372 \times 10^7} = \frac{1}{643} < \frac{[v_T]}{l} = \frac{1}{400}$$

因为 $v_T < l/500$，显然仅有可变荷载作用下的挠度也满足要求，不必再验算。

（5）翼缘和腹板的连接焊缝计算。翼缘和腹板之间采用角焊缝连接，按式（5.85）计算

$$h_f \geq \frac{V S_1}{1.4 I_x f_f^w} = \frac{834.5 \times 10^3 \times 450 \times 22 \times 761}{1.4 \times 1372 \times 10^7 \times 160} = 2.0 \quad (\text{mm})$$

$$h_{f,min} = 1.5\sqrt{t_{max}} = 1.5\sqrt{22} = 7 \text{ mm}$$

取 $h_f = 8$ mm。

（6）腹板局部稳定和加劲肋计算。此梁受静载作用，腹板宜考虑屈曲后强度。

① 各板段的强度计算。在支座处和每个次梁处（即固定集中荷载处）设置支承加劲肋，此外，在端部板段另加横向加劲肋（见图 5.50），使 $a_1 = 650$ mm。对板段 I_1，因 $a_1/h_0 < 1$，

$$\lambda_s = \frac{h_0/t_w}{41\sqrt{4 + 5.34(h_0/a_1)^2}} = \frac{1500/8}{41\sqrt{4 + 5.34(1500/650)^2}}$$

$$= 0.802 \approx 0.8$$

有 $\tau_{cr} = f_v$，使板段 I_1 范围内（见图 5.50）不会屈曲，支座加劲肋就不会受到水平力 H 的作用。

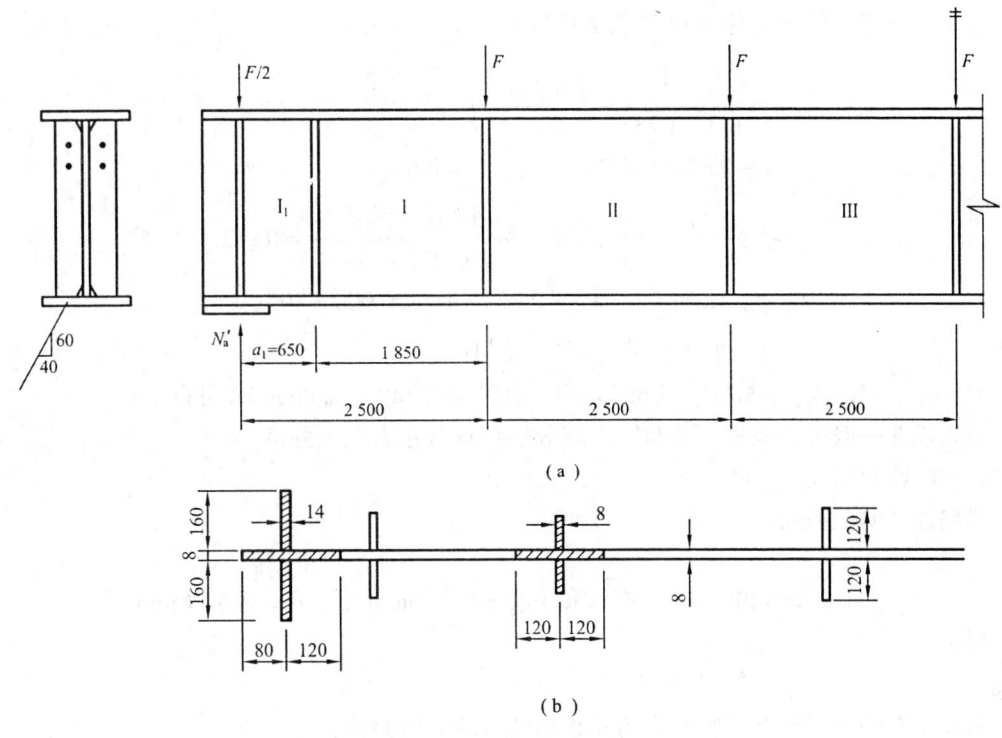

图 5.50 例 6.2 的主梁加劲肋

对板段 I（图 5.50）：
左侧截面剪力
$$V_1 = 834.5 - 3.6 \times 0.65 = 832.2 \text{ （kN）}$$
相应弯矩
$$M_1 = 834.5 \times 0.65 - 3.6 \times 0.65^2/2 = 542 \text{ （kN·m）}$$

由于 $M_1 = 542$ kN·m $< M_f = 420 \times 24 \times 1524 \times 205 = 3150 \times 10^6$ N·mm $= 3150$ （kN·m）故式 5.74 的弯矩项为 0，简化为 $V_1 \leq V_u$ 验算，$a/h_0 > 1$：

$$\lambda_s = \frac{h_0/t_w}{41\sqrt{5.34 + 4(h_0/a)^2}} = \frac{1500/8}{41\sqrt{5.34 + 4(1500/1850)^2}} = 1.62 > 1.2$$

$$V_u = h_w t_w f_v / \lambda_s^{1.2} = 1500 \times 8 \times 125/1.62^{1.2} = 841 \times 10^3 \text{ （N）}$$
$$= 841 > 832.2 \text{ （kN）（可以）}$$

对板段 III（见图 5.50），验算右侧截面，$a/h_0 > 1$：

$$\lambda_s = \frac{h_0/t_w}{41\sqrt{5.34 + 4(h_0/a)^2}} = \frac{1500/8}{41\sqrt{5.34 + 4(1500/2500)^2}} = 1.756 > 1.2$$

$$V_u = h_w t_w f_v/\lambda_s^{1.2} = 1500 \times 8 \times 125/1.756^{1.2} = 763 \times 10^3 = 763 \text{ （kN）}$$
$$V_1 = 834.5 - 2 \times 323 - 3.6 \times 7.5 = 162 < 0.5 V_u = 0.5 \times 763 = 381.5 \text{ （kN）}$$
$$M_3 = 3735 \text{ （kN·m）}$$

故式（5.74）的剪力项为 0，简化为 $M_3 \leq M_{eu}$ 验算。

主梁上翼缘（受压翼缘）扭转未受到约束，有

$$\lambda_b = \frac{2h_c/t_w}{153}\sqrt{\frac{f_y}{235}} = \frac{1500/8}{153} = 1.225 \begin{array}{l}> 0.85 \\ < 1.25\end{array}$$

所以

$$\rho = 1 - 0.82 \times (1.225 - 0.85) = 0.693$$

$$\alpha_e = 1 - \frac{1-\rho}{2} \cdot \frac{h_c^3 t_w}{I_x} = 1 - \frac{(1-0.693) \times 750^3 \times 8}{2 \times 1372 \times 10^7} = 0.962$$

$$M_{eu} = \gamma_x \alpha_e W_x f = 1.05 \times 0.962 \times 17\,800\,000 \times 205$$
$$= 3\,686 \times 10^6 = 3\,686 \; (kN \cdot m)$$

$M_3 > M_{eu}$，$M_3 - M_{eu} = 3\,735 - 3\,686 = 49$，所以 $49/3\,686 = 1.33\% < 5\%$ 可以。

对板段Ⅱ一般可不验算，若验算，应分别计算其左右截面强度。

② 加劲肋计算。

横向加劲肋的截面：

宽度

$$b_s \geqslant h/30 + 40 = 1\,500/30 + 40 = 90 \; (mm), \quad b_s = 120 \; (mm)$$

厚度

$$t_s \geqslant b_s/15 = 120/15 = 8 \; (mm)$$

板段Ⅰ右侧承受次梁支座反力的支承加劲肋的截面验算：

由上可知，$\lambda_s = 1.62$，有

$$\tau_{cr} = 1.1 f_v / \lambda_s^2 = 1.1 \times 125/1.62^2 = 52.4 \; (N/mm^2)$$

故该加劲肋所承受轴心力

$$N_s = V_u - \tau_{cr} h_w t_w + F = 841 \times 10^3 - 52.4 \times 1\,500 \times 8 + 323 \times 10^3 = 535 \; (kN)$$

截面面积（见图 5.50b）

$$A_s = 2 \times 120 \times 8 + 240 \times 8 = 3\,840 \; (mm^2)$$

$$I_z = \frac{1}{12} \times 8 \times 248^3 = 1017 \times 10^4 \; (mm^4)$$

$$i_z = \sqrt{I_z/A_s} = \sqrt{10\,170\,000/3\,840} = 51.5 \; (mm),$$

$$\lambda_s = 1\,500/51.5 = 29, \quad \varphi_z = 0.939$$

腹板平面外稳定验算

$$\frac{N_s}{\varphi_z A_s} = \frac{535\,000}{0.939 \times 3\,840} = 148.4 \; N/mm^2 < f = 215 \; (N/mm^2)$$

可以。

对梁跨中支承加劲肋，其 $\lambda_s = 1.756$，有

$$\tau_{cr} = 1.1 f_v / \lambda_s^2 = 1.1 \times 125/1.756^2 = 44.6 \; (N/mm^2)$$

$$N_s = V_u - \tau_{cr} h_w t_w + F = 763 \times 10^3 - 44.6 \times 1\,500 \times 8 + 323 \times 10^3 = 550 \; (kN)$$

$$\frac{N_s}{\varphi_z A_s} = \frac{550\,000}{0.939 \times 3\,840} = 154.2 < f = 215 \; (N/mm^2)$$

显然腹板平面外稳定满足要求。

采用次梁连于主梁加劲肋的构造（见图5.50a），故不必验算加劲肋端部的承压强度。

支座加劲肋的验算：支座反力 $R = 834.5$ kN，另外还承受上部边次梁直接传给主梁的支反力 $323/2 = 161.5$ kN。

采用 $2-160 \times 14$ 板

$$A_s = 2 \times 160 \times 14 + 200 \times 8 = 6\,080 \quad (\text{mm}^2)$$

$$I_z = \frac{1}{12} \times 1 \times 328^3 = 4\,117 \times 10^4 \quad (\text{mm}^4)$$

$$i_z = \sqrt{I_z/A_s} = \sqrt{41\,170\,000/6\,080} = 82.3 \quad (\text{mm})$$

$$\lambda_s = 1\,500/82.3 = 18.2, \quad \varphi_z = 0.974$$

验算在腹板平面外稳定

$$\frac{N'_s}{\varphi_z A_s} = \frac{(834.5 + 161.5) \times 10^3}{0.974 \times 6\,080} = 168 < f = 215 \quad (\text{N/mm}^2)$$

验算端部承压

$$\sigma_{ce} = \frac{(834.5 + 161.5) \times 10^3}{2 \times (160 - 40) \times 14} = 300 < f_{ce} = 325 \quad (\text{N/mm}^2)$$

计算与腹板的连接焊缝

$$h_f \geq \frac{(834.5 + 161.5) \times 10^3}{4 \times 0.7 \times (1\,500 - 2 \times 10) \times 160} = 1.6 \quad (\text{mm})$$

$$h_{f,\min} = 1.5\sqrt{t_{\max}} = 1.5\sqrt{14} = 5.6 \quad (\text{mm})$$

取 $h_f = 6$ mm。

思 考 题

1. 钢梁强度计算有哪些内容？计算公式与材料力学公式有什么不同？为什么？
2. 截面塑性发展系数为什么对某些截面的两主轴取值不同？什么情况下不考虑截面的塑性发展？
3. 局部承压验算梁的什么位置？梁的计算高度怎样确定？什么情况下可不验算梁的局部承压？
4. 钢梁变形计算有哪些内容？用什么荷载组合计算？
5. 什么是梁的整体失稳？梁整体稳定性的临界弯矩与哪些因素有关？$\varphi_b > 0.6$ 时为什么要用 φ'_b 代替？
6. 板件局部稳定的概念？解决局部稳定的方法有几种？可采取哪些有效措施防止板件失稳？
7. 什么是板件的屈曲后强度？利用屈曲后强度腹板加劲肋设计有何特点？
8. 比较型钢梁和组合梁在截面选择方法上的不同。

9. 组合梁的截面高度由哪些条件确定？是否都必须满足？

10. 梁腹板沿长度方向的各个部位，可能分别以哪种形式局部失稳？

11. 不利用屈曲后强度，组合梁腹板配置加劲肋的原则有哪些？这些原则是根据什么因素决定的？

12. 组合梁腹板横向加劲肋和纵向加劲肋分别设置于何处？纵向加劲肋沿纵向为何不设于中和轴处？

13. 翼缘焊缝承受什么力的作用？这种力是怎样产生的？

习　题

5.1　如题 5.1 图所示的简支梁，其截面为加强受压翼缘的单轴对称工字形，梁的中点有一侧向支承（支座为夹支座）。受集中荷载（梁自重已折入）设计值 $F = 180$ kN 的作用，钢材为 Q235 钢，验算梁的整体稳定性。

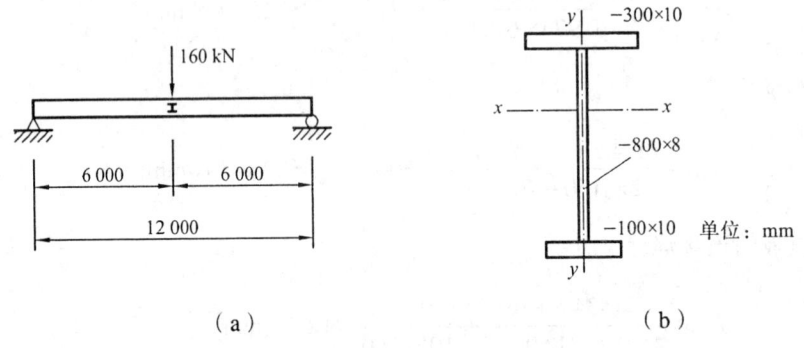

题 5.1 图

5.2　如题 5.2 图 Q235 钢简支梁，自重 $q = 0.9$ kN/m（设计值为 1.08 kN/m），承受悬挂集中荷载 $F = 110$ kN（设计值为 154 kN）。试验算在下列情况下梁截面是否满足整体稳定要求：① 梁在跨中无侧向支承，集中荷载从梁顶作用于上翼缘；② 同 ① 但采取构造措施使集中荷载悬挂于下翼缘；③ 同 ① 但跨度中点增设上翼缘侧向支承。

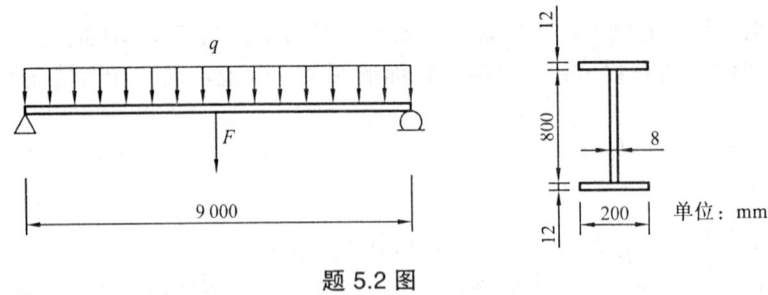

题 5.2 图

5.3　简支焊接钢梁的尺寸及其荷载和梁自重（均为设计值，静力荷载）如题 5.3 图所示，钢材为 Q235。试计算此梁截面的各项强度和挠度是否满足设计要求（并要求注明验算截面和验算点位置）。已知梁的侧向支承能保证其整体稳定，集中荷载用支承加劲肋传递。

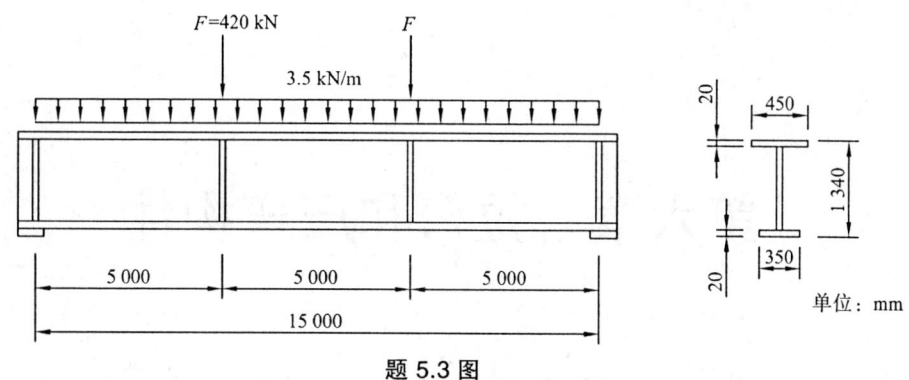

题 5.3 图

5.4 一平台梁格的布置如题 5.4 图所示,平台板和面层(100 mm 预制钢筋混凝土板与次梁焊牢、30 mm 面层)共重 $3.22\ \text{kN/m}^2 \times 1.2$,活荷载 $30\ \text{kN/m}^2 \times 1.3$(静力荷载)。次梁用热轧工字钢,与主梁等高连接。钢材为 Q345 钢,焊条用 E50。试选择次梁截面。

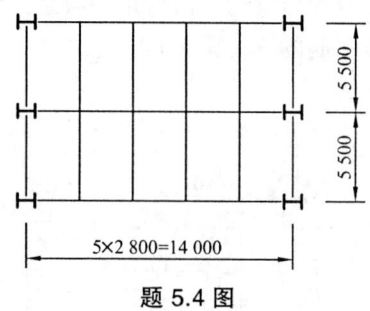

题 5.4 图

5.5 设计习题 5.4 的中间主梁(焊接组合梁),包括选择截面、计算翼缘焊缝、确定腹板加劲肋的间距。钢材为 Q345 钢,E50 型焊条(手工焊)。

第六章 拉弯和压弯构件

第一节 概　　述

拉弯构件和压弯构件是指同时承受轴心拉力或压力 N 以及弯矩 M 的构件，也常称为偏心受拉构件或偏心受压构件。拉弯和压弯构件的弯矩一般是由偏心轴向力、横向荷载及构件端部转角约束产生的端部弯矩所引起的（见图 6.1）。

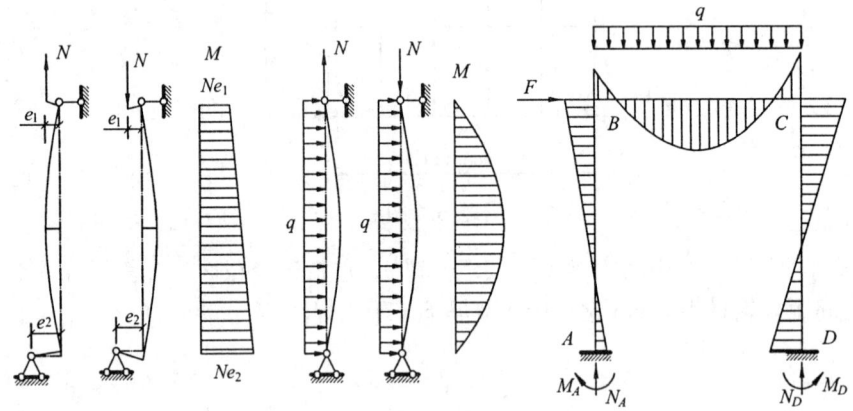

图 6.1　拉弯构件和压弯构件

拉弯构件和压弯构件广泛用于各种结构中，尤其是压弯构件在钢结构中的应用更为广泛，如单层厂房柱、框架柱及桁架中承受节间荷载作用的杆件。

拉弯构件和压弯构件的截面形式可为双轴对称，也可为单轴对称；可为实腹式，也可为格构式（见图 6.2）。由于偏心受力构件的截面正应力是不均匀分布的，当采用对称截面时并不经济，因而通常都采用把受力较大一侧截面适当加大的单轴对称截面，且使弯矩 M 作

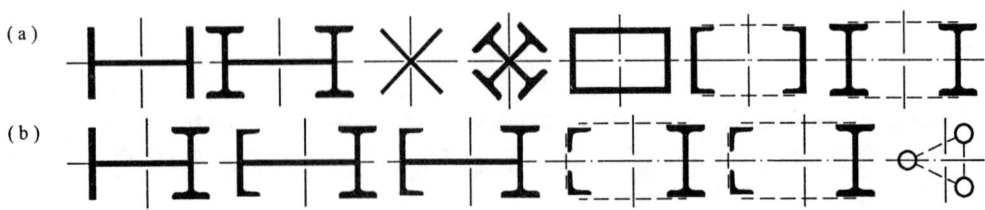

图 6.2　拉弯构件和压弯构件的截面形式

用方向具有较大的截面尺寸，使在该方向有较大的截面抵抗矩、回转半径和抗弯刚度，以便更好地承受弯矩。如采用格构式截面，使弯矩变成力偶，截面各分肢只受轴心力作用，则更为经济合理。在格构式构件中，通常使虚轴垂直于弯矩作用平面，以便根据承受弯矩的需要，调整分肢间的距离。但对弯矩较小或正负弯矩绝对值大致相等以及构造或使用上宜采用对称截面的构件或柱，仍采用双轴对称截面。

与轴心受压构件和受弯构件一样，设计偏心受力构件时，应同时满足承载能力极限状态和正常使用极限状态。前者包括强度和稳定，后者通过刚度计算使构件的最大长细比不超过规定的容许值。具体来说，对拉弯构件的设计一般只需考虑强度和刚度两个方面；而对于压弯构件则应同时满足强度、刚度和整体稳定的要求，此外，对实腹式截面还必须保证组成截面的板件的局部稳定，对格构式截面还必须保证分肢稳定。

第二节 拉弯、压弯构件的强度和刚度计算

对拉弯构件和截面有孔洞等削弱较多的或构件端部弯矩大于跨间弯矩的压弯构件，需要进行强度计算。

拉弯、压弯构件的强度承载能力极限状态是截面上出现塑性铰。现以弯矩 M 仅作用于一个主平面内的双轴对称截面压弯构件为例，轴心力 N 与弯矩 M 按比例增加，当 N 产生的均匀正应力与 M 引起的弯曲正应力叠加后，截面压应力大的一侧最外纤维处为最大压应力。当最大压应力小于钢材的屈服强度 f_y 时，构件处于弹性工作状态。当 N 和 M 继续增加，最大压应力达到 f_y 时，构件截面强度达到弹性阶段极限状态。当 N 和 M 再增加，最大压应力一侧发展塑性变形，并且塑性区随内力增加逐渐向内发展，这时构件处于弹塑性受力状态。接着，截面另一侧的最外纤维达到受拉屈服强度，并且塑性区也随 N 和 M 的增加逐渐向内发展。当两侧塑性区发展到全截面时，即形成塑性铰，构件达到塑性受力阶段极限状态，为构件最终的承载能力极限状态（见图6.3）。

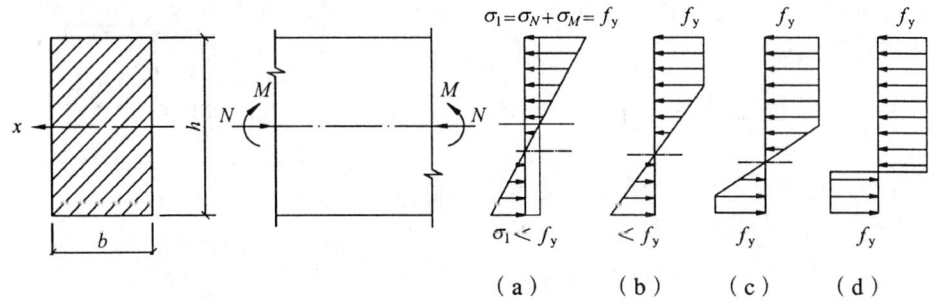

图 6.3 压弯构件的工作阶段

按照图 6.4 对矩形截面的塑性状态进行分解，分别可得轴心压力和弯矩

$$N = (2y_0)bf_y \tag{6.1}$$

$$M = \left(\frac{h-2y_0}{2}\right)bf_y\left(h - \frac{h-2y_0}{2}\right) = \left(\frac{h^2 - 4y_0^2}{4}\right)bf_y$$

$$= \frac{bh^2}{4}f_y\left(1 - \frac{4y_0^2}{h^2}\right) = M_p\left(1 - \frac{4y_0^2}{h^2}\right) \tag{6.2}$$

式中，M_p 为塑性弯矩；$M_p = W_p f_y$，即 $N = 0$ 时，截面所能承受的最大弯矩。

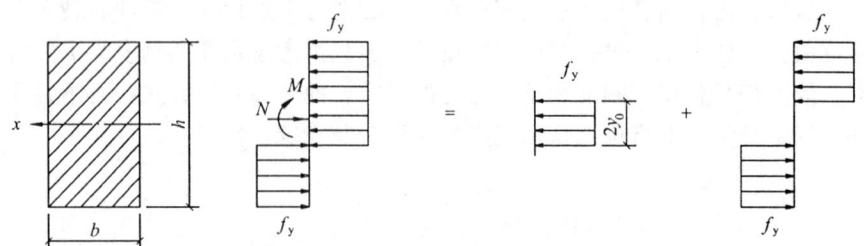

图 6.4 塑性状态的分解

由式（6.1）解出 y_0，并代入式（6.2），可得 N 与 M 的相关式如下

$$M = M_p\left(1 - \frac{N^2}{N_p^2}\right)$$

即

$$\left(\frac{N}{N_p}\right)^2 + \frac{M}{M_p} = 1 \quad (矩形截面) \tag{6.3}$$

式中，N_p 为 $M = 0$ 时，截面所能承受的最大轴力，$N_p = bhf_y$。

由式（6.3）绘出的相关曲线如图 6.5 所示。

对于工字形截面压弯构件的相关公式，可用同样的方法导出。由于工字形截面翼缘和腹板尺寸的变化，N 和 M 的相关曲线会在一定范围内变动（图中的阴影区）。对于其他形式截面的构件也如此。它们均为凸形曲线，在设计中为了简化《规范》偏于安全地采用直线式

$$\frac{N}{N_p} + \frac{M}{M_p} = 1 \tag{6.4}$$

为了不使构件产生过大的变形，考虑截面只是部分发展塑性，将 $N_p = A_n f_y$ 和 $M_p = \gamma_x W_{nx}$ 代入式（6.4），以 f 代 f_y，可得单向拉弯和压弯构件的强度验算公式

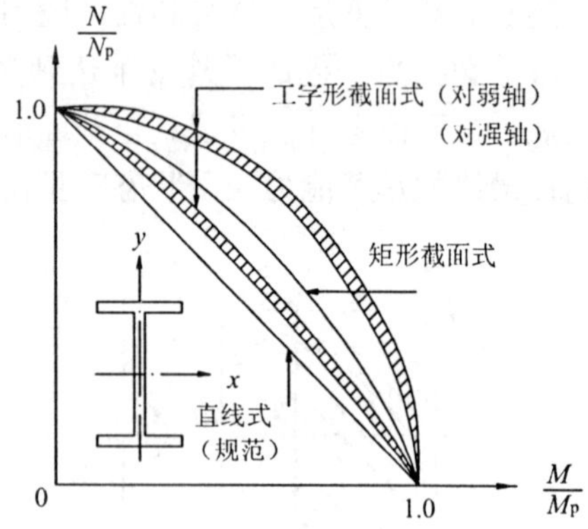

$$\frac{N}{A_n} \pm \frac{M_x}{\gamma_x W_{nx}} \leq f \tag{6.5a}$$

图 6.5 压弯构件 $\dfrac{M}{M_p}$ 与 $\dfrac{N}{N_p}$ 的关系

将式（6.5a）推广到双向拉弯、压弯构件

$$\frac{N}{A_n} \pm \frac{M_x}{\gamma_x W_{nx}} \pm \frac{M_y}{\gamma_y W_{ny}} \leq f \qquad (6.5b)$$

式中 M_x、M_y——同一截面处绕 x 轴和 y 轴的弯矩（对工字形截面，x 轴为强轴，y 轴为弱轴）；

W_{nx}、W_{ny}——对 x 轴和 y 轴的净截面模量；

γ_x、γ_y——与截面模量相应的截面塑性发展系数。

当压弯构件受压翼缘的自由外伸宽度与其厚度之比大于 $13\sqrt{235/f_y}$ 而不超过 $15\sqrt{235/f_y}$ 时，应取 $\gamma_x = 1.0$。

需要计算疲劳的拉弯、压弯构件，宜取 $\gamma_x = \gamma_y = 1.0$。

对拉弯、压弯构件，都应满足正常使用极限状态，即构件的长细比不超过规范规定的容许长细比

$$\lambda_{max} = \left(\frac{l_0}{i}\right)_{max} \leq [\lambda] \qquad (6.6)$$

【例题 6.1】 如图 6.6 所示拉弯构件，受轴心拉力设计值 $N = 200$ kN，跨中作用一集中荷载设计值 $F = 30$ kN（以上均为静载），构件采用 2 个角钢∠140×90×8 长边相连，角钢间净距为 8 mm。钢材为 Q235，已知截面无削弱，不考虑自重，试验算该构件的强度和刚度。

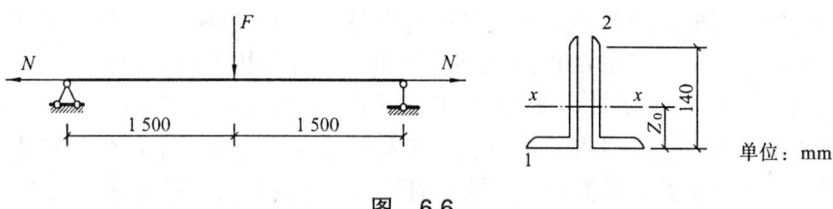

图 6.6

【解】 查双角钢 T 形截面特性附表 7.5 及截面塑性发展系数附表 3 可知：

$A = 36.08$ m^2，$I_x = 731$ cm^4，$i_x = 4.50$ cm，$I_y = 453$ cm^4，$i_y = 3.55$ cm，$Z_0 = 4.50$ cm，$\gamma_{1x} = 1.05$，$\gamma_{1y} = 1.2$，$f = 215$ N/mm^2。

（1）计算内力：

跨中为控制截面

$$N = 200 \text{ kN}, \quad M = \frac{Fl}{4} = \frac{30 \times 3}{4} = 22.5 \text{ （kN·m）}$$

（2）计算截面几何特征：

肢背 $\quad W_{n1} = \dfrac{I_x}{y_1} = \dfrac{731}{4.5} = 162.44 \text{ （cm}^3\text{）}$

肢尖 $\quad W_{n2} = \dfrac{I_x}{y_2} = \dfrac{731}{14 - 4.5} = 76.95 \text{ （cm}^3\text{）}$

（3）强度验算：

肢背 $\sigma_1 = \dfrac{N}{A} + \dfrac{M}{\gamma_{x1} W_{n1}} = \dfrac{200 \times 10^3}{36.08 \times 10^2} + \dfrac{22.5 \times 10^6}{1.05 \times 162.44 \times 10^3}$

$= 55.43 + 131.92 = 187.35 < f = 215$ （N/mm²）

肢尖 $\sigma_2 = \left| \dfrac{N}{A} - \dfrac{M}{\gamma_{x2} W_{n2}} \right| = \left| \dfrac{200 \times 10^3}{36.08 \times 10^2} - \dfrac{22.5 \times 10^6}{1.2 \times 76.95 \times 10^3} \right|$

$= |55.43 - 243.66| = 188.23 < f = 215$ （N/mm²）

强度满足要求。

（4）刚度验算：

$$\lambda_{max} = \dfrac{l_{0y}}{i_y} = \dfrac{3\,000}{35.5} = 84.51 < [\lambda]$$

刚度满足要求。

第三节　实腹式压弯构件的整体稳定

压弯构件的承载能力通常不是由强度而是由整体稳定控制的。对单向压弯构件丧失整体稳定有两种可能：一种是在 N 和 M 共同作用下，一开始构件就在弯矩作用平面内发生变形，呈弯曲状态，当 N 和 M 同时增加到一定大小时则达到极限，超过此极限，要维持内外力平衡，只能减小 N 和 M。这种现象称为压弯构件丧失弯矩作用平面内的整体稳定，或在弯矩作用平面内整体屈曲。对侧向刚度较小的压弯构件则有另一种可能，当 N 和 M 增加到一定大小时，构件在弯矩作用平面外不能保持平直，突然发生平面外的弯曲变形，并伴随着绕纵向剪切中心轴扭转。这种现象称为压弯构件丧失弯矩作用平面外的整体稳定，或在弯矩作用平面外整体屈曲。这两种整体失稳的性质是不同的。

压弯构件整体失稳的可能形式与构件的抗扭刚度和侧向支承的布置等情况有关，对弯矩作用在弱轴平面内而使构件截面绕强轴受弯时，构件可能在弯矩作用平面内弯曲屈曲；也可能在弯矩作用平面外弯扭屈曲。若弯矩作用在强轴平面内，压弯构件就不可能产生弯矩作用平面外的弯扭屈曲，这时，只需验算弯矩作用平面内的整体性。下面将分别叙述这两种失稳。

一、弯矩作用平面内的稳定性

研究压弯构件在弯矩作用平面内的整体稳定时，应注意其所承受的轴心压力 N 和弯矩 M 可能有不同的加载途径。如 N 与 M 可按比例增加，也可以先加完 N 后再逐渐加 M，还可以先加完 M 再逐渐加 N。在弹性受力阶段，构件的承载力与加载途径无关，只与最终荷载值有关；在弹塑性受力阶段，则与加载途径有关。一般情况下，不同加载途径时构件承载力的差异不大，下面主要以 N 和 M 按比例增加进行说明。

现以图 6.7（a）所示两端铰接的压弯构件为例，除轴心压力外，两端各作用有弯矩 M。压弯构件由于轴心压力 N 和弯矩 M 同时作用，在弯矩作用平面内失稳时不会出现理想轴心受压构件那样的平衡分枝现象，再加上不可避免的初始弯曲，构件受力一开始即产生弯曲变形，压力（N）—挠度（v）曲线如图 6.7（b）中的 $Oabc$ 所示。Oa 段为弹性工作阶段，但由于附加弯矩 Ny 的存在而呈非线性关系；a 点之后进入弹塑性工作阶段，曲线 ob 段呈上升状，挠度随 N 的增加才能增加，平衡是稳定的；在 bc 段为了维持平衡，N 要不断减小，且挠度不断增加，平衡是不稳定的。b 点为稳定平衡状态过渡到不稳定平衡状态的曲线极值点，与之对应的 N 值 N_u 为构件在弯矩作用平面内的稳定极限承载力，相应的截面平均应力称为极限应力。b 点位置可按 N—v 曲线的极值问题，即 $dN/dv=0$ 求得。

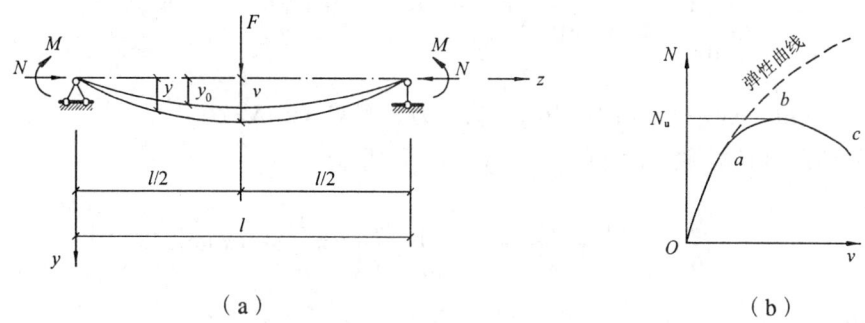

图 6.7 单向压弯构件在弯矩作用平面内的整体屈曲

压弯构件在弯矩作用平面内失稳时，视构件截面形状、尺寸比例、构件长度以及残余应力分布的不同，构件进入塑性的区域可能只在构件长度的中间部分截面受压最大的一侧或同时在截面两侧或仅在截面受拉一侧（见图 6.8），最后一种情况可能在单轴对称截面的压弯构件出现。

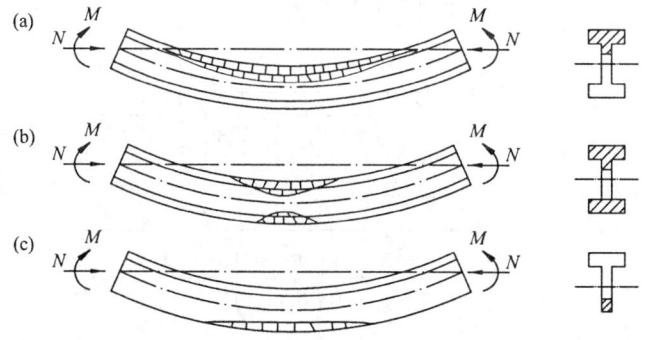

图 6.8 压弯构件平面内失稳时的应力状态

单向压弯构件在弯矩作用平面内的稳定计算方法目前有 3 种，即按边缘纤维屈服准则的方法、按极限承载能力准则的方法和实用计算公式。下面介绍钢结构设计规范采用的边缘纤维屈服准则。

边缘纤维屈服准则的方法是用应力问题代替稳定计算的近似方法，即以构件截面应力最大的边缘纤维开始屈服时的荷载，亦即构件在弹性阶段的最大荷载，作为压弯构件的稳定承载力。以图 6.7（a）为例，这一准则的表达式为

$$\frac{N}{A}+\frac{M_{\max}}{W_{1x}}=f_y \tag{6.7}$$

式中　　N ——轴心压力；

$M_{\max}$ ——考虑 N 和初始缺陷影响后的最大弯矩；

A ——构件的毛截面面积；

W_{1x} ——构件较大受压边缘的毛截面抵抗矩。

在轴心压力 N 和弯矩 M 共同作用下，构件中点挠度为 v，在离端部距离为 x 处的挠度为 y，此处的平衡方程为

$$EI\frac{d^2y}{dx^2}+Ny=-M \tag{6.8}$$

令 $k^2=N/EI$，$N_{Ex}=\pi^2EI/l^2$ 为欧拉临界力，则 $kl=\pi\sqrt{N/N_{Ex}}$。

求解并利用边界条件 $x=0$ 和 $x=l$ 处 $y=0$，可得

$$y=\frac{M}{N}\left(\frac{\sin kx+\sin k(l-x)}{\sin kl}-1\right)=\frac{M}{N}\left(\tan\frac{kl}{2}\sin kx+\cos kx-1\right) \tag{6.9}$$

构件中点最大挠度为

$$v=\frac{M}{N}\left(\sec\frac{kl}{2}-1\right)=\frac{M}{N}\left(\sec\frac{\pi}{2}\sqrt{\frac{N}{N_{Ex}}}-1\right) \tag{6.10}$$

式中

$$\sec\left(\frac{\pi}{2}\sqrt{\frac{N}{N_{Ex}}}\right)=\frac{1}{\cos\left(\frac{\pi}{2}\sqrt{N/N_{Ex}}\right)}$$

$$=\frac{1}{1-\left(\frac{\pi}{2}\sqrt{N/N_{Ex}}\right)^2/2!+\left(\frac{\pi}{2}\sqrt{N/N_{Ex}}\right)^4/4!-\cdots}$$

$$=\frac{1}{1-\frac{\pi^2 N}{8N_{Ex}}+\frac{1}{6}\left(\frac{\pi^2 N}{8N_{Ex}}\right)^2-\cdots}\approx\frac{1}{1-\frac{N}{N_{Ex}}}$$

杆中央截面的最大弯矩

$$M_{x,\max}=M_x+Nv=M_x+N\times\frac{M_x}{N}\left[\sec\left(\frac{\pi}{2}\sqrt{N/N_{Ex}}\right)-1\right]$$

$$=M_x\sec\left(\frac{\pi}{2}\sqrt{N/N_{Ex}}\right)=M_x\left(\frac{1}{1-N/N_{Ex}}\right)=M_x\eta_1 \tag{6.11}$$

式中　　η_1 ——压弯杆的挠度增大系数；

M_x ——端弯矩，$M_x=Ne$。

其他几种常见荷载作用下的压弯构件，其最大弯矩 $M_{x,\max,i} = \eta_i M_x$ 的近似值列于表 6.1。其等效弯矩系数 β_{mi} 可按下式计算

$$\beta_{mi} = \frac{M_{x,\max,1}}{M_{x,\max,i}} \tag{6.12}$$

表 6.1 压弯构件的最大弯矩与等效弯矩系数

i	荷载作用简图	$M_{x,\max,i} = \eta_i M_x$	β_{mi}
1	(两端弯矩 M，轴力 N)	$\left(\dfrac{1}{1-N/N_{Ex}}\right)M_x$	1
2	(均布荷载 P)	$\left(\dfrac{1}{1-N/N_{Ex}}\right)M_x$ 其中 $M_x = Pl^2/8$	1
3	(跨中集中力 P，$l/2$)	$\left(\dfrac{k_1}{1-N/N_{Ex}}\right)M_x$ 其中 $k_1 = 1 - 0.2N/N_{Ex}$ $M_x = Pl/4$	k_1
4	(两端弯矩 M_1, M_2，$\|M_1\|>\|M_2\|$)	$\left(\dfrac{k_2}{1-N/N_{Ex}}\right)M_x$ 其中 $k_2 = 0.65 + 0.35 M_2/M_1$ 且 $k_2 \geq 0.4$	k_2

利用 β_{mi} 就可以在弯矩作用平面内的稳定计算中把各种荷载作用的弯矩分布形式转化为均匀受弯来对待，考虑构件初始缺陷后，把最大弯矩值代入式（6.7）中，得

$$\frac{N}{A} + \frac{\beta_m M + N e_0}{W_{1x}(1 - N/N_{Ex})} = f_y \tag{6.13}$$

式中，e_0 是用来考虑构件综合缺陷的等效初弯曲。当 $M = 0$ 时，构件实际上就是带有缺陷偏心 e_0 的轴心压杆，此时杆的临界力 $N = N_x = \varphi_x A f_y$，由式（6.13）可得

$$e_0 = \frac{(A f_y - N_x)(N_{Ex} - N_x)}{N_y N_{Ex}} \cdot \frac{W_{1x}}{A} \tag{6.14}$$

将式（6.14）代入式（6.13），经整理后得

$$\frac{N}{\varphi_x A} + \frac{\beta_{mx} M_x}{W_{1x}\left(1 - \varphi_x \dfrac{N}{N_{Ex}}\right)} = f_y \tag{6.15}$$

式（6.15）是由边缘屈服准则导出，可用来计算格构式或冷弯薄壁型钢压弯构件的稳定。对于实腹式压弯构件，规范采用压溃理论确定临界力。为了限制偏心或长细比较大的构件

的变形，只允许截面塑性发展总深度≤$h/4$（h 是截面高度）。根据对 11 种常见截面形式进行的计算比较，规范对式（6.15）作了修正，用来验算实腹式压弯构件在弯矩作用平面内的稳定性

$$\frac{N}{\varphi_x A}+\frac{\beta_{mx}M_x}{\gamma_x W_{1x}\left(1-0.8\dfrac{N}{N'_{Ex}}\right)}\leq f \qquad (6.16)$$

式中　N——所计算构件段范围内的轴向压力；
　　　N'_{Ex}——参数，$N'_{Ex}=\pi^2 EA/(1.1\lambda_x^2)$；
　　　φ_x——弯矩作用平面内的轴心受压构件稳定系数；
　　　M_x——所计算构件段范围内的最大弯矩；
　　　W_{1x}——在弯矩作用内对较大受压纤维的毛截面模量；
　　　β_{mx}——等效弯矩系数。

β_{mx} 应按下列规定采用：

（1）框架柱和两端支承的构件：

① 无横向荷载作用时：$\beta_{mx}=0.65+0.35M_2/M_1$，$M_1$ 和 M_2 为端弯矩，使构件产生同向曲率（无反弯点）时取同号；使构件产生反向曲率（有反弯点）时取异号，$|M_1|\geq|M_2|$。

② 有端弯矩和横向荷载同时作用时：使构件产生同向曲率时，$\beta_{mx}=1.0$；使构件产生反向曲率时，$\beta_{mx}=0.85$。

③ 无端弯矩但有横向荷载作用时：$\beta_{mx}=1.0$。

（2）悬臂构件和分析内力未考虑二阶效应的无支撑纯框架和弱支撑框架柱，$\beta_{mx}=1.0$。

对于单轴对称截面压弯构件，当弯矩作用在对称轴平面内且使较大翼缘受压时，构件达到临界状态时的应力分布可能在拉、压两侧都出现塑性，也可能只在受拉一侧出现塑性。对于前者，平面内的稳定仍按式（6.16）验算；对于后者，因受拉塑性区的开展会导致构件失稳，因此除应按公式（6.16）计算外，尚应按下式计算

$$\left|\frac{N}{A}-\frac{\beta_{mx}M_x}{\gamma_x W_{2x}\left(1-1.25\dfrac{N}{N'_{Ex}}\right)}\right|\leq f \qquad (6.17)$$

式中　W_{2x}——受拉一侧的边缘纤维毛截面模量。

二、弯矩作用平面外的稳定性

当压弯构件的抗扭能力较差，或垂直于弯矩作用平面内的抗弯刚度也不大，且侧向又没有设置足够多的支撑来阻止构件的受压翼缘侧移时，压弯构件就可能因弯扭屈曲而在弯矩作用平面外失稳。

现以具有双轴对称截面的单向压弯构件（见图 6.9）为例，按弹性稳定分析时，可假定

构件在 x 轴方向有初弯曲 u_0 和 v_0，而绕 z 轴有初扭角 θ_0，并且轴力 N 和 y 轴方向有偏心 e，则构件的弹性微分方程式如下

$$EI_x(v'''' - v_0'''') + Nv'' = 0 \tag{6.18}$$

$$EI_y(u'''' - u_0'''') + Nu'' + N \cdot e\theta'' = 0 \tag{6.19}$$

$$EI_w(\theta'''' - \theta_0'''') - GI_t(\theta'' - \theta_0'') + Neu'' + (i_0^2 N - \overline{R})\theta'' = 0 \tag{6.20}$$

式中 I_x、I_y——截面对主轴 x、y 的惯性矩；

I_t、I_w——截面的自由扭转惯性矩和扇性惯性矩；

u、v、θ——中心轴的 3 个位移量，

$$i_0^2 = (I_x + I_y)/A$$

$$\overline{R} = \int_A \sigma_r(x^2 + y^2)\mathrm{d}A$$

其中 σ_r——截面上的残余应力，以拉应力为正。

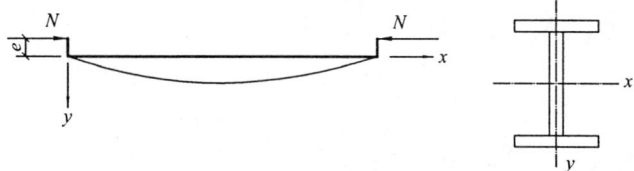

图 6.9 双轴对称截面的单向压弯构件

式（6.18）中只含 v（杆轴在 y 轴方向弯曲变位）的高阶导数，故可独立求解，它考虑的是构件在弯矩作用平面内的弯曲失稳；式（6.19）和式（6.20）是互相联立的，都含有杆轴在 x 方向的弯曲变位 u 和扭转角 θ 的高阶导数，它们考虑的是构件在弯矩作用平面外的弯扭失稳。但是当压弯构件在弹塑性阶段工作时，式（6.19）和式（6.20）中的 EI_y 和 EI_w 等就不再是截面常数，而与截面上的塑性分布区有关。而塑性区的分布与弯矩作用平面内的受力直接有关，所以在弹塑性阶段式（6.18）、式（6.19）和式（6.20）是联立的，这将给解决此类稳定问题带来很多困难，特别是构件存在初弯曲 u_0 和初扭转 θ_0 的情况下，构件实质上是一个双向压弯构件。为了使问题简化，忽略 u_0 和 θ_0 的影响，把单向压弯构件在弯矩作用平面外的问题作为弹性屈曲问题进行分析。

1. 压弯构件在弯矩作用平面外弹性弯扭屈曲临界力

令式（6.19）和式（6.20）中的 $u_0 = 0$，$\theta_0 = 0$，得

$$EI_y u'''' + Nu'' + N \cdot e\theta'' = 0 \tag{6.21}$$

$$EI_w \theta'''' - GI_t \theta'' + Neu'' + (i_0^2 N - \overline{R})\theta'' = 0 \tag{6.22}$$

对两端铰接情况，可假设解

$$u = A\sin\frac{\pi z}{L} \quad \text{及} \quad \theta = B\sin\frac{\pi z}{L}$$

代入式（6.21）、（6.22），整理后得

$$A(N_{Ey} - N) - BN \cdot e = 0 \tag{6.23}$$

$$-AN \cdot e + Bi_0^2(N_w - N) = 0 \tag{6.24}$$

式中　N_{Ey}——构件绕 y 轴弯曲屈曲临界力

$$N_{Ey} = \frac{\pi^2 EI_y}{l_{0y}^2} \tag{6.25}$$

N_w——构件绕 z 轴扭转屈曲临界力

$$N_w = \left(\frac{\pi^2 EI_w}{l_w^2} + GI_t + \overline{R}\right) / i_0^2 \tag{6.26}$$

对两端铰接构件，$l_{0y} = l$，$l_w = l$，要得非零解，式（6.23）、（6.24）系数行列式的值必须为 0，这样就得到弯扭屈曲的临界方程

$$(N_{Ey} - N)(N_w - N) - N^2 \frac{e^2}{i_0^2} = 0 \tag{6.27}$$

或写为

$$(N_{Ey} - N)(N_w - N) - \frac{M_x^2}{i_0^2} = 0 \tag{6.28}$$

解（6.27）式，可得弹性弯扭屈曲临界力为

$$N = \frac{(N_w + N_{Ey}) - \sqrt{(N_w - N_{Ey})^2 + 4N_w N_{Ey} e^2 / i_0^2}}{2(1 - e^2 / i_0^2)} \tag{6.29}$$

从上式可知，临界力 N 与 N_{Ey}、N_w 和 e/i_0 有关。N 总是小于 N_{Ey} 和 N_w 的较小值（通常是 N_{Ey} 较小），当 e/i_0 越大时小得越多。

当 $e = 0$（即 $M_x = 0$），从式（6.29）得到轴心受压时的弯曲和扭转临界力，即 $N = N_{Ey}$ 和 $N = N_w$，两者互不相关，由较小值控制。当 $N = 0$，从式（6.29）得到纯弯曲时的临界弯矩，即 $M_{cr} = i_0 \sqrt{N_{Ey} N_w}$。

当压弯构件截面为单轴对称时，剪切中心与形心不重合，导出的弯扭临界力公式比式（6.29）更为复杂。

当压弯构件的弯矩为沿构件长度变值时，无论是双轴或单轴对称截面，微分方程的求解将较为复杂，一般情况只能用数值法求解或求适当简化近似的解。

2. 压弯构件在弯矩作用平面外整体稳定的实用计算公式

将式（6.28）中的 i_0^2 用构件在纯弯曲时的临界弯矩 M_{cr} 代入，即 $i_0^2 = M_{cr}^2 / (N_{Ey} N_w)$ 得

$$\left(1 - \frac{N}{N_{Ey}}\right)\left(1 - \frac{N}{N_w}\right) - \left(\frac{M_x}{M_{cr}}\right)^2 = 0 \tag{6.30}$$

或

$$\left(1-\frac{N}{N_{Ey}}\right)\left[1-\left(\frac{N}{N_{Ey}}\right)\bigg/\left(\frac{N_w}{N_{Ey}}\right)\right]-\left(\frac{M_x}{M_{cr}}\right)^2=0 \quad (6.31)$$

N/N_{Ey}—N_w/N_{Ey}—M_x/M_{cr} 的关系曲线如图 6.10 所示。

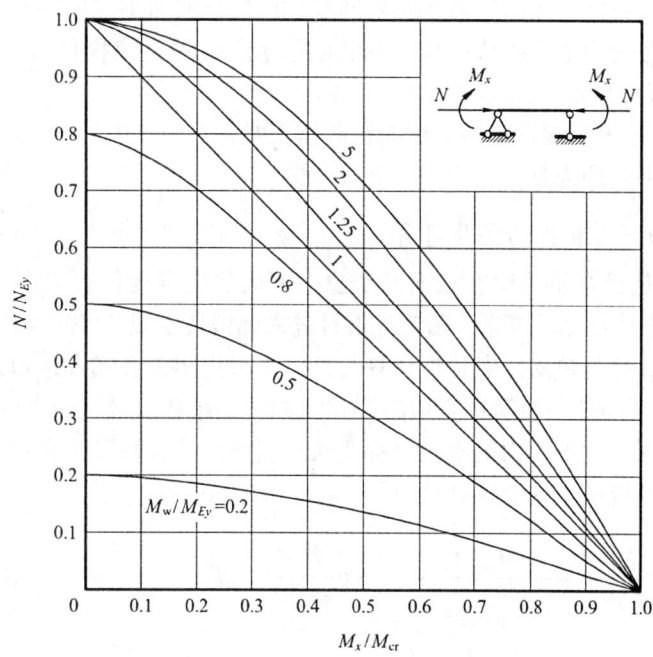

图 6.10 压弯构件在弯矩作用平面外弯扭屈曲的
N/N_{Ey}—N_w/N_{Ey}—M_x/M_{cr} 关系曲线

在一般情况下，$N_w \geq N_{Ey}$，若近似地取 $N_w = N_{Ey}$，则得简单直线方程

$$\frac{N}{N_{Ey}}+\frac{M_x}{M_{cr}}=1 \quad (6.32)$$

上式是由双轴对称工字形截面压弯构件的弹性屈曲公式近似导得的，经分析，对弹塑性屈曲以及单轴对称截面构件也近似适用。当 $N_w > N_{Ey}$ 时，偏于安全。

将 N_{Ey} 和 M_{cr} 分别用 $\varphi_y f_y A$ 和 $\varphi_b f_y W_{1x}$ 代替，并考虑其他荷载作用下弯矩图形不是矩形分布的情况，将 M_x 乘以等效弯矩系数 β_{tx}，且用 f 代替 f_y，则式（6.32）为

$$\frac{N}{\varphi_y A}+\eta\frac{\beta_{tx} M_x}{\varphi_b W_{1x}} \leq f \quad (6.33)$$

式中 φ_y——弯矩作用平面外的轴心受压构件稳定系数；

φ_b——均匀弯曲的受弯构件整体稳定系数；

M_x——所计算构件段范围内的最大弯矩；

η——截面影响系数，闭口截面 $\eta = 0.7$，其他截面 $\eta = 1.0$；

β_{tx}——等效弯矩系数。

β_{tx} 应按下列规定采用：

（1）在弯矩作用平面外有支承的构件，应根据两相邻支承点间构件段内的荷载和内力情况确定：

① 所考虑构件段无横向荷载作用时，$\beta_{tx} = 0.65 + 0.35 M_2 / M_1$，$M_1$ 和 M_2 是在弯矩作用平面内的端弯矩，使构件产生同向曲率时取同号；产生反向曲率时取异号，$|M_1| \geq |M_2|$。

② 所考虑构件段内有端弯矩和横向荷载同时作用时，使构件段产生同向曲率时，$\beta_{tx} = 1.0$；使构件段产生反向曲率时，$\beta_{tx} = 0.85$。

③ 所考虑构件段内无端弯矩但有横向荷载作用时，$\beta_{tx} = 1.0$。

（2）弯矩作用平面外为悬臂的构件，$\beta_{tx} = 1.0$。

3. 实腹式双向压弯构件的整体计算

双向压弯构件是指弯矩作用在截面两个主平面内的压弯构件。双向压弯构件失稳属于空间失稳形式，理论计算比较复杂，尤其是钢材进入弹塑性阶段，目前常用数值法分析求解。为了设计应用方便，并与单向压弯构件计算衔接，多采用相关公式表达形式来计算，即近似地采用包括 N、M_x 和 M_y 三项简单叠加的公式。如《钢结构设计规范》（GB50017—2003）规定：弯矩作用在两个主平面内的双轴对称实腹式工字形（含 H 形）和箱形（闭口）截面的压弯构件，其稳定性应按下列公式计算

$$\frac{N}{\varphi_x A} + \frac{\beta_{mx} M_x}{\gamma_x W_x \left(1 - 0.8 \dfrac{N}{N'_{Ex}}\right)} + \eta \frac{\beta_{ty} M_y}{\varphi_{by} W_y} \leq f \quad (6.34)$$

$$\frac{N}{\varphi_x A} + \eta \frac{\beta_{tx} M_x}{\varphi_{bx} W_x} + \frac{\beta_{my} M_y}{\gamma_y W_y \left(1 - 0.8 \dfrac{N}{N'_{Ey}}\right)} \leq f \quad (6.35)$$

式中　φ_x、φ_y——对强轴 x—x 和弱轴 y—y 的轴心受压构件稳定系数；

φ_{bx}、φ_{by}——均匀弯曲的受弯构件整体稳定系数；

M_x、M_y——所计算构件段范围内对强轴和弱轴的最大弯矩；

N'_{Ex}、N'_{Ey}——参数，$N'_{Ex} = \pi^2 EA / (1.1 \lambda_x^2)$，$N'_{Ey} = \pi^2 EA / (1.1 \lambda_y^2)$；

W_x、W_y——对强轴和弱轴的毛截面模量；

β_{mx}、β_{my}——等效弯矩系数，按弯矩作用平面内稳定计算的有关规定采用；

β_{tx}、β_{ty}——等效弯矩系数，按弯矩作用平面外稳定计算的有关规定采用。

【例题 6.2】 验算如图 6.11 所示压弯构件的整体稳定。钢材为 Q235A，翼缘为焰切边。跨中作用有集中荷载设计值 $F = 150$ kN，轴心压力设计值 $N = 1\,200$ kN。

【解】

（1）计算内力：

$$N = 1\,200 \text{ kN}$$

$$M_x = \frac{Fl}{4} = \frac{150 \times 12}{4} = 450 \quad (\text{kN} \cdot \text{m})$$

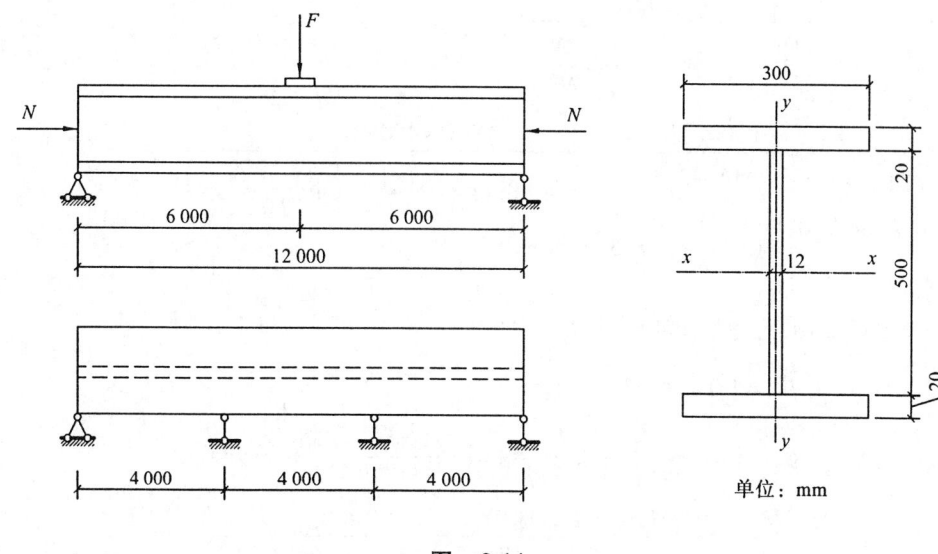

图 6.11

（2）计算截面几何特征：

$$A = 300 \times 20 \times 2 + 500 \times 12 = 18\,000 \quad (\text{mm}^2)$$

$$I_x = \frac{1}{12}(300 \times 540^3 - 288 \times 500^3) = 9.366 \times 10^8 \quad (\text{mm}^4)$$

$$I_y = 2 \times \frac{1}{12} \times 20 \times 300^3 + \frac{1}{12} \times 500 \times 12^3 = 9.0072 \times 10^7 \quad (\text{mm}^4)$$

$$i_x = \sqrt{\frac{I_x}{A}} = \sqrt{\frac{9.366 \times 10^8}{18\,000}} = 228.11 \quad (\text{mm})$$

$$i_x = \sqrt{\frac{I_y}{A}} = \sqrt{\frac{9.0072 \times 10^7}{18\,000}} = 70.74 \quad (\text{mm})$$

$$W_{1x} = \frac{I_x}{h/2} = \frac{9.366 \times 10^8}{540/2} = 3.4688 \times 10^6 \quad (\text{mm}^3)$$

$$\lambda_x = \frac{l_{0x}}{i_x} = \frac{12\,000}{228.11} = 52.6, \quad \lambda_y = \frac{l_{0y}}{i_y} = \frac{4\,000}{70.74} = 56.5$$

对 x、y 轴均为 b 类截面，查附表 4.2 得

$$\varphi_x = 0.843, \quad \varphi_y = 0.824$$

（3）弯矩作用平面内整体稳定计算：

查表可得 $\gamma_x = 1.05$

$$N'_{Ex} = \frac{\pi^2 EA}{1.1\lambda_x^2} = \frac{\pi^2 \times 2.06 \times 10^5 \times 18\,000}{1.1 \times 52.6^2} = 12\,024.73 \quad (\text{kN})$$

$$\beta_{mx} = 1.0$$

$$\frac{N}{\varphi_x A} + \frac{\beta_{mx} M_x}{\gamma_x W_{1x}\left(1 - 0.8\frac{N}{N'_{Ex}}\right)}$$

$$= \frac{1200 \times 10^3}{0.843 \times 18\,000} + \frac{1.0 \times 450 \times 10^6}{1.05 \times 3.468\,8 \times 10^6 \times \left(1 - 0.8\frac{1200}{12\,024.73}\right)}$$

$$= 213.4 < f = 215 \quad (\text{N/mm}^2)$$

满足要求。

（4）弯矩作用平面外整体稳定计算：

$$\beta_{tx} = 1.0, \quad \eta = 1.0$$

$$\varphi_b = 1.07 - \frac{\lambda_y^2}{44\,000} \times \frac{f_y}{235} = 1.07 - \frac{56.5^2}{44\,000} \times \frac{235}{235} = 0.997$$

$$\frac{N}{\varphi_y A} + \eta \frac{\beta_{tx} M_x}{\varphi_b W_{1x}} = \frac{1200 \times 10^3}{0.824 \times 18\,000} + \frac{1.0 \times 450 \times 10^6}{0.997 \times 3.468\,8 \times 10^6}$$

$$= 211 < f = 215 \quad (\text{N/mm}^2)$$

满足要求，所以该压弯构件整体稳定满足要求。

第四节　实腹式压弯构件的局部稳定

实腹式压弯构件中组成截面的板件与轴心受压构件和受弯构件的板件相似，在均匀压应力，或不均匀压应力和剪应力作用下，当应力达到一定大小时，可能偏离其平面位置发生波状鼓曲，即板件发生屈曲，也称为构件丧失局部稳定性。压弯构件的局部稳定常采用限制板件高（宽）厚比的方法来保证。

一、工字形截面

1. 腹板屈曲

压弯构件腹板受非均匀正应力和均匀剪应力的共同作用（见图6.12a），它的临界状态缺乏比较精确的公式。把这种应力状态与梁腹板及轴心受压柱腹板的应力状态（见图6.12b以及图6.12c）进行比较，可见图6.12（a）介于图6.12（b）、图6.12（c）之间。图6.12（b）的梁腹板弹性稳定临界状态方程可写为

$$\sqrt{\left(\frac{\sigma}{\sigma_{cr}}\right)^2 + \left(\frac{\tau}{\tau_{cr}}\right)^2} = 1 \tag{6.36}$$

对于均匀正应力σ和剪应力τ的板件（见图6.12c），腹板弹性稳定临界状态方程可写为

$$\frac{\sigma}{\sigma_{cr}} + \left(\frac{\tau}{\tau_{cr}}\right)^2 = 1 \tag{6.37}$$

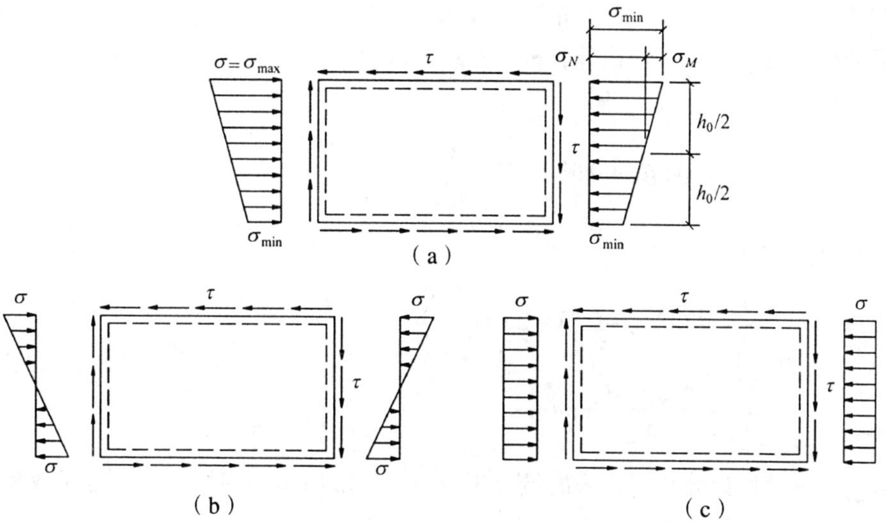

图 6.12 压弯构件的腹板受力状态

对四边简支板在非均匀正应力和均匀剪应力共同作用下的弹性屈曲,规范采用了如下相关式

$$\left[1-\left(\frac{\alpha_0}{2}\right)^5\right] \times \frac{\sigma}{\sigma_{cr}} + \left(\frac{\alpha_0}{2}\right)^5\left(\frac{\sigma}{\sigma_{cr}}\right)^2 + \left(\frac{\tau}{\tau_{cr}}\right)^2 = 1 \tag{6.38}$$

式中 α_0——与腹板边缘最大正应力 σ_{max} 和最小应力 σ_{min} 有关的应力梯度系数,即 $\alpha_0 = \frac{\sigma_{max} - \sigma_{min}}{\sigma_{max}}$,当 σ_{min} 为拉应力时取负号;

τ——构件腹板上的平均剪应力;

σ——在弯矩和轴力共同作用下腹板边缘的最大压应力;

τ_{cr}——仅受均匀剪应力作用时腹板的临界剪应力,$\tau_{cr} = k\frac{\pi^2 E}{12(1-v)}\left(\frac{t_w}{h_0}\right)^2, v=0.3$,$k$ 是弹性屈曲系数,当 $a/h \geq 1$ 时,$k = 5.34 + \frac{4}{(a/h_0)^2}$,其中 a 为板的长边,对于柱的腹板,可取 $a = 3h_0$;

σ_{cr}——腹板在弯矩和轴力共同作用下的临界应力,$\sigma_{cr} = k\frac{\pi^2 E}{12(1-v^2)}\left(\frac{t_w}{h_0}\right)^2$,其中弹性屈曲系数 k 查表 6.2

表 6.2 弹性屈曲系数 k 值

屈曲系数 \ α_0	0	0.2	0.4	0.6	0.8	1.0	1.2	1.4	1.6	1.8	2.0
k	4.000	4.443	4.992	5.689	6.595	7.812	9.503	11.868	15.183	19.524	23.922

当 $\alpha_0 = 0$ 时，属于均匀受压板，$k = 4.0$；当 $\alpha_0 = 2$ 时，属纯弯曲板，$k = 23.922$。

只要知道剪应力 τ，由式（6.38）即可确定临界状态的最大压应力 σ，此值就是有剪应力时的临界力，以 σ_{cr}^v 表示。为了保证腹板的局部稳定，令 $\sigma_{cr}^v = f_y$，同时引入塑性发展系数，经适当简化后，可得压弯构件腹板的宽厚比限值如下：

当 $0 \leqslant \alpha_0 \leqslant 1.6$ 时

$$\frac{h_0}{t_w} \leqslant (16\alpha_0 + 0.5\lambda + 25)\sqrt{\frac{235}{f_y}} \tag{6.39a}$$

当 $1.6 < \alpha_0 \leqslant 2.0$ 时

$$\frac{h_0}{t_w} \leqslant (48\alpha_0 + 0.5\lambda - 26.2)\sqrt{\frac{235}{f_y}} \tag{6.39b}$$

$$\alpha_0 = \frac{\sigma_{max} - \sigma_{min}}{\sigma_{max}}$$

式中　σ_{max}——腹板计算高度边缘的最大压应力，计算时不考虑构件的稳定系数和截面塑性发展系数；

σ_{min}——腹板计算高度另一边缘相应的应力，压应力取正值，拉应力取负值；

λ——构件在弯矩作用平面内的长细比；当 $\lambda < 30$ 时，取 $\lambda = 30$；当 $\lambda > 100$ 时，取 $\lambda = 100$。

式（6.39）只考虑截面塑性的发展，未计入初始缺陷的影响和翼缘板对腹板的嵌固作用。

2. 翼缘屈曲

工字形和箱形截面压弯构件的最大受压翼缘主要是承受正应力，剪应力很小，可忽略不计。长细比较大，且承受 N 为主时，最大压应力可能低于 f_y；长细比较小或承受 M 为主时，其值可能较大，常达到甚至进入塑性区。当考虑截面部分塑性发展时，受压翼缘全部形成塑性区。可见压弯构件翼缘的应力状态与轴心受压或受弯构件的受压翼缘基本相同，其翼缘在均匀压应力下丧失稳定也和这种构件一样。《钢结构设计规范》（GB50017—2003）规定：工形截面压弯构件受压翼缘自由外伸宽度 b 与其厚度 t 之比应满足下式要求

$$b/t \leqslant 13\sqrt{235/f_y} \tag{6.40}$$

当强度和稳定计算中取 $\gamma_x = 1.0$ 时，b/t 可放宽至 $15\sqrt{235/f_y}$

式中，翼缘板自由外伸宽度 b 的取值对焊接结构，取腹板边至翼缘板（肢）边缘的距离；对轧制构件，取内圆弧起点至翼缘板（肢）边缘的距离。

二、箱形截面

对于箱形截面，考虑到腹板的受力可能不均匀，翼缘对腹板的嵌固条件不如工字形截面，规范规定 h_0/t_w 值应满足式（6.39）右侧乘以 0.8 后的限值，使腹板厚一些（当限值 $< 40\sqrt{235/f_y}$，应采用 $40\sqrt{235/f_y}$）

同时箱形截面压弯构件受压翼缘在两腹板之间的宽度 b_0 与其厚度 t 之比应满足下式要求

$$b_0/t \leq 40\sqrt{235/f_y} \tag{6.41}$$

H 形、工字形和箱形截面受压构件的腹板，其高厚比不满足以上限值时，可用纵向加劲肋加强，或在计算构件的强度和稳定性时将腹板的截面仅考虑计算高度边缘范围内两侧宽度各为 $20t_w\sqrt{235/f_y}$ 的部分（计算构件的稳定系数时，仍用全截面）。

用纵向加劲肋加强的腹板，其在受压较大翼缘与纵向加劲肋之间的高厚比，应满足以上限值要求。

纵向加劲肋宜在腹板两侧成对配置，其一侧外伸宽度不应小于 $10t_w$，厚度不应小于 $0.75t_w$。为了防止构件变形，每隔 4~6 m 应设置横隔，每个运输单元不宜少于 2 个横隔。

三、T 形截面

1. 腹　板

在 T 形截面受压构件中，腹板高度与其厚度之比，不应超过下列数值：

（1）弯矩使腹板自由边受拉的压弯构件。

热轧部分 T 形钢

$$h_0/t_w \leq (15+0.2\lambda)\sqrt{235/f_y} \tag{6.42a}$$

焊接 T 形钢

$$h_0/t_w \leq (13+0.17\lambda)\sqrt{235/f_y} \tag{6.42b}$$

（2）弯矩使腹板自由边受拉的压弯构件。

当 $\alpha_0 \leq 1.0$ 时

$$h_0/t_w \leq 15\sqrt{235/f_y} \tag{6.43a}$$

当 $\alpha_0 > 1.0$ 时

$$h_0/t_w \leq 18\sqrt{235/f_y} \tag{6.43b}$$

2. 翼　缘

同式（6.40）。

【例题 6.3】 验算例题 6.2 中压弯构件的局部稳定性是否满足要求。

【解】

（1）翼缘局部稳定验算：

$$\frac{b}{t} = \frac{144}{20} = 7.2 < 13\sqrt{\frac{235}{235}} = 13$$

满足要求。

（2）腹板局部稳定验算：

$$\lambda_x = 52.6$$

$$\sigma_{\max} = \frac{N}{A} + \frac{M_x}{I_x} \times \frac{h_0}{2} = \frac{1\,200 \times 10^3}{18\,000} + \frac{450 \times 10^6}{9.366 \times 10^8} \times \frac{500}{2} = 186.78 \quad (\text{N/mm}^2)$$

$$\sigma_{\min} = \frac{N}{A} - \frac{M_x}{I_x} \times \frac{h_0}{2} = \frac{1\,200 \times 10^3}{18\,000} - \frac{450 \times 10^6}{9.366 \times 10^8} \times \frac{500}{2} = -53.45 \quad (\text{N/mm}^2)$$

$$\sigma_0 = \frac{\sigma_{\max} - \sigma_{\min}}{\sigma_{\max}} = \frac{186.78 - (-53.45)}{186.78} = 1.286 < 1.6$$

$$\frac{h_0}{t_w} = \frac{500}{12} = 41.67 < (16 \times 1.286 + 0.5 \times 52.6 + 25)\sqrt{\frac{235}{235}} = 71.876$$

满足要求。

第五节 格构式压弯构件

格构式压弯构件广泛地用于厂房的框架柱和高大的独立支柱,构件的截面可以设计成双轴对称的或单轴对称的。当弯矩较大时,常采用不对称截面,并将截面较大的肢件放在较大压应力的一侧。由于在弯矩作用平面内的截面宽度较大,故肢件之间的联系常采用缀条,较少用缀板。

格构式压弯构件由于有实轴和虚轴之分,无论在强度、刚度、整体稳定和局部稳定等方面的计算都有一些特点。

一、强度和刚度验算

强度验算公式为

$$\frac{N}{A_n} \pm \frac{M_x}{\gamma_x W_{nx}} \pm \frac{M_y}{\gamma_y W_{ny}} \leq f$$

刚度验算中绕虚轴的长细比用换算长细比。换算长细比的计算和格构式轴心受压相同。

二、整体稳定验算

1. 弯矩绕虚轴作用时的稳定计算

当弯矩绕格构式压弯构件的虚轴(x 轴)作用时(见图6.13),应计算弯矩作用平面内的整体稳定和分肢在其自己两主轴方向的稳定。

(1)弯矩作用平面内的整体稳定计算。弯矩作用平面内整体稳定按下式计算

$$\frac{N}{\varphi_x A} + \frac{\beta_{mx} M_x}{W_{1x}\left(1 - \varphi_x \dfrac{N}{N'_{Ex}}\right)} \leq f \tag{6.44}$$

上式相当于实腹式压弯构件的稳定计算式(6.16),但是取 $\gamma_x = 1$,并相应把公式左边

第 2 项分母中的系数 0.8 恢复为式（6.15）中的 φ_x。这是由于格构式截面中部空心无实体部分，几乎没有发展塑性变形的潜力，因而基本上以受压纤维边缘屈服作为临界极限状态。

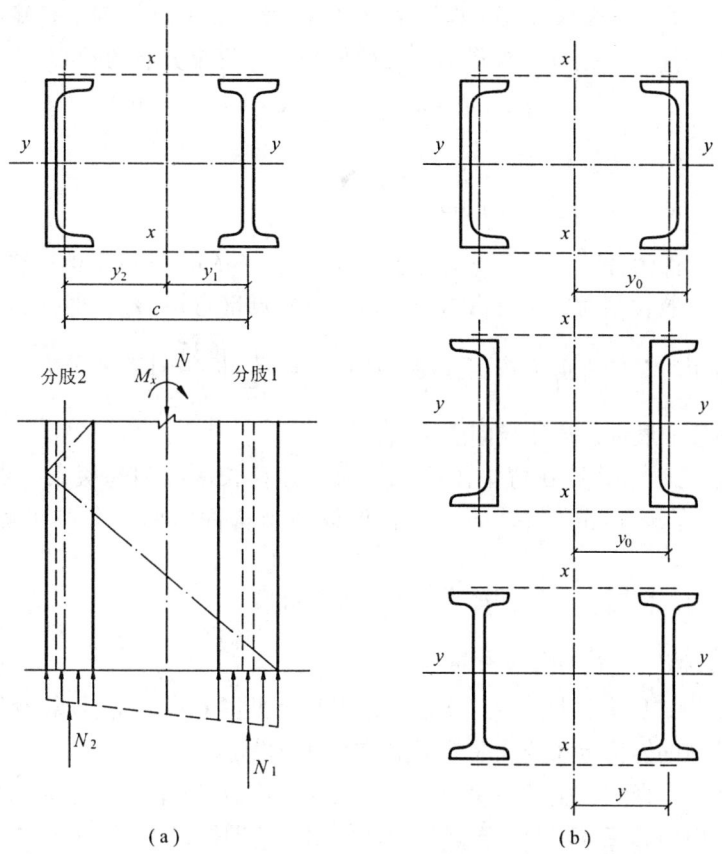

图 6.13　弯矩绕格构式压弯构件虚轴作用时的稳定计算

式中符号同前，但 φ_x 和 N'_{Ex} 均应按换算长细比 λ_{0x} 确定；$W_{1x} = I_x / y_0$，I_x 为对 x 轴的毛截面惯性矩，y_0 为由 x 轴到压力较大分肢的轴线距离或者到压力较大腹板外边缘的距离，二者取较大值。即：当最外纤维属于分肢腹板时，y_0 取由 x 轴到压力较大腹板边缘的距离（见图 6.13b 上图）；当最外纤维属于分肢翼缘外伸部分时，y_0 取由 x 轴到压力较大分肢轴线或腹板外边缘距离的较大值（见图 6.13b 中、下图），这时分肢翼缘外伸部分允许塑性变形发展，但其面积很小。

（2）弯矩作用平面外的整体稳定计算。弯矩作用平面外的整体稳定可不必计算，但应计算分肢的稳定性。这是因为格构式压弯构件两个分肢之间只靠缀件联系，而缀件只在缀件平面内对两个分肢起联系作用，即当一个分肢倾向于在缀件平面内发生弯曲位移时，另一个分肢将通过缀件起牵制和支承作用，但缀件在其平面外的侧向刚度很弱，当一个分肢倾向于向缀件平面外弯曲或屈曲侧移时，另一个分肢只能通过缀件给予很弱的牵制（对比实腹式构件，则能通过通长整体联系并有一定侧向刚度的腹板给予较大的牵制，从而构件侧向屈曲时表现为发生整体弯扭变形）。因此，当弯矩绕格构式压弯构件的虚轴作用时，要保证构件在弯矩作用平面外（即垂直于缀件平面）的整体稳定，主要是要求两个分肢在弯矩作用平面外的稳定都得到保证，亦即可用验算每个分肢的稳定来代替验算整个构件在弯矩作用平面外的整体稳定。

（3）分肢的稳定。格构式压弯构件的分肢，本身也是一个单独的轴心受压（拉）或压弯（拉弯）构件，应保证各分肢在弯矩作用平面内和平面外的稳定。对于弯矩绕虚轴作用的双分肢格构式压弯构件，可把分肢视作桁架的弦杆来计算每个分肢的轴心力（见图6.13a，忽略附加弯矩）：

分肢1　　　　$N_1 = Ny_2/c + M_x/c$　　　　　　　　　　　　　　　　（6.45a）

分肢2　　　　$N_2 = Ny_1/c - M_x/c = N - N_1$　　　　　　　　　　　（6.45b）

缀条式压弯构件的分肢，按承受轴心压力 N_1 或 N_2 的轴心受压构件计算其稳定性。对缀板式压弯构件的分肢，则尚应考虑由剪力引起的分肢局部弯矩 M_{x1}，即分肢本身成为压弯构件。计算局部弯矩时，构件剪力按实际剪力或按 $V = \dfrac{Af}{85}\sqrt{\dfrac{235}{f_y}}$ 计算的剪力，取其较大值，并假定反弯点在各段分肢和各层缀板间的中点计算。

计算分肢稳定时，分肢在弯矩作用平面内的计算长度取相邻缀条节点间的距离或缀板间的净距；在弯矩作用平面外的计算长度取整个构件（两个分肢）侧向支承点间的距离。

当两分肢截面相同时，只需计算受压力较大的分肢。

2. 弯矩绕实轴作用时的稳定计算

当弯矩绕格构式压弯构件实轴（y轴）作用时（见图6.14），应计算弯矩作用平面内和弯矩作用平面外的整体稳定和分肢在其两主轴方向的稳定。

（1）弯矩作用平面内的整体稳定计算。当弯矩绕实轴（y轴）作用时，格构式压弯构件在弯矩作用平面内的稳定计算与实腹式压弯构件相同，即按式（6.16）（下标 x 轴改为 y 轴）计算。

（2）弯矩作用平面外的整体稳定计算。当弯矩绕实轴（y轴）作用时，格构式压弯构件在弯矩作用平面外的稳定计算与实腹式压弯构件相同，即按式（6.33）（下标 x 轴、y 轴互换）计算，其中 φ_x 应按换算长细比计算，φ_b 应取1.0。

（3）分肢的稳定计算。轴心压力 N 在两分肢间的分配按分肢轴线至 x 轴的距离成反比的原则确定。弯矩 M_y 在两分肢间的分配按与分肢对 y 轴的惯性矩成正比，与分肢轴线至 x 轴的距离成反比的原则来确定，以保持平衡和变形协调。

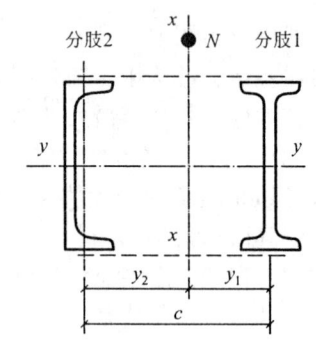

图6.14　弯矩绕格构式压弯构件实轴作用时的稳定计算

分肢1轴心力

$$N_1 = Ny_2/c \qquad\qquad (6.46a)$$

分肢2轴心力

$$N_2 = Ny_1/c = N - N_1 \qquad\qquad (6.46b)$$

分肢 1 弯矩

$$M_{y1} = M_y \frac{I_1/y_1}{I_1/y_1 + I_2/y_2} \tag{6.47a}$$

分肢 2 弯矩

$$M_{y2} = M_y \frac{I_2/y_2}{I_1/y_1 + I_2/y_2} = M_y - M_{y1} \tag{6.47b}$$

式中，I_1、I_2 为分肢 1、2 对 y 轴的惯性矩。

3. 在两个主平面内均有弯矩作用时的稳定计算

格构式压弯构件同时承受绕虚轴（x 轴）弯矩 M_x 和绕实轴（y 轴）弯矩 M_y 时（双向压弯构件），和单向压弯构件相似，也应计算整体稳定和分肢稳定。

（1）整体稳定计算。格构式双向压弯构件的整体稳定计算也仿照实腹式双向压弯构件，近似采用 3 项相关公式

$$\frac{N}{\varphi_x A} + \frac{\beta_{mx} M_x}{W_{1x}\left(1 - \varphi_x \frac{N}{N'_{Ex}}\right)} + \frac{\beta_{ty} M_y}{W_{1y}} \leq f \tag{6.48}$$

式中 W_{1y}——在 M_y 作用下，对较大受压纤维的毛截面模量。

上式相当于实腹式双向压弯构件的稳定计算式（6.34），但是截面塑性发展系数 γ_x 和均匀弯曲的受弯构件整体稳定系数 φ_{by} 均取 1.0，并相应把公式左边第 2 项分母中系数 0.8 恢复到式（6.15）的 φ_x，φ_x 和 N'_{Ex} 均按换算长细比 λ_{0x} 确定。

（2）分肢的稳定计算。N 和 M_x 在两分肢产生的轴心力 N_1 和 N_2 按式（6.45）计算，M_y 在两分肢间的分配按式（6.47）计算。两分肢按单向实腹式压弯构件计算其两主轴方向的稳定。对缀板式压弯构件的分肢则尚应考虑由剪力 V_x 产生的分肢局部弯矩 M_{x1}，这时分肢应按双向压弯构件计算。

三、缀件计算和构造要求

计算格构式压弯构件的缀件时，应取构件实际剪力和按式 $V = \frac{Af}{85}\sqrt{\frac{235}{f_y}}$ 计算得到剪力两者中的较大值。计算方法与格构式轴心受压构件相同。

格构式压弯构件和格构式轴心受压构件一样，在受有较大水平力处和运送单元的端部应设置横隔，以保证截面形状不变，提高构件抗扭刚度以及传递必要的内力。构件较长时还应设置中间横隔，其间距不得大于构件截面较大宽度的 9 倍或 8 m。横隔可用钢板或交叉角钢做成。

【例题 6.4】 某厂房柱的下柱截面如图 6.15 所示。已知该柱的最大设计内力为 $N = 2\,600$ kN（压），绕虚轴弯矩 $M_x = 2\,000$ kN·m，剪力 $V = 200$ kN；钢材为 Q235，$l_{0x} = 29$ m，$l_{0y} = 18$ m。缀条倾斜角为 45°，并设附加横缀条。验算该截面是否满足设计要求。

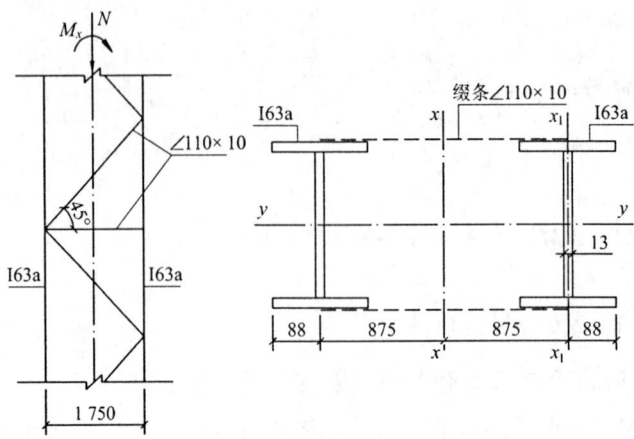

图 6.15

【解】

（1）计算截面几何特征。查型钢表可得 I63a：

$$A_1 = 154.59 \text{ cm}^2, \quad b = 176 \text{ mm}, \quad t_w = 13 \text{ mm},$$
$$I_{x1} = 1\,702.4 \text{ cm}^4, \quad i_{x1} = 3.32 \text{ cm}, \quad i_y = 24.66 \text{ cm}$$

缀条∠110×10：$A_1 = 21.261 \text{ cm}^2$，$i_{\min} = 2.17 \text{ cm}$

$$A = 2A_1 = 2 \times 154.59 = 309.18 \quad (\text{cm}^2)$$

$$I_x = 2(I_{x1} + A_1 y^2) = 2 \times (1\,702.4 + 154.59 \times 87.5^2) = 2.370\,56 \times 10^6 \quad (\text{cm}^4)$$

$$i_x = \sqrt{\frac{I_x}{A}} = \sqrt{\frac{2.370\,56 \times 10^6}{309.18}} = 87.56 \quad (\text{cm})$$

$$\lambda_x = \frac{l_{0x}}{i_x} = \frac{2\,900}{87.56} = 33.12$$

（2）强度验算：

$$W_{1x} = \frac{I_x}{y_1} = \frac{2.370\,56 \times 10^6 \times 10^4}{875 + 88} = 2.461\,6 \times 10^7 \quad (\text{mm}^3)$$

$$\sigma = \frac{N}{A} + \frac{M_x}{W_{1x}} = \frac{2\,600 \times 10^3}{309.18 \times 10^2} + \frac{2\,000 \times 10^6}{2.461\,6 \times 10^7} = 165.34 < f = 215 \quad (\text{N/mm}^2)$$

满足要求。

（3）刚度验算：

一个缀条面积∠110×10，$A_1 = 21.261 \text{ cm}^2$

$$\lambda_{0x} = \sqrt{\lambda_x^2 + 27A/A_1} = \sqrt{33.12^2 + 27 \times 309.18/(2 \times 21.261)} = 35.96$$

$$\lambda_y = \frac{l_{0y}}{i_y} = \frac{1\,800}{24.66} = 72.99$$

$$\lambda_{\max} = \lambda_y = 72.99 < [\lambda] = 150$$

（4）弯矩作用平面内的整体稳定验算：

由 $\lambda_{0x} = 35.96$，按 b 类截面查附表 4.2，得 $\varphi_x = 0.914$。

$$N'_{Ex} = \frac{\pi^2 EA}{1.1\lambda_{0x}^2} = \frac{\pi^2 \times 2.06 \times 10^5 \times 309.18 \times 10^2}{1.1 \times 35.96^2} = 44\,192.27 \quad (\text{kN})$$

$$\beta_{mx} = 1.0$$

$$W_{1x} = \frac{I_x}{y_0} = \frac{2.370\,56 \times 10^{10}}{875 + 13/2}$$

$$= 2.689 \times 10^7 \quad (\text{mm}^3)（腹板外边缘毛截面惯性矩）$$

$$\sigma = \frac{N}{\varphi_x A} + \frac{\beta_{mx} M_x}{W_{1x}\left(1 - \varphi_x \dfrac{N}{N'_{Ex}}\right)}$$

$$= \frac{2\,600 \times 10^3}{0.914 \times 30\,918} + \frac{1.0 \times 2\,000 \times 10^6}{2.689 \times 10^7 \left(1 - 0.914 \dfrac{2\,600}{44\,192.27}\right)}$$

$$= 170.61 < f = 215 \quad (\text{N/mm}^2)$$

满足要求。

（5）分肢的稳定验算：

较大受压分肢

$$N_1 = \frac{2\,600}{2} + \frac{2\,000}{1.75} = 2\,443 \quad (\text{kN})$$

$$\lambda_{x1} = \frac{1\,750}{33.2} = 52.7 > 0.7\lambda_{max} = 0.7 \times 72.99 = 51.1$$

故需进行分肢稳定计算。

轧制工字钢 $b/h = 176/630 = 0.279 < 0.8$；对 y 轴为 a 类截面，查附表 4.1 得 $\varphi_y = 0.824$；对 x_1 轴为 b 类截面，查附表 4.2，得 $\varphi_{x1} = 0.843\,5$。

$$\sigma = \frac{N_1}{\varphi_{min} A_1} = \frac{2\,443 \times 10^3}{0.824 \times 15\,459} = 191.8 < f = 215 \quad (\text{N/mm}^2)$$

满足要求。

（6）缀条验算：

$$\frac{Af}{85}\sqrt{\frac{235}{f_y}} = \frac{30\,918 \times 215}{85}\sqrt{\frac{235}{235}} = 78.2 < V = 200 \quad (\text{kN})$$

故取 $V = 200$ kN。

每根缀条受力 $N_d = (V/2)/\sin 45° = 141.4$ （kN）

$$l_1 = 1\,750\sqrt{2} = 2\,475 \quad (\text{mm})$$

$$\lambda = l_1/i_{min} = 2\,475/21.7 = 114.1 < [\lambda] = 150$$

按 b 类截面查附表 4.2，得 $\varphi = 0.469$，强度折减系数

$$\eta = 0.6 + 0.001\,5 \times 114.1 = 0.771$$
$$\sigma = N_d / \eta \varphi A_1 = 141.4 \times 10^3 /(0.771 \times 0.469 \times 2\,126.1)$$
$$= 183.9 < f = 215 \quad (\text{N/mm}^2)$$

截面满足设计要求。

第六节 压弯构件和框架柱的计算长度

一、单独压弯构件的计算长度

在进行压弯构件刚度和稳定计算时都要用到长细比，计算构件长细比需要知道构件的计算长度，计算长度的概念是从理想轴心受压构件导出的。将不同支承情况的轴心受压构件长度转换为等效铰接支承的长度，使计算简化。

对单独的压弯构件，确定其计算长度 l_0 时，可近似地忽略弯矩的影响，采用确定轴心受压构件计算长度那样来计算，即 $l_0 = \mu l$。其中 l 为构件几何长度，μ 为计算长度系数，视两端支承情况而采用不同值，并近似按轴心受压构件取相同的 μ 值。

二、框架柱的计算长度

大多数压弯构件不是孤立的单个构件，而是属于框架的组成部分，其两端受到与其相连接的其他构件的各种约束。框架柱屈曲时必然带动一些构件产生变形。这样研究框架柱的屈曲必须取整个框架或框架的一部分进行分析。

框架有两种形式，一种是无侧移的，另一种是有侧移的。有侧移的框架，其稳定承载能力比具有相同尺寸和连接条件的无侧移框架的稳定承载能力小得多。所以确定框架柱的计算长度时首先要区分框架失稳时有无侧移。如果没有防止侧移的有效措施，则按有侧移失稳的框架来考虑。无侧移框架是指框架中设有支撑架、剪力墙、电梯井等横向支撑结构，且其抗侧移刚度等于或大于框架本身抗侧移刚度的 5 倍者。有侧移框架是指框架中未设上述支撑结构，或支撑结构的抗侧移刚度小于框架本身抗侧移刚度的 5 倍者。此外，框架柱的计算长度还与其所连接的横梁总的相对刚度和柱端支承情况有关。

目前关于框架柱的稳定设计有两种办法，一种是采用一阶理论，即不考虑框架变形的二阶影响，计算框架由各种荷载设计值产生的内力，然后把框架柱作为单独的压弯构件来设计。按稳定性计算柱截面时用计算长度代替实际长度来考虑与柱相连构件的约束影响。这种方法简称为计算长度法。

另一种方法是将框架作为整体，按二阶理论进行分析。按稳定性计算框架柱截面时，取实际几何长度来计算长细比。由于按二阶理论计算不便应用，常用考虑 F—u 效应的近似法，即在内力分析时，考虑框架侧移 u 而引进一个假想的水平荷载，连同框架的实际水平荷载和竖向荷载一起进行一阶分析，求解框架柱的内力设计值。

下面主要介绍求算框架柱计算长度的方法。

1. 框架柱在框架平面内的计算长度

（1）单层框架等截面柱：

① 无侧移框架。图 6.16（a）是单层单跨等截面柱对称框架，在框架顶部设有防止其侧移的支承，因此框架在失稳时无侧移，横梁两端的转角 θ 大小相等方向相反，呈对称形式失稳。根据弹性稳定理论可计算出这种无侧移框架的计算长度系数 u 如表 6.3 所示，其值取决于柱底支承情况以及梁对柱的约束程度。梁对柱的约束程度又取决于横梁的线刚度 I_0/l 与柱的线刚度 I/H 之比 K_0，$K_0 = \dfrac{I_0 \cdot H}{I \cdot l}$ 称为相对刚度。柱的计算长度 $H_0 = \mu H$。

表 6.3 单层框架等截面柱的计算长度系数 u

框架类型	柱与基础连接方式	相交与柱上端的横梁线刚度之和与柱线刚度的比值 K_1												
		0	0.05	0.1	0.2	0.3	0.4	0.5	1	2	3	4	5	≥10
无侧移	铰接	1.000	0.990	0.981	0.964	0.949	0.935	0.922	0.875	0.820	0.791	0.773	0.760	0.732
	刚接	0.732	0.726	0.721	0.711	0.701	0.693	0.685	0.654	0.615	0.593	0.580	0.570	0.549
有侧移	铰接	∞	6.02	4.46	3.42	3.01	2.78	2.64	2.33	2.174	2.11	2.08	2.07	2.03
	刚接	2.03	1.83	1.70	1.52	1.42	1.35	1.30	1.17	1.10	1.07	1.06	1.05	1.03

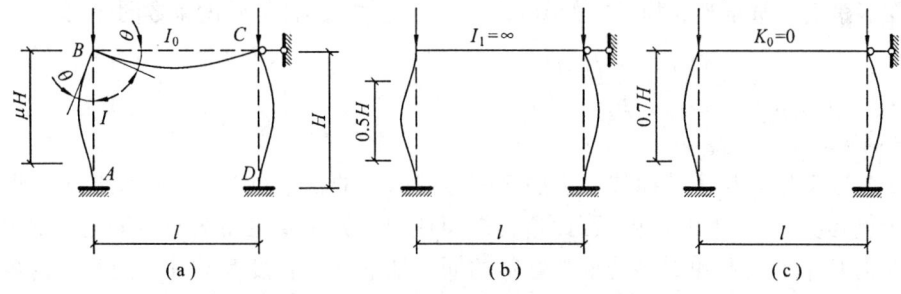

图 6.16 无侧移单层单跨框架失稳形式

当柱与基础为刚接时，如果线刚度的比值 K_0 大于 20，可认为横梁的惯性矩为无限大，柱的计算长度与两端固定的独立柱相同，即 $u = 0.5$，见图 6.16（b）。当横梁与柱铰接时，可以认为线刚度比值 K_0 为 0，柱的计算长度为 $0.7H$，见图 6.16（c）。

对单层多跨无侧移框架（见图 6.17a），可以认为各柱是同时失稳的，假定失稳时横梁两端的转角 θ 相等但方向相反，其计算长度系数 u 亦可采用表 6.3 中的数值，但是梁、柱的线刚度比应采用与柱相邻的两根横梁的线刚度之和 $I_1/l_1 + I_2/l_2$ 与柱的线刚度 I/H 的比值 K_1，

$$K_1 = \dfrac{(I_1/l_1 + I_2/l_2)H}{I}$$

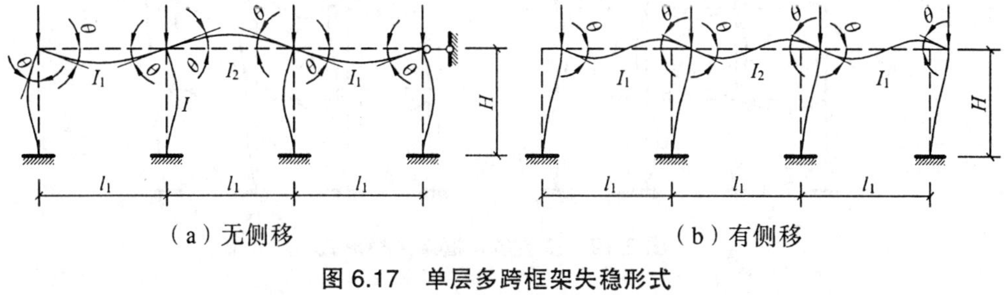

（a）无侧移　　　　　　　　（b）有侧移

图 6.17 单层多跨框架失稳形式

② 有侧移框架。有侧移框架在失稳时的承载能力较低，而在实际工程中，单层框架多数无法设置防止侧移的支承，故一般应按有侧移考虑。如图 6.18（a）所示，单层单跨有侧移框架失稳时，横梁两端的转角 θ 大小相等方向相同，变形是反对称的。按弹性稳定理论算得的计算长度系数 u 也由表 6.3 给出。如对与基础刚接的柱，当 $K_0 > 20$，可认为 $I_0 = \infty$（见图 6.18b），因此 $u = 1.0$；当横梁与柱铰接时，可取 $K_0 = 0$，则 $u = 2.0$（见图 6.18c）。

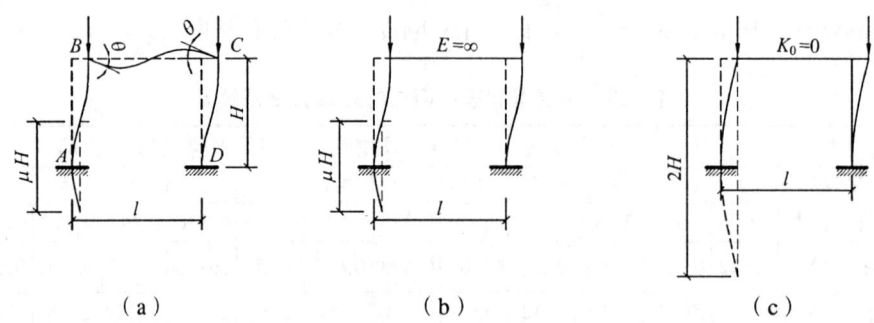

图 6.18 有侧移单层单跨框架失稳形式

单层多跨有侧移框架失稳形式如图 6.17（b）所示，其计算长度系数同样可用

$$K_1 = \frac{(I_1/l_1 + I_2/l_2)H}{I}$$

查表 6.3 确定。

（2）多层多跨框架等截面柱。多层多跨等截面柱的框架也有两种失稳形式，即有侧移失稳和无侧移失稳，如图 6.19。因此这类框架柱的计算长度也要按两种情况分别确定。确定时采用的基本假定与单层多跨框架基本相同。柱的计算长度系数 u 将与相连的各横梁的约束程度有关。而相交于每一节点的横梁对该节点所连柱的约束程度，又取决于相交于该节点各横梁线刚度之和与柱线刚度之和的比。因此柱的计算长度系数就要由该柱上端及下端节点处的梁、柱线刚度比确定，其值见表 6.4 与表 6.5。表中 K_1 为相交于柱上端的横梁线刚度之和与柱线刚度之和的比值；K_2 则为相交于柱下端的横梁线刚度之和与柱线刚度之和的比值。当 $K_2 = 0$ 时，即表 6.3 中柱与基础铰接时的 u 值；$K_2 \geq 10$ 即表 6.3 中柱与基础刚接时的 u 值。

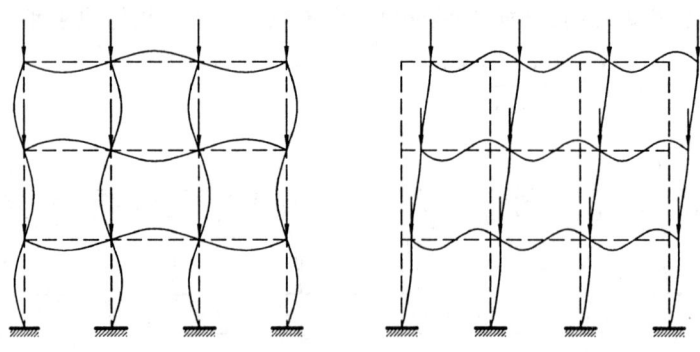

图 6.19 多层多跨框架失稳形式

表 6.4　无侧移框架柱的计算长度 u

K_2\K_1	0	0.05	0.1	0.2	0.3	0.4	0.5	1	2	3	4	5	≥10
0	1.000	0.990	0.981	0.964	0.949	0.935	0.922	0.875	0.820	0.791	0.773	0.760	0.732
0.05	0.990	0.981	0.971	0.955	0.940	0.926	0.914	0.867	0.814	0.784	0.766	0.754	0.726
0.1	0.981	0.971	0.962	0.946	0.931	0.918	0.906	0.860	0.807	0.778	0.760	0.748	0.721
0.2	0.964	0.955	0.946	0.930	0.916	0.903	0.891	0.846	0.795	0.767	0.749	0.737	0.711
0.3	0.949	0.940	0.931	0.916	0.902	0.889	0.878	0.834	0.784	0.756	0.739	0.728	0.701
0.4	0.935	0.926	0.918	0.903	0.889	0.877	0.866	0.823	0.774	0.747	0.730	0.719	0.693
0.5	0.922	0.914	0.906	0.891	0.878	0.866	0.855	0.813	0.765	0.738	0.721	0.710	0.685
1	0.875	0.867	0.860	0.846	0.834	0.823	0.813	0.774	0.729	0.704	0.688	0.677	0.654
2	0.820	0.814	0.807	0.795	0.784	0.774	0.765	0.729	0.686	0.663	0.648	0.638	0.615
3	0.791	0.784	0.778	0.767	0.756	0.747	0.738	0.704	0.663	0.640	0.625	0.616	0.593
4	0.773	0.766	0.760	0.749	0.739	0.730	0.721	0.688	0.648	0.625	0.611	0.601	0.580
5	0.760	0.754	0.748	0.737	0.728	0.719	0.710	0.677	0.638	0.616	0.601	0.592	0.570
≥10	0.732	0.726	0.721	0.711	0.701	0.693	0.685	0.654	0.615	0.593	0.580	0.570	0.549

注：① 表中的计算长度系数 u 值系按下式算得

$$\left[\left(\frac{\pi}{\mu}\right)^2+2(K_1+K_2)-4K_1K_2\right]\frac{\pi}{\mu}\cdot\sin\frac{\pi}{\mu}-2\left[(K_1+K_2)\left(\frac{\pi}{\mu}\right)^2+4K_1K_2\right]\cos\frac{\pi}{\mu}+8K_1K_2=0$$

式中，K_1、K_2 分别为相交于柱上端、柱下端的横梁线刚度之和与柱线刚度之和的比值。当梁远端为铰接时，应将横梁线刚度乘以 1.5；当横梁远端为嵌固时，则将横梁线刚度乘以 2。

② 当横梁与柱铰接时，取横梁线刚度为 0。

③ 对底层框架柱：当柱与基础铰接时，取 $K_2=0$；当柱与基础刚接时，取 $K_2=10$。

④ 当与柱刚性连接的横梁所受轴心压力 N_b 较大时，横梁线刚度应乘以折减系数 α_N：

横梁远端与柱刚接和横梁远端铰支时：$\alpha_N=1-N_b/N_{Eb}$

横梁远端嵌固时：$\alpha_N=1-N_b/(2N_{Eb})$

式中，$N_{Eb}=\pi^2EI_b/l^2$；I_b 为横梁截面惯性矩；l 为横梁长度。

表 6.5　有侧移框架柱的计算长度 u

K_2\K_1	0	0.05	0.1	0.2	0.3	0.4	0.5	1	2	3	4	5	≥10
0	∞	6.02	4.46	3.42	3.01	2.78	2.64	2.33	2.17	2.11	2.08	2.07	2.03
0.05	6.02	4.16	3.47	2.86	2.58	2.42	2.31	2.07	1.94	1.90	1.87	1.86	1.83
0.1	4.46	3.47	3.01	2.56	2.33	2.20	2.11	1.90	1.79	1.75	1.73	1.72	1.70
0.2	3.42	2.86	2.56	2.23	2.05	1.94	1.87	1.70	1.60	1.57	1.55	1.54	1.52
0.3	3.01	2.58	2.33	2.05	1.90	1.80	1.74	1.58	1.49	1.46	1.45	1.44	1.42
0.4	2.78	2.42	2.20	1.94	1.80	1.71	1.65	1.50	1.42	1.39	1.37	1.37	1.35
0.5	2.64	2.31	2.11	1.87	1.74	1.65	1.59	1.45	1.37	1.34	1.32	1.32	1.30
1	2.33	2.07	1.90	1.70	1.58	1.50	1.45	1.32	1.24	1.21	1.20	1.19	1.17
2	2.17	1.94	1.79	1.60	1.49	1.42	1.37	1.24	1.16	1.14	1.12	1.12	1.10
3	2.11	1.90	1.75	1.57	1.46	1.39	1.34	1.21	1.14	1.11	1.10	1.09	1.07
4	2.08	1.87	1.73	1.55	1.45	1.37	1.32	1.20	1.12	1.10	1.08	1.08	1.06
5	2.07	1.86	1.72	1.54	1.44	1.37	1.32	1.19	1.12	1.09	1.08	1.07	1.05
≥10	2.03	1.83	1.70	1.52	1.42	1.35	1.30	1.17	1.10	1.07	1.06	1.05	1.03

注：① 表中的计算长度系数 u 值系按下式算得

$$\left[36K_1K_2-\left(\frac{\pi}{\mu}\right)^2\right]\sin\frac{\pi}{\mu}+6(K_1+K_2)\frac{\pi}{\mu}\cdot\cos\frac{\pi}{\mu}=0$$

式中，K_1、K_2 分别为相交于柱上端、柱下端的横梁线刚度之和与柱线刚度之和的比值。当梁远端为铰接时，应将横梁线刚度乘以 0.5；当横梁远端为嵌固时，则将横梁线刚度乘以 2/3。

② 当横梁与柱铰接时，取横梁线刚度为 0。

③ 对底层框架柱：当柱与基础铰接时，取 $K_2=0$；当柱与基础刚接时，取 $K_2=10$。

④ 当与柱刚性连接的横梁所受轴心压力 N_b 较大时，横梁线刚度应乘以折减系数 α_N：

横梁远端与柱刚接时：　　$\alpha_N=1-N_b/(4N_{Eb})$

横梁远端铰支时：　　　　$\alpha_N=1-N_b/N_{Eb}$

横梁远端嵌固时：　　　　$\alpha_N=1-N_b/(2N_{Eb})$

式中，$N_{Eb}=\pi^2EI_b/l^2$；I_b 为横梁截面惯性矩；l 为横梁长度。

2. 框架柱在框架平面外的计算长度

在框架平面外，柱与梁一般是铰接，并设有支撑，当框架在框架平面外失稳时，可假定侧向支承点是其变形曲线的反弯点。这样柱在框架平面外的计算长度等于侧向支撑点之间的距离（见图 6.20a），若无侧向支撑点时，则为柱的全长 H（见图 6.20b）。对于多层框架柱，在框架平面外的计算长度可能就是该柱的全长。

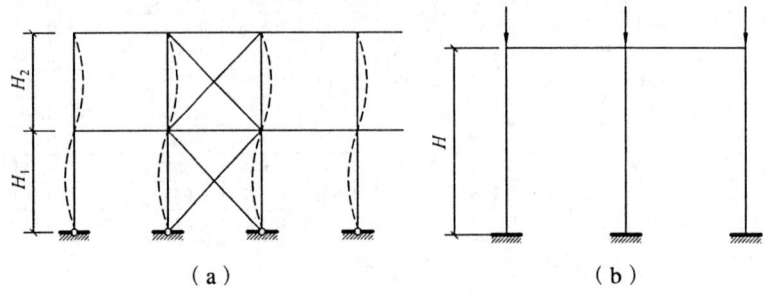

图 6.20 框架柱在框架平面外的计算长度

习 题

6.1 一压弯构件长 5 m，采用 Q235 轧制工字钢 25a，两端铰接并在跨中有一个侧向支承点，承受静力荷载设计值：轴心压力 $N = 200$ kN，和跨中横向集中荷载 50 kN。验算该构件的强度和稳定是否满足要求。

6.2 如图所示压弯构件长 12 m，承受轴心压力设计值 $N = 1\,800$ kN，构件的中央作用横向荷载设计值 $F = 540$ kN，在弯矩作用平面外有两个侧向支撑（在构件的三分点处），钢材为 Q235，翼缘为火焰切割边，验算该构件的整体稳定性。

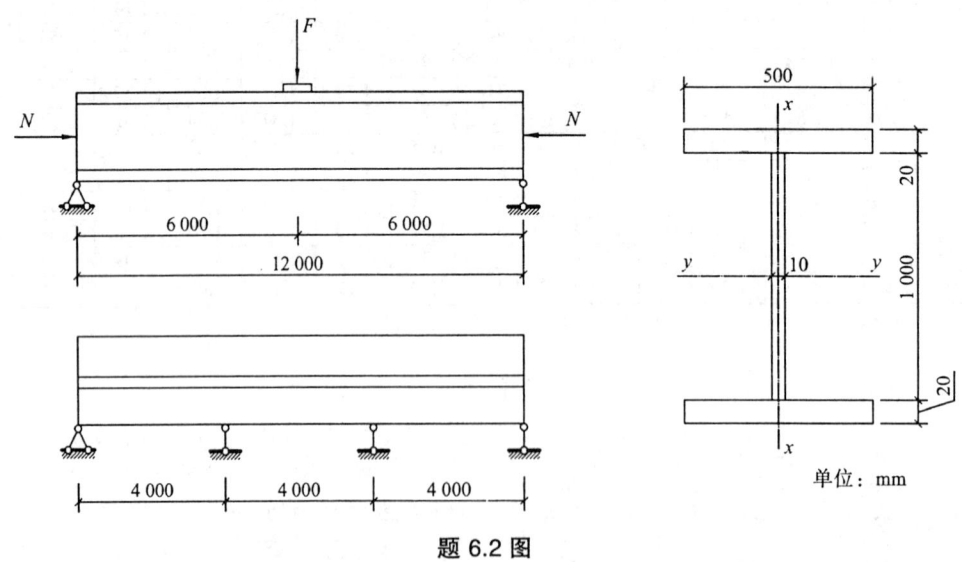

题 6.2 图

6.3 一格构式压弯构件，两端铰接，计算长度 $l_{0x} = l_{0y} = 600$ cm。构件截面及缀条布置如题 6.3 图所示。缀条采用角钢 ∠70×4，缀条倾角为 45°。构件承受轴心压力设计

值 $N=450$ kN，弯矩绕虚轴作用，钢材采用 Q235。试计算该构件所能承受的最大弯矩设计值。

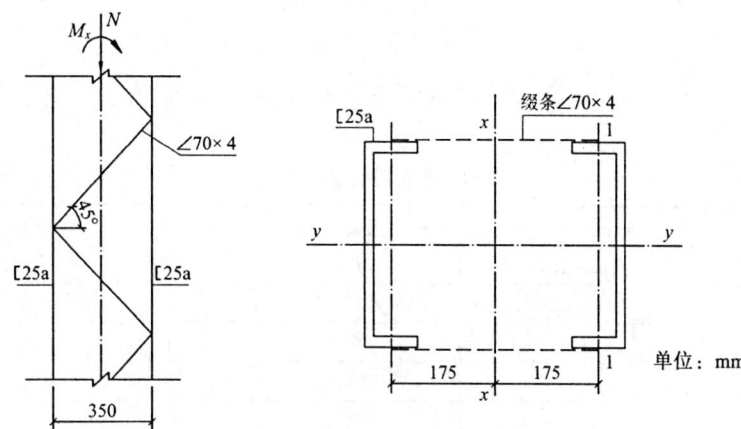

题 6.3 图

附 录

附录1 钢材和连接的强度设计值

钢材的强度设计值（N/mm²）　　　　　附表1.1

<table>
<tr><th colspan="2">钢　　材</th><th>抗拉、抗压和抗弯</th><th>钢材</th><th>端面承压（刨平顶紧）</th></tr>
<tr><th>牌号</th><th>厚度或直径/mm</th><th>f</th><th>f_v</th><th>f_{ce}</th></tr>
<tr><td rowspan="4">Q235钢</td><td>≤16</td><td>215</td><td>125</td><td rowspan="4">325</td></tr>
<tr><td>＞16～40</td><td>205</td><td>120</td></tr>
<tr><td>＞40～60</td><td>200</td><td>115</td></tr>
<tr><td>＞60～100</td><td>190</td><td>110</td></tr>
<tr><td rowspan="4">Q345钢</td><td>≤16</td><td>310</td><td>180</td><td rowspan="4">400</td></tr>
<tr><td>＞16～35</td><td>295</td><td>170</td></tr>
<tr><td>＞35～50</td><td>265</td><td>155</td></tr>
<tr><td>＞50～100</td><td>250</td><td>145</td></tr>
<tr><td rowspan="4">Q390钢</td><td>≤16</td><td>350</td><td>205</td><td rowspan="4">415</td></tr>
<tr><td>＞16～35</td><td>335</td><td>190</td></tr>
<tr><td>＞35～50</td><td>315</td><td>180</td></tr>
<tr><td>＞50～100</td><td>295</td><td>170</td></tr>
<tr><td rowspan="4">Q420钢</td><td>≤16</td><td>380</td><td>220</td><td rowspan="4">440</td></tr>
<tr><td>＞16～35</td><td>360</td><td>210</td></tr>
<tr><td>＞35～50</td><td>340</td><td>195</td></tr>
<tr><td>＞50～100</td><td>325</td><td>185</td></tr>
</table>

注：表中厚度系指计算点的厚度，对轴心受压构件，系指较厚板件的厚度。

焊缝的强度设计值（N/mm²）　　　　　附表1.2

<table>
<tr><th rowspan="3">焊接方法和焊条型号</th><th colspan="2">构件钢材</th><th colspan="4">对 接 焊 缝</th><th>角焊缝</th></tr>
<tr><th rowspan="2">牌号</th><th rowspan="2">厚度或直径/mm</th><th rowspan="2">抗压 f_c^w</th><th colspan="2">焊缝质量为下列等级时，抗拉 f_t^w</th><th rowspan="2">抗剪 f_v^w</th><th rowspan="2">抗拉、抗压和抗剪 f_f^w</th></tr>
<tr><th>一级、二级</th><th>三级</th></tr>
<tr><td rowspan="4">自动焊、半自动焊和E43型焊条的手工焊</td><td rowspan="4">Q235钢</td><td>≤16</td><td>215</td><td>215</td><td>185</td><td>125</td><td rowspan="4">160</td></tr>
<tr><td>＞16～40</td><td>205</td><td>205</td><td>175</td><td>120</td></tr>
<tr><td>＞40～60</td><td>200</td><td>200</td><td>170</td><td>115</td></tr>
<tr><td>＞60～100</td><td>190</td><td>190</td><td>160</td><td>110</td></tr>
<tr><td rowspan="4">自动焊、半自动焊和E50型焊条的手工焊</td><td rowspan="4">Q345钢</td><td>≤16</td><td>310</td><td>310</td><td>265</td><td>180</td><td rowspan="4">200</td></tr>
<tr><td>＞16～35</td><td>295</td><td>295</td><td>250</td><td>170</td></tr>
<tr><td>＞35～50</td><td>265</td><td>265</td><td>225</td><td>155</td></tr>
<tr><td>＞50～100</td><td>250</td><td>250</td><td>210</td><td>145</td></tr>
</table>

续附表 1.2

焊接方法和焊条型号	构件钢材		对接焊缝			角焊缝
	牌号	厚度或直径 /mm	抗压 f_c^w	焊缝质量为下列等级时，抗拉 f_t^w		抗剪 f_v^w	抗拉、抗压和抗剪 f_f^w
				一级、二级	三级		
自动焊、半自动焊和 E55 型焊条的手工焊	Q390 钢	≤16	350	350	300	205	220
		>16~35	335	335	285	190	
		>35~50	315	315	270	180	
		>50~100	295	295	250	170	
自动焊、半自动焊和 E55 型焊条的手工焊	Q420 钢	≤16	380	380	320	220	220
		>16~35	360	360	305	210	
		>35~50	340	340	290	195	
		>50~100	325	325	275	185	

注：① 自动焊和半自动焊所采用的焊丝和焊剂，应保证其熔敷金属抗拉强度不低于相应手工焊条的数值。
② 焊缝质量等级应符合现行国家标准《钢结构工程施工质量验收规范》的规定。其中厚度小于 8 mm 钢材的对接焊缝，不宜用超声波探伤确定焊缝质量等级。
③ 对接焊缝抗弯受压区强度设计值取 f_c^w，抗弯受拉区强度设计值取 f_t^w。
④ 同附表 1.1 注。

螺栓连接的强度设计值（N/mm²）　　　　　　　　　　　附表 1.3

螺栓的钢材牌号（或性能等级）和构件的钢材牌号		普通螺栓					锚栓	承压型连接高强度螺栓		
		C 级螺栓			A 级、B 级螺栓					
		抗拉 f_t^b	抗剪 f_v^b	承压 f_c^b	抗拉 f_t^b	抗剪 f_v^b	承压 f_c^b	抗拉 f_t^b	抗拉 f_t^b	抗剪 f_v^b	承压 f_c^b
普通螺栓	4.6级、4.8级	170	140	—	—	—	—	—	—	—	—
	5.6级	—	—	—	210	190	—	—	—	—	—
	8.8级	—	—	—	400	320	—	—	—	—	—
锚栓	Q235 钢	—	—	—	—	—	—	140	—	—	—
	Q345 钢	—	—	—	—	—	—	180	—	—	—
承压型连接高强度螺栓	8.8级	—	—	—	—	—	—	—	400	250	—
	10.9级	—	—	—	—	—	—	—	500	310	—
构件	Q235 钢	—	—	305	—	—	405	—	—	—	470
	Q345 钢	—	—	385	—	—	510	—	—	—	590
	Q390 钢	—	—	400	—	—	530	—	—	—	615
	Q420 钢	—	—	425	—	—	560	—	—	—	655

注：① A 级螺栓用于 $d \leq 24$ mm 和 $l \leq 10d$ 或 $l \leq 150$ mm（按较小值）的螺栓；B 级螺栓用于 $d > 24$ mm 或 $l > 10d$ 或 $l > 150$ mm（按较小值）的螺栓。d 为公称直径，l 为螺栓公称长度。
② A、B 级螺栓孔的精度和孔壁表面粗糙度，C 级螺栓孔的允许偏差和孔壁表面粗糙度，均应符合现行国家标准《钢结构工程施工质量验收规范》(GB 50205) 的要求。

结构构件或连接设计强度的折减系数　　　　　　　　附表 1.4

项次	情况	折减系数
1	单面连接的单角钢 （1）按轴心受力计算强度和连接 （2）按轴心受压计算稳定性 　　等边角钢 　　短边相连的不等边角钢 　　长边相连的不等边角钢	0.85 $0.6 + 0.0015\lambda$，但不大于 1.0 $0.5 + 0.0025\lambda$，但不大于 1.0 0.70
2	跨度 ≥60 m 桁架的受压杆和端部受压腹杆	0.95
3	无垫板的单面施焊对接焊缝	0.85
4	施工条件较差的高空安装焊缝和铆钉连接	0.90
5	沉头和半沉头铆钉连接	0.80

注：① λ 为长细比，对中间无联系的单角钢压杆，应按最小回转半径计算；当 $\lambda < 20$ 时，取 $\lambda = 20$。
　　② 当几种情况同时存在时，其折减系数应连乘。

附录2 受弯构件的容许挠度

受弯构件的容许挠度　　　　　　　　　　　　　　　　　　　　　附表 2.1

项次	构件类型	挠度容许值	
		$[v_T]$	$[v_Q]$
1	吊车梁和吊车桁架（按自重和起重量最大的一台吊车计算挠度） （1）手动吊车和单梁吊车（含悬挂吊车） （2）轻级工作制桥式吊车 （3）中级工作制桥式吊车 （4）重级工作制桥式吊车	$l/500$ $l/800$ $l/1\,000$ $l/1\,200$	
2	手动或电动葫芦的轨道梁	$l/400$	
3	有重轨（重量≥38 kg/m）轨道的工作平台梁 有轻轨（重量≤24 kg/m）轨道的工作平台梁	$l/600$ $l/400$	
4	楼（屋）盖梁或桁架，工作平台梁（第3项除外）和平台梁 （1）主梁或桁架（包括设有悬挂起重设备的梁和桁架） （2）抹灰顶棚的次梁 （3）除（1）、（2）外的其他梁 （4）屋盖檩条 　　支承无积灰的瓦楞铁和石棉瓦者 　　支承压型金属板、有积灰的瓦楞铁和石棉瓦等屋面者 　　支承其他屋面材料者 （5）平台板	$l/400$ $l/250$ $l/250$ $l/150$ $l/200$ $l/200$ $l/150$	$l/500$ $l/350$ $l/300$
5	墙梁构件 （1）支柱 （2）抗风桁架（作为连续支柱的支承时） （3）砌体墙的横梁（水平方向） （4）支承压型金属板、瓦楞铁和石棉瓦墙面的横梁（水平方向） （5）带有玻璃窗的横梁（竖直和水平方向）	 $l/200$	$l/400$ $l/1\,000$ $l/300$ $l/200$ $l/200$

注：① l 为受弯构件的跨度（对悬臂梁和伸臂梁为悬伸长度的 2 倍）。
② $[v_T]$ 为全部荷载标准值产生的挠度（如有起拱应减去拱度）的容许值；
　$[v_Q]$ 为可变荷载标准值产生的挠度的容许值。

附录 3 截面塑性发展系数

项次	截面形式	γ_x	γ_y
1		1.05	1.2
2			1.05
3		$\gamma_{x1} = 1.05$ $\gamma_{x2} = 1.2$	1.2
4			1.05
5		1.2	1.2
6		1.15	1.15
7		1.0	1.05
8			1.0

注：当压弯构件受压翼缘的自由外伸宽度与其厚度之比大于 $13\sqrt{235/f_y}$，应取 $\gamma_x = 1.0$。

附录4 轴心受压构件的稳定系数

a类截面轴心受压构件的稳定系数 φ

附表 4.1

$\lambda\sqrt{\dfrac{f_y}{235}}$	0	1	2	3	4	5	6	7	8	9
0	1.000	1.000	1.000	1.000	0.999	0.999	0.998	0.998	0.997	0.996
10	0.995	0.994	0.993	0.992	0.991	0.989	0.988	0.986	0.985	0.983
20	0.981	0.979	0.977	0.976	0.974	0.972	0.970	0.968	0.966	0.964
30	0.963	0.961	0.959	0.957	0.955	0.952	0.950	0.948	0.946	0.944
40	0.941	0.939	0.937	0.934	0.932	0.929	0.927	0.924	0.921	0.919
50	0.916	0.913	0.910	0.907	0.904	0.900	0.897	0.894	0.890	0.886
60	0.883	0.879	0.875	0.871	0.867	0.863	0.858	0.854	0.849	0.844
70	0.839	0.834	0.829	0.824	0.818	0.813	0.807	0.801	0.795	0.789
80	0.783	0.776	0.770	0.763	0.757	0.750	0.743	0.736	0.728	0.721
90	0.714	0.706	0.699	0.691	0.684	0.676	0.668	0.661	0.653	0.645
100	0.638	0.630	0.622	0.615	0.607	0.600	0.592	0.585	0.577	0.570
110	0.563	0.555	0.548	0.541	0.534	0.527	0.520	0.514	0.507	0.500
120	0.494	0.488	0.481	0.475	0.469	0.463	0.457	0.451	0.445	0.440
130	0.434	0.429	0.423	0.418	0.412	0.407	0.402	0.397	0.392	0.387
140	0.383	0.378	0.373	0.369	0.364	0.360	0.356	0.351	0.347	0.343
150	0.339	0.335	0.331	0.327	0.323	0.320	0.316	0.312	0.309	0.305
160	0.302	0.298	0.295	0.292	0.289	0.285	0.282	0.279	0.276	0.273
170	0.270	0.267	0.264	0.262	0.259	0.256	0.253	0.251	0.248	0.246
180	0.243	0.241	0.238	0.236	0.233	0.231	0.229	0.226	0.224	0.222
190	0.220	0.218	0.215	0.213	0.211	0.209	0.207	0.205	0.203	0.201
200	0.199	0.198	0.196	0.194	0.192	0.190	0.189	0.187	0.185	0.183
210	0.182	0.180	0.179	0.177	0.175	0.174	0.172	0.171	0.169	0.168
220	0.166	0.165	0.164	0.162	0.161	0.159	0.158	0.157	0.155	0.154
230	0.153	0.152	0.150	0.149	0.148	0.147	0.146	0.144	0.143	0.142
240	0.141	0.140	0.139	0.138	0.136	0.135	0.134	0.133	0.132	0.131
250	0.130									

b类截面轴心受压构件的稳定系数 φ

附表 4.2

$\lambda\sqrt{\dfrac{f_y}{235}}$	0	1	2	3	4	5	6	7	8	9
0	1.000	1.000	1.000	0.999	0.999	0.998	0.997	0.996	0.995	0.994
10	0.992	0.991	0.989	0.987	0.985	0.983	0.981	0.978	0.976	0.973
20	0.970	0.967	0.963	0.960	0.957	0.953	0.950	0.946	0.943	0.939
30	0.936	0.932	0.929	0.925	0.922	0.918	0.914	0.910	0.906	0.903
40	0.899	0.895	0.891	0.887	0.882	0.878	0.874	0.870	0.865	0.861
50	0.856	0.852	0.847	0.842	0.838	0.833	0.828	0.823	0.818	0.813
60	0.807	0.802	0.797	0.791	0.786	0.780	0.774	0.769	0.763	0.757
70	0.751	0.745	0.739	0.732	0.726	0.720	0.714	0.707	0.701	0.694
80	0.688	0.681	0.675	0.668	0.661	0.655	0.648	0.641	0.635	0.628
90	0.621	0.614	0.608	0.601	0.594	0.588	0.581	0.575	0.568	0.561
100	0.555	0.549	0.542	0.536	0.529	0.523	0.517	0.511	0.505	0.499
110	0.493	0.487	0.481	0.475	0.470	0.464	0.458	0.453	0.447	0.442
120	0.437	0.432	0.426	0.421	0.416	0.411	0.406	0.402	0.397	0.392
130	0.387	0.383	0.378	0.374	0.370	0.365	0.361	0.357	0.353	0.349
140	0.345	0.341	0.337	0.333	0.330	0.326	0.322	0.318	0.315	0.311
150	0.308	0.304	0.301	0.298	0.295	0.291	0.288	0.285	0.282	0.279
160	0.276	0.273	0.270	0.267	0.265	0.262	0.259	0.256	0.254	0.251
170	0.249	0.246	0.244	0.241	0.239	0.236	0.234	0.232	0.229	0.227
180	0.225	0.223	0.220	0.218	0.216	0.214	0.212	0.210	0.208	0.206
190	0.204	0.202	0.200	0.198	0.197	0.195	0.193	0.191	0.190	0.188
200	0.186	0.184	0.183	0.181	0.180	0.178	0.176	0.175	0.173	0.172
210	0.170	0.169	0.167	0.166	0.165	0.163	0.162	0.160	0.159	0.158
220	0.156	0.155	0.154	0.153	0.151	0.150	0.149	0.148	0.146	0.145
230	0.144	0.143	0.142	0.141	0.140	0.138	0.137	0.136	0.135	0.134
240	0.133	0.132	0.131	0.130	0.129	0.128	0.127	0.126	0.125	0.124
250	0.123									

c 类截面轴心受压构件的稳定系数 φ 附表 4.3

$\lambda\sqrt{\frac{f_y}{235}}$	0	1	2	3	4	5	6	7	8	9
0	1.000	1.000	1.000	0.999	0.999	0.998	0.997	0.996	0.995	0.993
10	0.992	0.990	0.988	0.986	0.983	0.981	0.978	0.976	0.973	0.970
20	0.966	0.959	0.953	0.947	0.940	0.934	0.928	0.921	0.915	0.909
30	0.902	0.896	0.890	0.884	0.877	0.871	0.865	0.858	0.852	0.846
40	0.839	0.833	0.826	0.820	0.814	0.807	0.801	0.794	0.788	0.781
50	0.775	0.768	0.762	0.755	0.748	0.742	0.735	0.729	0.722	0.715
60	0.709	0.702	0.695	0.689	0.682	0.676	0.669	0.662	0.656	0.649
70	0.643	0.636	0.629	0.623	0.616	0.610	0.604	0.597	0.591	0.584
80	0.578	0.572	0.566	0.559	0.553	0.547	0.541	0.535	0.529	0.523
90	0.517	0.511	0.505	0.500	0.494	0.488	0.483	0.477	0.472	0.467
100	0.463	0.458	0.454	0.449	0.445	0.441	0.436	0.432	0.428	0.423
110	0.419	0.415	0.411	0.407	0.403	0.399	0.395	0.391	0.387	0.383
120	0.379	0.375	0.371	0.367	0.364	0.360	0.356	0.353	0.349	0.346
130	0.342	0.339	0.335	0.332	0.328	0.325	0.322	0.319	0.315	0.312
140	0.309	0.306	0.303	0.300	0.297	0.294	0.291	0.288	0.285	0.282
150	0.280	0.277	0.274	0.271	0.269	0.266	0.264	0.261	0.258	0.256
160	0.254	0.251	0.249	0.246	0.244	0.242	0.239	0.237	0.235	0.233
170	0.230	0.228	0.226	0.224	0.222	0.220	0.218	0.216	0.214	0.212
180	0.210	0.208	0.206	0.205	0.203	0.201	0.199	0.197	0.196	0.194
190	0.192	0.190	0.189	0.187	0.186	0.184	0.182	0.181	0.179	0.178
200	0.176	0.175	0.173	0.172	0.170	0.169	0.168	0.166	0.165	0.163
210	0.162	0.161	0.159	0.158	0.157	0.156	0.154	0.153	0.152	0.151
220	0.150	0.148	0.147	0.146	0.145	0.144	0.143	0.142	0.140	0.139
230	0.138	0.137	0.136	0.135	0.134	0.133	0.132	0.131	0.130	0.129
240	0.128	0.127	0.126	0.125	0.124	0.124	0.123	0.122	0.121	0.120
250	0.119									

d 类截面轴心受压构件的稳定系数 φ 附表 4.4

$\lambda\sqrt{\frac{f_y}{235}}$	0	1	2	3	4	5	6	7	8	9
0	1.000	1.000	0.999	0.999	0.998	0.996	0.994	0.992	0.990	0.987
10	0.984	0.981	0.978	0.974	0.969	0.965	0.960	0.955	0.949	0.944
20	0.937	0.927	0.918	0.909	0.900	0.891	0.883	0.874	0.865	0.857
30	0.848	0.840	0.831	0.823	0.815	0.807	0.799	0.790	0.782	0.774
40	0.766	0.759	0.751	0.743	0.735	0.728	0.720	0.712	0.705	0.697
50	0.690	0.683	0.675	0.668	0.661	0.654	0.646	0.639	0.632	0.625
60	0.618	0.612	0.605	0.598	0.591	0.585	0.578	0.572	0.565	0.559
70	0.552	0.546	0.540	0.534	0.528	0.522	0.516	0.510	0.504	0.498
80	0.493	0.487	0.481	0.476	0.470	0.465	0.460	0.454	0.449	0.444
90	0.439	0.434	0.429	0.424	0.419	0.414	0.410	0.405	0.401	0.397
100	0.394	0.390	0.387	0.383	0.380	0.376	0.373	0.370	0.366	0.363
110	0.359	0.356	0.353	0.350	0.346	0.343	0.340	0.337	0.334	0.331
120	0.328	0.325	0.322	0.319	0.316	0.313	0.310	0.307	0.304	0.301
130	0.299	0.296	0.293	0.290	0.288	0.285	0.282	0.280	0.277	0.275
140	0.272	0.270	0.267	0.265	0.262	0.260	0.258	0.255	0.253	0.251
150	0.248	0.246	0.244	0.242	0.240	0.237	0.235	0.233	0.231	0.229
160	0.227	0.225	0.223	0.221	0.219	0.217	0.215	0.213	0.212	0.210
170	0.208	0.206	0.204	0.203	0.201	0.199	0.197	0.196	0.194	0.192
180	0.191	0.189	0.188	0.186	0.184	0.183	0.181	0.180	0.178	0.177
190	0.176	0.174	0.173	0.171	0.170	0.168	0.167	0.166	0.164	0.163
200	0.162									

附录 5　柱的计算长度系数

有侧移框架柱的计算长度系数 μ　　　附表 5.1

K_2\K_1	0	0.05	0.1	0.2	0.3	0.4	0.5	1	2	3	4	5	≥10
0	∞	6.02	4.46	3.42	3.01	2.78	2.64	2.33	2.17	2.11	2.08	2.07	2.03
0.05	6.02	4.16	3.47	2.86	2.58	2.42	2.31	2.07	1.94	1.90	1.87	1.86	1.83
0.1	4.46	3.47	3.01	2.56	2.33	2.20	2.11	1.90	1.79	1.75	1.73	1.72	1.70
0.2	3.42	2.86	2.56	2.23	2.05	1.94	1.87	1.70	1.60	1.57	1.55	1.54	1.52
0.3	3.01	2.58	2.33	2.05	1.90	1.80	1.74	1.58	1.49	1.46	1.45	1.44	1.42
0.4	2.78	2.42	2.20	1.94	1.80	1.71	1.65	1.50	1.42	1.39	1.37	1.37	1.35
0.5	2.64	2.31	2.11	1.87	1.74	1.65	1.59	1.45	1.37	1.34	1.32	1.32	1.30
1	2.33	2.07	1.90	1.70	1.58	1.50	1.45	1.32	1.24	1.21	1.20	1.19	1.17
2	2.17	1.94	1.79	1.60	1.49	1.42	1.37	1.24	1.16	1.14	1.12	1.12	1.10
3	2.11	1.90	1.75	1.57	1.46	1.39	1.34	1.21	1.14	1.11	1.10	1.09	1.07
4	2.08	1.87	1.73	1.55	1.45	1.37	1.32	1.20	1.12	1.10	1.08	1.08	1.06
5	2.07	1.86	1.72	1.54	1.44	1.37	1.32	1.19	1.12	1.09	1.08	1.07	1.05
≥10	2.03	1.83	1.70	1.52	1.42	1.35	1.30	1.17	1.10	1.07	1.06	1.05	1.03

注：① 表中的计算长度系数 μ 值按下式算得：

$$\left[36K_1K_2 - \left(\frac{\pi}{\mu}\right)^2\right]\sin\frac{\pi}{\mu} + 6(K_1+K_2)\frac{\pi}{\mu}\cdot\cos\frac{\pi}{\mu} = 0$$

式中，K_1、K_2 分别为相交于柱上端、柱下端的横梁线刚度之和与柱线刚度之和的比值。当横梁远端为铰接时，应将横梁线刚度乘以 0.5；当横梁远端为嵌固时，则应乘以 2/3。

② 当横梁与柱铰接时，取横梁线刚度为零。

③ 对于底层框架柱，当柱与基础铰接时，取 $K_2=0$（对平板支座可取 $K_2=0.1$）；当柱与基础刚接时，取 $K_2=10$。

无侧移框架柱的计算长度系数 μ　　　附表 5.2

K_2\K_1	0	0.05	0.1	0.2	0.3	0.4	0.5	1	2	3	4	5	≥10
0	1.000	0.990	0.981	0.964	0.949	0.935	0.922	0.875	0.820	0.791	0.773	0.760	0.732
0.05	0.990	0.981	0.971	0.955	0.940	0.926	0.914	0.867	0.814	0.784	0.766	0.754	0.726
0.1	0.981	0.971	0.962	0.946	0.931	0.918	0.906	0.860	0.807	0.778	0.760	0.748	0.721
0.2	0.964	0.955	0.946	0.930	0.916	0.903	0.891	0.846	0.795	0.767	0.749	0.737	0.711
0.3	0.949	0.940	0.931	0.916	0.902	0.889	0.878	0.834	0.784	0.756	0.739	0.728	0.701
0.4	0.935	0.926	0.918	0.903	0.889	0.877	0.866	0.823	0.774	0.747	0.730	0.719	0.693
0.5	0.922	0.914	0.906	0.891	0.878	0.866	0.855	0.813	0.765	0.738	0.721	0.710	0.685
1	0.875	0.867	0.860	0.846	0.834	0.823	0.813	0.774	0.729	0.704	0.688	0.677	0.654
2	0.820	0.814	0.807	0.795	0.784	0.774	0.765	0.729	0.686	0.663	0.648	0.638	0.615
3	0.791	0.784	0.778	0.767	0.756	0.747	0.738	0.704	0.663	0.640	0.625	0.616	0.593
4	0.773	0.766	0.760	0.749	0.739	0.730	0.721	0.688	0.648	0.625	0.611	0.601	0.580
5	0.760	0.754	0.748	0.737	0.728	0.719	0.710	0.677	0.638	0.616	0.601	0.592	0.570
≥10	0.732	0.726	0.721	0.711	0.701	0.693	0.685	0.654	0.615	0.593	0.580	0.570	0.549

注：① 表中的计算长度系数 μ 值按下式算得：

$$\left[\left(\frac{\pi}{\mu}\right)^2 + 2(K_1+K_2) - 4K_1K_2\right]\frac{\pi}{\mu}\cdot\sin\frac{\pi}{\mu} - 2\left[(K_1+K_2)\left(\frac{\pi}{\mu}\right)^2 + 4K_1K_2\right]\cos\frac{\pi}{\mu} + 8K_1K_2 = 0$$

式中，K_1、K_2 分别为相交于柱上端、柱下端的横梁线刚度之和与柱线刚度之和的比值。当横梁远端为铰接时，应将横梁线刚度乘以 1.5；当横梁远端为嵌固时，则应乘以 2.0。

② 当横梁与柱铰接时，取横梁线刚度为零。

③ 对于底层框架柱，当柱与基础铰接时，取 $K_2=0$（对平板支座可取 $K_2=0.1$）；当柱与基础刚接时，取 $K_2=10$。

柱上端为自由的单阶柱下段的计算长度系数 μ 附表 5.3

简图	$\eta_1 \backslash K_1$	0.06	0.08	0.10	0.12	0.14	0.16	0.18	0.20	0.22	0.24	0.26	0.28	0.3	0.4	0.5	0.6	0.7	0.8
	0.2	2.00	2.01	2.01	2.01	2.01	2.01	2.01	2.02	2.02	2.02	2.02	2.02	2.03	2.04	2.05	2.06	2.07	
	0.3	2.01	2.02	2.02	2.02	2.03	2.03	2.03	2.04	2.04	2.05	2.05	2.05	2.06	2.08	2.10	2.12	2.13	2.15
	0.4	2.02	2.03	2.04	2.04	2.05	2.06	2.07	2.07	2.08	2.09	2.09	2.10	2.11	2.14	2.18	2.21	2.25	2.28
	0.5	2.04	2.05	2.06	2.07	2.09	2.10	2.11	2.12	2.13	2.15	2.16	2.17	2.18	2.24	2.29	2.35	2.40	2.45
	0.6	2.06	2.08	2.10	2.12	2.14	2.16	2.18	2.19	2.21	2.23	2.25	2.26	2.28	2.36	2.44	2.52	2.59	2.66
	0.7	2.10	2.13	2.16	2.18	2.21	2.24	2.26	2.29	2.31	2.34	2.36	2.38	2.41	2.52	2.62	2.72	2.81	2.90
	0.8	2.15	2.20	2.24	2.27	2.31	2.34	2.38	2.41	2.44	2.47	2.50	2.53	2.56	2.70	2.82	2.94	3.06	3.16
	0.9	2.24	2.29	2.35	2.39	2.44	2.48	2.52	2.56	2.60	2.63	2.67	2.71	2.74	2.90	3.05	3.19	3.32	3.44
	1.0	2.36	2.43	2.48	2.54	2.59	2.64	2.69	2.73	2.77	2.82	2.86	2.90	2.94	3.12	3.29	3.45	3.59	3.74
	1.2	2.69	2.76	2.83	2.89	2.95	3.01	3.07	3.12	3.17	3.22	3.27	3.32	3.37	3.59	3.80	3.99	4.17	4.34
	1.4	3.07	3.14	3.22	3.29	3.36	3.42	3.48	3.55	3.61	3.66	3.72	3.78	3.83	4.09	4.33	4.56	4.77	4.97
	1.6	3.47	3.55	3.63	3.71	3.78	3.85	3.92	3.99	4.07	4.12	4.18	4.25	4.31	4.61	4.88	5.14	5.38	5.62
	1.8	3.88	3.97	4.05	4.13	4.21	4.29	4.37	4.44	4.52	4.59	4.66	4.73	4.80	5.13	5.44	5.73	6.00	6.26
	2.0	4.29	4.39	4.48	4.57	4.65	4.74	4.82	4.90	4.99	5.07	5.14	5.22	5.30	5.66	6.00	6.32	6.63	6.92
	2.2	4.71	4.81	4.91	5.00	5.10	5.19	5.28	5.37	5.46	5.54	5.63	5.71	5.80	6.19	6.57	6.92	7.26	7.58
	2.4	5.13	5.24	5.34	5.44	5.54	5.64	5.74	5.84	5.93	6.03	6.12	6.21	6.30	6.73	7.14	7.52	7.89	8.24
	2.6	5.55	5.66	5.77	5.88	5.99	6.10	6.20	6.31	6.41	6.51	6.61	6.71	6.80	7.27	7.71	8.13	8.52	8.90
	2.8	5.97	6.09	6.21	6.33	6.44	6.55	6.67	6.78	6.89	6.99	7.10	7.21	7.31	7.81	8.28	8.73	9.16	9.57
	3.0	6.39	6.52	6.64	6.77	6.89	7.01	7.13	7.25	7.37	7.48	7.59	7.71	7.82	8.35	8.86	9.34	9.80	10.24

$K_1 = \dfrac{I_1}{I_2} \cdot \dfrac{H_2}{H_1}$

$\eta_1 = \dfrac{H_1}{H_2} \sqrt{\dfrac{N_1}{N_2} \cdot \dfrac{I_2}{I_1}}$

N_1——上段柱的轴心力
N_2——下段柱的轴心力

注：表中的计算长度系数 μ 值按下式算得：

$$\eta_1 K_1 \cdot \tan\dfrac{\pi}{\mu} \cdot \tan\dfrac{\pi\eta_1}{\mu} - 1 = 0$$

柱上端可移动但不转动的单阶柱下段的计算长度系数 μ 附表 5.4

简图	$\eta_1 \backslash K_1$	0.06	0.08	0.10	0.12	0.14	0.16	0.18	0.20	0.22	0.24	0.26	0.28	0.3	0.4	0.5	0.6	0.7	0.8
	0.2	1.96	1.94	1.93	1.91	1.90	1.89	1.88	1.86	1.85	1.84	1.83	1.82	1.81	1.76	1.72	1.68	1.65	1.62
	0.3	1.96	1.94	1.93	1.92	1.91	1.89	1.88	1.87	1.86	1.85	1.84	1.83	1.81	1.77	1.73	1.70	1.66	1.63
	0.4	1.96	1.95	1.94	1.92	1.91	1.90	1.89	1.88	1.87	1.86	1.85	1.84	1.83	1.79	1.75	1.72	1.68	1.66
	0.5	1.96	1.95	1.94	1.93	1.92	1.91	1.90	1.89	1.88	1.87	1.86	1.85	1.85	1.81	1.77	1.74	1.71	1.69
	0.6	1.97	1.96	1.95	1.94	1.93	1.92	1.91	1.90	1.90	1.89	1.88	1.87	1.87	1.83	1.80	1.78	1.75	1.73
	0.7	1.97	1.97	1.96	1.95	1.94	1.94	1.93	1.92	1.92	1.91	1.90	1.90	1.89	1.86	1.84	1.82	1.80	1.78
	0.8	1.98	1.98	1.97	1.96	1.96	1.95	1.95	1.94	1.94	1.93	1.93	1.93	1.92	1.90	1.88	1.87	1.86	1.84
	0.9	1.99	1.99	1.98	1.98	1.98	1.97	1.97	1.97	1.96	1.96	1.96	1.96	1.95	1.94	1.93	1.92	1.92	
	1.0	2.00	2.00	2.00	2.00	2.00	2.00	2.00	2.00	2.00	2.00	2.00	2.00	2.00	2.00	2.00	2.00	2.00	
	1.2	2.03	2.04	2.04	2.05	2.06	2.07	2.07	2.08	2.08	2.09	2.10	2.10	2.11	2.13	2.15	2.17	2.18	2.20
	1.4	2.07	2.09	2.11	2.12	2.14	2.16	2.17	2.18	2.20	2.21	2.22	2.23	2.24	2.29	2.33	2.37	2.40	2.42
	1.6	2.13	2.16	2.19	2.22	2.25	2.27	2.30	2.32	2.34	2.36	2.37	2.39	2.41	2.48	2.54	2.59	2.63	2.67
	1.8	2.22	2.27	2.31	2.35	2.39	2.42	2.45	2.48	2.50	2.53	2.55	2.57	2.59	2.69	2.76	2.83	2.88	2.93
	2.0	2.35	2.41	2.46	2.50	2.55	2.59	2.62	2.66	2.69	2.72	2.75	2.77	2.80	2.91	3.00	3.08	3.14	3.20
	2.2	2.51	2.57	2.63	2.68	2.73	2.77	2.81	2.85	2.89	2.92	2.95	2.98	3.01	3.14	3.25	3.33	3.41	3.47
	2.4	2.68	2.75	2.81	2.87	2.92	2.97	3.01	3.05	3.09	3.13	3.17	3.20	3.24	3.38	3.50	3.59	3.68	3.75
	2.6	2.87	2.94	3.00	3.06	3.12	3.17	3.22	3.27	3.31	3.35	3.39	3.43	3.46	3.62	3.75	3.86	3.95	4.03
	2.8	3.06	3.14	3.20	3.27	3.33	3.38	3.43	3.48	3.53	3.58	3.62	3.66	3.70	3.87	4.01	4.13	4.23	4.32
	3.0	3.26	3.34	3.41	3.47	3.53	3.60	3.65	3.70	3.75	3.80	3.85	3.89	3.93	4.12	4.27	4.40	4.51	4.61

$K_1 = \dfrac{I_1}{I_2} \cdot \dfrac{H_2}{H_1}$

$\eta_1 = \dfrac{H_1}{H_2} \sqrt{\dfrac{N_1}{N_2} \cdot \dfrac{I_2}{I_1}}$

N_1——上段柱的轴心力
N_2——下段柱的轴心力

注：表中的计算长度系数 μ 值按下式算得：

$$\tan\dfrac{\pi\eta_1}{\mu} + \eta_1 K_1 \cdot \tan\dfrac{\pi}{\mu} = 0$$

附录6 疲劳计算的构件和连接分类

构 件 和 连 接 分 类 附表6.1

项次	简图	说明	类别
1		无连接处的主体金属 （1）轧制型钢 （2）钢板 　a. 两边为轧制边或刨边 　b. 两侧为自动、半自动切割边（切割质量标准应符合《钢结构工程施工及验收规范》）	1 1 2
2		横向对接焊缝附近的主体金属 （1）符合《钢结构工程施工及验收规范》的一级焊缝 （2）经加工、磨平的一级焊缝	3 2
3		不同厚度（或宽度）横向对接焊缝附近的主体金属、焊缝加工成平滑过渡并符合一级焊缝标准	2
4		纵向对接焊缝附近的主体金属，焊缝符合二级焊缝标准	2
5		翼缘连接焊缝附近的主体金属 （1）翼缘板与腹板的连接焊缝 　a. 自动焊，二级焊缝 　b. 自动焊，三级焊缝，外观缺陷符合二级 　c. 手工焊，三级焊缝，外观缺陷符合二级 （2）双层翼缘板之间的连接焊缝 　a. 自动焊，三级焊缝，外观缺陷符合二级 　b. 手工焊，三级焊缝，外观缺陷符合二级	 2 3 4 3 4
6		横向加劲肋端部附件的主体金属 （1）肋端不断弧（采用回焊） （2）肋端断弧	4 5
7	$r \geqslant 60$ mm $r \geqslant 60$ mm $r \geqslant 60$ mm	梯形节点板用对接焊缝焊于梁翼缘、腹板以及桁架构件处的主体金属，过渡处在焊后铲平、磨光、圆滑过渡，不得有焊接起弧、灭弧缺陷	5
8		矩形节点板焊接于构件翼缘或腹处的主体金属，$l>150$ mm	7
9		翼缘板中断处的主体金属（板端有正面焊缝）	7

续附表 6.1

项次	简图	说明	类别
10		向正面角焊缝过渡处的主体金属	6
11		两侧面角焊缝连接端部的主体金属	8
12		三面围焊的角焊缝端部主体金属	7
13		三面围焊或两侧面角焊缝连接的节点板主体金属（节点板计算宽度按应力扩散角 $\theta = 30°$ 考虑）	7
14		K形对接焊缝处的主体金属，两板轴线偏离小于 $0.15t$，焊缝为二级，焊趾角 $\alpha \leqslant 45°$	5
15		十字接头角焊缝处的主体金属，两板轴线偏离小于 $0.15t$	7
16	角焊缝	按有效截面确定的剪应力幅计算	8
17		铆钉连接处的主体金属	3
18		连系螺栓和虚孔处的主体金属	3
19		高强度螺栓摩擦型连接处的主体金属	2

注：① 所有对接焊缝均需焊透。所有焊缝的外形尺寸均应符合现行国家标准《钢结构焊缝外形尺寸》的规定。
② 角焊缝应符合现行《钢结构设计规范》第 8.2.7 和第 8.2.8 条的要求。
③ 项次 16 中的剪应力幅 $\Delta\tau = \tau_{max} - \tau_{min}$，其中 τ_{min} 的正值为：与 τ_{max} 同方向时，取正值；与 τ_{max} 反方向时，取负值。
④ 第 17、18 项中的应力应以净截面面积计算，第 19 项应以毛截面面积计算。

附录7 型 钢 表

普通工字钢   附表7.1

符号 h—高度；
b—翼缘宽度；
t_w—腹板厚；
t—翼缘平均厚；
I—惯性矩；
W—截面模量

i—回转半径；
S—半截面的静力矩。
长度：型号10～18,
长 5～19m;
型号20～63,
长 6～19m

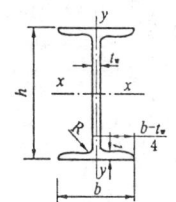

型号	尺寸					截面积 (cm²)	质量 (kg/m)	x—x轴				y—y轴		
	h	b	t_w	t	R			I_x	W_x	i_x	I_x/S_x	I_y	W_y	i_y
	mm							cm⁴	cm³	cm		cm⁴	cm³	cm
10	100	68	4.5	7.6	6.5	14.3	11.2	245	49	4.14	8.69	33	9.6	1.51
12.6	126	74	5.0	8.4	7.0	18.1	14.2	488	77	5.19	11.0	47	12.7	1.61
14	140	80	5.5	9.1	7.5	21.5	16.9	712	102	5.75	12.2	64	16.1	1.73
16	160	88	6.0	9.9	8.0	26.1	20.5	1127	141	6.57	13.9	93	21.1	1.89
18	180	94	6.5	10.7	8.5	30.7	24.1	1699	185	7.37	15.4	123	26.2	2.00
20a	200	100	7.0	11.4	9.0	35.5	27.9	2369	237	8.16	17.4	158	31.6	2.11
20b	200	102	9.0	11.4	9.0	39.5	31.1	2502	250	7.95	17.1	169	33.1	2.07
22a	220	110	7.5	12.3	9.5	42.1	33.0	3406	310	8.99	19.2	226	41.1	2.32
22b	220	112	9.5	12.3	9.5	46.5	36.5	3583	326	8.78	18.9	240	42.9	2.27
25a	250	116	8.0	13.0	10.0	48.5	38.1	5017	401	10.2	21.7	280	48.4	2.40
25b	250	118	10.0	13.0	10.0	53.5	42.0	5278	422	9.93	21.4	297	50.4	2.36
28a	280	122	8.5	13.7	10.5	55.4	43.5	7115	508	11.3	24.3	344	56.4	2.49
28b	280	124	10.5	13.7	10.5	61.0	47.9	7481	534	11.1	24.0	364	58.7	2.44
32a	320	130	9.5	15.0	11.5	67.1	52.7	11080	692	12.8	27.7	459	70.6	2.62
32b	320	132	11.5	15.0	11.5	73.5	57.7	11626	727	12.6	27.3	484	73.3	2.57
32c	320	134	13.5	15.0	11.5	79.9	62.7	12173	761	12.3	26.9	510	76.1	2.53
36a	360	136	10.0	15.8	12.0	76.4	60.0	15796	878	14.4	31.0	555	81.6	2.69
36b	360	138	12.0	15.8	12.0	83.6	65.6	16574	921	14.1	30.6	584	84.6	2.64
36c	360	140	14.0	15.8	12.0	90.8	71.3	17351	964	13.8	30.2	614	87.7	2.60
40a	400	142	10.5	16.5	12.5	86.1	67.6	21714	1086	15.9	34.4	660	92.9	2.77
40b	400	144	12.5	16.5	12.5	94.1	73.8	22781	1139	15.6	33.9	693	96.2	2.71
40c	400	146	14.5	16.5	12.5	102	80.1	23847	1192	15.3	33.5	727	99.7	2.67
45a	450	150	11.5	18.0	13.5	102	80.4	32241	1433	17.7	38.5	855	114	2.89
45b	450	152	13.5	18.0	13.5	111	87.4	33759	1500	17.4	38.1	895	118	2.84
45c	450	154	15.5	18.0	13.5	120	94.5	35278	1568	17.1	37.6	938	122	2.79
50a	500	158	12.0	20	14	119	93.6	46472	1859	19.7	42.9	1122	142	3.07
50b	500	160	14.0	20	14	130	101	48556	1942	19.4	42.3	1171	146	3.01
50c	500	162	16.0	20	14	139	109	50639	2026	19.1	41.9	1224	151	2.96
56a	560	166	12.5	21	14.5	135	106	65576	2342	22.0	47.9	1366	165	3.18
56b	560	168	14.5	21	14.5	147	115	68503	2447	21.6	47.3	1424	170	3.12
56c	560	170	16.5	21	14.5	158	124	71430	2551	21.3	46.8	1485	175	3.07
63a	630	176	13.0	22	15	155	122	94004	2984	24.7	53.8	1702	194	3.32
63b	630	178	15.0	22	15	167	131	98171	3117	24.2	53.2	1771	199	3.25
63c	630	180	17.0	22	15	180	141	102339	3249	23.9	52.6	1842	205	3.20

H型钢和T型钢   附表7.2

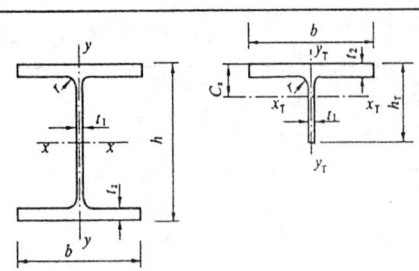

符号 h—H型钢截面高度;b—翼缘宽度;t_1—腹板厚度;t_2—翼缘厚度;W—截面模量;i—回转半径;S—半截面的静力矩;I—惯性矩。

对T型钢:截面高度h_T,截面面积A_T,质量q_T,惯性矩I_{yT}等于相应H型钢的1/2。

HW、HM、HN分别代表宽翼缘、中翼缘、窄翼缘H型钢;
TW、TM、TN分别代表各自H型钢剖分的T型钢。

类别	H型钢规格 $(h×b×t_1×t_2)$	截面积 A cm²	质量 q kg/m	\multicolumn{3}{c}{$x-x$轴}	\multicolumn{3}{c}{$y-y$轴}	重心 C_x cm	\multicolumn{2}{c}{x_T-x_T轴}	T型钢规格 $(h_T×b×t_1×t_2)$	类别
				I_x cm⁴	W_x cm³	i_x cm	I_y cm⁴	W_y cm³	i_y,i_{yT} cm		I_{xT} cm⁴	i_{xT} cm		
HW	100×100×6×8	21.90	17.2	383	76.5	4.18	134	26.7	2.47	1.00	16.1	1.21	50×100×6×8	TW
	125×125×6.5×9	30.31	23.8	847	136	5.29	294	47.0	3.11	1.19	35.0	1.52	62.5×125×6.5×9	
	150×150×7×10	40.55	31.9	1660	221	6.39	564	75.1	3.73	1.37	66.4	1.81	75×150×7×10	
	175×175×7.5×11	51.43	40.3	2900	331	7.50	984	112	4.37	1.55	115	2.11	87.5×175×7.5×11	
	200×200×8×12	64.28	50.5	4770	477	8.61	1600	160	4.99	1.73	185	2.40	100×200×8×12	
	#200×204×12×12	72.28	56.7	5030	503	8.35	1700	167	4.85	2.09	256	2.66	#100×204×12×12	
	250×250×9×14	92.18	72.4	10800	867	10.8	3650	292	6.29	2.08	412	2.99	125×250×9×14	
	#250×255×14×14	104.7	82.2	11500	919	10.5	3880	304	6.09	2.58	589	3.36	#125×255×14×14	
	#294×302×12×12	108.3	85.0	17000	1160	12.5	5520	365	7.14	2.83	858	3.98	#147×302×12×12	
	300×300×10×15	120.4	94.5	20500	1370	13.1	6760	450	7.49	2.47	798	3.64	150×300×10×15	
	300×305×15×15	135.4	106	21600	1440	12.6	7100	466	7.24	3.02	1110	4.05	150×305×15×15	
	#344×348×10×16	146.0	115	33300	1940	15.1	11200	646	8.78	2.67	1230	4.11	#172×348×10×16	
	350×350×12×19	173.9	137	40300	2300	15.2	13600	776	8.84	2.86	1520	4.18	175×350×12×19	
	#388×402×15×15	179.2	141	49200	2540	16.6	16300	809	9.52	3.69	2480	5.26	#194×402×15×15	
	#394×398×11×18	187.6	147	56400	2860	17.3	18900	951	10.0	3.01	2050	4.67	#197×398×11×18	
	400×400×13×21	219.5	172	66900	3340	17.5	22400	1120	10.1	3.21	2480	4.75	200×400×13×21	
	#400×408×21×21	251.5	197	71100	3560	16.8	23800	1170	9.73	4.07	3650	5.39	#200×408×21×21	
	#414×405×18×28	296.2	233	93000	4490	17.7	31000	1530	10.2	3.68	3620	4.95	#207×405×18×28	
	#428×407×20×35	361.4	284	119000	5580	18.2	39400	1930	10.4	3.90	4380	4.92	#214×407×20×35	
HM	148×100×6×9	27.25	21.4	1040	140	6.17	151	30.2	2.35	1.55	51.7	1.95	74×100×6×9	TM
	194×150×6×9	39.76	31.2	2740	283	8.30	508	67.7	3.57	1.78	125	2.50	97×150×6×9	
	244×175×7×11	56.24	44.1	6120	502	10.4	985	113	4.18	2.27	289	3.20	122×175×7×11	
	294×200×8×12	73.03	57.3	11400	779	12.5	1600	160	4.69	2.82	572	3.96	147×200×8×12	
	340×250×9×14	101.5	79.7	21700	1280	14.6	3650	292	6.00	3.09	1020	4.48	170×250×9×14	
	390×300×10×16	136.7	107	38900	2000	16.9	7210	481	7.26	3.40	1730	5.03	195×300×10×16	
	440×300×11×18	157.4	124	56100	2550	18.9	8110	541	7.18	4.05	2680	5.84	220×300×11×18	
	482×300×11×15	146.4	115	60800	2520	20.4	6770	451	6.80	4.90	3420	6.83	241×300×11×15	
	488×300×11×18	164.4	129	71400	2930	20.8	8120	541	7.03	4.65	3620	6.64	244×300×11×18	
	582×300×12×17	174.5	137	103000	3530	24.3	7670	511	6.63	6.39	6360	8.54	291×300×12×17	
	588×300×12×20	192.5	151	118000	4020	24.8	9020	601	6.85	6.08	6710	8.35	294×300×12×20	
	#594×302×14×23	222.4	175	137000	4620	24.9	10600	701	6.90	6.33	7920	8.44	#297×302×14×23	

续附表 7.2

类别	H型钢规格 ($h \times b \times t_1 \times t_2$)	截面积 A	质量 q	$x_T = x$ 轴			$y - y$ 轴			重心 C_x	$x_T - x_T$ 轴		T型钢规格 ($h_T \times b \times t_1 \times t_2$)	类别
				I_x	W_x	i_x	I_y	W_y	i_y, i_{yT}		I_{xT}	i_{xT}		
		cm²	kg/m	cm⁴	cm³	cm	cm⁴	cm³	cm	cm	cm⁴	cm		
HN	100×50×5×7	12.16	9.54	192	38.5	3.98	14.9	5.96	1.11	1.27	11.9	1.40	50×50×5×7	TN
	125×60×6×8	17.01	13.3	417	66.8	4.95	29.3	9.75	1.31	1.63	27.5	1.80	62.5×60×6×8	
	150×75×5×7	18.16	14.3	679	90.6	6.12	49.6	13.2	1.65	1.78	42.7	2.17	75×75×5×7	
	175×90×5×8	23.21	18.2	1220	140	7.26	97.6	21.7	2.05	1.92	70.7	2.47	87.5×90×5×8	
	198×99×4.5×7	23.59	18.5	1610	163	8.27	114	23.0	2.20	2.13	94.0	2.82	99×99×4.5×7	
	200×100×5.5×8	27.57	21.7	1880	188	8.25	134	26.8	2.21	2.27	115	2.88	100×100×5.5×8	
	248×124×5×8	32.89	25.8	3560	287	10.4	255	41.1	2.78	2.62	208	3.56	124×124×5×8	
	250×125×6×9	37.87	29.7	4080	326	10.4	294	47.0	2.79	2.78	249	3.62	125×125×6×9	
	298×149×5.5×8	41.55	32.6	6460	433	12.4	443	59.4	3.26	3.22	395	4.36	149×149×5.5×8	
	300×150×6.5×9	47.53	37.3	7350	490	12.4	508	67.7	3.27	3.38	465	4.42	150×150×6.5×9	
	346×174×6×9	53.19	41.8	11200	649	14.5	792	91.0	3.86	3.68	681	5.06	173×174×6×9	
	350×175×7×11	63.66	50.0	13700	782	14.7	985	113	3.93	3.74	816	5.06	175×175×7×11	
	#400×150×8×13	71.12	55.8	18800	942	16.3	734	97.9	3.21	—	—	—		
	396×199×7×11	72.16	56.7	20000	1010	16.7	1450	145	4.48	4.17	1190	5.76	198×199×7×11	
	400×200×8×13	84.12	66.0	23700	1190	16.8	1740	174	4.54	4.23	1400	5.76	200×200×8×13	
	#450×150×9×14	83.41	65.5	27100	1200	18.0	793	106	3.08	—	—	—		
	446×199×8×12	84.95	66.7	29000	1300	18.5	1580	159	4.31	5.07	1880	6.65	223×199×8×12	
	450×200×9×14	97.41	76.5	33700	1500	18.6	1870	187	4.38	5.13	2160	6.66	225×200×9×14	
	#500×150×10×16	98.23	77.1	38500	1540	19.8	907	121	3.04	—	—	—		
	496×199×9×14	101.3	79.5	41900	1690	20.3	1840	185	4.27	5.90	2840	7.49	248×199×9×14	
	500×200×10×16	114.2	89.6	47800	1910	20.5	2140	214	4.33	5.96	3210	7.50	250×200×10×16	
	#506×201×11×19	131.3	103	56500	2230	20.8	2580	257	4.43	5.95	3670	7.48	#253×201×11×19	
	596×199×10×15	121.2	95.1	69300	2330	23.9	1980	199	4.04	7.76	5200	9.27	298×199×10×15	
	600×200×11×17	135.2	106	78200	2610	24.1	2280	228	4.11	7.81	5820	9.28	300×200×11×17	
	#606×201×12×20	153.3	120	91000	3000	24.4	2720	271	4.21	7.76	6580	9.26	#303×201×12×20	
	#692×300×13×20	211.5	166	172000	4980	28.6	9020	602	6.53	—	—	—		
	700×300×13×24	235.5	185	201000	5760	29.3	10800	722	6.78	—	—	—		

注:"#"表示的规格为非常用规格。

普通槽钢   附表 7.3

符号 同普通工字形钢，
     但 W_y 为对应于翼缘肢尖的截面模量

长度：型号 5～8，长 5～12 m
型号 10～18，长 5～19 m
型号 20～40，长 6～19 m

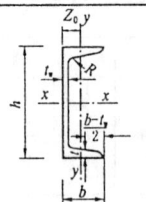

型号	尺寸 h	b	t_w	t	R	截面积 cm²	质量 kg/m	x—x 轴 I_x cm⁴	W_x cm³	i_x cm	y—y 轴 I_y cm⁴	W_y cm³	i_y cm	y_1—y_1 轴 I_{y1} cm⁴	Z_0 cm
			mm												
5	50	37	4.5	7.0	7.0	6.92	5.44	26	10.4	1.94	8.3	3.5	1.10	20.9	1.35
6.3	63	40	4.8	7.5	7.5	8.45	6.63	51	16.3	2.46	11.9	4.6	1.19	28.3	1.39
8	80	43	5.0	8.0	8.0	10.24	8.04	101	25.3	3.14	16.6	5.8	1.27	37.4	1.42
10	100	48	5.3	8.5	8.5	12.74	10.00	198	39.7	3.94	25.6	7.8	1.42	54.9	1.52
12.6	126	53	5.5	9.0	9.0	15.69	12.31	389	61.7	4.98	38.0	10.3	1.56	77.8	1.59
14a	140	58	6.0	9.5	9.5	18.51	14.53	564	80.5	5.52	53.2	13.0	1.70	107.2	1.71
14b	140	60	8.0	9.5	9.5	21.31	16.73	609	87.1	5.35	61.2	14.1	1.69	120.6	1.67
16a	160	63	6.5	10.0	10.0	21.95	17.23	866	108.3	6.28	73.4	16.3	1.83	144.1	1.79
16b	160	65	8.5	10.0	10.0	25.15	19.75	935	116.8	6.10	83.4	17.6	1.82	160.8	1.75
18a	180	68	7.0	10.5	10.5	25.69	20.17	1273	141.4	7.04	98.6	20.0	1.96	189.7	1.88
18b	180	70	9.0	10.5	10.5	29.29	22.99	1370	152.2	6.84	111.0	21.5	1.95	210.1	1.84
20a	200	73	7.0	11.0	11.0	28.83	22.63	1780	178.0	7.86	128.0	24.2	2.11	244.0	2.01
20b	200	75	9.0	11.0	11.0	32.83	25.77	1914	191.4	7.64	143.6	25.9	2.09	268.4	1.95
22a	220	77	7.0	11.5	11.5	31.84	24.99	2394	217.6	8.67	157.8	28.2	2.23	298.2	2.10
22b	220	79	9.0	11.5	11.5	36.24	28.45	2571	233.8	8.42	176.5	30.1	2.21	326.3	2.03
25a	250	78	7.0	12.0	12.0	34.91	27.40	3359	268.7	9.81	175.9	30.7	2.24	324.8	2.07
25b	250	80	9.0	12.0	12.0	39.91	31.33	3619	289.6	9.52	196.4	32.7	2.22	355.1	1.99
25c	250	82	11.0	12.0	12.0	44.91	35.25	3880	310.4	9.30	215.9	34.6	2.19	388.6	1.96
28a	280	82	7.5	12.5	12.5	40.02	31.42	4753	339.5	10.90	217.9	35.7	2.33	393.3	2.09
28b	280	84	9.5	12.5	12.5	45.62	35.81	5118	365.6	10.59	241.5	37.9	2.30	428.5	2.02
28c	280	86	11.5	12.5	12.5	51.22	40.21	5484	391.7	10.35	264.1	40.0	2.27	467.3	1.99
32a	320	88	8.0	14.0	14.0	48.50	38.07	7511	469.4	12.44	304.7	46.4	2.51	547.5	2.24
32b	320	90	10.0	14.0	14.0	54.90	43.10	8057	503.5	12.11	335.6	49.1	2.47	592.9	2.16
32c	320	92	12.0	14.0	14.0	61.30	48.12	8603	537.7	11.85	365.0	51.6	2.44	642.7	2.13
36a	360	96	9.0	16.0	16.0	60.89	47.80	11874	659.7	13.96	455.0	63.6	2.73	818.5	2.44
36b	360	98	11.0	16.0	16.0	68.09	53.45	12652	702.9	13.63	496.7	66.9	2.70	880.5	2.37
36c	360	100	13.0	16.0	16.0	75.29	59.10	13429	746.1	13.36	536.6	70.0	2.67	948.0	2.34
40a	400	100	10.5	18.0	18.0	75.04	58.91	17578	878.9	15.30	592.0	78.8	2.81	1057.9	2.49
40b	400	102	12.5	18.0	18.0	83.04	65.19	18644	932.2	14.98	640.6	82.6	2.78	1135.8	2.44
40c	400	104	14.5	18.0	18.0	91.04	71.47	19711	985.6	14.71	687.8	86.2	2.75	1220.3	2.42

等边角钢 附表7.4

单角钢 / 双角钢

角钢型号	圆角 R (mm)	重心矩 Z_0 (mm)	截面积 A (cm²)	质量 (kg/m)	惯性矩 I_x (cm⁴)	截面模量 W_x^{max} (cm³)	截面模量 W_x^{min} (cm³)	回转半径 i_x (cm)	回转半径 i_{x0} (cm)	回转半径 i_{y0} (cm)	i_y 当 a 为下列数值 6 mm (cm)	8 mm (cm)	10 mm (cm)	12 mm (cm)	14 mm (cm)
∠20×3	3.5	6.0	1.13	0.89	0.40	0.66	0.29	0.59	0.75	0.39	1.08	1.17	1.25	1.34	1.43
∠20×4	3.5	6.4	1.46	1.15	0.50	0.78	0.36	0.58	0.73	0.38	1.11	1.19	1.28	1.37	1.46
∠25×3	3.5	7.3	1.43	1.12	0.82	1.12	0.46	0.76	0.95	0.49	1.27	1.36	1.44	1.53	1.61
∠25×4	3.5	7.6	1.86	1.46	1.03	1.34	0.59	0.74	0.93	0.48	1.30	1.38	1.47	1.55	1.64
∠30×3	4.5	8.5	1.75	1.37	1.46	1.72	0.68	0.91	1.15	0.59	1.47	1.55	1.63	1.71	1.80
∠30×4	4.5	8.9	2.28	1.79	1.84	2.08	0.87	0.90	1.13	0.58	1.49	1.57	1.65	1.74	1.82
∠36×3	4.5	10.0	2.11	1.66	2.58	2.59	0.99	1.11	1.39	0.71	1.70	1.78	1.86	1.94	2.03
∠36×4	4.5	10.4	2.76	2.16	3.29	3.18	1.28	1.09	1.38	0.70	1.73	1.80	1.89	1.97	2.05
∠36×5	4.5	10.7	3.38	2.65	3.95	3.68	1.56	1.08	1.36	0.70	1.75	1.83	1.91	1.99	2.08
∠40×3	5	10.9	2.36	1.85	3.59	3.28	1.23	1.23	1.55	0.79	1.86	1.94	2.01	2.09	2.18
∠40×4	5	11.3	3.09	2.42	4.60	4.05	1.60	1.22	1.54	0.79	1.88	1.96	2.04	2.12	2.20
∠40×5	5	11.7	3.79	2.98	5.53	4.72	1.96	1.21	1.52	0.78	1.90	1.98	2.06	2.14	2.23
∠45×3	5	12.2	2.66	2.09	5.17	4.25	1.58	1.39	1.76	0.90	2.06	2.14	2.21	2.29	2.37
∠45×4	5	12.6	3.49	2.74	6.65	5.29	2.05	1.38	1.74	0.89	2.08	2.16	2.24	2.32	2.40
∠45×5	5	13.0	4.29	3.37	8.04	6.20	2.51	1.37	1.72	0.88	2.10	2.18	2.34	2.34	2.42
∠45×6	5	13.3	5.08	3.99	9.33	6.99	2.95	1.36	1.71	0.88	2.12	2.20	2.28	2.36	2.44
∠50×3	5.5	13.4	2.97	2.33	7.18	5.36	1.96	1.55	1.96	1.00	2.26	2.33	2.41	2.48	2.56
∠50×4	5.5	13.8	3.90	3.06	9.26	6.70	2.56	1.54	1.94	0.99	2.28	2.36	2.43	2.51	2.59
∠50×5	5.5	14.2	4.80	3.77	11.21	7.90	3.13	1.53	1.92	0.98	2.30	2.38	2.45	2.53	2.61
∠50×6	5.5	14.6	5.69	4.46	13.05	8.95	3.68	1.51	1.91	0.98	2.32	2.40	2.48	2.56	2.64
∠56×3	6	14.8	3.34	2.62	10.19	6.86	2.48	1.75	2.20	1.13	2.50	2.57	2.64	2.72	2.80
∠56×4	6	15.3	4.39	3.45	13.18	8.63	3.24	1.73	2.18	1.11	2.52	2.59	2.67	2.74	2.82
∠56×5	6	15.7	5.42	4.25	16.02	10.22	3.97	1.72	2.17	1.10	2.54	2.61	2.69	2.77	2.85
∠56×8	6	16.8	8.37	6.57	23.63	14.06	6.03	1.68	2.11	1.09	2.60	2.67	2.75	2.83	2.91
∠63×4	7	17.0	4.98	3.91	19.03	11.22	4.13	1.96	2.46	1.26	2.79	2.87	2.94	3.02	3.09
∠63×5	7	17.4	6.14	4.82	23.17	13.33	5.08	1.94	2.45	1.25	2.82	2.89	2.96	3.04	3.12
∠63×6	7	17.8	7.29	5.72	27.12	15.26	6.00	1.93	2.43	1.24	2.83	2.91	2.98	3.06	3.14
∠63×8	7	18.5	9.51	7.47	34.45	18.59	7.75	1.90	2.39	1.23	2.87	2.95	3.03	3.10	3.18
∠63×10	7	19.3	11.66	9.15	41.09	21.34	9.39	1.88	2.36	1.22	2.91	2.99	3.07	3.15	3.23
∠70×4	8	18.6	5.57	4.37	26.39	14.16	5.14	2.18	2.74	1.40	3.07	3.14	3.21	3.29	3.36
∠70×5	8	19.1	6.88	5.40	32.21	16.89	6.32	2.16	2.73	1.39	3.09	3.16	3.24	3.31	3.39
∠70×6	8	19.5	8.16	6.41	37.77	19.39	7.48	2.15	2.71	1.38	3.11	3.18	3.26	3.33	3.41
∠70×7	8	19.9	9.42	7.40	43.09	21.68	8.59	2.14	2.69	1.38	3.13	3.20	3.28	3.36	3.43
∠70×8	8	20.3	10.67	8.37	48.17	23.79	9.60	2.13	2.68	1.37	3.15	3.22	3.30	3.38	3.46
∠75×5	9	20.3	7.41	5.82	39.96	19.73	7.30	2.32	2.92	1.50	3.29	3.36	3.43	3.50	3.58
∠75×6	9	20.7	8.80	6.91	46.91	22.69	8.63	2.31	2.91	1.49	3.31	3.38	3.45	3.53	3.60
∠75×7	9	21.1	10.16	7.98	53.57	25.42	9.93	2.30	2.89	1.48	3.33	3.40	3.47	3.55	3.63
∠75×8	9	21.5	11.50	9.03	59.96	27.93	11.20	2.28	2.87	1.47	3.35	3.42	3.50	3.57	3.65
∠75×10	9	22.2	14.13	11.09	71.98	32.40	13.64	2.26	2.84	1.46	3.38	3.46	3.54	3.61	3.69
∠80×5	9	21.5	7.91	6.21	48.79	22.70	8.34	2.48	3.13	1.60	3.49	3.56	3.63	3.71	3.78
∠80×6	9	21.9	9.40	7.38	57.35	26.16	9.87	2.47	3.11	1.59	3.51	3.58	3.65	3.73	3.80
∠80×7	9	22.3	10.86	8.53	65.58	29.38	11.37	2.46	3.10	1.58	3.53	3.60	3.67	3.75	3.83
∠80×8	9	22.7	12.30	9.66	73.50	32.36	12.83	2.44	3.08	1.57	3.55	3.62	3.70	3.77	3.85
∠80×10	9	23.5	15.13	11.87	88.43	37.68	15.64	2.42	3.04	1.56	3.58	3.66	3.74	3.81	3.89

续附表 7.4

角钢型号	圆角 R mm	重心矩 Z_0	截面积 A cm²	质量 kg/m	惯性矩 I_x cm⁴	截面模量 W_x^{max} cm³	截面模量 W_x^{min} cm³	回转半径 i_x cm	回转半径 i_{x0} cm	回转半径 i_{y0} cm	i_y,当a为下列数值 6 mm cm	8 mm	10 mm	12 mm	14 mm
∠90×8 6	10	24.4	10.64	8.35	82.77	33.99	12.61	2.79	3.51	1.80	3.91	3.98	4.05	4.12	4.20
7		24.8	12.30	9.66	94.83	38.28	14.54	2.78	3.50	1.78	3.93	4.00	4.07	4.14	4.22
8		25.2	13.94	10.95	106.5	42.30	16.42	2.76	3.48	1.78	3.95	4.02	4.09	4.17	4.24
10		25.9	17.17	13.48	128.6	49.57	20.07	2.74	3.45	1.76	3.98	4.06	4.13	4.21	4.28
12		26.7	20.31	15.94	149.2	55.93	23.57	2.71	3.41	1.75	4.02	4.09	4.17	4.25	4.32
∠100×10 6	12	26.7	11.93	9.37	115.0	43.04	15.68	3.10	3.91	2.00	4.30	4.37	4.44	4.51	4.58
7		27.1	13.80	10.83	131.9	48.57	18.10	3.09	3.89	1.99	4.32	4.39	4.46	4.53	4.61
8		27.6	15.64	12.28	148.2	53.78	20.47	3.08	3.88	1.98	4.34	4.41	4.48	4.55	4.63
10		28.4	19.26	15.12	179.5	63.29	25.06	3.05	3.84	1.96	4.38	4.45	4.52	4.60	4.67
12		29.1	22.80	17.90	208.9	71.72	29.47	3.03	3.81	1.95	4.41	4.49	4.56	4.64	4.71
14		29.9	26.26	20.61	236.5	79.19	33.73	3.00	3.77	1.94	4.45	4.53	4.60	4.68	4.75
16		30.6	29.63	23.26	262.5	85.81	37.82	2.98	3.74	1.93	4.49	4.56	4.64	4.72	4.80
∠110×10 7	12	29.6	15.20	11.93	177.2	59.78	22.05	3.41	4.30	2.20	4.72	4.79	4.86	4.94	5.01
8		30.1	17.24	13.53	199.5	66.36	24.95	3.40	4.28	2.19	4.74	4.81	4.88	4.96	5.03
10		30.9	21.26	16.69	242.2	78.48	30.60	3.38	4.25	2.17	4.78	4.85	4.92	5.00	5.07
12		31.6	25.20	19.78	282.6	89.34	36.05	3.35	4.22	2.15	4.82	4.89	4.96	5.04	5.11
14		32.4	29.06	22.81	320.7	99.07	41.31	3.32	4.18	2.14	4.85	4.93	5.00	5.08	5.15
∠125×12 8	14	33.7	19.75	15.50	297.0	88.20	32.52	3.88	4.88	2.50	5.34	5.41	5.48	5.55	5.62
10		34.5	24.37	19.13	361.7	104.8	39.97	3.85	4.85	2.48	5.38	5.45	5.52	5.59	5.66
12		35.3	28.91	22.70	423.2	119.9	47.17	3.83	4.82	2.46	5.41	5.48	5.56	5.63	5.70
14		36.1	33.37	26.19	481.7	133.6	54.16	3.80	4.78	2.45	5.45	5.52	5.59	5.67	5.74
∠140×14 10	14	38.2	27.37	21.49	514.7	134.6	50.58	4.34	5.46	2.78	5.98	6.05	6.12	6.20	6.27
12		39.0	32.51	25.52	603.7	154.6	59.80	4.31	5.43	2.77	6.02	6.09	6.16	6.23	6.31
14		39.8	37.57	29.49	688.8	173.0	68.75	4.28	5.40	2.75	6.06	6.13	6.20	6.27	6.34
16		40.6	42.54	33.39	770.2	189.9	77.46	4.26	5.36	2.74	6.09	6.16	6.23	6.31	6.38
∠160×14 10	16	43.1	31.50	24.73	779.5	180.8	66.70	4.97	6.27	3.20	6.78	6.85	6.92	6.99	7.06
12		43.9	37.44	29.39	916.6	208.6	78.98	4.95	6.24	3.18	6.82	6.89	6.96	7.03	7.10
14		44.7	43.30	33.99	1048	234.4	90.95	4.92	6.20	3.16	6.86	6.93	7.00	7.07	7.14
16		45.5	49.07	38.52	1175	258.3	102.6	4.89	6.17	3.14	6.89	6.96	7.03	7.10	7.18
∠180×16 12	16	48.9	42.24	33.16	1321	270.0	100.8	5.59	7.05	3.58	7.63	7.70	7.77	7.84	7.91
14		49.7	48.90	38.38	1514	304.6	116.3	5.57	7.02	3.57	7.67	7.74	7.81	7.88	7.95
16		50.5	55.47	43.54	1701	336.9	131.4	5.54	6.98	3.55	7.70	7.77	7.84	7.91	7.98
18		51.3	61.95	48.63	1881	367.1	146.1	5.51	6.94	3.53	7.73	7.80	7.87	7.95	8.02
∠200×18 14	18	54.6	54.64	42.89	2104	385.1	144.7	6.20	7.82	3.98	8.47	8.54	8.61	8.67	8.75
16		55.4	62.01	48.68	2366	427.0	163.7	6.18	7.79	3.96	8.50	8.57	8.64	8.71	8.78
18		56.2	69.30	54.40	2621	466.5	182.2	6.15	7.75	3.94	8.53	8.60	8.67	8.75	8.82
20		56.9	76.50	60.06	2867	503.6	200.4	6.12	7.72	3.93	8.57	8.64	8.71	8.78	8.85
24		58.4	90.66	71.17	3338	571.5	235.8	6.07	7.64	3.90	8.63	8.71	8.78	8.85	8.92

不 等 边 角 钢　　　附表 7.5

角钢型号 $B\times b\times t$	圆角 R	重心矩 Z_x	重心矩 Z_y	截面积 A	质量	回转半径 i_x	i_y	i_{y0}	i_{y1},当 a 为下列数 6 mm	8 mm	10 mm	12 mm	i_{y2},当 a 为下列数 6 mm	8 mm	10 mm	12 mm
	mm			cm²	kg/m	cm			cm				cm			
$\angle 25\times 16\times \dfrac{3}{4}$	3.5	4.2 4.6	8.6 9.0	1.16 1.50	0.91 1.18	0.44 0.43	0.78 0.77	0.34 0.34	0.84 0.87	0.93 0.96	1.02 1.05	1.11 1.14	1.40 1.42	1.48 1.51	1.57 1.60	1.66 1.68
$\angle 32\times 20\times \dfrac{3}{4}$	3.5	4.9 5.3	10.8 11.2	1.49 1.94	1.17 1.52	0.55 0.54	1.01 1.00	0.43 0.43	0.97 0.99	1.05 1.08	1.14 1.16	1.23 1.25	1.71 1.74	1.79 1.82	1.88 1.90	1.96 1.99
$\angle 40\times 25\times \dfrac{3}{4}$	4	5.9 6.3	13.2 13.7	1.89 2.47	1.48 1.94	0.70 0.69	1.28 1.26	0.54 0.54	1.13 1.16	1.21 1.24	1.30 1.32	1.38 1.41	2.07 2.09	2.14 2.17	2.23 2.25	2.31 2.34
$\angle 45\times 28\times \dfrac{3}{4}$	5	6.4 6.8	14.7 15.1	2.15 2.81	1.69 2.20	0.79 0.78	1.44 1.43	0.61 0.60	1.23 1.25	1.31 1.33	1.39 1.41	1.47 1.50	2.28 2.31	2.36 2.39	2.44 2.47	2.52 2.55
$\angle 50\times 32\times \dfrac{3}{4}$	5.5	7.3 7.7	16.0 16.5	2.43 3.18	1.91 2.49	0.91 0.90	1.60 1.59	0.70 0.69	1.37 1.40	1.45 1.47	1.53 1.55	1.61 1.64	2.49 2.51	2.56<to>2.59	2.64 2.67	2.72 2.75
$\angle 56\times 36\times \begin{smallmatrix}3\\4\\5\end{smallmatrix}$	6	8.0 8.5 8.8	17.8 18.2 18.7	2.74 3.59 4.42	2.15 2.82 3.47	1.03 1.02 1.01	1.80 1.79 1.77	0.79 0.78 0.78	1.51 1.53 1.56	1.59 1.61 1.63	1.66 1.69 1.71	1.74 1.77 1.79	2.75 2.77 2.80	2.82 2.85 2.88	2.90 2.93 2.96	2.98 3.01 3.04
$\angle 63\times 40\times \begin{smallmatrix}4\\5\\6\\7\end{smallmatrix}$	7	9.2 9.5 9.9 10.3	20.4 20.8 21.2 21.6	4.06 4.99 5.91 6.80	3.19 3.92 4.64 5.34	1.14 1.12 1.11 1.10	2.02 2.00 1.99 1.97	0.88 0.87 0.86 0.86	1.66 1.68 1.71 1.73	1.74 1.76 1.78 1.81	1.81 1.84 1.86 1.89	1.89 1.92 1.94 1.97	3.09 3.11 3.13 3.16	3.16 3.19 3.21 3.24	3.24 3.27 3.29 3.32	3.32 3.35 3.37 3.40
$\angle 70\times 45\times \begin{smallmatrix}4\\5\\6\\7\end{smallmatrix}$	7.5	10.2 10.6 11.0 11.3	22.3 22.8 23.2 23.6	4.55 5.61 6.64 7.66	3.57 4.40 5.22 6.01	1.29 1.28 1.26 1.25	2.24 2.23 2.22 2.20	0.99 0.98 0.97 0.97	1.84 1.86 1.88 1.90	1.91 1.94 1.96 1.98	1.99 2.01 2.04 2.06	2.07 2.09 2.11 2.14	3.39 3.41 3.44 3.46	3.46 3.49 3.51 3.54	3.54 3.57 3.59 3.61	3.62 3.64 3.67 3.69
$\angle 75\times 50\times \begin{smallmatrix}5\\6\\8\\10\end{smallmatrix}$	8	11.7 12.1 12.9 13.6	24.0 24.4 25.2 26.0	6.13 7.26 9.47 11.6	4.81 5.70 7.43 9.10	1.43 1.42 1.40 1.38	2.39 2.38 2.35 2.33	1.09 1.08 1.07 1.06	2.06 2.08 2.12 2.16	2.13 2.15 2.19 2.24	2.20 2.23 2.27 2.31	2.28 2.30 2.35 2.40	3.60 3.63 3.67 3.71	3.68 3.70 3.75 3.79	3.76 3.78 3.83 3.87	3.83 3.86 3.91 3.95
$\angle 80\times 50\times \begin{smallmatrix}5\\6\\7\\8\end{smallmatrix}$	8	11.4 11.8 12.1 12.5	26.0 26.5 26.9 27.3	6.38 7.56 8.72 9.87	5.00 5.93 6.85 7.75	1.42 1.41 1.39 1.38	2.57 2.55 2.54 2.52	1.10 1.09 1.08 1.07	2.02 2.04 2.06 2.08	2.09 2.11 2.13 2.15	2.17 2.19 2.21 2.23	2.24 2.27 2.29 2.31	3.88 3.90 3.92 3.94	3.95 3.98 4.00 4.02	4.03 4.05 4.08 4.10	4.10 4.13 4.16 4.18
$\angle 90\times 56\times \begin{smallmatrix}5\\6\\7\\8\end{smallmatrix}$	9	12.5 12.9 13.3 13.6	29.1 29.5 30.0 30.4	7.21 8.56 9.88 11.2	5.66 6.72 7.76 8.78	1.59 1.58 1.57 1.56	2.90 2.88 2.87 2.85	1.23 1.22 1.22 1.21	2.22 2.24 2.26 2.28	2.29 2.31 2.33 2.35	2.36 2.39 2.41 2.43	2.44 2.46 2.49 2.51	4.32 4.34 4.37 4.39	4.39 4.42 4.44 4.47	4.47 4.50 4.52 4.54	4.55 4.57 4.60 4.62

续附表 7.5

角钢型号 $B\times b\times t$	圆角 R	重心矩		截面积 A	质量	回转半径			i_{y1},当 a 为下列数				i_{y2},当 a 为下列数			
		Z_x	Z_y			i_x	i_y	i_{y0}	6 mm	8 mm	10 mm	12 mm	6 mm	8 mm	10 mm	12 mm
	mm	mm		cm²	kg/m	cm			cm				cm			
∠100×63× 6		14.3	32.4	9.62	7.55	1.79	3.21	1.38	2.49	2.56	2.63	2.71	4.77	4.85	4.92	5.00
7		14.7	32.8	11.1	8.72	1.78	3.20	1.37	2.51	2.58	2.65	2.73	4.80	4.87	4.95	5.03
8		15.0	33.2	12.6	9.88	1.77	3.18	1.37	2.53	2.60	2.67	2.75	4.82	4.90	4.97	5.05
10		15.8	34.0	15.5	12.1	1.75	3.15	1.35	2.57	2.64	2.72	2.79	4.86	4.94	5.02	5.10
∠100×80× 6	10	19.7	29.5	10.6	8.35	2.40	3.17	1.73	3.31	3.38	3.45	3.52	4.54	4.62	4.69	4.76
7		20.1	30.0	12.3	9.66	2.39	3.16	1.71	3.32	3.39	3.47	3.54	4.57	4.64	4.71	4.79
8		20.5	30.4	13.9	10.9	2.37	3.15	1.71	3.34	3.41	3.49	3.56	4.59	4.66	4.73	4.81
10		21.3	31.2	17.2	13.5	2.35	3.12	1.69	3.38	3.45	3.53	3.60	4.63	4.70	4.78	4.85
∠110×70× 6		15.7	35.3	10.6	8.35	2.01	3.54	1.54	2.74	2.81	2.88	2.96	5.21	5.29	5.36	5.44
7		16.1	35.7	12.3	9.66	2.00	3.53	1.53	2.76	2.83	2.90	2.98	5.24	5.31	5.39	5.46
8		16.5	36.2	13.9	10.9	1.98	3.51	1.53	2.78	2.85	2.92	3.00	5.26	5.34	5.41	5.49
10		17.2	37.0	17.2	13.5	1.96	3.48	1.51	2.82	2.89	2.96	3.04	5.30	5.38	5.46	5.53
∠125×80× 7	11	18.0	40.1	14.1	11.1	2.30	4.02	1.76	3.13	3.18	3.25	3.33	5.90	5.97	6.04	6.12
8		18.4	40.6	16.0	12.6	2.29	4.01	1.75	3.13	3.20	3.27	3.35	5.92	5.99	6.07	6.14
10		19.2	41.4	19.7	15.5	2.26	3.98	1.74	3.17	3.24	3.31	3.39	5.96	6.04	6.11	6.19
12		20.0	42.2	23.4	18.3	2.24	3.95	1.72	3.20	3.28	3.35	3.43	6.00	6.08	6.16	6.23
∠140×90× 8	12	20.4	45.0	18.0	14.2	2.59	4.50	1.98	3.49	3.56	3.63	3.70	6.58	6.65	6.73	6.80
10		21.2	45.8	22.3	17.5	2.56	4.47	1.96	3.52	3.59	3.66	3.73	6.62	6.70	6.77	6.85
12		21.9	46.6	26.4	20.7	2.54	4.44	1.95	3.56	3.63	3.70	3.77	6.66	6.74	6.81	6.89
14		22.7	47.4	30.5	23.9	2.51	4.42	1.94	3.59	3.66	3.74	3.81	6.70	6.78	6.86	6.93
∠160×100× 10	13	22.8	52.4	25.3	19.9	2.85	5.14	2.19	3.84	3.91	3.98	4.05	7.55	7.63	7.70	7.78
12		23.6	53.2	30.1	23.6	2.82	5.11	2.18	3.87	3.94	4.01	4.09	7.60	7.67	7.75	7.82
14		24.3	54.0	34.7	27.2	2.80	5.08	2.16	3.91	3.98	4.05	4.12	7.64	7.71	7.79	7.86
16		25.1	54.8	39.3	30.8	2.77	5.05	2.15	3.94	4.02	4.09	4.16	7.68	7.75	7.83	7.90
∠180×110× 10		24.4	58.9	28.4	22.3	3.13	5.81	2.42	4.16	4.23	4.30	4.36	8.49	8.56	8.63	8.71
12		25.2	59.8	33.7	26.5	3.10	5.78	2.40	4.19	4.26	4.33	4.40	8.53	8.60	8.68	8.75
14		25.9	60.6	39.0	30.6	3.08	5.75	2.39	4.23	4.30	4.37	4.44	8.57	8.64	8.72	8.79
16	14	26.7	61.4	44.1	34.6	3.05	5.72	2.37	4.26	4.33	4.40	4.47	8.61	8.68	8.76	8.84
∠200×125× 12		28.3	65.4	37.9	29.8	3.57	6.44	2.75	4.75	4.82	4.88	4.95	9.39	9.47	9.54	9.62
14		29.1	66.2	43.9	34.4	3.54	6.41	2.73	4.78	4.85	4.92	4.99	9.43	9.51	9.58	9.66
16		29.9	67.0	49.7	39.0	3.52	6.38	2.71	4.81	4.88	4.95	5.02	9.47	9.55	9.62	9.70
18		30.6	67.8	55.5	43.6	3.49	6.35	2.70	4.85	4.92	4.99	5.06	9.51	9.59	9.66	9.74

注:一个角钢的惯性矩 $I_x = Ai_x^2$,$I_y = Ai_y^2$;一个角钢的截面模量 $W_x^{max} = I_x/Z_x$, $W_x^{min} = I_x/(b-Z_x)$;$W_y^{max} = I_y/Z_y$, $W_y^{min} = I_y/(b-Z_y)$。

热 轧 无 缝 钢 管　　　附表7.6

I — 截面惯性矩
W — 截面模量
i — 截面回转半径

尺寸(mm)		截面面积 A	每米重量	截面特性			尺寸(mm)		截面面积 A	每米重量	截面特性		
d	t	cm^2	kg/m	I cm^4	W cm^3	i cm	d	t	cm^2	kg/m	I cm^4	W cm^3	i cm
32	2.5	2.32	1.82	2.54	1.59	1.05		3.0	5.70	4.48	26.15	8.24	2.14
	3.0	2.73	2.15	2.90	1.82	1.03		3.5	6.60	5.18	29.79	9.38	2.12
	3.5	3.13	2.46	3.23	2.02	1.02		4.0	7.48	5.87	33.24	10.47	2.11
	4.0	3.52	2.76	3.52	2.20	1.00	63.5	4.5	8.34	6.55	36.50	11.50	2.09
38	2.5	2.79	2.19	4.41	2.32	1.26		5.0	9.19	7.21	39.60	12.47	2.08
	3.0	3.30	2.59	5.09	2.68	1.24		5.5	10.02	7.87	42.52	13.39	2.06
	3.5	3.79	2.98	5.70	3.00	1.23		6.0	10.84	8.51	45.28	14.26	2.04
	4.0	4.27	3.35	6.26	3.29	1.21							
42	2.5	3.10	2.44	6.07	2.89	1.40		3.0	6.13	4.81	32.42	9.54	2.30
	3.0	3.68	2.89	7.03	3.35	1.38		3.5	7.09	5.57	36.99	10.88	2.28
	3.5	4.23	3.32	7.91	3.77	1.37		4.0	8.04	6.31	41.34	12.16	2.27
	4.0	4.78	3.75	8.71	4.15	1.35	68	4.5	8.98	7.05	45.47	13.37	2.25
45	2.5	3.34	2.62	7.56	3.36	1.51		5.0	9.90	7.77	49.41	14.53	2.23
	3.0	3.96	3.11	8.77	3.90	1.49		5.5	10.80	8.48	53.14	15.63	2.22
	3.5	4.56	3.58	9.89	4.40	1.47		6.0	11.69	9.17	56.68	16.67	2.20
	4.0	5.15	4.04	10.93	4.86	1.46							
50	2.5	3.73	2.93	10.55	4.22	1.68		3.0	6.31	4.96	35.50	10.14	2.37
	3.0	4.43	3.48	12.28	4.91	1.67		3.5	7.31	5.74	40.53	11.58	2.35
	3.5	5.11	4.01	13.90	5.56	1.65		4.0	8.29	6.51	45.33	12.95	2.34
	4.0	5.78	4.54	15.41	6.16	1.63	70	4.5	9.26	7.27	49.89	14.26	2.32
	4.5	6.43	5.05	16.81	6.72	1.62		5.0	10.21	8.01	54.24	15.50	2.30
	5.0	7.07	5.55	18.11	7.25	1.60		5.5	11.14	8.75	58.38	16.68	2.29
								6.0	12.06	9.47	62.31	17.80	2.27
54	3.0	4.81	3.77	15.68	5.81	1.81		3.0	6.60	5.18	40.48	11.09	2.48
	3.5	5.55	4.36	17.79	6.59	1.79		3.5	7.64	6.00	46.26	12.67	2.46
	4.0	6.28	4.93	19.76	7.32	1.77		4.0	8.67	6.81	51.78	14.19	2.44
	4.5	7.00	5.49	21.61	8.00	1.76	73	4.5	9.68	7.60	57.04	15.63	2.43
	5.0	7.70	6.04	23.34	8.64	1.74		5.0	10.68	8.38	62.07	17.01	2.41
	5.5	8.38	6.58	24.96	9.24	1.73		5.5	11.66	9.16	66.87	18.32	2.39
	6.0	9.05	7.10	26.46	9.80	1.71		6.0	12.63	9.91	71.43	19.57	2.38
57	3.0	5.09	4.00	18.61	6.53	1.91		3.0	6.88	5.40	45.91	12.08	2.58
	3.5	5.88	4.62	21.14	7.42	1.90		3.5	7.97	6.26	52.50	13.82	2.57
	4.0	6.66	5.23	23.52	8.25	1.88		4.0	9.05	7.10	58.81	15.48	2.55
	4.5	7.42	5.83	25.76	9.04	1.86	76	4.5	10.11	7.93	64.85	17.07	2.53
	5.0	8.17	6.41	27.86	9.78	1.85		5.0	11.15	8.75	70.62	18.59	2.52
	5.5	8.90	6.99	29.84	10.47	1.83		5.5	12.18	9.56	76.14	20.04	2.50
	6.0	9.61	7.55	31.69	11.12	1.82		6.0	13.19	10.36	81.41	21.42	2.48
60	3.0	5.37	4.22	21.88	7.29	2.02		3.5	8.74	6.86	69.19	16.67	2.81
	3.5	6.21	4.88	24.88	8.29	2.00		4.0	9.93	7.79	77.64	18.71	2.80
	4.0	7.04	5.52	27.73	9.24	1.98		4.5	11.10	8.71	85.76	20.67	2.78
	4.5	7.85	6.16	30.41	10.14	1.97	83	5.0	12.25	9.62	93.56	22.54	2.76
	5.0	8.64	6.78	32.94	10.98	1.95		5.5	13.39	10.51	101.04	24.35	2.75
	5.5	9.42	7.39	35.32	11.77	1.94		6.0	14.51	11.39	108.22	26.08	2.73
	6.0	10.18	7.99	37.56	12.52	1.92		6.5	15.62	12.26	115.10	27.74	2.71
								7.0	16.71	13.12	121.69	29.32	2.70

续附表 7.6

尺寸(mm)		截面面积 A	每米重量	截面特性			尺寸(mm)		截面面积 A	每米重量	截面特性		
d	t			I	W	i	d	t			I	W	i
		cm²	kg/m	cm⁴	cm³	cm			cm²	kg/m	cm⁴	cm³	cm
89	3.5	9.40	7.38	86.05	19.34	3.03	133	4.0	16.21	12.73	337.53	50.76	4.56
	4.0	10.68	8.38	96.68	21.73	3.01		4.5	18.17	14.26	375.42	56.45	4.55
	4.5	11.95	9.38	106.92	24.03	2.99		5.0	20.11	15.78	412.40	62.02	4.53
	5.0	13.19	10.36	116.79	26.24	2.98		5.5	22.03	17.29	448.50	67.44	4.51
	5.5	14.43	11.33	126.29	28.38	2.96		6.0	23.94	18.79	483.72	72.74	4.50
	6.0	15.65	12.28	135.43	30.43	2.94		6.5	25.83	20.28	518.07	77.91	4.48
	6.5	16.85	13.22	144.22	32.41	2.93		7.0	27.71	21.75	551.58	82.94	4.46
	7.0	18.03	14.16	152.67	34.31	2.91		7.5	29.57	23.21	584.25	87.86	4.45
95	3.5	10.06	7.90	105.45	22.20	3.24		8.0	31.42	24.66	616.11	92.65	4.43
	4.0	11.44	8.98	118.60	24.97	3.22	140	4.5	19.16	15.04	440.12	62.87	4.79
	4.5	12.79	10.04	131.31	27.64	3.20		5.0	21.21	16.65	483.76	69.11	4.78
	5.0	14.14	11.10	143.58	30.23	3.19		5.5	23.24	18.24	526.40	75.20	4.76
	5.5	15.46	12.14	155.43	32.72	3.17		6.0	25.26	19.83	568.06	81.15	4.74
	6.0	16.78	13.17	166.86	35.13	3.15		6.5	27.26	21.40	608.76	86.97	4.73
	6.5	18.07	14.19	177.89	37.45	3.14		7.0	29.25	22.96	648.51	92.64	4.71
	7.0	19.35	15.19	188.51	39.69	3.12		7.5	31.22	24.51	687.32	98.19	4.69
102	3.5	10.83	8.50	131.52	25.79	3.48		8.0	33.18	26.04	725.21	103.60	4.68
	4.0	12.32	9.67	148.09	29.04	3.47		9.0	37.04	29.08	798.29	114.04	4.64
	4.5	13.78	10.82	164.14	32.18	3.45		10	40.84	32.06	867.86	123.98	4.61
	5.0	15.24	11.96	179.68	35.23	3.43	146	4.5	20.00	15.70	501.16	68.65	5.01
	5.5	16.67	13.09	194.72	38.18	3.42		5.0	22.15	17.39	551.10	75.49	4.99
	6.0	18.10	14.21	209.28	41.03	3.40		5.5	24.28	19.06	599.95	82.19	4.97
	6.5	19.50	15.31	223.35	43.79	3.38		6.0	26.39	20.72	647.73	88.73	4.95
	7.0	20.89	16.40	236.96	46.46	3.37		6.5	28.49	22.36	694.44	95.13	4.94
114	4.0	13.82	10.85	209.35	36.73	3.89		7.0	30.57	24.00	740.12	101.39	4.92
	4.5	15.48	12.15	232.41	40.77	3.87		7.5	32.63	25.62	784.77	107.50	4.90
	5.0	17.12	13.44	254.81	44.70	3.86		8.0	34.68	27.23	828.41	113.48	4.89
	5.5	18.75	14.72	276.58	48.52	3.84		9.0	38.74	30.41	912.71	125.03	4.85
	6.0	20.36	15.98	297.73	52.23	3.82		10	42.73	33.54	993.16	136.05	4.82
	6.5	21.95	17.23	318.26	55.84	3.81	152	4.5	20.85	16.37	567.61	74.69	5.22
	7.0	23.53	18.47	338.19	59.33	3.79		5.0	23.09	18.13	624.43	82.16	5.20
	7.5	25.09	19.70	357.58	62.73	3.77		5.5	25.31	19.87	680.06	89.48	5.18
	8.0	26.64	20.91	376.30	66.02	3.76		6.0	27.52	21.60	734.52	96.65	5.17
121	4.0	14.70	11.54	251.87	41.63	4.14		6.5	29.71	23.32	787.82	103.66	5.15
	4.5	16.47	12.93	279.83	46.25	4.12		7.0	31.89	25.03	839.99	110.52	5.13
	5.0	18.22	14.30	307.05	50.75	4.11		7.5	34.05	26.73	891.03	117.24	5.12
	5.5	19.96	15.67	333.54	55.13	4.09		8.0	36.19	28.41	940.97	123.81	5.10
	6.0	21.68	17.02	359.32	59.39	4.07		9.0	40.43	31.74	1037.59	136.53	5.07
	6.5	23.38	18.35	384.40	63.54	4.05		10	44.61	35.02	1129.99	148.68	5.03
	7.0	25.07	19.68	408.80	67.57	4.04	159	4.5	21.84	17.15	652.27	82.05	5.46
	7.5	26.74	20.99	432.51	71.49	4.02		5.0	24.19	18.99	717.88	90.30	5.45
	8.0	28.40	22.29	455.57	75.30	4.01		5.5	26.52	20.82	782.18	98.39	5.43
127	4.0	15.46	12.13	292.61	46.08	4.35		6.0	28.84	22.64	845.19	106.31	5.41
	4.5	17.32	13.59	325.29	51.23	4.33		6.5	31.14	24.45	906.92	114.08	5.40
	5.0	19.16	15.04	357.14	56.24	4.32		7.0	33.43	26.24	967.41	121.69	5.38
	5.5	20.99	16.48	388.19	61.13	4.30		7.5	35.70	28.02	1026.65	129.14	5.36
	6.0	22.81	17.90	418.44	65.90	4.28		8.0	37.95	29.79	1084.67	136.44	5.35
	6.5	24.61	19.32	447.92	70.54	4.27		9.0	42.41	33.29	1197.12	150.58	5.31
	7.0	26.39	20.72	476.63	75.06	4.25		10	46.81	36.75	1304.88	164.14	5.28
	7.5	28.16	22.10	504.58	79.46	4.23							
	8.0	29.91	23.48	531.80	83.75	4.22							

续附表 7.6

尺寸(mm)		截面面积 A	每米重量	截面特性			尺寸(mm)		截面面积 A	每米重量	截面特性		
d	t			I	W	i	d	t			I	W	i
		cm²	kg/m	cm⁴	cm³	cm			cm²	kg/m	cm⁴	cm³	cm
168	4.5	23.11	18.14	772.96	92.02	5.78	219	9.0	59.38	46.61	3279.12	299.46	7.43
	5.0	25.60	20.10	851.14	101.33	5.77		10	65.66	51.54	3593.29	328.15	7.40
	5.5	28.08	22.04	927.85	110.46	5.75		12	78.04	61.26	4193.81	383.00	7.33
	6.0	30.54	23.97	1003.12	119.42	5.73		14	90.16	70.78	4758.50	434.57	7.26
	6.5	32.98	25.89	1076.95	128.21	5.71		16	102.04	80.10	5288.81	483.00	7.20
	7.0	35.41	27.79	1149.36	136.83	5.70	245	6.5	48.70	38.23	3465.46	282.89	8.44
	7.5	37.82	29.69	1220.38	145.28	5.68		7.0	52.34	41.08	3709.06	302.78	8.42
	8.0	40.21	31.57	1290.01	153.57	5.66		7.5	55.96	43.93	3949.52	322.41	8.40
	9.0	44.96	35.29	1425.22	169.67	5.63		8.0	59.56	46.76	4186.87	341.79	8.38
	10	49.64	38.97	1555.13	185.13	5.60		9.0	66.73	52.38	4652.32	379.78	8.35
180	5.0	27.49	21.58	1053.17	117.02	6.19		10	73.83	57.95	5105.63	416.79	8.32
	5.5	30.15	23.67	1148.79	127.64	6.17		12	87.84	68.95	5976.67	487.89	8.25
	6.0	32.80	25.75	1242.72	138.08	6.16		14	101.60	79.76	6801.68	555.24	8.18
	6.5	35.43	27.81	1335.00	148.33	6.14		16	115.11	90.36	7582.30	618.96	8.12
	7.0	38.04	29.87	1425.63	158.40	6.12	273	6.5	54.42	42.72	4834.18	354.15	9.42
	7.5	40.64	31.91	1514.64	168.29	6.10		7.0	58.50	45.92	5177.30	379.29	9.41
	8.0	43.23	33.93	1602.04	178.00	6.09		7.5	62.56	49.11	5516.47	404.14	9.39
	9.0	48.35	37.95	1772.12	196.90	6.05		8.0	66.60	52.28	5851.71	428.70	9.37
	10	53.41	41.92	1936.01	215.11	6.02		9.0	74.64	58.60	6510.56	476.96	9.34
	12	63.33	49.72	2245.84	249.54	5.95		10	82.62	64.86	7154.09	524.11	9.31
194	5.0	29.69	23.31	1326.54	136.76	6.68		12	98.39	77.24	8396.14	615.10	9.24
	5.5	32.57	25.57	1447.86	149.26	6.67		14	113.91	89.42	9579.75	701.81	9.17
	6.0	35.44	27.82	1567.21	161.57	6.65		16	129.18	101.41	10706.79	784.38	9.10
	6.5	38.29	30.06	1684.61	173.67	6.63	299	7.5	68.68	53.92	7300.02	488.30	10.31
	7.0	41.12	32.28	1800.08	185.57	6.62		8.0	73.14	57.41	7747.42	518.22	10.29
	7.5	43.94	34.50	1913.64	197.28	6.60		9.0	82.00	64.37	8628.09	577.13	10.26
	8.0	46.75	36.70	2025.31	208.79	6.58		10	90.79	71.27	9490.15	634.79	10.22
	9.0	52.31	41.06	2243.08	231.25	6.55		12	108.20	84.93	11159.52	746.46	10.16
	10	57.81	45.38	2453.55	252.94	6.51		14	125.35	98.40	12757.61	853.35	10.09
	12	68.61	53.86	2853.25	294.15	6.45		16	142.25	111.67	14286.48	955.62	10.02
203	6.0	37.13	29.15	1803.07	177.64	6.97	325	7.5	74.81	58.73	9431.80	580.42	11.23
	6.5	40.13	31.50	1938.81	191.02	6.95		8.0	79.67	62.54	10013.92	616.24	11.21
	7.0	43.10	33.84	2072.43	204.18	6.93		9.0	89.35	70.14	11161.33	686.85	11.18
	7.5	46.06	36.16	2203.94	217.14	6.92		10	98.96	77.68	12286.52	756.09	11.14
	8.0	49.01	38.47	2333.37	229.89	6.90		12	118.00	92.63	14471.45	890.55	11.07
	9.0	54.85	43.06	2586.08	254.79	6.87		14	136.78	107.38	16570.98	1019.75	11.01
	10	60.63	47.60	2830.72	278.89	6.83		16	155.32	121.93	18587.38	1143.84	10.94
	12	72.01	56.52	3296.49	324.78	6.77	351	8.0	86.21	67.67	12684.36	722.76	12.13
	14	83.13	65.25	3732.07	367.69	6.70		9.0	96.70	75.91	14147.55	806.13	12.10
	16	94.00	73.79	4138.78	407.76	6.64		10	107.13	84.10	15584.62	888.01	12.06
219	6.0	40.15	31.52	2278.74	208.10	7.53		12	127.80	100.32	18381.63	1047.39	11.99
	6.5	43.39	34.06	2451.64	223.89	7.52		14	148.22	116.35	21077.86	1201.02	11.93
	7.0	46.62	36.60	2622.04	239.46	7.50		16	168.39	132.19	23675.75	1349.05	11.86
	7.5	49.83	39.12	2789.96	254.79	7.48							
	8.0	53.03	41.63	2955.43	269.90	7.47							

电 焊 钢 管   附表 7.7

I— 截面惯性矩
W— 截面模量
i— 截面回转半径

尺寸(mm)		截面面积 A	每米重量	截面特性			尺寸(mm)		截面面积 A	每米重量	截面特性		
d	t	cm²	kg/m	I cm⁴	W cm³	i cm	d	t	cm²	kg/m	I cm⁴	W cm³	i cm
32	2.0	1.88	1.48	2.13	1.33	1.06	89	2.0	5.47	4.29	51.75	11.63	3.08
	2.5	2.32	1.82	2.54	1.59	1.05		2.5	6.79	5.33	63.59	14.29	3.06
38	2.0	2.26	1.78	3.68	1.93	1.27		3.0	8.11	6.36	75.02	16.86	3.04
	2.5	2.79	2.19	4.41	2.32	1.26		3.5	9.40	7.38	86.05	19.34	3.03
40	2.0	2.39	1.87	4.32	2.16	1.35		4.0	10.68	8.38	96.68	21.73	3.01
	2.5	2.95	2.31	5.20	2.60	1.33		4.5	11.95	9.38	106.92	24.03	2.99
42	2.0	2.51	1.97	5.04	2.40	1.42		2.0	5.84	4.59	63.20	13.31	3.29
	2.5	3.10	2.44	6.07	2.89	1.40	95	2.5	7.26	5.70	77.76	16.37	3.27
45	2.0	2.70	2.12	6.26	2.78	1.52		3.0	8.67	6.81	91.83	19.33	3.25
	2.5	3.34	2.62	7.56	3.36	1.51		3.5	10.06	7.90	105.45	22.20	3.24
	3.0	3.96	3.11	8.77	3.90	1.49		2.0	6.28	4.93	78.57	15.41	3.54
51	2.0	3.08	2.42	9.26	3.63	1.73		2.5	7.81	6.13	96.77	18.97	3.52
	2.5	3.81	2.99	11.23	4.40	1.72		3.0	9.33	7.32	114.42	22.43	3.50
	3.0	4.52	3.55	13.08	5.13	1.70	102	3.5	10.83	8.50	131.52	25.79	3.48
	3.5	5.22	4.10	14.81	5.81	1.68		4.0	12.32	9.67	148.09	29.04	3.47
53	2.0	3.20	2.52	10.43	3.94	1.80		4.5	13.78	10.82	164.14	32.18	3.45
	2.5	3.97	3.11	12.67	4.78	1.79		5.0	15.24	11.96	179.68	35.23	3.43
	3.0	4.71	3.70	14.78	5.58	1.77		3.0	9.90	7.77	136.49	25.28	3.71
	3.5	5.44	4.27	16.75	6.32	1.75	108	3.5	11.49	9.02	157.02	29.08	3.70
57	2.0	3.46	2.71	13.08	4.59	1.95		4.0	13.07	10.26	176.95	32.77	3.68
	2.5	4.28	3.36	15.93	5.59	1.93		3.0	10.46	8.21	161.24	28.29	3.93
	3.0	5.09	4.00	18.61	6.53	1.91		3.5	12.15	9.54	185.63	32.57	3.91
	3.5	5.88	4.62	21.14	7.42	1.90	114	4.0	13.82	10.85	209.35	36.73	3.89
60	2.0	3.64	2.86	15.34	5.11	2.05		4.5	15.48	12.15	232.41	40.77	3.87
	2.5	4.52	3.55	18.70	6.23	2.03		5.0	17.12	13.44	254.81	44.70	3.86
	3.0	5.37	4.22	21.88	7.29	2.02		3.0	11.12	8.73	193.69	32.01	4.17
	3.5	6.21	4.88	24.88	8.29	2.00	121	3.5	12.92	10.14	223.17	36.89	4.16
63.5	2.0	3.86	3.03	18.29	5.76	2.18		4.0	14.70	11.54	251.87	41.63	4.14
	2.5	4.79	3.76	22.32	7.03	2.16		3.0	11.69	9.17	224.75	35.39	4.39
	3.0	5.70	4.48	26.15	8.24	2.14		3.5	13.58	10.66	259.11	40.80	4.37
	3.5	6.60	5.18	29.79	9.38	2.12	127	4.0	15.46	12.13	292.61	46.08	4.35
70	2.0	4.27	3.35	24.72	7.06	2.41		4.5	17.32	13.59	325.29	51.23	4.33
	2.5	5.30	4.16	30.23	8.64	2.39		5.0	19.16	15.04	357.14	56.24	4.32
	3.0	6.31	4.96	35.50	10.14	2.37		3.5	14.24	11.18	298.71	44.92	4.58
	3.5	7.31	5.74	40.53	11.58	2.35	133	4.0	16.21	12.73	337.53	50.76	4.56
	4.5	9.26	7.27	49.89	14.26	2.32		4.5	18.17	14.26	375.42	56.45	4.55
76	2.0	4.65	3.65	31.85	8.38	2.62		5.0	20.11	15.78	412.40	62.02	4.53
	2.5	5.77	4.53	39.03	10.27	2.60		3.5	15.01	11.78	349.79	49.97	4.83
	3.0	6.88	5.40	45.91	12.08	2.58		4.0	17.09	13.42	395.47	56.50	4.81
	3.5	7.97	6.26	52.50	13.82	2.57	140	4.5	19.16	15.04	440.12	62.87	4.79
	4.0	9.05	7.10	58.81	15.48	2.55		5.0	21.21	16.65	483.76	69.11	4.78
	4.5	10.11	7.93	64.85	17.07	2.53		5.5	23.24	18.24	526.40	75.20	4.76
83	2.0	5.09	4.00	41.76	10.06	2.86		3.5	16.33	12.82	450.35	59.26	5.25
	2.5	6.32	4.96	51.26	12.35	2.85		4.0	18.60	14.60	509.59	67.05	5.23
	3.0	7.54	5.92	60.40	14.56	2.83	152	4.5	20.85	16.37	567.61	74.69	5.22
	3.5	8.74	6.86	69.19	16.67	2.81		5.0	23.09	18.13	624.43	82.16	5.20
	4.0	9.93	7.79	77.64	18.71	2.80		5.5	25.31	19.87	680.06	89.48	5.18
	4.5	11.10	8.71	85.76	20.67	2.78							

附录8 螺栓和锚栓规格

螺栓螺纹处的有效截面面积　　　　　　　　　　　　　　　　附表8.1

公称直径	12	14	16	18	20	22	24	27	30
螺栓有效截面面积 A_e（cm^2）	0.84	1.15	1.57	1.92	2.45	3.03	3.53	4.59	5.61
公称直径	33	36	39	42	45	48	52	56	60
螺栓有效截面面积 A_e（cm^2）	6.94	8.17	9.76	11.2	13.1	14.7	17.6	20.3	23.6
公称直径	64	68	72	76	80	85	90	95	100
螺栓有效截面面积 A_e（cm^2）	26.8	30.6	34.6	38.9	43.4	49.5	55.9	62.7	70.0

锚栓规格　　　　　　　　　　　　　　　　　　　　　　　　附表8.2

		I			II			III		
型　式										
锚栓直径 d（mm）		20	24	30	36	42	48	56	64	72	80	90
锚栓有效截面面积（cm^2）		2.45	3.53	5.61	8.17	11.2	14.7	20.3	26.8	34.6	43.4	55.9
锚栓设计拉力（kN）(Q235钢)		34.3	49.4	78.5	114.1	156.9	206.2	284.2	375.2	484.4	608.2	782.7
III型锚栓	锚板宽度 c（mm）					140	200	200	240	280	350	400
	锚板厚度 t（mm）					20	20	20	25	30	40	40

附录9 各种截面回转半径的近似值

$i_x=0.30h$ $i_y=0.30b$ $i_z=0.195h$	$i_x=0.40h$ $i_y=0.21b$	$i_x=0.38h$ $i_y=0.60b$	$i_x=0.41h$ $i_y=0.22b$
$i_x=0.32h$ $i_y=0.28b$ $i_z=0.18\frac{h+b}{2}$	$i_x=0.45h$ $i_y=0.235b$	$i_x=0.38h$ $i_y=0.44b$	$i_x=0.32h$ $i_y=0.49b$
$i_x=0.30h$ $i_y=0.215b$	$i_x=0.44h$ $i_y=0.28b$	$i_x=0.32h$ $i_y=0.58b$	$i_x=0.29h$ $i_y=0.50b$
$i_x=0.32h$ $i_y=0.20b$	$i_x=0.43h$ $i_y=0.43b$	$i_x=0.32h$ $i_y=0.40b$	$i_x=0.29h$ $i_y=0.45b$
$i_x=0.28h$ $i_y=0.24b$	$i_x=0.39h$ $i_y=0.20b$	$i_x=0.32h$ $i_y=0.12b$	$i_x=0.29h$ $i_y=0.29b$
$i_x=0.30h$ $i_y=0.17b$	$i_x=0.42h$ $i_y=0.22b$	$i_x=0.44h$ $i_y=0.32b$	$i_x=0.41\frac{h_1+h_2}{2}$ $i_y=0.41\frac{b_1+b_2}{2}$
$i_x=0.28h$ $i_y=0.21b$	$i_x=0.43h$ $i_y=0.24b$	$i_x=0.44h$ $i_y=0.38b$	$i=0.25d$
$i_x=0.21h$ $i_y=0.21b$ $i_z=0.185h$	$i_x=0.365h$ $i_y=0.275b$	$i_x=0.37h$ $i_y=0.54b$	$i=0.35\frac{d+D}{2}$
$i_x=0.21h$ $i_y=0.21b$	$i_x=0.35h$ $i_y=0.56b$	$i_x=0.37h$ $i_y=0.45b$	$i_x=0.39h$ $i_y=0.53b$
$i_x=0.45h$ $i_y=0.24b$	$i_x=0.39h$ $i_y=0.29b$	$i_x=0.40h$ $i_y=0.24b$	$i_x=0.40h$ $i_y=0.50b$

参 考 文 献

1. GB50017—2003 钢结构设计规范. 北京：中国计划出版社，2003
2. GB50068—2001 建筑结构可靠度设计统一标准. 北京：中国建筑工业出版社，2001
3. GB50009—2001 建筑结构荷载规范. 北京：中国建筑工业出版社，2002
4. GB50205—2001 钢结构工程施工质量验收规范. 北京：中国计划出版社，2001
5. GB50018—2002 冷弯薄壁型钢结构技术规范. 北京：中国计划出版社，2002
6. JGJ99—98 高层民用建筑钢结构技术规程. 北京：中国建筑工业出版社，1998
7. JGJ81—2002 建筑钢结构焊接技术规程. 北京：中国建筑工业出版社，2002
8. 陈绍蕃著. 钢结构设计原理. 第二版. 北京：科学出版社，1998
9. 陈绍蕃著. 钢结构稳定设计指南. 北京：中国建筑工业出版社，1996
10. 陈绍蕃，顾强主编. 钢结构基础. 北京：中国建筑工业出版社，2003
11. 沈祖炎等著. 钢结构基本原理. 北京：中国建筑工业出版社，2000
12. 王国周，瞿履谦主编. 钢结构原理与设计. 北京：清华大学出版社，1993
13. 魏明钟主编. 钢结构. 武汉：武汉理工大学出版社，2002
14. 钟善桐主编. 钢结构. 武汉：武汉大学出版社，2001
15. 王肇民等编著. 钢结构设计原理. 上海：同济大学出版社，1991
16. 李国强编著. 多高层建筑钢结构设计. 北京：中国建筑工业出版社，2004
17. 徐占发，王茹主编. 建筑钢结构与构件设计. 北京：中国建材工业出版社，2003
18. 周绥平主编. 钢结构. 武汉：武汉理工大学出版社，2002.8
19. 张家旭，张庆芳主编. 钢结构. 北京：中国铁道出版社，2002
20. 牟在根编著. 钢结构设计与原理. 北京：人民出版社，2002
21. 刘声扬主编. 钢结构. 武汉：武汉工业大学出版社，1992
22. 吴建有主编. 钢结构设计原理. 北京：中国建材工业出版社，2000
23. 崔佳等编著. 钢结构设计规范理解与应用. 北京：中国建筑工业出版社，2004
24. 李峰主编. 钢结构. 北京：中国建筑工业出版社，2004
25. 刘大海，杨翠如编著. 高楼钢结构设计. 北京：中国建筑工业出版社，2003